Ulrike Gelbmann

Externe Abfallbewältigung im Business-to-Business-Bereich

DUV Wirtschaftswissenschaft

Ulrike Gelbmann

Externe Abfallbewältigung im Business-to-Business-Bereich

Entwicklung eines marketingorientierten Ansatzes und Instrumentariums

Mit einem Geleitwort von Prof. Dr. Heinz Strebel

Springer Fachmedien Wiesbaden GmbH

Die Deutsche Bibliothek – CIP-Einheitsaufnahme

Gelbmann, Ulrike:
Externe Abfallbewältigung im Business-to-Business-Bereich : Entwicklung eines marketingorientierten Ansatzes und Instrumentariums / Ulrike Gelbmann. Mit einem Geleitw. von Heinz Strebel. – 1. Aufl..
(DUV : Wirtschaftswissenschaft)
Zugl.: Graz, Univ., Diss., 2000
ISBN 978-3-8244-0571-8 ISBN 978-3-663-08034-3 (eBook)
DOI 10.1007/978-3-663-08034-3

Gedruckt mit Unterstützung der Karl-Franzens-Universität Graz.

1. Auflage April 2001

Lektorat: Ute Wrasmann / Dr. Tatjana Rollnik-Manke

ISBN 978-3-8244-0571-8

Geleitwort

Der Kern dieser Arbeit ist die Entwicklung von Marketing-Konzepten für Rückstände. Die Autorin bearbeitet damit ein Thema, das bisher von der Betriebswirtschaftslehre und hier sogar von der betriebswirtschaftlichen Umweltökonomie weitgehend ausgespart worden ist. Marketing befasst sich als bewusst marktorientierte Führung des Unternehmens fast definitionsgemäß mit Gütern, nicht mit wertlosen oder gar schädlichen Objekten. Zwei Aspekte bilden den Ausgangspunkt:

1. Rückstände eines Produktionsbetriebes sind nicht als Sachziel angestrebte, aber aus technischen Gründen unvermeidlich anfallende Outputarten der Produktion, die oft keinen ökonomischen Wert haben, also (zunächst) auch keine Güter sind.
2. Rückstände, die nicht im eigenen Unternehmen verwertet werden können oder sollen, müssen aus der Sicht des Rückstandsbesitzers ihren Abnehmer finden, also Gegenstand von Abnahmebemühungen sein.

Dabei geht es dem Rückstandsbesitzer allerdings oft vordringlich um „Entsorgung", und er sucht Partner, welche die Dienstleistung „Entsorgung" anbieten. Gleichzeitig liefert der Rückstandsbesitzer mit dem Rückstand, sobald er vom Abnehmer akzeptiert (gewünscht) ist, eine Sachleistung. Absatz- und Beschaffungsvorgänge können damit nicht mehr nur jeweils einem Partner eindeutig zugeordnet werden. Es ist dann auch die Frage, inwieweit die beteiligten Unternehmen mit Instrumenten des Absatzmarketing bzw. des Beschaffungsmarketing arbeiten (können). Innerhalb dieser Aspekte ergeben sich zahlreiche Fragen, die in den marketingtheoretischen und marketingpolitischen Kontext gehören und zentrale Probleme der Arbeit bilden.

Die Rückstandsverwertung steht anerkanntermaßen im Interesse der Kreislaufwirtschaft. Sie ist auch für die sog. nachhaltige Wirtschaft (sustainable development) unabdingbar, da künftige wirtschaftliche Entwicklung auch umweltfreundliche Beherrschung der Rückstandsströme verlangt. Demgegenüber steht das Thema der marktlichen Bewältigung von Rückständen in der Industrie insgesamt eher am Rande der Aufmerksamkeit, obwohl etwa Unternehmen aus der chemischen Industrie seit langem mit diesen Problemen konfrontiert sind und nach Abhilfe suchen. So analysiert die vorliegende Arbeit eine Thematik von betriebswirtschaftlichem *und* gesamtwirtschaftlichem Gewicht und stößt damit auf vielfältige Interessen. Ein erster Hinweis darauf ist die Verleihung eines Alpen-Adria-Wissenschafts-Preises der Karl-Franzens-Universität Graz an die Autorin.

Heinz Strebel

Vorwort

Einer hat einmal behauptet,
Dreck sei überhaupt nur Materie am falschen Ort.
(Bert Brecht, Flüchtlingsgespräche)

An der Entstehung dieser Arbeit haben viele Menschen mitgewirkt, denen ich an dieser Stelle danken möchte, allen voran meinem Chef und akademischen Lehrer, Herrn o.Univ.-Prof. Dr. Heinz Strebel von der Universität Graz, der mir nicht nur die Anregung zu dieser Arbeit gegeben hat, sondern auch die Motivation, sie zu beenden.

Mein Dank gilt auch Herrn a.o.Univ.-Prof. Ing. Dr. Otto Krickl von der Universität Graz, der die Zweitbegutachtung übernommen hat.

Herr o.Univ.-Prof. Dr. Peter Schnedlitz und sein Team von der Wirtschaftsuniversität Wien haben mich immer wieder bei Marketingfragen beraten, wofür ich sehr dankbar bin.

Das Zustandekommen des empirischen Teils verdanke ich der Gesprächsbereitschaft und Geduld meiner Interviewpartner aus dreizehn österreichischen Unternehmen. Auch ihnen möchte ich danken.

Eine große Ehre wurde mir durch die Verleihung des Alpen-Adria-Wissenschaftspreises 2000 zuteil. Ich danke der Jury, die meine Arbeit dieses Preises für würdig befunden hat.

Mein Dank geht insbesondere an meine (ehemaligen) Kollegen am Institut für Innovations- und Umweltmanagement der Universität Graz, die mich immer mit Rat und Tat unterstützt haben: Herrn o.Univ.-Prof. Dr. Erich Schwarz, Herrn Mag. Arnulf Hasler, Herrn Dr. Alfred Posch, Frau Filippina Risopoulos, Herrn Mag. Gerald Steiner, Herrn Dr. Karl Zotter. Ohne die Hilfe von Frau Mag. Barbara Simandl und Herrn Dr. Stefan Vorbach, vor allem während meiner Babypause, hätte ich diese Arbeit nicht fertig stellen können. Für besonders intensive und Gewinn bringende Diskussionen danke ich Herrn Dr. Andreas Pölzl, der auch das Manuskript durchgesehen hat.

Besonders bedanken möchte ich mich aber bei meiner Familie: bei meinen Eltern, die nicht nur mein Studium finanziert und mich in jeder Weise ideell unterstützt haben, sondern die durch intensives Babysitten und Korrekturlesen die Fertigstellung dieser Arbeit ermöglichten; bei meinem Mann, Herrn Dipl.-Ing. Martin Gelbmann, der mich ermuntert hat, die Arbeit zu beenden und sich ebenfalls der Aufgabe des Korrekturlesens unterzog. Nicht fehlen dürfen in dieser Aufzählung die beiden „wichtigsten Männer" in meinem Leben, meine Söhne Markus und Benedikt, die oft auf ihre Mama verzichten müssen. Ihnen möchte ich diese Arbeit widmen.

Ulrike Gelbmann

Inhaltsverzeichnis

Verzeichnis der Abbildungen

Abkürzungsverzeichnis

A.d.V.	Anmerkung der Verfasserin
Abb.	Abbildung
Abs.	Absatz
Abschn.	Abschnitt
AG	Aktiengesellschaft
AMA	American Marketing Association
ARA	Abfall Recycling Austria AG
ATS	Österreichische Schilling
Aufl.	Auflage
AWG	Abfallwirtschaftsgesetz
Bd.	Band
BGBl.	Bundesgesetzblatt
BWL	Betriebswirtschaftslehre
bzw.	beziehungsweise
ca.	circa
d.h.	das heisst
d.s.	das sind
DBW	Die Betriebswirtschaft
Diss.	Dissertation
ds.	dieselben
durchges.	durchgesehen
EPS	Extended Polystyrol
erg.	ergänzt
erw.	erweitert
et al.	et alii
etc.	et cetera
EU	Europäische Union
F&E	Forschung und Entwicklung
f.	folgende
FAZ	Frankfurter Allgemeine Zeitung
ff.	fortfolgende
FWF	Fonds zur Förderung der wissenschaftlichen Forschung
gem.	gemäß
gest.	gestaltet
HD-PE	High Density Polyethylen
Hrsg.	Herausgeber
i.d.R.	in der Regel
IMAS	Institut für Markt- u Sozialanalysen GesmbH
Ill.	Illinois
Jg.	Jahrgang
Kap.	Kapitel
LD-PE	Low Density Polyethylen
Management Zeitschrift io	Management Zeitschrift Industrielle Organisation
Marketing ZFP	Marketing. Zeitschrift für Forschung und Praxis

Mass.	Massachusetts
Mio.	Million(en)
n.M.d.V.	nach Meinung der Verfasserin
neubearb.	neubearbeitet
NJ	New Jersey
No.	Number
Nr.	Nummer
o.J.	ohne Jahr
o.O.	ohne Ort
o.S.	ohne Seitenangabe
o.V.	ohne Verfasser
ÖKK	Österreichischer Kunststoffkreislauf GmbH.
PE	Polyethylen
PR	Public Relations
PVC	Polyvinylchlorid
REA	Rauchgasentschwefelungsanlage
Reg.	Register
resp.	respektive
S.	Seite
Sp.	Spalte
u.	und
u.a.	unter anderem(n), und andere
überarb.	überarbeitet
unveränd.	unverändert
unwesentl.	unwesentlich
USA	United States of America
uwf	Umweltwirtschaftsforum
v.a.	vor allem
VDI	Verein Deutscher Ingenieure
veränd.	verändert
verb.	verbessert
vgl.	vergleiche
VÖEB	Verband österreichischer Entsorgungsbetriebe
Vol.	Volume
vollst.	vollständig
WiSt	Wirtschaftswissenschaftliches Studium
WISU	Das Wirtschaftsstudium
z.B.	zum Beispiel
ZfB	Zeitschrift für Betriebswirtschaft
zfbf	Zeitschrift für betriebswirtschaftliche Forschung
ZfO	Zeitschrift für Organisation
Zif.	Ziffer

1 Grundlegendes

Abschnitt 1.1 unternimmt eine Hinführung zum Thema und versucht eine grundlegende Rechtfertigung der gewählten Problemstellung. Eine Zusammenfassung der Problemstellung und der sich daraus ergebenden Ziele der Arbeit findet sich in Abschnitt 1.2, die der Arbeit zu Grunde liegende Methodik in 1.3. Abschnitt 1.4 analysiert die bislang zum Thema erschienene Literatur.

1.1 Begründung des Themas

Probleme der Entsorgung von Rückständen werden aus verschiedenen Gründen sowohl im organisationalen als auch im kommunalen Bereich immer drängender. Für produzierende Unternehmen stellt die Tatsache steigender Entsorgungskosten und zunehmender Restriktionen im Entsorgungsbereich eine besondere Erschwernis dar. Hinzu tritt die gestiegene gesellschaftliche Relevanz ökologischer Fragestellungen, die in die Forderung nach einer „nachhaltigen wirtschaftlichen Entwicklung“[1] und einem „ökologisch nachhaltigen Management“[2] mündet und sich vor allem in verstärkten Aktivitäten umweltorientierter Gruppierungen und Initiativen äussert.[3]

Für das Unternehmen ergibt sich somit in immer größerem Maße die Notwendigkeit, neue Mittel und Wege zu finden, um der im Produktionsprozess anfallenden Rückstände Herr zu werden. Aber auch die im Konsumprozess anfallenden Rückstände müssen in irgendeiner Weise bewältigt werden. Die Verwertung von Rückständen ist plausibel, wenn man sich von der Vorstellung löst, dass diese jedenfalls einen negativen Wert haben bzw. dass ihnen nicht durch betriebswirtschaftliche Maßnahmen ein positiver Wert verliehen werden könnte.[4]

Hier liegt der eigentliche Ansatzpunkt für die Entwicklung von Marketing-Konzepten für Rückstände: Könnte man die Residuen aus Konsum und Produktion vermarkten wie „normale“ Produkte, bedürfte es keiner Auseinandersetzung mit einem „Marketing für Rückstände.“ Konstituierendes Merkmal des Marketing ist die Bedürfnisbefriedigung.[5] Da Rückstände im Regelfall als unerwünscht und schlecht gelten, werden sie nicht als zur Bedürfnisbefriedigung geeignet betrachtet. Vordringliche Aufgabe des Rückstandsmarketing ist es daher, den Abfällen die Eigenschaft zu geben, Bedürfnisse und somit für die Anwender Nutzen erfüllen zu können. Das wesentliche Ziel besteht darin, Bewusstsein für den tatsächlichen Wert der Dinge zu schaffen, mit anderen Worten Rückstände „in den Köpfen der Menschen“

---

[1] Kirchgeorg [Kreislaufwirtschaft] S.232

[2] Schmid [Management] S.285ff.

[3] vgl. Prisching [Modelle] S.262

[4] vgl. Dyckhoff [Produktion] S.67, vgl. Dyckhoff [Berücksichtigung] S.179

[5] vgl. Kotler/Armstrong [Marketing] S.5f., vgl. auch Abschnitt 2 der vorliegenden Arbeit

wieder zu wertvollen Stoffen zu machen. Ist das gelungen, ist das bekannte Marketinginstrumentarium[6] für die Vermarktung ausreichend.

Die technologischen Möglichkeiten zur Verwertung von Rückständen stellt „das Recycling" zur Verfügung, über das in den letzten Jahren eine Vielzahl von technologie-, aber auch wirtschaftsorientierten Publikationen erschienen ist. Letztere befassen sich mit diesem Thema jedoch vor allem in produktionstheoretischer oder logistischer Sicht.[7] Der Umgang mit Rückständen wird in jüngster Zeit auch unter dem Begriff des „Stoffstrommanagement" diskutiert, der definiert ist als „zielorientierter organisierter Umgang mit Stoffen entlang der Wertschöpfungskette unter Einschluss der daran direkt und indirekt beteiligten Akteure."[8] Auch für Stoffstrommanagement gilt, dass der Marketingaspekt aus der Diskussion bislang eher ausgeklammert oder auf den Konsumgüterbereich beschränkt bleibt.[9] Jedoch ist „Recycling ohne Markt und ohne Verkauf ... schlichtweg Nonsens."[10]

Intention der vorliegenden Arbeit ist es, die bislang eher ad-hoc koordinierten Aktivitäten im Bereich des externen Recycling auf eine marketingtheoretisch fundierte Basis zu stellen und somit einen marketingadäquaten Handlungsrahmen für außerbetriebliche Transaktionen mit Rückständen zu entwickeln. Die bislang vorliegenden Ansätze[11] werden dabei auch insofern erweitert, als keine Beschränkung auf die Verwertung von angefallenen Rückständen vorgenommen wird. Vielmehr ist im Sinne der vorliegenden Arbeit auch die Entsorgung als mögliche marketingpolitische Alternative in Betracht zu ziehen, wenn eine Verwertung nicht möglich oder aus ökonomischen Gründen nicht sinnvoll ist und der Entsorgung im Sinne des AWG keine rechtlichen oder sonstigen Hindernisse entgegen stehen. Jedoch liegt der vorliegenden Arbeit implizit der Gedanke zu Grunde, dass durch entsprechende technologische, organisatorische und marketingpolitische Anstrengungen Rückstände in sehr vielen Fällen nutzbringend zu verwerten sind.

Eine zweite Erweiterung der bislang präsentierten Ansätze wird sodann dadurch vorgenommen, dass der Rückstandsbewältigung als Strategie des Beschaffungsmarketing[12] mehr Beachtung eingeräumt wird. Das bedeutet, dass auch die Möglichkeit der Beschaffung von Rückständen als Substituten von Primärstoffen im Rahmen der vorliegenden Arbeit berücksichtigt wird, da erst dadurch überhaupt die Möglichkeiten zu umfassendem Recycling auch auf überbetrieblicher Ebene geschaffen werden. Für das beschaffende Unternehmen eröffnet sich aus der Entscheidung zur Einsatzstoffsubstitution eine Vielfalt von betriebswirt-

---

6 vgl. etwa Meffert [Marketing] S.14

7 vgl. Keller/Schenkel (Hrsg.) [Abfallwirtschaft], vgl. Schönberg [Recycling], vgl. Steven/Bruns [Entsorgungslogistik II], vgl. Thomé-Kozmiensky [Recycling]

8 Sterr [Stoffstrommanagement] S.333

9 vgl. auch Meffert [Stand] S.11, vgl. Werner/Rüstmann [Stoffstrommanagement] S.68-72

10 aus einer Rede von Werner Schenkel, zitiert nach Eschenbach et al. [Baustoffrecycling] S.115

11 vgl. dazu Abschnitt 1.4 der vorliegenden Arbeit

12 vgl. zum Beschaffungsmarketing Koppelmann [Beschaffungsmarketing], vgl. auch Hamman/Lohrberg [Beschaffungsmarketing]

schaftlich interessanten Perspektiven, die von verminderten Beschaffungskosten über Möglichkeiten der Erlössteigerung durch die Erweiterung der Angebotspalette bis hin zu monetär nicht unmittelbar fassbaren Wirkungen wie Imageverbesserungen oder erhöhter Corporate Identity reicht.

Dieser Arbeit liegt somit eine umfassende Sicht der außerbetrieblichen Rückstandsbewältigung zu Grunde, die das Unternehmen im Zentrum einer Reihe von Rückstandsflüssen sieht. Aus Beschaffungssicht ist es für das Unternehmen unerheblich, woher die Rückstände stammen, die es als Einsatzgüter verwendet. Aus diesem Grund müssen auch Rückstände aus dem Konsumbereich in die Überlegungen mit einbezogen werden. Als Lieferanten kommen somit andere Produktionsbetriebe ebenso in Betracht wie auf die Vermittlung von Rückständen spezialisierte Wirtschaftseinheiten (z.B. Altstoffhändler, Abfallbörsen, Unternehmen, die im Rahmen der ARA tätig werden etc.), Handels- und Dienstleistungsbetriebe und - in Ausnahmefällen - auch die Konsumenten.[13] Bereits im Vorangehenden wurde dargestellt, dass als potenzielle Abnehmer für Rückstände nicht nur Produktionsbetriebe oder Konsumenten in Frage kommen, sondern auch alle Arten von Entsorgungsunternehmen, wenn das Recycling nicht gerechtfertigt erscheint.

Rückstandsmarketing ist somit auf die Befriedigung aller Bedürfnisse eines Unternehmens gerichtet, die durch die Tatsache des unvermeidlichen Rückstandsanfalls entstehen, sowie auf die Befriedigung der Bedürfnisse und Anforderungen direkter externer Partner des Unternehmens (Lieferanten, Kunden) und anderer Anspruchsgruppen (Gesellschaft und ihre Institutionen).[14]

Daher ist Rückstandsmarketing für alle Organisationen von Bedeutung, mit deren Betrieb die Notwendigkeit der Rückstandsbewältigung unabdingbar verbunden ist, also etwa auch für Gemeinden (kommunale Müllentsorgung) oder für Unternehmen, die ihre gesamte Geschäftstätigkeit auf die Bereitstellung von Entsorgungsdienstleistungen abgestellt haben. Da deren Aufgabenstruktur jedoch völlig anders geartet ist als die eines Produktionsbetriebes, bleiben sie aus dieser Arbeit ausgeklammert.

Die vorliegende Arbeit beschränkt sich ausdrücklich auf den Bereich des Rückstandsmarketing für Produktionsbetriebe, was jedoch nicht das Problem der Abgrenzung zwischen „reinen Produktionsbetrieben" einerseits sowie Altstoffhändlern und Aufbereitungsunternehmen auf der anderen Seite völlig aufhebt. Zu dieser Trennung ist primär zu sagen, dass als Produktionsbetriebe im Sinne der Arbeit diejenigen Betriebe gesehen werden, deren hauptsächlicher Unternehmenszweck nicht in der Bereitstellung von Rückstandsbewältigungs-Leistungen liegt. Aus diesem Grund fallen Altstoffhändler von vornherein aus der Betrachtung, obwohl

---

[13] Als grundlegende Arbeit zur Redistribution von Konsumrückständen vgl. die Arbeit von Zikmund/Stanton [Abfallrecycling], vgl. Abschnitt 3.2.2.1

[14] vgl. Pfriem [Umweltmanagement] S.42f. Zu Grunde liegt die Definition von Kotler „Marketing is a social and managerial process by which individuals and groups obtain what they need and want through creating, offering, and exchanging products of value with others" (Kotler [Marketing Management] S.8)

sie oftmals „produktive" Leistungen in Form der Sortierung, Zerkleinerung etc. von Rückständen erbringen. Empirischen Befunden zufolge macht im industriellen Bereich die Rückstandsentsorgung über Altstoffhändler nur einen geringen Teil des gesamten Rückstandsbewältigungs-Volumens aus.[15]

Größere Schwierigkeiten bereitet die Unterscheidung von Aufbereitungbetrieben und Produktionsbetrieben. In beiden Unternehmenstypen wird eine produktive Leistung erbracht, und der Übergang vom Hauptzweck „Produzieren" zum Hauptzweck „Aufbereiten" verläuft zumal beim Einsatz von Sekundärstoffen oft fließend, so dass eine eindeutige Abgrenzung nicht möglich ist.[16] Zur Lösung dieses Abgrenzungsproblems wurde ein pragmatischer Ansatz gewählt: Für die Anwendbarkeit der vorgeschlagenen Konzepte ist nicht wesentlich, welche Art von Unternehmen tatsächlich vorliegt, sondern wie sich das Unternehmen selbst sieht.[17]

Eng mit der im vorangegangenen Absatz dargestellten Problematik verbunden ist ein Phänomen, das allein im Bereich der Vermarktung von Rückständen auftritt und dessen Implikationen nach Meinung der Verfasserin die Verwendung des Begriffes „Rückstandsmarketing" zulässig machen:[18] Es handelt sich dabei um die Tatsache, dass es im Rahmen der unternehmensexternen Rückstandsbewältigung zu einer Aufweichung der Positionen von Lieferanten und Abnehmern kommt. Es kann nicht mehr mit Sicherheit gesagt werden, welcher der beiden Transaktionspartner der Lieferant und wer der Abnehmer ist. Ebensowenig kann eine klare Aussage darüber gemacht werden, ob eine Dienstleistung (die Entsorgung) oder eine Sachleistung (die Lieferung eines Stoffes) im Mittelpunkt der Transaktion steht. Es kann nicht mehr eindeutig abgrenzt werden, welches der beiden beteiligten Unternehmen mit den Mitteln des Beschaffungs- und welches mit den Mitteln des Absatzmarketing arbeitet (arbeiten kann).

Dieser Sachverhalt, der aus technologischer oder auch logistischer Sicht als nicht besonders wesentlich erscheinen mag, fordert vom Marketing eine Abkehr von der traditionellen Polarisierung in Absatz und Beschaffung. „Marketing" wird dadurch zum Sachverhalt, der sich auf einer „metabetrieblichen" Ebene abspielt: Auf beiden Seiten wird eine Kombination aus beiden Arten des Marketing einzusetzen sein.

In der recyclingbezogenen Literatur findet sich für die Interaktion zweier Unternehmen im Recyclingbereich auch der Begriff „Verwertungszelle."[19] Diese Beziehung steht im Mittel-

---

15 Im Verwertungsnetz Obersteiermark nur etwa 2,5% (vgl. Posch et al. [Verwertungsnetz] S.213).

16 So kann z.B. nicht eindeutig gesagt werden, ob ein Unternehmen der Kunststoffbranche, das bis vor einigen Jahren einen Großteil seines Umsatzes mit der Produktion von Folien erwirtschaftete, heute aber den Großteil der betrieblichen Tätigkeit auf die Erzeugung von Kunststoffregranulat und in der Folge Recyclingkunststofftragetaschen verwendet, ein Produktions- oder ein Aufbereitungsunternehmen ist.

17 vgl. dazu die Ergebnisse der empirischen Untersuchung in Abschnitt 11.3.1.1ff.

18 weil nach Meinung der Verfasserin diese Besonderheit des „Rückstandsmarketing" dieses vom klassischen Absatzmarketing unterscheidet und somit die Einführung der „Bindestrichdisziplin" zulässig macht.

19 vgl. Strebel/Schwarz [Rückstandsverwertung] S.325

punkt der vorliegenden Arbeit. Abbildung 1-1 fasst mögliche Austauschrelationen im Rückstandsbereich zusammen.

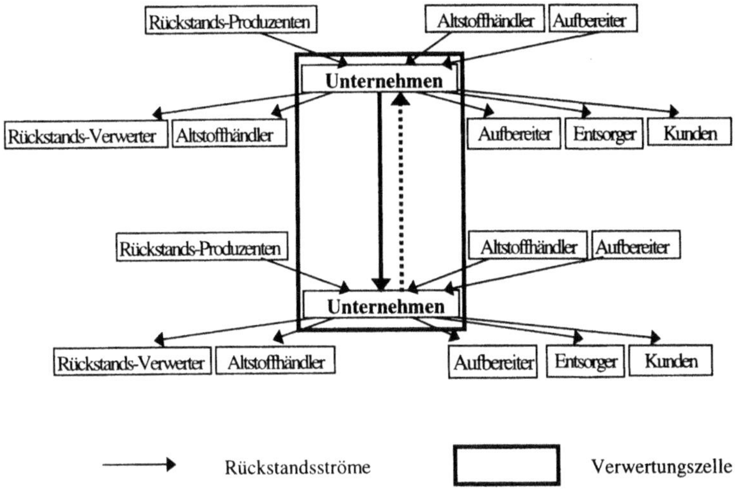

Abbildung 1-1: Verwertungszelle und mögliche Rückstandsströme

Ein weiterer wesentlicher Punkt ist die Untersuchung der Zusammenarbeit in der Verwertungszelle. Gerade im Bereich der Rückstandsverwertung liegen die Vorteile der Zusammenarbeit (stabile Rückstandsbewältigungs- resp. Einsatzstoffbezugsquelle) klar auf der Hand. In der Literatur wird die Zusammenarbeit zwischen Rückstand abgebenden und Rückstand aufnehmenden Unternehmen sehr häufig als Kooperation bezeichnet. Im engeren Sinne kann diese Zusammenarbeit jedoch auch bei komplexen Gütern nicht immer als Kooperation definiert werden, auch wenn Anbieter und Nachfrager von Rückständen in einer gewissen Weise zusammenarbeiten (müssen).[20] In der vorliegenden Arbeit wird deshalb der neutralere Begriff der „Transaktion“[21] verwendet, wenn nicht eine Kooperation im engeren Sinne vorliegt, die in geringerem Maße vertraglich abgesichert ist und bei der die Faktoren Freiwilligkeit und gegenseitiger Nutzen eine große Rolle spielen. Allein das Bestehen einer längerfristigen Geschäftsbeziehung genügt nach dieser Definition nicht für die Begründung einer Kooperation.[22] Da längerfristige Geschäftsbeziehungen und Kooperationen im Rückstandsmarketing eine eminent wichtige Rolle spielen, wird auf diese beiden Konstrukte im Verlauf der Arbeit

20 vgl. Kleinaltenkamp [Investitionsgüter-Marketing] S.817

21 vgl. Kirsch /Kutschker/Lutschewitz [Ansätze] S.76

immer wieder zurückgegriffen, sie spielen auch eine wesentliche Rolle im Rahmen der empirischen Untersuchung.

Ob nun

- das Rückstandsmarketing eigene Instrumente entwickeln muss oder
- das Instrumentarium des Marketing für niedrigpreisige Rohstoffe eingesetzt werden kann (sofern vorhanden) oder
- das Rückstandsmarketing auf das klassische Instrumentarium des Produktmarketing zurückgreifen kann,

hängt unter anderem davon ab, welche Instrumente der Rückstandsbewältigung eingesetzt werden (können) und ob für die (aufbereiteten, verarbeiteten) Rückstände ein positiver Preis erzielbar ist. Denn Rückstandsmarketing umfasst nicht nur die marktliche Verwertung von Rückständen an sich, sondern auch die Verwertung von Produkten, die unmittelbar aus Rückständen erzeugt und als Recyclingprodukte abgesetzt werden.[23] Diese Produkte haben bei ihrem Markteintritt mit verschiedenartigen Problemen zu kämpfen, da sie als Recyclingprodukte von den Abnehmern einerseits als umweltschonender eingestuft werden als vergleichbare Produkte aus Primärstoffen,[24] ihnen anderseits aber das negative Image anhaftet, „Abfall" zu sein. Diese Polaritäten auszugleichen, ist ebenfalls eine Aufgabe des Rückstandsmarketing.[25]

Allerdings ist zu diesem Problem einschränkend anzumerken, dass alle jene Rückstände, für die ohnehin schon seit langer Zeit ein positiver Preis erzielt werden kann,[26] aus der Betrachtung ausgeschlossen bleiben bzw. nur am Rande in die Betrachtung mit einbezogen werden, weil für sie ohne Einschränkung gilt, was über Rohstoff- und über Produktmarketing bekannt ist. Die folgenden Ausführungen setzen daher die Schwerpunkte in drei Bereichen:

- Rückstandsmarketing als Beschaffungsmarketing (von Einsatzstoffsubstituten),
- Rückstandsmarketing als gezielte Wertsteigerung von Rückständen bis zu dem Grad, an dem sie (bzw. die erzeugten Produkte) mit den geringsten Kosten/mit dem größten Gewinn nach außen abgegeben werden können,
- Rückstandsmarketing als Akquisition von Entsorgungsleistungen, wo eine marktliche Verwertung nicht möglich oder rentabel ist.[27]

---

22 vgl. Abschnitt 9.4.5.2

23 z.B. Lärmschutzwände, die aus verpressten gebrauchten Silagefolien bestehen (vgl. Höfler [Recyclingprodukte] S.60ff.)

24 zur Frage, ob Recyclingprodukte „umweltfreundliche" Produkte sind oder sein müssen, vgl. 3.1.2.2 der vorliegenden Arbeit, vgl. auch Türck [Produkt] S.79ff.

25 vgl. Meffert/Kirchgeorg [Umweltmanagement] S.224

26 vor allem verschiedenste Arten von Schrott

27 vgl. eine ähnliche, aber eingeschränktere Darstellung bei Schmidt-Endrullis [Markterschließung] S.194

1.2 Problemstellung und Zielsetzung der Arbeit

Aus den bisherigen Ausführungen ergeben sich mehrere für das Thema relevante Problembereiche. Hauptintention der vorliegenden Arbeit ist es, die Aktivitäten im Bereich der externen Rückstandsbewältigung in einen sinnvollen marketingtheoretischen und marketingpolitischen Kontext zu stellen. Im Einzelnen lassen sich dabei die folgenden Problemkreise differenzieren:

- Wie lässt sich ein Marketing für Rückstände in einen sinnvollen Zusammenhang mit anerkannten marketingtheoretischen Grundkonzepten stellen?
- Mithilfe welcher Mechanismen kann Rückständen ein positiver Wert verliehen werden?
- Welchen Einschränkungen unterliegt der rückstandsbezogene Unternehmensspielraum durch Anforderungen und Ansprüche, die von außen an das Unternehmen herangetragen werden?
- Welche theoretischen Ansätze des Marketing sind geeignet zur Überwindung des Gegensatzes von Absatz- und Beschaffungsmarketing bzw. von Sach- und Dienstleistung?
- Wodurch ist der Interaktionsprozess im Rückstandsmarketing gekennzeichnet?
- Wie sind Geschäftsbeziehungen im Rückstandsbereich geartet?
- Welche Ziele sind für das Unternehmen im Bereich der Rückstandsbewältigung realistisch bzw. welche marketingpolitischen Konsequenzen müssen aus den angestrebten Zielsetzungen gezogen werden?

Letztlich soll dadurch die Frage geklärt werden, welche Möglichkeiten es gibt, mit dem Instrumentarium des Marketing zu stabilen, sicheren und vor allem kostengünstigen Rückstandsbewältigungs-Möglichkeiten für das Unternehmen zu gelangen.

1.3 Methodik und Aufbau der Arbeit

Der vorliegenden Arbeit liegt die Annahme zu Grunde, dass bislang Marketingaspekte kaum in die Planung und Durchführung der Rückstandsbewältigung miteinbezogen werden und dass von systematischen Marketingbestrebungen im Bereich der Rückstandsbewirtschaftung zumindest von Seiten der Industrie nicht die Rede sein kann, vor allem in Bezug auf sich bietende Chancen zur Geschäftsfelderweiterung. Diese Schlussfolgerung lassen Erkenntnisse von am Institut für Innovations- und Umweltmanagement der Universität Graz durchgeführten Studien zu.[28]

Ein wesentlicher Teil der Arbeit besteht folglich in der Erarbeitung eines theoretischen Bezugsrahmens für die Einordnung der marktlichen Rückstandsverwertung, worunter die Überprüfung der Anwend- und Umlegbarkeit vorhandener theoretischer Konzepte des Marketing

28 vgl. Strebel/Schwarz/Schwarz [Recycling] S.18ff.

auf die Belange der externen Rückstandsbewältigung verstanden wird. Im Mittelpunkt der Arbeit steht daher die Erforschung des Entdeckungszusammenhanges.[29]

Nach einer grundlegenden wissenschaftstheoretischen (2.1) und marketingkonzeptionellen (2.2) Einordnung des Themas erfolgt in Abschnitt 3 die Zusammenführung von typisch abfallwirtschaftlichen und marketinggerichteten Begriffen. Abschnitt 4 untersucht die externen Ansprüche, die an das Unternehmen herangetragen und von diesem nicht (bzw. nur in geringem Maß) beeinflusst werden können. Abschnitt 5 befasst sich mit Märkten für Rückstände und ist dreigeteilt: Der erste Teil widmet sich der Darstellung von Absatz- und Beschaffungsmärkten für Rückstände sowie der bereits angesprochenen Aufweichung zwischen den beiden Begriffen, im zweiten Teil wird der Versuch unternommen, die Transaktionen im Rückstandsbereich mithilfe der Agency Theorie zu erklären. Im dritten Teil schließlich wird in Anlehnung an Porters Branchenanalysekonzept eine Darstellung der näheren Unternehmensumwelt gegeben.

Abschnitt 6 erfasst die Verhaltensweisen der am Rückstandsmarketing Beteiligten sowohl unternehmensintern als auch unternehmensextern und insbesondere den Bereich, in dem Vertreter mehrerer Unternehmen zusammentreffen. Dabei werden verschiedene Interaktionsansätze mit einbezogen. In diesem Abschnitt wird auch untersucht, wie es zur Herausbildung von langfristigen Geschäftsbeziehungen im Bereich des Rückstandsmarketing kommen kann. Nicht ganz konsistent mit den dargestellten Interaktionsansätzen, aber für die interessierenden Fragen durchaus sinnvoll wird dabei auch auf Erkenntnisse des sogenannten Relationship Marketing bzw. des Geschäftsbeziehungsmanagements zurückgegriffen.

Abschnitt 7 wendet sich dem Unternehmen als potenziellem Abgeber bzw. Aufnehmer von Rückständen zu und untersucht, in welchen Bereichen Erfolgspotenziale für das Rückstandsmarketing liegen (können). Die Ergebnisse dieser Analyse werden in Form von übersichtlichen Checklisten zusammengefasst.

Die Abschnitte 8 und 9 gehen weg von der eher systemorientierten Betrachtung und versuchen, durch die Ausarbeitung von Zielen und Strategien konkrete Handlungsempfehlungen zu geben. Dabei wird auf speziell recyclingbezogene Strategien ebenso zurückgegriffen wie auf klassische Marketingstrategien.

In den Abschnitten 10 und 11 schließlich erfolgt eine Darstellung der empirischen Untersuchung und ihrer Ergebnisse. Abschnitt 10 befast sich zunächst mit der theoretischen Fundierung der Untersuchung und der Darstellung der Untersuchungsmethode. Abschnitt 11 fasst themenspezifisch die Untersuchungsberichte zusammen, um größtmögliche Übersichtlichkeit zu gewährleisten. Auf die Ergebnisse der empirischen Untersuchung wird im Übrigen auch im Verlauf des theoretischen Teiles der Arbeit immer wieder zurückgegriffen.

---

29 vgl. Friedrichs [Methoden] S.50f.

1.4 Literaturbetrachtung[30]

Über das Recycling ist mittlerweile eine Reihe wissenschaftlicher Fachpublikationen erschienen, auch von wirtschaftswissenschaftlicher Seite. Untersucht wird von diesen vor allem die ökonomische und ökologische Sinnhaftigkeit des Recycling sowie die Durchführung des Recyclingprozesses.[31]

Weniger beachtet wird die Frage, wie in den Fällen, in denen Rückstände nicht innerhalb desselben Betriebes recycliert werden können (prozessinternes bzw. betriebsinternes Recycling), der Rückstandstransfer organisiert ist. In der Literatur andiskutiert wird vor allem die Möglichkeit der sogenannten Abfallbörse,[32] die den Transfer bzw. die Aufnahme und Abgabe von Rückständen vermitteln soll, ansonsten wird eher davon ausgegangen, dass die Aufnahme und Abgabe von Rückständen über Altstoffhändler oder spezielle Aufbereitungsunternehmen durchgeführt wird.[33] In der neueren Literatur werden Ansätze diskutiert, im Rückstandsbereich stabile Austauschbeziehungen zwischen einzelnen Unternehmen auf Kooperationsbasis aufzubauen.[34] Nur in geringem Maße jedoch beschäftigen sich die bis dato vorliegenden Publikationen mit der Frage der Integration von Marketingaspekten in die Verwertung von Rückständen.[35]

Die Arbeiten, die sich bislang mit diesem Thema befassen, stellen vorwiegend auf Probleme der Entsorgung im engeren Sinn etwa auf Deponien oder typische Entsorgungsbetriebe[36] oder bestenfalls mit der Konzeption und Einrichtung von Abfallbörsen ab. Am ehesten findet man Hinweise auf marktliche Verwertung von Rückständen noch in Werken, die sich mit umweltorientierter Materialwirtschaft befassen.[37] Als Ausnahmen wurden von der Verfasserin neben der beinahe schon zum Klassiker gewordenen Arbeit von Kleinaltenkamp[38] nur drei Arbeiten gefunden,[39] allerdings gestaltete sich die Suche wegen der uneinheitlichen Beschlagwortung schwierig, weshalb die Auflistung keinen Anspruch auf Vollständigkeit

---

30 Da in diesem Abschnitt eine Literaturbetrachtung erfolgt, die Werke aber nicht im eigentlichen Sinne zitiert werden, entfällt die Seitenangabe
vgl. Bohnacker [Einfluss]

31 vgl. Giesen-Netzer [Implementierung], vgl. Görg [Recycling], vgl. Häberle [Analyse], vgl. Jahnke [Recycling], vgl. Kahmeyer/Rupprecht [Produktgestaltung], vgl. Meffert/Kirchgeorg [Ziele], vgl. Nickel (Hrsg.) [Recycling-Handbuch], vgl. Schwarz [Unternehmensnetzwerke], vgl. Strebel [Industrie], vgl. Strebel/Schwarz/Schwarz [Recycling], vgl. Suhr [Unterstützung]

32 vgl. Helm/Gojer [Abfallbörsen], vgl. Hodecek/Schäfer [Umweltbericht], vgl. Kleinaltenkamp [Recyclingstrategien]

33 Im Bereich des Verpackungsrecycling wurde diese Problematik zuletzt im Zusammenhang mit der österreichischen Verpackungsverordnung und deren Umsetzung durch die ARA intensiv diskutiert, vgl. Abschnitt 4.2.4

34 vgl. Abschnitt 6.3.4 und die dort angeführte Literatur

35 vgl. teilweise etwa Kleinaltenkamp [Recyclingstrategien]

36 vgl. Strebel/Schwarz/Prattes [Deponiemanagement]

37 vgl. dazu etwa Frank [Abfallwirtschaft]

38 vgl. Kleinaltenkamp [Recyclingstrategien], vgl. dazu auch Abschnitt 9.3 der vorliegenden Arbeit

39 Noeke [Marketing], Palupski [Abfallbewältigung], Schmidt-Endrullis [Markterschließung]

erhebt. Sehr eng mit der in der vorliegenden Arbeit behandelten Materie im Zusammenhang stehen die Arbeiten von Schwarz und Strebel,[40] auf die immer wieder Bezug genommen wird. Allerdings behandeln diese Arbeiten kaum die Aspekte des Marketing im engeren Sinne.

---

40 vgl. z.B. Schwarz [Unternehmensnetzwerke], vgl. auch Strebel/Schwarz/Schwarz [Recycling]

2 Das Marketingverständnis der Arbeit

Der Begriff des Marketing hat sich aus der betrieblichen Absatzlehre entwickelt und ist als betriebswirtschaftliche Disziplin erst relativ spät entstanden.[41] Mit diesem Begriff verbindet man umgangssprachlich am ehesten den Absatz von Konsumgütern. Gerade im Bereich der Rückstandsbewältigung spielt das Konsumgütermarketing eine untergeordnete Rolle. Vielmehr geht es darum, eine effiziente Bewältigung von nicht im eigenen Unternehmen verwert- oder entsorgbaren Rückständen zu gewährleisten und für das Unternehmen Möglichkeiten aufzuzeigen, wie auf der Beschaffungsseite Rückstände produktionsadäquat und effizient als Rohstoffe oder sonstige Einsatzgüter beschafft werden können.

Die vorliegende Arbeit beschäftigt sich mit dem Problem der Aufnahme und Abgabe von Rückständen zwischen Produktionsbetrieben. Das aus Marketingsicht wesentliche Merkmal dieser Situation ist die Tatsache, dass Rückstände von einem Unternehmen abgegeben und von einem anderen Unternehmen aufgenommen werden, wobei die Beweggründe für dieses Verhalten nicht von vornherein klar sind und einer gründlichen Analyse bedürfen. Im Mittelpunkt der Arbeit stehen Austauschrelationen[42] und folglich die Frage, wie durch die Aktivitäten des Marketing ein für beide beteiligten Parteien befriedigendes Tauschergebnis erzielt werden kann.[43] Dieser Ansatz entspricht dem „Generic Concept of Marketing."[44] Es stellt auf die Befriedigung von Bedürfnissen und Ansprüchen („Wünschen") ab.[45]

Ist eine Sache geeignet, bei einer bestimmten Person oder Institution ein Bedürfnis zu erfüllen, so verkörpert sie für die betreffende Person bzw. Institution einen Wert. Im Mittelpunkt des generischen Marketing-Konzeptes stehen der Austausch von Werten („Transaktion"[46]) zwischen zwei Parteien und seine charakteristischen Merkmale.[47] Die Stellung einer abgebenden und einer aufnehmenden Partei ist nicht mehr von Bedeutung.

Für die Vermarktung von Rückständen erwächst aus dem generischen Konzept des Marketing allerdings die Schwierigkeit, dass Rückstände - wie bereits erwähnt - oftmals keine Dinge von Wert sind, sondern im Gegenteil einen negativen Wert aufweisen. Daraus ist nun nicht der Schluss zu ziehen, dass für diese Stoffe ein Marketing unmöglich sei, vielmehr ist dies ein Beleg dafür, dass den Rückständen mithilfe des Marketing zumindest aus der Sicht einer der beteiligten Parteien ein (höherer) positiver Wert verliehen werden muss.

Von besonderer Bedeutung für das Marketing mit Rückständen ist aus diesem Grund der Aufbau von Beziehungen, wie er gerade in der jüngeren Marketingwissenschaft als notwendig

---

41 vgl. Busse v. Colbe/Laßmann [Absatztheorie] S.22

42 vgl. Kotler [Concept] S.48

43 vgl. Raffée [Grundprobleme] S.111

44 Kotler [Concept] S.48

45 vgl. ebenda

46 Kotler/Armstrong [Marketing] S.12

47 vgl. Kotler [Marketing Management] S.12

erkannt wurde: „Build a good network of relationships with key stakeholders, and profits will follow.“[48] Die Ansätze des Beziehungs- bzw. Relationship Marketing werden daher im Rahmen der Darstellung des Interaktionsverhaltens der an Rückstandstransaktionen Beteiligten noch vertieft dargestellt.[49]

Wesentlich ist jedoch auch eine weitere Weiterentwicklung, die der Begriff des Marketing erfahren hat: Der moderne Marketingbegriff verzichtet nicht nur auf eine Beschränkung auf wirtschaftliche Einheiten, sondern umfasst auch alle internen Bereiche eines Unternehmens, weshalb auch etwa das Beschaffungsmarketing entstanden ist: Ähnlich wie seit einiger Zeit der Begriff des „Einkaufs“ langsam durch den umfassenderen des Beschaffungsmarketing ersetzt wird,[50] werden sich auch für die von Unternehmensseite lange Zeit hindurch vernachlässigte „Entsorgung von Abfällen“ näher an das Marketing angelehnte Konzepte durchsetzen, nicht zuletzt aufgrund der durch steigende Entsorgungskosten, verschärfte gesetzliche Bestimmungen und öffentlichen Druck bewirkten „Engpasssituation“ im Entsorgungsbereich.

2.1 Wissenschaftstheoretische Anschlüsse

Wie bereits im vorigen Abschnitt erwähnt, nimmt die Bedeutung des Marketing kontinuierlich zu. Es hat nicht nicht mehr nur den Absatz des Unternehmens zu gewährleisten, das Unternehmen muss vielmehr „'von den Märkten her und auf die Märkte hin' geführt werden; alles betriebliche Handeln ist an den Marktengpässen der Unternehmung auszurichten.“[51]

Zweck des Marketing aus dieser Sicht ist somit die „bewusst marktorientierte Führung des Unternehmens,“[52] um komparative Konkurrenzvorteile zu erringen.[53] Marketing wird zur Führungskonzeption des ganzen Unternehmens, die aufbauend auf die klassische Absatzfunktion „in den verschiedenen Funktionsbereichen die Quellen für komparative Kostenvorteile identifiziert und für deren Umsetzung sorgt.“[54] Die der vorliegenden Arbeit zu Grunde gelegte Sicht des Marketing ist daher weder eine philosophische, noch stehen die Techniken des Marketing im Mittelpunkt. Vielmehr wird Marketing als Management der „wertschaffenden Aktivitäten zwischen Anbieter und Kunde“[55] aufgefasst.

Somit stellt das Marketing eine Querschnittsfunktion durch alle Bereiche des Unternehmens dar. Dadurch ist eine Ausweitung des in den Anfängen rein auf Absatzwirtschaft bezogenen

---

48 Kotler [Marketing-Management] S.13

49 vgl. Abschnitt 6.3.4

50 vgl. Abschnitt 5.1.2 der vorliegenden Arbeit, vgl. auch Biergans [Entwicklung] S.106 und die dort angegebene Literatur

51 Raffée [Gegenstand] S.42

52 Meffert [Marketing] S.29

53 vgl. Backhaus [Konzept] S.771

54 Backhaus [Konzeptmarketing] S.776

55 Plinke [Grundlagen] S.3

Marketingansatzes auch auf beschaffungspolitische Aspekte gegeben. Diese Sichtweise des Marketing bildet die Grundlage der vorliegenden Arbeit.[56]

Wegen der engen Verknüpfung der marktlichen Rückstandsbewältigung mit dem Recycling ist deren Querschnittscharakter noch stärker ausgeprägt, als es die Beziehung zwischen der Beschaffungs- und der Absatzfunktion im klassischen Marketing ist. Denn entsprechend dem Prinzip der Nachhaltigkeit[57] umfasst Rückstandsbewältigung im weiteren Sinne nicht nur den Absatz von Rückständen als Produkten bzw. nötigenfalls die Bereitstellung von entsprechenden Entsorgungsmöglichkeiten, sondern auch den Erwerb von fremden Rückständen zum Zweck der Verwendung als Einsatzstoffe im eigenen Unternehmen und somit das Recycling im weitesten Sinne. Die Miteinbeziehung absatz- und beschaffungspolitischer Aspekten in eine Arbeit über die marktliche Verwertung von Rückständen ist folglich schon aus Gründen einer weitgehenden Schließung von Stoffkreisläufen[58] erforderlich.

Eine Analyse der Rückstandsbewältigungs-Aktivitäten kann weiters nur erfolgen, wenn die Betrachtung der beiden am Austausch beteiligten Parteien unter Einbeziehung des gesamten involvierten Systems geschieht. Aus diesen Überlegungen wird deutlich, dass einer wissenschaftlichen Arbeit, die sich mit der marktlichen Bewältigung von Rückständen und in weiterer Folge mit dem Aufbau von Recyclingbeziehungen befasst, zwingend ein systemtheoretischer Ansatz zu Grunde gelegt werden muss.[59] Die Miteinbeziehung von systemtheoretischen Überlegungen ist dabei aus ökologisch-technologischen Gesichtspunkten ebenso von Bedeutung wie aus der Sicht des Marketing selbst:

Die Enstehung und weitere Behandlung von Rückständen wird eingebettet in den Zusammenhang eines techno-ökonomischen Systems[60] gesehen. Bevor der Mensch begann, gestaltend in Bio-Ökosysteme[61] einzugreifen, befanden sich diese in einem wenn auch stetigem Wandel unterworfenen Gleichgewicht („Fließgleichgewicht“[62]). Dieses wurde von „Produzenten“ (d.s. Pflanzen, sie erzeugen aus anorganischen Stoffen und Sonnenenergie Nahrung), „Konsumenten“ (Menschen und Tiere, die sich von den autotrophen Organismen ernähren) und „Destruenten“ (Mikroben und Bakterien, sie zerlegen die Abfälle der Konsumenten in ihre ursprünglichen kleinsten Bestandteile) aufrecht erhalten.[63].

Vom Menschen errichtete Techno-Ökosysteme, die zum großen Teil aus technischen Strukturen und Funktionen bestehen, verfügen nicht über die Fähigkeit der Selbstregelung. In

---

56 vgl. Ehrmann [Marketing] S.26, vgl. auch Abschnitt 2 der vorliegenden Arbeit

57 vgl. Wallner [Ökologie] S.83ff.

58 vgl. Hansen [Einführung] S.26f., vgl. Zahn/Schmid [Wettbewerbsvorteile] S.45f., vgl. Henseling [Leitbilder] S.16, vgl. Meffert/Kirchgeorg [Leitbild] S.39 , vgl. Stumm/Davies [Recycling] S.78

59 vgl. zur Übertragbarkeit systemtheoretischer Ansätze in den sozialwissenschaftlichen Bereich Metzner [Probleme] S.31ff.

60 vgl. Wallner [Ökologie] S.91ff.

61 vgl. zu diesem Begriff Strebel [Industrie] S.750, vgl. auch Haber [Beitrag] S.42

62 vgl. dazu z.B. Kummert/Stumm [Gewässer] S.17f.

63 vgl. Haber [Beitrag] S.45

ihnen muss das Gleichgewicht künstlich aufrecht erhalten werden, wofür eine hohe Zufuhr niederentropischer Energie vonnöten ist.[64] Entropie wird definiert als das „Maß für den Anteil an Wärmeenergie eines Systems, der nicht mehr in andere Energieformen überführt werden kann."[65] Der 2. Hauptsatz der Thermodynamik (Entropiesatz) besagt, dass sich alle geschlossenen Systeme in Richtung eines Zustandes mit höherer Entropie bewegen, das heisst, dass Energie gebunden und nicht mehr beliebig verfügbar ist: „Die Ordnung eines Systems (geht) immer mehr in Unordnung über."[66]

Dem Öko-System „Erde" gelingt es scheinbar, dem Gesetz der Entropiezunahme zu entkommen: Hier wurde über Jahrmillionen Energie in Form von fossilen Brennstoffen und Substanzen in Form von mineralischen Lagerstätten konzentriert. Bei näherer Betrachtung wurde diese Anreicherung nur dadurch ermöglicht, dass die Erde in der Realität kein geschlossenes System ist, sondern aus dem Weltall ständig Energie erhält.[67] Die Entropie steigt in diesem Fall nicht im System „Erde", sondern im übergeordneten System „Universum."

Ähnliches geschieht heute bei der Aufbereitung von Rohstoffen, etwa Metallen:[68] Der Reinstoff (Metall) wird aus dem Erz isoliert und konzentriert. Das ist aber nur unter enormem Energieeinsatz möglich, wodurch die Gesamtentropie des Systems „Erde" insgesamt erhöht und nicht vermindert (durch die Reinstoffkonzentrierung) wird.[69] Auch das Recycling von Rückständen ist im Prinzip eine Aufbereitung und Konzentration von Stoffen, die unter dem Einsatz niederentropischer Energie vonstatten geht.[70] „Kostenloses Recycling gibt es (daher) ebensowenig wie Industrie ohne Abfall."[71] Die Bewältigung von Rückständen ist aus dieser Sicht so zu gestalten, dass dadurch eine möglichst geringe Entropiezunahme verursacht wird. Diese Forderung liegt der vorliegenden Arbeit im Weiteren implizit zu Grunde.

Doch nicht nur die Systemzusammenhänge aus ökologischer Sicht, auch die Marketingbetrachtung selbst macht eine Auseinandersetzung mit dem Begriff des Systems erforderlich.[72] Ausgehend von einer marketingbezogenen Charakterisierung von Unternehmen als offene Güter-Umsatz-Systeme sind sie nicht in sich geschlossen, sondern stehen in Wechselwirkung mit ihrer Umgebung. „Um Einsichten in sie (die Unternehmung, A.d.V.) zu entwickeln, müssen wir sie aus der Einbettung in ihre Umwelt verstehen, also im Wirklichkeitszusammenhang

---

64 vgl. Haber [Beitrag] S.44

65 Bick et al. [Ökologie II] S.128

66 Georgescu-Roegen [Materie] S.66

67 in Form von Sonnenenergie bzw. von Gezeiten durch die Anziehungskraft des Mondes (vgl. Zimmermann [Entropiekonzepte] S.271)

68 vgl. zur „Material-Entropie" Zimmermann [Entropiekonzepte] S.273. Eine kritische Diskussion dieses Ansatzes würde an dieser Stelle zu weit führen.
vgl. zur Bildung von Analogien im Bereich des Entdeckungszusammenhanges zwischen Öko- und Techno-Ökosystemen Strebel [Ökologie] Sp.1306

69 vgl. Müller-Wenk [Buchhaltung] S.25, vgl. auch Strebel [Industrie] S.759

70 vgl. Stumm/Davies [Recycling] S.78f.

71 Georgescu-Roegen [Materie] S.71

72 vgl. Meffert [Marketing] S.22

mit den Kunden, den Lieferanten, ... vor allem aber auch den Wettbewerbern, ... dem Staat und den durch seine ... Politik geprägten Rahmenbedingungen."[73] Das Unternehmen wird in dieser für Sozialwissenschaften typischen „extraspektiven" Sichtweise als Teil eines übergeordneten Ganzen (der Branchenumwelt) gesehen, das seinerseits wieder Teil einer übergeordneten Einheit (des Makrosystems) ist.

Betrachtet man anderseits das Unternehmen als übergeordnete Einheit - als System -, so ist zu analysieren, in welcher Weise sich die einzelnen Teilbereiche gegenseitig beeinflussen. „Das Wissen über die Unternehmung besteht in dem Wissen über die einzelnen Systemelemente" (introspektiver Ansatz).[74] Die Auseinandersetzung mit einzelnen Systemelementen, z.B. den Funktionalbereichen, bringt Aufschluss über Stärken und Schwächen des Unternehmens.

Im Mittelpunkt der Betrachtung von Systemen stehen einerseits die einzelnen Systemelemente und anderseits die Beziehungen, die zwischen diesen Elementen bestehen.[75] Systemelemente im eben besprochenen Sinne sind nicht nur die Mitglieder des Systems Unternehmen selbst (Manager, Mitarbeiter), sondern auch alle übrigen Personen(gruppen), die mit dem Unternehmen in Beziehung stehen.[76] Bei der marktlichen Rückstandsbewältigung zählen dazu im Konkreten zum Umsystem des Unternehmens gehörende Personen(gruppen) wie Lieferanten, Kunden und regulatorische Gruppen.[77]

Die Beziehungen zwischen den einzelnen Systemteilnehmern zu gestalten, zählt zu den Aufgaben des Marketing. Dafür sind sowohl die Kenntnis der internen Zusammenhänge (Stärken und Schwächen des Unternehmens) als auch die der Bedürfnisse und Wünsche (Ansprüche) der übrigen Systemteilnehmer zu untersuchen. Aus dem Blickwinkel des gewählten marketingorientierten - „auf die Märkte gerichteten" - Ansatzes sind daher beide Aspekte des Systemansatzes zu verfolgen.[78]

Von der Seite des Marketing kommend, muss dem Systemansatz somit große Bedeutung zugemessen werden. Denn definiert man Marketing als Ausrichtung sämtlicher unternehmerischen Aktivitäten auf effektive und/oder potenzielle Märkte und stellt auf den Tatbestand der

---

73 Müller-Merbach [Arten] S.861

74 Müller-Merbach [Arten] S.859

75 vgl. Raffée [Grundprobleme] S.80

76 vgl. Einleitung zu Abschnitt 4

77 Letztere sind sogenannte gesellschaftliche Anspruchsgruppen, die regelnd in Systemprozesse eingreifen können (Behörden etc.) und dadurch „die Ziele einer Organisation beeinflussen können oder welche von deren Zielsetzungen betroffen sind" (Freeman [Management] S.25).
vgl. auch Dyllick [Management] S.43, vgl. Pfeffer/Salancik [Control] S.70ff., vgl. Schmid [Wertschöpfung] S.88ff.

78 vgl. Strebel [Industrie] S.749ff., vgl. Haber [Beitrag] S.48

Bedürfnisbefriedigung ab,[79] so wird Marketing „zu einem systembezogenen Sachverhalt, der nur dort auftritt, wo nach Gewinn strebende Unternehmungen vorhanden sind.“[80]

Zum anderen muss das Marketing Vorgaben dafür machen, mit welchem Instrumentarium Bedürfnisbefriedigung erreicht werden kann, und erfordert somit normative, situationsspezifische Aussagen, wie sie dem Entscheidungsansatz[81] der BWL entsprechen: „Marketing hat eine Expertenrolle und Promotorenrolle für die Kundenzufriedenheit. Es hat die Kunden zu kennen und die Entwicklung ihrer Erwartungen zu antizipieren und zu gestalten, im Einklang mit der Marktstrategie Handlungsprogramme zu entwerfen sowie schließlich deren Ausführung im Hinblick auf den Erfolg im Wettbewerb zu begleiten und zu koordinieren.“[82] Aufgabe des Marketing ist es mithin, Hilfestellung bei der Auswahl einer zu bevorzugenden Handlungsalternative aus mehreren möglichen zu leisten, die sich auf Aspekte wie Märkte, den Instrumentaleinsatz oder die Marketingziele des Unternehmens beziehen können.[83]

Eine Synthese von Systemansatz und Entscheidungsansatz wurde der vorliegenden Arbeit in Form des Marketingansatzes zu Grunde gelegt: „Im Marketingansatz erhält der Entscheidungs- und Systemansatz damit ... eine Ausformung, die man als 'praktisch-normativ' bezeichnen kann.“[84] Der Marketingansatz entspricht somit der in diesem Abschnitt ausgearbeiteten Sichtweise des Marketing und postuliert Marketing als Führungskonzeption des gesamten Unternehmens.[85] Marktliche Rückstandsbewältigung als unternehmerische Tätigkeit, die beinahe alle Bereiche des Unternehmens in irgendeiner Form tangiert, wird diesem Gedanken folgend ebenfalls als auf die Beschaffungs- und Absatzmärkte gerichtetes Instrument der Unternehmungsführung betrachtet, das als Hilfsmittel bei der Bewältigung von Rückstandsproblemen eingesetzt werden kann. Neuere Paradigmen der Marketingtheorie wie informationsökonomische, interaktionsorientierte, prozess- bzw. wertkettenorientierte Ansätze werden ebenfalls explizit in die Überlegungen mitaufgenommen.[86]

2.2 Die Entwicklung einer Marketing-Konzeption

Um die im vorangehenden Abschnitt dargestellten Aufgaben erfüllen zu können, ist die Entwicklung einer Marketing-Konzeption für die Bewältigung von Rückständen nötig. Eine Konzeption bezeichnet dabei die Strukturierung bzw. Planung, die einem Werk zu Grunde gelegt wird. Der Begriff der Marketing-Konzeption kann damit eine zweifache Interpretation

---

79 vgl. Nieschlag/Dichtl/Hörschgen [Marketing] S.144ff.

80 Raffée [Grundprobleme] S.107

81 vgl. zum Entscheidungsansatz aus umweltwirtschaftlicher Sicht Strebel [Umweltwirkungen] S.513f., vgl. Koppelmann [Marketing] S.17ff., vgl. Koppelmann [Beschaffungsmarketing] S.18ff., vgl. Meffert [Marketing] S.22

82 Plinke [Ausprägungen] S.833

83 vgl. Koppelmann [Marketing] S.20

84 Raffée [Gegenstand] S.42

85 vgl. Nieschlag/Dichtl/Hörschgen [Marketing] S.23ff.

erfahren: Zunächst kann die Marketing-Konzeption gesehen werden als Konzeption der Unternehmensführung,[87] die einen funktionsbereichübergreifenden, aus der Sicht des Unternehmens „globalen“ Charakter aufweist.[88] Mit diesem Aspekt der Marketing-Konzeption hat sich bereits der vorige Abschnitt beschäftigt. Die Klärung der Relevanz des Marketing für die Aktivitäten der externen Rückstandsbewältigung ist zentrales Element der Arbeit.

Stellt man jedoch das Element der Strukturierung bzw. der Planung in den Mittelpunkt der Betrachtung, so gelangt man zu einer engeren, entscheidungsorientierten Definition der Marketing-Konzeption: Aufbauend auf der geistigen Grundhaltung der Miteinbeziehung der Märkte wird die Frage gestellt, wie man „durch Schaffen und Anbieten von Werten bei den Marktpartnern eine intendierte Reaktion bewirken kann.“[89] Die Marketing-Konzeption ist somit „das Ergebnis eines systematischen, analytischen Vorgehens, das sowohl das Potenzial des relevanten Marktes sowie speziell die Schwächen der Konkurrenten erfasst als auch die besonderen Stärken des eigenen Unternehmens identifiziert.“[90]

Eine Marketing-Konzeption umfasst grundsätzlich die Festlegung spezieller Ziele, die darauf fußende Entwicklung von Strategien und die Ableitung der notwendigen operativen Handlungen,[91] von einigen Autoren wird auch die Kontrolle der Umsetzung der Marketing-Konzeption zugerechnet.[92] Grundlegende Unterscheidung der Situation der marktlichen Rückstandsbewältigung vom „klassischen“ Marketing ist jedoch, dass Rückstände im Normalfall nicht als Güter von Wert betrachtet werden. Gerade diese Tatsache stellt die Unternehmen vor die Aufgabe, speziell auf die marktliche Rückstandsbewältigung zugeschnittene Vorgehenskonzepte zu entwic??keln, die von detaillierten Analysen der Bedürfnisse und Ansprüche der Anspruchsgruppen ausgehen.[93] Die Marketing-Konzeption ist daher um diese Faktoren zu erweitern.

Einen Ansatz, der auch die Anspruchsorientierung mit umfasst, bietet Koppelmann, der zusätzlich zu den bereits in anderen Definitionen der Marketing-Konzeption integrierten Aktions- und Wirkungskomponenten eine Informationskomponente einführt. Diese umfasst die Ansprüche der Marktpartner, gegliedert nach der Bedürfnis- bzw. Anspruchs-, der Zielgruppen- und der Partner-Verhaltensorientierung (vgl. Abbildung 2-1).

Betrachtet man die für das Rückstandsmarketing wesentliche Informationskomponente näher, so lassen sich für jedes der angesprochenen Felder mehrere Ansatzpunkte finden. Die Betrachtung der Bedürfniskomponente führt dazu, dass im Mittelpunkt des Interesses nicht

---

86 vgl. Meffert [Marketing] S.23-26

87 vgl. Schneider [Marketing] S.2190-2193

88 vgl. Dichtl [Optionen] S.9

89 Biergans [Entwicklung] S.95, vgl. Raffée/Fritz/Wiedmann [Marketing] S.36

90 Becker [Marketing-Konzeption, 5.Aufl.] S.2

91 vgl. z.B. Meffert [Marketing] S.59

92 vgl. z.B. Backhaus [Industriegütermarketing] S.39ff.

93 vgl. Zahn/Schmid [Wettbewerbsvorteile] S.50f.

mehr ein materielles Produkt steht, sondern ein Bedürfnis, das es zu befriedigen gilt. Zu befriedigen sind daher sowohl die Ansprüche des abgebenden als auch die des aufnehmenden Unternehmens.[94]

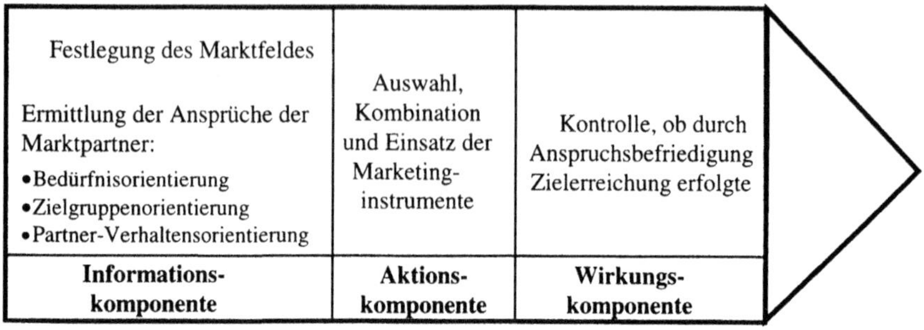

Abbildung 2-1: Marketing-Konzeption[95]

In einem nächsten Schritt sind aus den identifizierten Ansprüchen potenzieller Marktpartner diejenigen auszuwählen, die das Unternehmen mit seinem Angebot zu befriedigen trachtet. Mit anderen Worten ist nach der Identifikation des potenziellen Marktes die Segmentierung des für Rückstandstransaktionen relevanten Absatz- bzw. Beschaffungsmarktes vonnöten, um die auf diese Weise gewonnenen Segmente in gezielter Weise bearbeiten zu können.[96]

Letztlich ist eine verhaltenswissenschaftliche Absicherung der Grundlagen der Marketing-Konzeption wesentlich, um sicherzustellen, dass die gesetzten Maßnahmen auch mit den Verhaltensweisen der angestrebten Zielgruppen konform gehen. Zu diesem Zweck ist für die marktliche Rückstandsbewältigung zwischen Industriebetrieben vor allem eine Analyse des Interaktionsverhaltens nötig.[97]

Diese Aspekte der informatorischen Komponente stehen im Vordergrund der vorliegenden Arbeit, es werden jedoch auch die Aktions- und die Wirkungskomponente mitbehandelt, allerdings in geringerem Maße, da sich in diesen Bereichen die marktliche Rückstandsbewältigung nicht gravierend vom herkömmlichen Absatz-, Beschaffungs- und Dienstleistungsmarketing unterscheidet.

[94] vgl. Biergans [Entwicklung] S.96f.

[95] in Anlehnung an Koppelmann [Marketing, 3.Aufl.] S.3

[96] vgl. Koppelmann [Marketing] S.48ff., vgl. Meffert [Marketing] S.175

[97] vgl. Backhaus [Industriegütermarketing] S.114-133

3 Der Gegenstandsbereich des Rückstandsmarketing

Grundlage für die Untersuchung der Relevanz von Marketing-Konzepten für Rückstände ist eine Klärung der Frage, auf welchen Voraussetzungen ein Marketing für Rückstände aufbaut. Zunächst müssen dabei die wesentlichen Begriffe festgelegt und ihr Marketingbezug erarbeitet werden. Speziell der Bereich der Rückstandswirtschaft ist ein relativ junger Themenbereich der Betriebswirtschaft. Bis heute hat sich keine einheitliche Terminologie entwickelt.[98] Eine klare Definition ist jedoch Voraussetzung, um die dem Rückstandsmarketing im engeren Sinne vorgelagerten Aktivitäten der Erfassung und Klassifikation von Rückständen abgrenzen zu können. Erst dann können mögliche Einsatzbereiche definiert sowie Abnehmer gefunden bzw. Einsatzbereiche und Verfügbarkeit von nicht aus dem Unternehmen stammenden Stoffen festgestellt werden.[99] Zudem ist eine Abstimmung der eher funktionsbezogenen Termini der Abfallwirtschaft mit den bedürfnisbezogenen Begriffen des Marketing unumgänglich.

Von besonderer Bedeutung sind aus diesem Grund für eine Arbeit zur Frage der marktlichen Rückstandsbewältigung eine explizite Definition sowie eine Analyse des Rückstandsbegriffes aus Marketingsicht.[100] Marktliche Rückstandsbewältigung versteht sich als Strategie zur Bewältigung der im Unternehmen anfallenden Rückstände und dient als Überbegriff für einzelne Arten des Umgangs mit Rückständen.[101] Solche Arten des Umgangs mit Rückständen sind ebenfalls für die vorliegende Arbeit zu definieren.[102]

3.1 Rückstände als zentrales Element des Rückstandsmarketing

Einer der ersten Begriffe, der in der betriebswirtschaftlichen Literatur das Vorhandensein von unerwünschten Produktionsoutputs bezeichnete, war der des Materialverlustes.[103] Bei der Betrachtung der klassischen betriebswirtschaftlichen Literatur fällt oft eine bewusste Zweiteilung von Produkten einerseits und Abfällen anderseits auf. Abfall stellt eine eigene Kategorie neben den sogenannten Zweckprodukten[104] dar, neutrale oder in ökonomischer Sicht positiv verwertbare, jedoch nicht beabsichtigte Produktionsoutputs werden zunächst nicht definiert.

Gutenberg bezeichnet den Non-Produkt-Output eines Prozesses als „Werkstoffverlust."[105] Dieser untergliedert sich seinerseits wieder in Materialabfälle (also Abfälle im engeren Sinn), Ausschuss und Nebenprodukte. Letztere entstehen, „wenn zwangsläufig aus einem Grundstoff

---

98 vgl. dazu etwa die Übersicht über Definitionen bei Müller [Abfallbewältigung] S.14-16

99 vgl. Strebel [Industrie] S.823

100 vgl. dazu Abschnitt 3.1, vgl. auch Strebel [Industrie] S.749

101 vgl. zum Begriff der Rückstandsbewältigung Palupski [Markterschließung] S.31

102 vgl. Hamann/Palupski [Vermarktung] S.257

103 vgl. Gutenberg [Produktion] S.122, vgl. dazu auch das Folgende

104 vgl. Busse v. Colbe/Laßmann [Absatztheorie] S.85

105 Gutenberg [Produktion] S.123

in demselben Arbeitsgang mehrere verschiedenartige Erzeugnisse“[106] hervorgehen. Diese können entweder auf einem Markt oder im eigenen Unternehmen verwertet werden, sind also eigentlich Produkte. Ihre Einordnung unter die Werkstoffverluste mutet daher seltsam an.[107]

Auffällig ist, dass Gutenberg synonym für den Begriff „Nebenprodukt“ den Begriff „Kuppelprodukt“ verwendet.[108] Materialabfälle und Ausschuss sind aus seiner Sicht folglich nicht Teil eines Kuppelproduktpäckchens.[109] Da jedoch neben den ökonomisch verwertbaren Produkten im engeren Sinne immer ein Produktionsoutput existiert, der a priori nicht verwertbar scheint, muss die Vorbedingung für dessen Anfall das Vorliegen von Kuppelproduktion sein.

Der Grundstock für die Miteinbeziehung der Kuppelproduktion in produktionstheoretische Überlegungen wurde von Riebel gelegt.[110] Kuppelprodukte ist nach seiner Auffassung ein Oberbegriff für die Menge aller bei einem Produktionsprozess zwangsläufig anfallenden Outputs.[111] Riebels Fortschritt besteht darin, „eine sachlich begründete Rangskala der Kuppelprodukte nach dem Rang ihrer ökonomischen Bedeutung - im positiven wie im negativen Sinne - aufzustellen“[112] und nicht die anfallenden Produktionsoutputs den beiden Klassen Zweckprodukte (mit positivem Wert) und Abfälle (mit negativem Wert) zuzuordnen. Dieses Anliegen nähert sich den Erfordernissen eines Marketing für Rückstände.

Aufbauend auf den Überlegungen zur Kuppelproduktion wurde der Begriff des „Rückstands“ zum ersten Mal von Strebel als Substitut für das Wort „Abfall“ verwendet.[113] Rückstand ist „jeder Output eines Prozesses, der nicht auch unter dessen Sachziel fällt.“[114] In Strebels Definition weist Rückstand zwei wesentliche Merkmale auf:

- „Er ist Kuppelprodukt bei Produktions- (oder Konsum)vorgängen.
- Seine Entstehung ist aus der Sicht des jeweiligen Produzenten oder Konsumenten nicht beabsichtigt, wird aber im Interesse der Sach- und Formalzielerfüllung hingenommen.“[115]

---

[106] Gutenberg [Produktion] S.125

[107] Es kann jedoch vermutet werden, dass der Begriff des Nebenproduktes, wie ihn Gutenberg verwendet, zumindest teilweise synonym ist mit dem Begriff des Rückstandes im Sinne der vorliegenden Arbeit (vgl. im selben Abschnitt unten).

[108] vgl. Gutenberg [Produktion] S.124

[109] Das führt wiederum zurück zu seiner schon erwähnten strikten Zweiteilung des Produktionsoutputs in Produkte einerseits und Abfälle anderseits.

[110] vgl. Riebel [Kuppelproduktion] S.12

[111] vgl. Riebel [Kuppelproduktion] S.27

[112] Riebel [Kuppelproduktion] S.126

[113] vgl. Strebel [Umwelt] S.18

[114] Strebel [Industrie] S.754. Völlig anders z.B. die Definition von Hansen, der als Rückstand die bei der Behandlung von Abfällen anfallenden Stoffe bezeichnet (vgl. Hansen [Entsorgungsaufgaben] S.62)

[115] Strebel [Abfallwirtschaft] S.844. Sehr treffend ist n.M.d.V. auch die der Definition Strebels in etwa entsprechende Benennung von Rückständen als „Kondukte“ - zusammen mit (lat. Vorsilbe „con“) den bezweckten Produkten mitproduzierte Stoffe (vgl. Günther/Wittmann [Kondukte] S.119.) Im Sinne der Vermeidung einer weiteren sprachlichen Verwirrung wird diesem Vorschlag nicht gefolgt.

Nur diejenigen Outputs, die nicht genützt werden und „sich selbst entsorgen" (etwa Abluft) oder die entsorgt werden müssen, sind daher als „Abfälle" zu betrachten. Für alle in irgendeiner Form verwertbaren Residuen ist der Verzicht auf den Terminus „Abfälle" (i.w.S.)[116] und dessen Ersatz durch die Bezeichnung „Rückstand" zielführender, da dadurch die dem Wort Abfall anhaftende negative Assoziation hintan gehalten werden kann.[117]

Aus der Sicht der marktlichen Rückstandsbewältigung ist zu den besprochenen Ansätzen zu bemerken, dass eine Einteilung in erwünschte und unerwünschte Kuppelprodukte wie bei Kleinaltenkamp[118] nicht sinnvoll ist. Allein die Tatsache, dass eine Sache als unerwünscht bezeichnet wird, impliziert eine negative Bewertung, die aus Marketingsicht nicht zielführend ist, und niemand möchte etwas Unerwünschtes erwerben. Neutraler erscheint der Verfasserin die Bezeichnung als „bezweckte" und „nicht-bezweckte" Outputs.

Im Sinne einer vollständigen Miteinbeziehung aller anfallenden Outputs, wie sie etwa bei der Stoff- und Energiebilanzierung[119] verlangt wird, ist eine Einschränkung des Rückstandsbegriffes etwa auf feste Stoffe (vgl. § 3 (3) Z.1 und 2 AWG) nicht haltbar. Rückstände im Sinne der vorliegenden Arbeit sind daher - auch wenn eine marktliche Bewältigung nicht für alle diese Rückstände in Frage kommt[120] - nicht-bezweckte stoffliche Outputs aller Aggregatzustände sowie energetische Outputs (Lärm, Abwärme etc.).[121]

Als Rückstände fasst die vorliegende Arbeit auch jene Stoffe und energetischen Outputs auf, die aus dem Konsum anfallen und von den Konsumenten entweder direkt dem Hersteller zurückgegeben oder in dafür speziell zur Verfügung gestellte Sammelsysteme eingebracht werden sollen. Dieser Art von Rückständen kommt in der vorliegenden Arbeit nur untergeordnete Bedeutung zu, da der Aufgabenstellung entsprechend die marktliche Rückstandsbewältigung zwischen Produktionsbetrieben im Mittelpunkt steht.

3.1.1 Der Wert von Rückständen

3.1.1.1 Grundlagen der Bewertung von Rückständen

Aus den bisher dargestellten Abgrenzungsversuchen von Produkten und Abfällen wird ersichtlich, dass dem Begriff des Rückstandes a priori nicht unbedingt ein positiver oder negativer Wert zugeordnet werden kann; jedenfalls muss ein Rückstand durchaus keinen negativen Wert aufweisen. Aus diesem Grund ist „der Rückstand" zunächst als neutral zu betrachten.

---

[116] vgl. Steven/Bruns [Entsorgungslogistik I] S.696

[117] vgl. zu dieser Fragestellung Abschnitt 3.1.1.2, vgl. Kleinaltenkamp [Recyclingstrategien] S.26, vgl. Schwarz [Unternehmensnetzwerke] S.14

[118] vgl. Kleinaltenkamp [Recyclingstrategien] S.26ff.

[119] vgl. z.B. Strebel [Material- und Energiebilanzen] S.9

[120] So ist etwa für stofflich belastetes Abwasser und vor allem für Abgase eine marktliche Bewältigung schon aus logistischen Gründen eher nur in Ausnahmefällen, wie etwa in der Industrial Symbiosis Kalundborg, denkbar: Dort wurden Pipelines zur Beförderung von Abwässern installiert (vgl. Schwarz [Unternehmensnetzwerke] S.101f.).

[121] vgl. dazu Strebel [Umwelt] S.19

Ein positiver oder negativer Wert kann ihm erst dann zugemessen werden, wenn er mit einem Kalkül, das auf einem subjektiven Wertsystem beruht, bewertet wird:[122] Das der Beurteilung zu Grunde liegende Wertsystem kann gesellschaftlicher respektive rechtlicher Natur sein[123] oder individuell, von einzelnen Personen oder einem Unternehmen, geprägt werden.

Vor allem bei der Festlegung des Rückstandsbegriffes aus dieser personenbezogenen, subjektiven Sicht ist zunächst noch nichts darüber ausgesagt, ob eine „Schädlichkeit" (Unerwünschtheit) des Rückstandes sich nur auf individuelle, personen- oder unternehmensbezogene Größen (wie eine Gewinnminderung durch den Anfall von Entsorgungskosten) oder auch auf eine objektive von Rückständen ausgehende Gefährdung der Umwelt bezieht.[124]

Für die marktliche Rückstandsbewältigung sind sogar zwei subjektive Auffassungen vom Wert einer Sache von Bedeutung: einerseits die Wert-Auffassung des Abgebenden, und anderseits die Auffassung des Aufnehmenden. Dieser Sachverhalt gilt prinzipiell für jede marktliche Handlung. Die Besonderheit bei Rückständen ist, dass die Sache aus der Sicht eines oder beider Beteiligten auch einen negativen Wert aufweisen kann. Es besteht somit die Möglichkeit, dass ein Rückstand von verschiedenen Personen zur gleichen Zeit einmal mit positivem und einmal mit negativem Wert beurteilt wird, und dennoch finden Markthandlungen damit statt. Eine genaue Festlegung davon, ob ein Rückstand einen positiven oder negativen Wert aufweist, hängt von den angewandten Beurteilungskriterien und von deren Gewichtung ab.[125] Diese Tatsache ist für die marktliche Bewältigung von Rückständen von besonderer Bedeutung, da sie zur Komplexität der jeweiligen Marketingbeziehungen beiträgt.

3.1.1.2 Rückstände als Güter und Übel

Aus dem eben Dargelegten folgt, dass die Frage, ob ein Rückstand als Gut oder als Übel qualifiziert wird, unter anderem davon abhängt, welcher Wert ihm zugemessen wird. Da Rückstände nur dann marktlich bewältigt werden können, wenn eine der beteiligten Parteien in einer Transaktion mit Rückständen einen Nutzen und somit etwas „Gutes" erblicken kann, ist die Bedeutung der Begriffe „Gut" und „Übel" aus wirtschaftlicher Sicht zu erörtern.

Das Wort „Gut" leitet sich vom Adjektiv „gut"[126] ab und meint somit eine Sache von (positivem) Wert. Grundlegende Forderung an alle „Güter" ist ihre Eignung zur Befriedigung von Bedürfnissen. Schon 1870 definierte von Hermann: „Alles was geeignet ist, dem Men-

---

[122] vgl. Strebel [Abfallwirtschaft] S.845

[123] vgl. § 1 Abs.3 AWG

[124] Diese duale Sichtweise des Abfallbegriffes spiegelt sich in der Legaldefinitionen des österreichischen Abfallwirtschaftsgesetzes, in dem ein objektiver und ein subjektiver Abfallbegriff existieren. Vgl. dazu und zum Folgenden § 2 Abs.1 Zif.1 und 2 AWG, vgl. dazu im Einzelnen auch Abschnitt 4.2.3

[125] vgl. Strebel [Forschungsplanung] S.78ff.

[126] Die gleiche Doppeldeutigkeit eines Begriffes findet sich etwa im englischen „good" oder im französischen „bien".

schen ein Bedürfnis zu befriedigen, heisst er ein Gut."[127] Güter können folglich materiell (auch die natürliche Umwelt.)[128], aber auch immateriell sein wie etwa Dienstleistungen.

Alle Güterarten[129] können wirtschaftliche Güter[130] sein. Als wirtschaftliche Güter bezeichnet man „Sachgegenstände, Arbeits- und Dienstleistungen oder auch Informationen und andere immaterielle Werte, die im Produktions- und Tauschprozess verwendet werden ... (und)

- die zur Befriedigung menschlicher Bedürfnisse bzw. zur Verwendung in vorgelagerten Produktionsprozessen *geeignet* sind,
- deren Eignung *bekannt* (erforscht) ist,
- die für Tauschprozesse *verfügbar* sind (´Verkehrsobjekt´),
- die im Verhältnis zum bestehenden Bedarf *knapp* sind, d.h. für deren Beschaffung ein anderes Gut hergegeben werden muss."[131]

Wesentlicher Bestimmungsfaktor eines wirtschaftlichen Gutes ist die Knappheit.[132] Ein Gut ist dann als knapp zu bezeichnen, wenn die vorhandene Menge des Gutes nicht ausreicht, um den Bedarf zu decken.[133] Hier ergibt sich nun ein Einsatzgebiet für wirtschaftliches Handeln, das sich als das planvolle Disponieren über wirtschaftliche Güter versteht.[134] Ist ein Gut nicht knapp (etwa ein Rückstand), so entfällt die Notwendigkeit, für eine sinnvolle Verteilung des Gutes zu sorgen, da ohnehin jedermann unbeschränkt mit diesem Gut seine Bedürfnisse befriedigen kann. Für diese Güter existiert daher kein Preis. Ebenfalls keinen Preis gibt es für Güter, von deren Nutzung niemand ausgeschlossen werden kann. Man spricht in diesem Falle von freien Gütern.[135] Zu den freien Gütern müsste man prinzipiell aber auch die Dinge zählen, die niemand nutzen möchte, die daher nicht knapp sind und für die niemand bereit ist, einen Preis zu zahlen, weshalb man sich ihrer zu entledigen versucht: die Rückstände.[136]

---

[127] von Hermann [Untersuchungen] S.122

[128] vgl. Strebel [Umwelt] S.17

[129] Eine Ausnahme bilden die sogenannten abstrakten Güter. Im Sprachgebrauch wird der Begriff „Gut" auch für ethische und moralische Phänomene eingesetzt. In der vorliegenden Arbeit werden diese abstrakten Begriffe nicht weiter behandelt.

[130] vgl. z.B. Dichtl/Issing (Hrsg.) [Wirtschaftslexikon] S.952, vgl. auch Thommen [Betriebswirtschaftslehre] S.28f.

[131] Busse v. Colbe/Laßmann [Absatztheorie] S.72

[132] vgl. Matschke/Jaeckel/Lemser [Umweltwirtschaft] S.5, vgl. Picot/Dietl/Franck [Organisation] S.1, vgl. Raffeé [Grundprobleme] S.23, vgl. Schierenbeck [Grundzüge] S.1f.

[133] Als „Bedarf" soll in diesem Zusammenhang der subjektive Bedarf einzelner Individuen bezeichnet werden, ungeachtet der Frage, ob die zur Bedarfsdeckung nötigen Güter tatsächlich auf einem Markt nachgefragt werden.

[134] vgl. Raffée [Grundprobleme] S.23, vgl. Schierenbeck [Grundzüge] S.2, vgl. Wöhe [Einführung] S.2

[135] vgl. ebenda, vgl. Bick et al. [Ökologie I] S.30f., vgl. Wicke [Umweltökonomie] S.132

[136] Rückstände sind aber freie Güter nur in eingeschränktem Sinne, denn sie unterliegen meist rechtlichen Bestimmungen (vgl. Abschnitt 4.2.3) und sind aus diesem Grund (oft) nicht frei verfügbar. Es ergibt sich also das Paradoxon, dass diese "Güter" im Überfluss vorhanden sind, aber aufgrund von Verfügungsbeschränkungen nicht wie freie Güter gehandhabt werden dürfen.

Daraus resultiert aber neben den freien und den knappen Gütern eine dritte Art von „Gütern“, nämlich die, die niemand haben will. Diesen „Gütern“ wird kein positiver Wert zugemessen, sie sind aus der Sicht ihres „Besitzers“ zumindest subjektiv „schlecht“ - weil unerwünscht und mit (Entsorgungs-)Kosten belastet - und werden somit negativ beurteilt.[137] Da in vielen Fällen Rückstände aber auch objektiv gesehen „schlecht“ sind, weil sie für den Menschen und seine natürliche Umwelt gefährlich sind oder sein können, scheint es nur konsequent, diese Dinge als „Un-Gut“ oder „Übel“ zu bezeichnen.[138]

Dieser Auffassung folgt zum Beispiel Thomé,[139] der vorerst sogenannte „goods“ und „bads“ unterscheidet. Als „goods“ bezeichnet er Produkte bzw. Güter, „die durch ihre Produktion, ihre Verwendung oder ihre Beseitigung zu keiner schädlichen Erhöhung der jeweiligen ökologischen Umweltbelastungen führen.“[140] Diese Definition stellt so hohe Anforderungen, dass es „Güter“ in diesem Sinn überhaupt nicht geben könnte, und ist daher wenig praktikabel. Allerdings macht sie sehr klar deutlich, dass die meisten „Güter“ aus rein ökologischer Sicht eher bedenklich sind. Hält man sich streng an diese Definition, so sind alle „Güter“ als „bads“ (Übel) und somit aus ökologischer Sicht als „schlecht“ zu bezeichnen[141].

Objekt-Kategorie / Prozeßbezug	**Gut**	**Neutrum**	**Übel**
Input	unerwünscht (Gutfaktor)	unbeachtet (Beifaktor)	erwünscht (Übelfaktor)
Output		„Rückstand“	
	erwünscht (Gutprodukt)	unbeachtet (Beiprodukt)	unerwünscht (Übelprodukt, Abfall)

Abbildung 3-1: Abgrenzung von Gütern und Übeln nach Dyckhoff[142]

Eine in ähnlicher Weise auf den sozialen und ökologischen Wert von „Gütern“ bezogene Definition entwickelt Dyckhoff (vgl. Abbildung 3-1).[143] Er greift die begriffliche Diskrepanz zwischen Gütern im wirtschaftlichen und Gütern im „umweltbezogenen“ Sinne auf, wie sie in den vorhergehenden Absätzen geschildert wurde, und ersetzt den Begriff des wirtschaftlichen

[137] vgl. im selben Abschnitt oben

[138] vgl. z.B. Kosiol [Unternehmung] S.107

[139] vgl. Thomé [Produktgestaltung] S.74

[140] Thomé [Strategien] S.177

[141] An dieser Stelle wäre eine Diskussion der Begriffe „Gut“ und „Ungut“ bzw. der Beziehung, in der diese beiden Begriffe zum Begriff des „Produktes“ stehen, nötig. Im Rahmen der vorliegenden Arbeit würde eine solche Abhandlung jedoch zu weit führen und soll daher unterbleiben.

[142] Dyckhoff [Berücksichtigung] S.179

[143] vgl. Dyckhoff [Produktion] S.65-68

Gutes[144] durch den wertfreien Begriff des „Objektes."[145] Diesen unterteilt er weiter in die Unterbegriffe „Gut" als erwünschtes und „Übel" als unerwünschtes Objekt. Als dritte Klasse definiert er sogenannte Neutra, denen gegenüber eine neutrale Einstellung herrscht.[146]

Bestehen bleibt nach diesen Abgrenzungsversuchen der Wertigkeit von Rückständen die Tatsache, dass sich zwar für Rückstände, die mit negativem Wert behaftet sind, der Begriff „Abfall" eingebürgert hat. Für jenen Anteil der Rückstände, der einer Verwertung zugeführt werden kann, hat sich jedoch eine Vielzahl von Begriffen herausgebildet, die einander alle ähnlich, jedoch meist nicht ganz deckungsgleich sind.

Dies trägt beträchtlich zur Verwirrung in diesem Bereich bei. In der Praxis wird der Begriff des Rückstands noch immer weitgehend mit dem des Abfalls gleichgesetzt.[147] Deshalb werden „ökonomisch verwertbare Rückstände häufig nicht als solche erkannt",[148] sondern als wertvolle Rohstoffe bezeichnet. Entsprechend führte die Literatur mit Bezug auf den negativ besetzten Begriff des Abfalls den des Wertstoffs für die mit positivem Wert versehenen oder versehbaren Rückstände ein.[149] Aufgrund der positiv anmutenden Bezeichnung scheint dieser Begriff auch in der betrieblichen Praxis weit verbreitet zu sein.[150]

In der vorliegenden Arbeit wird jedoch - abgesehen von direkten Rekursen auf andere Quellen - keiner dieser Begriffe weiter verwendet, vielmehr werden Rückstände, die einer erneuten Nutzung zugeführt werden können, im Folgenden als Sekundärstoff bezeichnet.[151] Mit diesem Begriff ist die derivative Herkunft eines Stoffes aus einem vorangehenden Produktions- oder Konsumprozess ebenso begrifflich umschrieben wie seine Eignung, erneut in einem Produktions- oder Konsumtionsprozess eingesetzt zu werden.

3.1.2 Rückstände als Produkte

Wird ein Gut im Rahmen wirtschaftlicher Transaktionen ausgetauscht, nennt man es gemeinhin Produkt. In der betriebswirtschaftlichen Lehre wurde eine Vielzahl von Definitionen

---

[144] wie er etwa von Busse von Colbe/Laßmann ([Absatztheorie] S.72) gebraucht wird

[145] abgeleitet aus der von Kosiol geprägten Definition von „Wirtschaftsgüter(n) als Objekte(n) wirtschaftlichen Handelns" (Kosiol [Unternehmung] S.101)

[146] vgl. Dyckhoff [Produktion] S.66
Eine weitere Unterteilung der Objekte trifft Dyckhoff nach dem Prozessbezug: Objekte, die als Input in einen Produktionsprozess dienen, bezeichnet er als Faktoren bzw. Redukte, den Prozessoutput nennt er „Produkt", wobei er je nach der Wertigkeit der Produkte unterscheidet zwischen erwünschten „Produkten im engeren Sinne", den neutralen („wertfreien") „Beiprodukten" und unerwünschten „Abprodukten", wobei die beiden Letzteren den Rückstand eines Produktions- bzw. Konsumprozesses ausmachen. (vgl. ebenda)

[147] vgl. Strebel/Schwarz/Schwarz [Recycling] S.20

[148] Schwarz [Unternehmensnetzwerke] S.24.

[149] vgl. z.B. Bilitewski/Härdtle/Marek [Abfallwirtschaft] S.63ff. und die dort angegebene Literatur, vgl. auch Abschnitt 4.2.3

[150] Er wurde in vielen Praktikergesprächen erwähnt.

[151] vgl. Riebel [Kuppelproduktion] S.32f., vgl. Bilitewski/Härdtle/Marek [Abfallwirtschaft] S.63, vgl. Strebel [Umwelt] S.108

für Produkte entwickelt, aus der eine für die vorliegende Arbeit operationale gewählt wurde. Um dies zu bewerkstelligen, muss zunächst der Begriff des „Produktes“ definiert werden.

Für die vorliegende Arbeit ist eine rein auf den Prozessoutput bezogene Produktdefinition wie die von Gutenberg nicht weit genug.[152] Nach dieser Definition könnte weder für naturgegebene Güter[153] noch für Dienstleistungen und immaterielle Produktkomponenten (z.B. das Image) eine Produkteigenschaft begründet werden. Da solche aber zu den wirtschaftlichen Gütern zu zählen sind, ist eine generelle Einschränkung nicht als sinnvoll anzusehen. Des Weiteren ist diese Art der Definition gekennzeichnet durch eine Vernachlässigung der Leistungsverwertung: Produkte dienen jedoch in erster Linie dazu, ihren Benutzern bei der Befriedigung ihrer Bedürfnisse zu helfen.[154]

Dieser Auffassung folgt Kotler,[155] der die marktliche Dimension explizit mit einbezieht und die Bedürfnisbefriedigung beim Verwender in den Mittelpunkt seiner Überlegungen stellt. Dies ermöglicht auch eine Einbeziehung von Dienstleistungen und immateriellen Produktkomponenten.[156] Ein Produkt muss mit denjenigen Funktionen ausgestattet werden, die geeignet sind, Kundenbedürfnisse zu erfüllen. Die Funktionen des Produktes stellen den wesentlichen Ansatzpunkt für seine Marktfähigkeit dar und müssen im Rahmen einer Arbeit über Marketing für Rückstände im Speziellen geklärt werden.

Nicht zuletzt wird in diesem Abschnitt geklärt, ob ein „Rückstands-Produkt“ ein „umweltfreundliches“ Produkt sein muss, um den Zusammenhang des umweltorientierten Marketing[157] und der marktlichen Rückstandsbewältigung zu durchleuchten. Das macht erforderlich zu klären, welche Eigenschaften ein „umweltfreundliches“ Produkt aufweisen muss.

3.1.2.1 Funktionserfüllung als konstituierendes Merkmal der Produkteigenschaft bei Rückständen

Die Beurteilung von Produkten setzt an einer Analyse der Produktfunktionen an. Der Begriff der Produktfunktion stammt aus der Wertanalyse und bezeichnet den Nutzen bzw. den Zweck, den ein Produkt für seinen Verwender erfüllt.[158] Um bei Rückständen eine Produkteigenschaft zu begründen, ist es besonders wichtig, für die Befriedigung der Abnehmerbedürfnisse geeignete Funktionen zur Verfügung zu stellen. Denn die Einstellung der Abnehmer

---

[152]„Fabrikate (Produkte, Erzeugnisse) entstehen auf Grund von Form- und Substanzveränderungen, denen jeweils bestimmte Grund- oder Ausgangsstoffe unterworfen werden.“ (Gutenberg [Produktion] S.1)

[153]wie etwa das Mineralwasser, das gerade aus der Erde sprudelt

[154]vgl. oben

[155]Er definiert als Produkt, „was einem Markt zwecks Erlangung von Aufmerksamkeit, zum Erwerb, zum Gebrauch oder Verbrauch angeboten werden kann und geeignet ist, Wünsche oder Bedürfnisse zu befriedigen. Es umfasst konkrete Objekte, Dienstleistungen, Personen, Orte, Organisationen und Ideen“ (Kotler/Armstrong [Marketing] S.336)
vgl. auch Brockhoff, der eine unternehmens- und eine marktbezogene Komponente in seine Definition aufnimmt (vgl. Brockhoff [Produktpolitik] S.9), vgl. Kern [Produkte] Sp.1434

[156]vgl. z.B. Türck [Produkt] S.10f.

[157]vgl. Meffert et al. [Marketing] S.410

zu Produkten, die Rückstände irgendeiner Art enthalten,[159] ist ambivalent: Es gilt zwar als sinnvoll, Recyclingprodukte jeweder Art einzusetzen bzw. zu verwenden, doch dürfen diese weder einen wesentlichen Gebrauchsnachteil gegenüber originären Produkten aufweisen, noch teurer sein. Dies gilt zwar insbesondere für den Konsumgüterbereich, macht sich jedoch auch im Business-to-Business-Bereich bemerkbar. Im Mittelpunkt des Interesses stehen die Bedürfnisse und Wünsche der Nachfrager, deren Befriedigung Voraussetzung für den Erfolg am Markt ist. Diese Sichtweise findet sich auch in den modernen Marketingdefinitionen wieder.[160]

Als Bedürfnisse bezeichnet man in der Alltagssprache „das Streben nach dem, was man braucht oder haben will, um seine Ziele zu erreichen."[161] Übergeordnetes Bedürfnis ist das Überlebensbedürfnis, das in Teilbedürfnisse zerlegt werden kann. Bedürfnisse, die alle Menschen gemeinsam haben, nennt man Grundbedürfnisse (Motive[162]). Sie sind physische, soziale und individuelle Mangelzustände.[163] Bedürfnisbefriedigung ist in diesem Sinne als Vorgang der Beseitigung dieser Mangelzustände zu sehen.[164]

Die Bedürfnisse des Verwenders eines Produktes schlagen sich in seinen Ansprüchen nieder. Kotler bezeichnet diese Ansprüche als Wünsche („wants")[165] und meint damit die von Kultur und individuellen Faktoren sowie ökonomischen Größen geprägten konkreten Dinge, die ein Bedürfnis befriedigen können.[166] Ansprüche treten im Bereich des Absatzes als Ansprüche der Verwender, der Händler sowie als Logistikansprüche auf; auf der Seite der Beschaffung als an das Produkt sowie an die Beschaffungsmodalitäten geknüpfte Ansprüche.[167] Sie äussern sich in „eine(r) objektorientierte(n) Handlungsabsicht, die als Bedarf bezeichnet wird."[168] Anspruchsbefriedigung ist nur mit einem auf die Anforderungen des Abnehmers zugeschnittenen Angebot möglich.

Die Bedürfnisse und Ansprüche der Abnehmer müssen ihren Niederschlag finden in den Funktionen bzw. Nutzen, die ein Produkt oder auch ein Rückstand in der Lage ist zu erfüllen. Grundsätzlich sind zwei Arten von Funktionen resp. Nutzen zu differenzieren:[169]

---

[158] vgl. VDI Zentrum Wertanalyse (Hrsg.) [Wertanalyse] S.405f.

[159] Diese werden im Weiteren auch als derivative Produkte bezeichnet.

[160] vgl. etwa Kotler [Marketing-Management] S.8, vgl. Abschnitt 2

[161] Hondrich [Bedürfnisse] S.28ff.

[162] zur synonymen Verwendung der Begriffe vgl. Nieschlag/Dichtl/Hörschgen [Marketing] S.145

[163] vgl. Nieschlag/Dichtl/Hörschgen [Marketing] S.144

[164] vgl. Maslow [Motivation] S.57f.

[165] vgl. Abschnitt 2

[166] vgl. Behrens [Konsumentenverhalten] S.100f.

[167] vgl. Koppelmann [Marketing] S.41f.

[168] Nieschlag/Dichtl/Hörschgen [Marketing] S.145, im Original teilweise fett

[169] vgl. Nieschlag/Dichtl/Hörschgen [Marketing] S.3f.

- Hauptnutzen nennt man jenen Nutzen, der aus der technisch-funktionalen Seite des Produktes resultiert und die Qualität im engeren Sinne verkörpert.[170] Es handelt sich dabei um die wesentliche(n) Funktion(en) des Produktes, die es gebrauchstauglich machen.
- Nebennutzen sind für die Existenz oder Funktionsfähigkeit eines Produktes nicht unbedingt erforderlich.[171] Solche Nebennutzen sind zusätzliche Verwendungsmöglichkeiten, spezielle Serviceleistungen und immaterielle Güter wie Imagewirkungen des Produktes (Geltungsfunktionen).[172] Für die marktliche Rückstandsbewältigung sind dabei insbesondere die die Beseitigung und Wiederverwendung betreffenden Nutzen von Bedeutung.

Von einigem Erkenntnisgewinn im Hinblick auf Merkmale resp. Funktionen von Rückständen als Produkten ist die Produktaufassung Kotlers. Das Besondere daran ist die Konzeption von mehreren Ebenen für das Produkt (vgl. Abbildung 3-2).

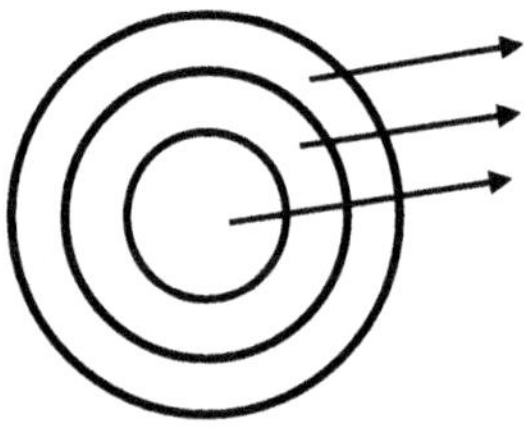

Abbildung 3-2: Drei Dimensionen des Produktbegriffes[173]

- Der Kernnutzen (das generische Produkt[174]), verkörpert die grundlegende Produktleistung und den Produktnutzen, den der Verbraucher in Wirklichkeit kauft.[175] Es handelt sich dabei folglich nicht um das reale Produkt. Gerade ein Rückstandsprodukt, das gegen negative Assoziationen kämpfen muss, muss sehr gut in der Lage sein, Anwenderprobleme zu lösen.
- Das formale Produkt umfasst den realen Kaufgegenstand und immaterielle Komponenten (z.B. die Marke). Es wird zum Kauf angeboten und dient de facto als Mittel zur Bedürfnisbefriedigung. Da das konstituierende Element der Produkteigenschaft die Bedürfnisbefriedigung ist, kann das „Produkt" auch in der Erbringung einer Dienstleistung wie etwa der Übernahme von Rückstandsbewältigungsaktivitäten bestehen.[176]

[170] vgl. Vershofen [Marktentnahme] S.89. Unter „Qualität" ist in diesem Zusammenhang die Summe der Qualitätsmerkmale wie Zuverlässigkeit, Ausstattung, Haltbarkeit, Lebensdauer etc. zu verstehen (vgl. VDI Zentrum Wertanalyse (Hrsg.) [Wertanalyse] S.405)

[171] vgl. Vershofen [Marktentnahme] S.89

[172] vgl. VDI Zentrum Wertanalyse (Hrsg.) [Wertanalyse] S.18

[173] vgl. Kotler/Armstrong [Marketing] S.336

[174] vgl. zu diesem Begriff auch Brockhoff [Produktpolitik] S.8

[175] in Anlehnung an Kotler [Marketing-Management] S.395

[176] vgl. Türck [Produkt] S.10

- Das erweiterte Produkt bietet die umfassendste Sichtweise des Produktbegriffes.[177] Neben dem formalen Produkt gehört dazu auch ein weiteres Bündel von Eigenschaften und Dienstleistungen (z.B. Service), wodurch sich das Angebot des Unternehmens vom Angebot der Wettbewerber unterscheidet.[178] Das erweiterte Produkt bietet speziell für den Abnehmer konzipierte weitere Nutzen. Typischer Bestandteil eines rückstandsbezogenen erweiterten Produktes im Business-to-Business-Bereich ist etwa die Garantie des Lieferanten, die beim Produktverwender anfallenden Rückstände eines Produktes kostenlos zur Entsorgung zu übernehmen.[179] Gerade Rückstandsprodukte weisen einen hohen Erklärungs- und auch Bedarf an zusätzlichen Dienst- und Serviceleistungen auf. Der Erklärungsbedarf äussert sich zunächst in einer Aufklärung über die Art und Beschaffenheit des Produktes sowie gegebenenfalls über Unterschiede zu Produkten aus Primärstoffen. Doch auch emotionale Faktoren und die damit verbundenen Geltungsfunktionen (etwa Recyclingsymbole) sind wesentliche Bestandteile des erweiterten Produktes bei der Vermarktung von Rückständen.

Nach der Klärung der Funktionen, die Produkte für ihre Verwender erfüllen können, stellt sich die Frage, in welchem Ausmaß sie die Ansprüche ihrer Verwender befriedigen können. Dieses Ausmaß bezeichnet man als Qualität der Produkte.[180] „Die Nachfrage nach Produkten (bezieht sich) immer auf deren Eignung zur Befriedigung bestimmter Bedürfnisse ... und ihre Qualität (wird) aus dieser verwenderbezogenen ... Sicht beurteilt."[181] Mit anderen Worten entspricht die Qualität eines Produktes seiner Gebrauchstauglichkeit.

Diese teleologische Sichtweise,[182] die zusätzlich zu den gebrauchstechnischen auch ästhetische und soziale Qualitätsdimensionen umfassen kann,[183] stellt die Ansprüche bzw. Anforderungen, die an ein Produkt gestellt werden, in den Mittelpunkt der Betrachtung. Aus der Vielgestaltigkeit dieser Ansprüche folgt, dass sich die „Produktqualität" aus unterschiedlichen, intersubjektiv verschieden wahrgenommenen Teilqualitäten zusammensetzt. Qualität ist damit als subjektive Größe anzusehen.[184] Dadurch wird es, wie bereits erwähnt, möglich, dass

---

[177] vgl. Kotler/Armstrong [Marketing] S.337

[178] Kotler [Marketing-Management] S.395ff. Mithilfe des erweiterten Produktes erreicht man eine Differenzierung gegenüber der Konkurrenz.

[179] vgl. dazu Abschnitt 5.3.2.3

[180] vgl. Strebel [Umwelt] S.108. Ausführungen zum Thema Qualitätssicherung, die in erster Linie die objektive Qualität betreffen, führen an dieser Stelle zu weit (vgl. dazu Hansen [Qualitätssicherung] 103-110 und die dort zitierte Literatur, vgl. Vorbach [Umweltmanagement] S.76ff.)

[181] Hansen/Leitherer [Produktpolitik] S.34

[182] vgl. zu diesem Begriff etwa Koppelmann [Produktmarketing] S.336

[183] vgl. Hansen/Leitherer [Produktpolitik] S.40

[184] Selbst objektiv nachprüfbare Qualitätsdimensionen wie Länge, Lebensdauer, Lieferzeit, Gewicht, Inhaltsstoffe oder Konstruktion (vgl. Türck [Produkt] S.18) sind in einem gewissen Grade subjektiv, da die potenziellen Verwender „mit unterschiedlichen Erfahrungen, Gewohnheiten, Kenntnissen und Einstellungen ausgestattet ... sind" (Hansen/ Leitherer [Produktpolitik] S.37) und somit gleiche objektive Eigenschaften von Produkten zu unterschiedlichen subjektiven Empfindungen führen können.

ein Rückstand für eine der an einer Transaktion beteiligten Parteien einen negativen, für die andere aber einen positiven Wert aufweist.[185]

Das Bündel unterschiedlicher Qualitätswahrnehmungen macht Einstellungen von Verbrauchern gegenüber Produkten oder Images von Produkten aus,[186] es schlägt sich direkt in einer effektiven Nachfrage und somit einem Kauf nieder.[187] Wesentliche Voraussetzung dafür ist die Kongruenz der Einschätzungen der Abnehmer und der vom Anbieter intendierten Qualitätsurteile.[188] Klaffen diese auseinander, muss der Hersteller für eine Annäherung sorgen, da ansonsten das entsprechende Produkt nicht nachgefragt wird.[189] Dies gilt insbesondere für aus Rückständen erzeugte Produkte. Bei deren Vermarktung übernehmen die wertsteigernden Prozesse der Aufbereitung und Verarbeitung und der gezielte Einsatz des kommunikationspolitischen Instrumentariums die Aufgabe der Angleichung der Funktionsprofile bei Anbietern und Abnehmern. Diese Angleichung ist die wesentliche Aufgabe der Produktgestaltung.[190]

3.1.2.2 Rückstandsprodukte als „ökologische" Produkte?

Die Vermarktung von Rückständen steht in engem Zusammenhang mit der Gestaltung und Vermarktung von sogenannten „umweltfreundlichen" bzw. „ökologischen" Produkten. Allerdings existieren zwischen Rückstandsmarketing und Marketing für umweltfreundliche Produkte gravierende Unterschiede. Aus diesem Grund ist zu klären, inwieweit man Rückstände als umweltfreundliche Produkte betrachten kann und wo Abgrenzungen vorzunehmen sind.

Die Umweltqualität ist eine wichtige Teilqualität von Produkten.[191] Auch die Umweltqualität ist keine Einzel-, sondern eine aggregierte Größe aus allen den Verzehr natürlicher Ressourcen[192] tangierenden Variablen (Energieverbrauch, Umweltverträglichkeit der eingesetzten Materialien, anfallende Emissionen etc.). Umweltwirkungen von Produkten setzen lange vor deren Gebrauch ein, nämlich bei der Gewinnung der Rohstoffe, der Herstellung der Vorprodukte und dem Herstellungsprozess eines Produktes, und finden nach dem Produktgebrauch in Belastungen der Umweltmedien Wasser, Luft und Boden eine Fortsetzung.[193]

Aus diesem Grund bereitet die Beurteilung der Umweltverträglichkeit von Produkten Schwierigkeiten: Die Umweltbelastungen müssen in Bezug auf alle Lebensphasen erfasst werden. Ein weiteres Problem besteht darin, verschiedene Formen der Umweltbelastung (Energieverbrauch, Abgasemissionen etc.) miteinander vergleichbar zu machen. Praktikabel ist es, ein Produkt als umweltfreundlich zu definieren, „wenn es gegenüber einem herkömmlichen

---

[185] vgl. Abschnitt 3.1.1.1
[186] vgl. Brockhoff [Produktpolitik] S.29
[187] vgl. Behrens [Konsumentenverhalten] S.112
[188] vgl. Koppelmann [Produktmarketing] S.336-338
[189] vgl. im selben Abschnitt oben
[190] vgl. Kleinaltenkamp [Recyclingstrategien] S.88f., vgl. Abschnitt 9.3
[191] vgl. Türck [Produkt] S.22
[192] vgl. Schwarz [Prozessinnovationen] S.105
[193] vgl. Strebel/Hildebrandt [Produktlebenszyklus] S.390f.

Produkt den gleichen Gebrauchsnutzen erfüllt, aber bei der Herstellung, Verwendung und Vernichtung eine geringere Umweltbelastung hervorruft."[194] Der Vorteil gegenüber anderen Konzepten besteht darin, dass dieses Konzept der relativen Umweltverträglichkeit keine Festsetzung einer „umweltoptimalen" Produktvariante benötigt:[195] Umweltschonende Produkte sollen in allen Phasen ihres Lebenslaufes „möglichst geringe ökologische Schäden"[196] verursachen. Rückstände fallen normalerweise in allen Lebensphasen an, die Umweltbelastungen in den einzelnen Lebensphasen können jedoch sehr unterschiedlich sein.[197]

Zusätzlich zur Frage, welche der Produktlebensphasen Umweltrelevanz aufweisen, ist zu klären, welche Produktfunktionen „umweltfreundlich" sein müssen. Dabei kann „Umweltschutz" die Kernfunktion eines Produktes ausmachen, wenn es sich um ein Produkt oder Verfahren handelt, das bereits entstandene Schadstoffe zurückhält oder umwandelt und so die Entstehung von Umweltschäden vermindern soll („Produkt des aktiven Umweltschutzes"[198]).

Bei „umweltschonenden" Produkten, die darauf ausgerichtet sind, selbst möglichst geringe Umweltbelastungen zu verursachen („Produkte des passiven Umweltschutzes"[199]), ist die Umweltverträglichkeit eine zusätzlich zur Kernfunktion eingebrachte Eigenschaft des formalen Produktes oder Teil des erweiterten Produktes. Aus Rückständen erzeugte Produkte gehören typischerweise dieser Kategorie von umweltverträglichen Produkten an. Umweltverträglichkeit kann bei Rückständen und den daraus erzeugten Produkten folglich nicht das Hauptverkaufsargument sein, was öfters übersehen wird.[200] Für industrielle Abnehmer wird die Beschaffung von umweltverträglichen Einsatzstoffen jedenfalls immer wichtiger, da bei deren Verarbeitung weniger und/oder weniger objektiv gefährliche Rückstände anfallen und somit Kosten für die Rückstandsbewältigung eingespart werden können.

Betrachtet man die Umweltqualität, so stellt sich die Frage, ob die als Sekundärstoffe eingesetzten Rückstände selbst „umweltfreundliche" Produkte sind oder sein müssen. Gemessen an der für die Festlegung von „ökologischen" Produkten gewählten relativen Definition sind Rückstände im Vergleich zu Primärstoffen und den daraus erzeugten Produkten umweltfreundlicher, weil sie einerseits aktiv zur Ressourcenschonung beitragen und anderseits passiv mithelfen, das Rückstandsvolumen (etwa auf Deponien) zu verringern.[201] So werden etwa in heimischen Zementwerken Kunststoffrückstände als Brennstoffersatz eingesetzt, wobei sich

---

[194] Töpfer [Umwelt] S.242, vgl. dazu im Detail Strebel [Umwelt] S.77 und Strebel [Produktgestaltung] S.76

[195] vgl. dazu Türck [Produkt] S.23-29

[196] Strebel [Produktgestaltung] S.76

[197] vgl. Strebel/Hildebrandt [Produktlebenszyklus] S.390

[198] Kreikebaum [Kehrtwende] S.119f.

[199] Kreikebaum [Kehrtwende] S.119f.

[200] Zumindest klagten einige der in der empirischen Untersuchung befragten Unternehmen darüber, dass ihre umweltfreundlichen Sekundärprodukte nicht als solche erkannt würden (vgl. Abschnitt 11.3.6.4).

[201] vgl. Strebel [Rückstand] S.401

die Umweltdaten in keinem Bereich messbar verschlechterten.[202] In vielen Fällen ist die Verarbeitung von Rückständen auch weniger energieintensiv als die von Primärstoffen.[203]

Anderseits muss festgestellt werden, dass die durch die Verwertung von Rückständen bewirkte erhöhte Umweltfreundlichkeit zunächst nur in der sogenannten Entsorgungsphase des primären Prozesses wirksam wird, in der Rückstände zur Wiederverwertung abgegeben werden. Durch die Substitution von Primärstoffen durch Rückstände werden sodann die Lebensphase „Produktion“ und eventuell „Ge- und Verbrauch“ des sekundären Prozesses umweltschonender gestaltet. Der Wiedereinsatz von Rückständen betrifft aber in aller Regel nicht sämtliche Lebensphasen eines Produktes, weswegen ein Produkt allein durch den Einsatz von Rückständen nicht zum „umweltfreundlichen“ Produkt wird.

Im Gegensatz zum oben Ausgeführten kann gerade auch der Energieeinsatz bei Sekundärstoffen in manchen Fällen um ein Vielfaches höher sein als bei der Verwendung von Primärstoffen, wenn Aufbereitungsvorgänge vorgeschaltet werden müssen.[204] Bei der Aufbereitung von Rückständen zum Wiedereinsatz fallen oftmals wiederum Rückstände an, die gefährlicher sind als die ursprünglichen.[205] Eine endgültige Aussage über die Umweltfreundlichkeit von Sekundärstoffen und den daraus erzeugten Produkten kann somit nicht getroffen werden, sondern unterliegt im Einzelfall der Bewertung anhand subjektiv vorgegebener Präferenzen. Das Marketing von Rückständen und den daraus erzeugten Produkten darf folglich keinesfalls mit „Öko-Marketing“ gleichgesetzt werden, auch wenn etliche Parallelen existieren.

3.2 Wege der Rückstandsbewältigung

Alle durch Produktion oder Konsum entstandenen Rückstände müssen von dem sie generierenden System in irgendeiner Weise gehandhabt werden.[206] Sofern die Rückstände nicht intern rezykliert werden können, müssen sie aus dem System nach außen abgegeben werden. Im täglichen Sprachgebrauch wird dabei von Entsorgung gesprochen.

Der Begriff der „Entsorgung“ umfasst zwei Dimensionen: „Entsorgung“ im umgangssprachlichen Sinne beinhaltet die subjektive, einzelwirtschaftliche Sicht der Entsorgung als Entfernung von Rückständen aus dem Unternehmen. In welcher Weise die Rückstandsbewältigung geschieht, ist dabei für das Unternehmen primär unerheblich. Erst weitere Faktoren wie der Preis der Entsorgung oder die Bewertung durch die Abnehmer der Zweckprodukte lassen die Entsorgung für das Unternehmen zum relevanten Thema werden.[207]

---

[202] vgl. o.V. [Kunststoff] S.28

[203] etwa bei Glas oder Metallen

[204] etwa bei der Hydrierung oder Pyrolyse von Kunststoffen. Vgl. dazu auch Abschnitt 9.3.2.2

[205] vgl. Strebel [Umwelt] S.108, vgl. auch Abschnitt 9.3.2.1

[206] vgl. Abschnitt 2.1

[207] vgl. Matschke/Jaeckel/Lemser [Umweltwirtschaft] S.286f.

Demgegenüber umfasst etwa die österreichische[208] Legaldefinition der Entsorgung nur den volkswirtschaftlichen Aspekt der Rückstandsbewältigung, das heisst die Behandlung nichtverwertbarer Abfälle durch biologische, thermische oder chemisch-physikalische Verfahren sowie die Deponierung fester Rückstände (§ 1 Abs.2 Zif.3 AWG). Alle anderen Arten der Rückstandsbewältigung werden als Verwertung definiert (§ 1 Abs.2 Zif.2 AWG). Der Entsorgungsbegriff des AWG - und damit der volkswirtschaftlich relevante - umfasst daher nur die Beseitigung unerwünschter Rückstände.[209]

Um solche begrifflichen Missverständnisse zu vermeiden, wird in der vorliegenden Arbeit an Stelle des umgangssprachlichen bzw. betriebswirtschaftlichen „Entsorgens" - wenn nicht ausdrücklich anders angegeben - der Begriff der Rückstandsbewältigung gebraucht.[210] Dabei ist allerdings zu beachten, dass der Begriff der Rückstandsbewältigung insofern weiter ist als der oben dargestellte umgangssprachliche der Entsorgung,[211] als alle Formen der innerbetrieblichen Handhabung von Rückständen ebenfalls zur Rückstandsbewältigung zu zählen sind. Aufgabe des vorliegenden Abschnitts ist es, die für das Rückstandsmarketing relevanten Facetten der externen Rückstandsbewältigung zu durchleuchten.

3.2.1 Das Problem der Entsorgung

Alle Rückstände, die nicht zumindest aus der Sicht eines der Beteiligten einen positiven Wert aufweisen und denen ein solcher auch nicht mithilfe von Wertsteigerungsmaßnahmen verliehen werden kann, sind Abfälle, die einer Entsorgung im Sinne des AWG zugeführt werden müssen. Für die marktliche Rückstandsbewältigung stellt die Entsorgung (teilweise auch als Reduktion bezeichnet)[212] in jedem Fall eine Alternative dar, wenn eine Verwertung (im Sinne von § 1 Abs.2 Zif. 2 AWG) seiner Rückstände nicht möglich und/oder teuer ist. Die Akquisition von günstigen Entsorgungsmöglichkeiten ist daher prinzipiell ein wesentlicher Bestandteil des Marketinginstrumentariums für die Rückstandsbewältigung, und zwar in Form eines „Outsourcings" von Leistungen, die für den Unternehmensbestand zwar von vitalem Interesse sind, nicht jedoch zu seinem Kerngeschäft zählen.[213] In vielen Fällen kann dadurch die Effizienz des Unternehmens erhöht oder zumindest erhalten werden.[214]

Die Methoden und Ziele der Entsorgung sind nicht Gegenstand der vorliegenden Arbeit. Reine Entsorgungsbetriebe sind solche, die selbst keinen materiellen Produkt-Output erbrin-

---

[208] In Deutschland verwendet man wiederum eine andere Terminologie

[209] durch Verdünnung oder Konzentration, vgl. Strebel [Industrie] S.126f.

[210] vgl. Schwarz [Unternehmensnetzwerke] S.5

[211] als Entfernung unerwünschter Rückstände aus dem Unternehmen

[212] vgl. Souren [Theorie] S.59f.

[213] vgl. Bühner/Tuschke [Outsourcing] S.21, vgl. Günter/Kuhl [Beschaffungspolitik] S.410, vgl. Stölzle [Outsourcing] S.122ff.

[214] vgl. v. Bechtolsheim [Effizienz] S.16

gen und somit eher der Unternehmenskategorie der Dienstleister zuzurechnen sind.[215] Sie sind nur insofern Teil des untersuchten Gebietes, als ihre Dienstleistungen von produzierenden Unternehmen in Anspruch genommen werden. Bezüglich der Marketingaktivitäten von Entsorgungsunternehmen sei auf die entsprechende Literatur verwiesen.[216]

Aus dem Entsorgungsverhalten des Unternehmens lassen sich Rückschlüsse auf einen anderen für das Rückstandsmarketing wesentlichen Aspekt gewinnen, und zwar die Marktorientierung des Rückstand abgebenden Unternehmens: Die Entsorgung als Abgabe der Rückstände an ein Entsorgungsunternehmen ist eine einfache Methode der Bewältigung von Rückständen. Die Entsorgung selbst besteht aus der Sicht des Abgebenden darin, die Rückstände beim Entsorger abzugeben bzw. sie gegebenenfalls abholen zu lassen. Damit ist aus der Sicht des Abgebenden die Entsorgung beendet. Sie besteht in dieser Sichtweise in der Inanspruchnahme einer möglichst kostengünstigen Dienstleistung oder pointiert formuliert: Entsorgt wird nicht der Rückstand, sondern dessen Produzent: Ihm werden die Sorgen abgenommen, und er braucht sich nicht weiter um den Rückstand zu kümmern.

Aus der Sicht des Rückstand abgebenden Unternehmens ist es folglich unerheblich, ob der Rückstand verwertet oder tatsächlich beseitigt wird, wenn es sich nur selbst nicht mehr darum zu kümmern braucht. Doch gerade diese Weigerung, „sich um etwas zu kümmern," widerspricht grundsätzlich einer marktorientierten Vorgangsweise und leistet der Tatsache Vorschub, dass für viele Rückstände, die vom „Entsorger" verwertet und mit Gewinn verkauft werden können, bei deren Abgabe an den Entsorger Entgelt geleistet werden muss. Grund dafür ist, dass der Abgeber zu wenig Interesse an seinem „Produkt" Rückstand zeigt. Dieser Sachverhalt ist unten noch im Zusammenhang mit dem Verwertungsparadoxon zu erörtern.[217]

3.2.2 Rückstandsbewältigung durch Recycling

Allen Rückständen, die nicht entsorgt werden, ist gemeinsam, dass sie in irgendeiner Form einer neuerlichen Nutzung zugeführt werden (können), die unter dem Begriff des „Recycling" bekannt ist. Dieser bedeutet in einer wortwörtlichen Übersetzung ins Deutsche „wieder in den Kreislauf einführen."

Grundlage für die Aktivitäten des Recycling ist die Verfügbarkeit von (produktions-) technischen Prozessen zur Verwertung.[218] Das Recycling umfasst jedoch nach der modernen Auffassung nicht nur jene Prozesse, bei denen ein Rückstand tatsächlich wieder „verwertet"

---

[215] beispielsweise Deponien, Kläranlagen etc.

[216] vgl. Bilitewski/Härdtle/Marek [Abfallwirtschaft], vgl. Faber/Stephan/Michaelis [Umdenken], vgl. Strebel/Schwarz/Prattes [Deponiemanagement]

[217] vgl. Abschnitt 5.1.3

[218] Über die technologischen Möglichkeiten zur Verwertung von Rückständen ist in den letzten Jahren eine Vielzahl von Publikationen erschienen. Auch die wirtschaftsorientierten Veröffentlichungen befassen sich mit diesem Thema vor allem aus produktionstheoretischer oder logistischer Sicht.
vgl. als kleine Auswahl: Keller/Schenkel (Hrsg.) [Abfallwirtschaft], Schönberg [Recycling], Thomé-Kozmiensky [Recycling].

wird, sondern auch alle Vorgänge, die zur Gewährleistung der erneuten Verarbeitung notwendig sind. Dazu gehören die informatorischen Aktivitäten der Identifikation, Klassifikation, Kennzeichnung und Dokumentation der Rückstände ebenso wie die physischen der Sammlung, Aufbereitung, Zwischenlagerung und des Transports.[219] Somit bleibt der Begriff des Recycling nicht nur auf die (produktions-)technische Komponente beschränkt.[220]

In der Literatur existiert eine Fülle von Recyclingbegriffen; an dieser Stelle werden aus Übersichtsgründen jedoch nur die für das Verständnis der vorliegenden Arbeit nötigen Aspekte erläutert.[221] So sind eingeschränkte Definitionen des Recycling wie etwa die von Staudt für eine sinnvolle Behandlung der gestellten Thematik zu eng: Er versteht unter Recycling den Wiedereinsatz von Sekundärrohstoffen (Rückständen) in dem dafür originären Prozess.[222] Dieser Definition zufolge wäre weder die Verwertung von Rückständen aus Konsumprozessen dem Recycling zuzuordnen,[223] noch im allgemeinen Verständnis so typische Recyclingprozesse wie die Produktion von Karton aus Altpapier. Das würde den Raum für Aktivitäten der marktlichen Rückstandsbewältigung unzulässig einschränken.[224] Im Folgenden wird daher anhand verschiedener das Recycling charakterisierender Qualifikationsmerkmale versucht, den für die marktliche Rückstandsbewältigung relevanten Bereich abzustecken.

3.2.2.1 Die Bedeutung der Rückstandsherkunft für das Rückstandsmarketing

Wesentlich für das Rückstandsmarketing ist nicht nur die Frage, wohin die im Unternehmen angefallenen Rückstände abgegeben werden können. Im Sinne der Kreislaufwirtschaft werden dem Recycling auch die Rückstandsbeschaffungsaktivitäten und somit die Frage der Rückstandsherkunft zugerechnet.[225] Nach der Herkunft der Rückstände unterteilt man Produktions- und Konsumrückständerecycling.[226]

Konsumrückstände stammen aus dem Ge- und Verbrauch von Konsumgütern. Zikmund und Stanton beschreiben die Rückgabe von Konsumrückständen mit dem sogenannten „Reverse Channel"-Konzept:[227] Der Konsument ist als Produzent dieser Güter eigentlich derjenige, von dem die Maßnahmen zum Absatz ausgehen sollten. Er verlässt sich aber darauf, dass ihm (Re-)Distributionssysteme zur Verfügung gestellt werden.[228] Der grösste Teil der

---

[219] vgl. Heeg/Veismann/Schnatmeyer [Recycling-Management] S.24, vgl. Strebel [Industrie] S.813 bzw.824

[220] vgl. Strebel [Industrie] S.824

[221] Einen Überblick gibt Kleinaltenkamp [Recyclingstrategien] S.49-67

[222] vgl. Staudt [Recycling] Sp.1805

[223] da die Rückführung der Rückstände nicht (direkt) in den Konsumprozess stattfindet, sondern zumindest Zwischenstufen zu beschreiten sind.

[224] vgl. Kleinaltenkamp [Recyclingstrategien] S.52

[225] vgl. Büchl [Kreislaufwirtschaft] S.68

[226] vgl. Görg [Recycling] S.69

[227] vgl. Zikmund/Stanton [Abfallrecycling] S.420

[228] vgl. Meffert/Kirchgeorg [Umweltmanagement] S.370ff.

Sammlung und Verwertung von Konsumrückständen ist rechtlich und institutionell organisiert und strukturiert.[229] Dieser Bereich wird jedoch in der vorliegenden Arbeit nur am Rande mitbehandelt; insbesondere wird auf sich für Produktionsunternehmen bietende Chancen eingegangen, Konsumrückstände im Produktionsbereich nutzbringend einzusetzen.

Der wesentliche Ansatzpunkt liegt beim Produktionsrückständerecycling. Grundsätzlich werden Rückstände dabei entweder im eigenen Betrieb verwertet, von einem anderen Betrieb zur Verwertung hereingenommen oder an andere Produktionsunternehmen abgegeben. Produktionsrückstände sind in diesem Zusammenhang alle Rückstände, die im Zuge der industriellen oder gewerblichen Produktion anfallen, unabhängig davon, ob sie von Werk-, Hilfs- oder Betriebsstoffen stammen und unabhängig vom Aggregatzustand.[230] In den folgenden Unterabschnitten werden Ansatzpunkte der marktlichen Rückstandsverwertung anhand verschiedener Aspekte des Produktionsrückständerecycling diskutiert.

3.2.2.2 Wertsteigerungsaktivitäten als Grundlage der marktlichen Rückstandsbewältigung

Die Vermarktung von Rückständen kann, wie bereits dargestellt, nur erfolgen, wenn es gelingt, den Rückstand oder die damit verbundenen Aktivitäten zum Gut zu machen. Da der Rückstand in aller Regel ein Übel ist, muss ihm zunächst ein positiver Wert verliehen werden. „Wert" ist hier zugleich der Betrag, den der Abnehmer für einen Rückstand zu zahlen bereit ist.[231] Alle Aktivitäten, die das Unternehmen zur Steigerung des Wertes seiner Leistungen in den Augen seiner Abnehmer unternimmt und die technologisch und physisch unterscheidbar sind, nennt man Wertaktivitäten. In Bezug auf Rückstände umfassen Wertaktivitäten alle Maßnahmen, die dazu dienen, einem Rückstand einen positiven Wert zu verleihen bzw. diesen zu heben. Durch die Verwendung des Terminus „Wertsteigerungsaktivitäten" an Stelle von „Wertaktivitäten" soll die bei Rückständen bestehende besondere Notwendigkeit, den Wert zu steigern, zusätzlich betont werden.[232]

Im technologischen Bereich spricht man anstelle von Wertschöpfungsaktivitäten von Recycling(aktivitäten). Nach der Intensität der Aktivitäten, denen Rückstände zum Zwecke des Wiedereinsatzes in Produktions- und Konsumprozessen unterzogen werden müssen, können verschiedene Arten von Recycling klassifiziert werden. Als Grundlage für eine Typisierung von Wertsteigerungsaktivitäten im Recyclingbereich eignet sich die weit gefasste Definition des Recyclingbegriffes von Schäfer. Er unterscheidet vier Formen des Recycling:

- Wiederverwendung: erneuter Einsatz desselben, nicht oder nur geringfügig aufbereiteten Rückstandes für den ursprünglichen Zweck (etwa im Falle von Pfandflaschen),

---

[229] In Österreich haben vor allem die Altglas- und die Altpapiersammlung schon seit langem einen hohen Stellenwert. Mit dem Inkrafttreten der österreichischen Verpackungsverordnung am 1.10.1993 wurde in Österreich das Recycling von Verpackungsrückständen institutionalisiert und von der ARA, der Altstoff Recycling Austria AG, übernommen (vgl. Abschnitt 4.2.4)

[230] vgl. Strebel [Industrie] S.814ff.

[231] vgl. dazu und zum Folgenden Porter [Wettbewerbsvorteile] S.68

- Wiederverwertung: entspricht dem Recyclingbegriff von Staudt,
- Weiterverwendung: Nutzung des in der Form unveränderten Produktes für einen anderen Zweck (z.B. Verpackungsfolien als Abdeckplanen),
- Weiterverwertung: erneute stoffliche Nutzung des Rückstandes. Hierher gehört die Produktion von Karton aus Altpapier.[233]

Diese Definition ist prozessorientiert und geht zunächst von der Frage aus, wo ein Rückstand eingesetzt werden soll. Beim Wiedereinsatz im selben Prozess liegt eine Wiederverwendung oder -verwertung vor. Beim Einsatz in einem anderen Prozess handelt es sich um eine Weiterverwendung oder -verwertung. Diese Unterteilung ist für das Unternehmen aus marketingstrategischer Sicht relevant, da hier die Frage der Marktwahl berührt wird.[234]

Die Frage der Notwendigkeit von Wertsteigerungsprozessen kommt in Schäfers Definition insofern zum Ausdruck, als bei der Wieder- und Weiterverwendung (technische) Wertsteigerungsaktivitäten nicht oder nur in sehr geringem Maße gesetzt werden (etwa Sortieren oder Reinigen, „direktes Recycling").[235] In die Wieder- und Weiterverwertung („indirektes Recycling") hingegen geht der Rückstand in seiner Substanz ein und wird als Einsatzstoff für ein völlig neues Produkt verwendet.[236] Allerdings ist es nicht zielführend, jeden einzelnen Recyclingprozess danach zu qualifizieren, welcher Kategorie er im Konkreten zuzurechnen ist, da daraus kein tatsächlicher praktischer Nutzen resultiert.[237] Aus diesem Grund wird im Folgenden der Begriff der „Verwertung" für alle Formen des Recycling angewandt, auch wenn es sich um eine Wieder- oder Weiterverwendung handelt.

Aus technologischer Sicht umfasst das Recycling zwei Arten von Aktivitäten zur Wertsteigerung,[238] und zwar die der Aufbereitung und die der Verarbeitung. Aufbereitung nennt man den der Verarbeitung vorgelagerten Prozess, der dazu dient, Stoffe im Verarbeitungsprozess einsatzfähig zu machen. Der Begriff der Aufbereitung stammt ursprünglich aus dem Bereich der Gewinnung mineralischer Rohstoffe und bezeichnet dort „die erste Verarbeitungsstufe fester mineralischer und daraus hervorgegangener sekundärer Rohstoffe mit dem Ziel ..., festdisperse Absatzprodukte zu erzeugen, an deren stoffliche Zusammensetzung und physikalische Eigenschaften (...) bestimmte Anforderungen gestellt werden. Diese Produkte werden entweder unmittelbar verwertet (...) oder nachfolgenden Verarbeitungsstufen zugeführt."[239]

---

232 vgl. Abschnitt 9.3.2, vgl. Kleinaltenkamp [Recyclingstrategien] S.88

233 vgl. Schäfer [Unternehmung] S.4, vgl. Heeg [Recycling-Management] S.50, vgl. Hösel [Wiederverwertung] S.17-18

234 vgl. Abschnitt 9.4.1

235 vgl. Abschnitt 9.3.2

236 vgl. Corsten/Götzelmann [Aspekte] S.411, vgl. Lange [Umweltschutz] S.191ff.

237 vgl. Strebel [Umwelt] S.101

238 Der Begriff der Wertsteigerung ist zwar als Terminus technicus nicht im Gebrauch, jedoch rechtfertigt sich seine Verwendung aus dem Naheverhältnis zum Begriff der Wertschöpfung (vgl. dazu etwa Kirchgeorg [Strategie] S. 242ff.)

239 Schubert [Aufbereitung] S.1

Die klassischen Aufbereitungsaktivitäten umfassen die Tätigkeiten des Sortierens, Reinigens, Zerkleinerns und/oder Verdichtens (vgl. § 1 (3) Berggesetz). Sie werden mit Hilfe technischer Verfahren in entsprechenden Anlagen durchgeführt, wobei „Aufbereitungsanlagen ... aus Aggregaten (bestehen), die eine Folge von Stoffumwandlungsvorgängen vornehmen, bei denen sich Stoffzusammensetzung und Stoffeigenschaften ändern."[240]

Überträgt man diese Definition auf das Recycling von Rückständen, erweist sich der Prozess der Aufbereitung im Prinzip als eigener Produktionsprozess, dessen Aufgabe darin besteht, mithilfe thermischer und mechanischer Verfahren die Zusammensetzung und die Eigenschaften von Rückständen zu ändern.[241] Es liegt auf der Hand, dass dieses Minimum an Wertsteigerungsaktivitäten im Wesentlichen für alle Rückstände aller Aggregatzustände vonnöten ist, um sie einer Verwertung zuführen zu können. Die Aufbereitung kann von den Rückstand abgebenden Unternehmen geleistet werden oder als vorgeschalteter Prozess auch im annehmenden Unternehmen stattfinden. Eine dritte Möglichkeit besteht im Outsourcing in eigene „Aufbereitungsunternehmen", die ihrerseits - je nach eigenem Selbstverständnis - die Rolle eines selbstständigen Produktionsbetriebes oder eines Dienstleisters übernehmen.

Im Gegensatz zur Aufbereitung umfasst die Verarbeitung von Rückständen alle weiterführenden Prozesse, die darauf gerichtet sind, aus den (aufbereiteten) Rückständen ein vermarktungsfähiges Produkt zu erzeugen. Zu den Verarbeitungsprozessen gem. § 132 Abs. 1 Berggesetz zählen die Verfahren der Trocknung, Pelletierung, des Brennens, Vergasens, Verflüssigens oder In-Suspension-Bringens. Im weiteren Sinne zählen darüber hinaus auch all jene Verfahren, die geeignet sind, aus Rückständen neue Produkte zu machen. Aus dem eben Dargelegten wird deutlich, dass es einen „Wertsteigerungs-" oder „Recyclingprozess"[242] im engeren Sinne nicht gibt: Vielmehr ist der „Recyclingprozess" als Kontinuum von Aktivitäten zu sehen, die dazu dienen, Rückstände für eine neuerliche Nutzung vor- resp. „aufzubereiten" oder Rückstände neuerlich im selben oder einem anderen Produktionsprozess einzusetzen.

Der Begriff „Recyclingprozess" kann somit lediglich als Überbegriff für alle zum Recycling eines Rückstandes notwendigen Verfahrensschritte angesehen werden, bei denen eine Wertsteigerung beim jeweiligen Ausgangsprodukt vorgenommen wird - unabhängig davon, ob diese der Aufbereitung oder der Verarbeitung zuzurechnen sind. Der Unterschied besteht darin, dass durch Aufbereitung in der Regel nicht Produkte gewonnen werden, die einen eigenständigen Verwendungszweck aufweisen, sondern Produkte, deren Zweck und damit deren Bedürfnisdeckung darin besteht, selbst wiederum nur als Ausgangsstoff für andere

---

[240] vgl. ebenda

[241] vgl. Bilitewski/Härdtle/Marek [Abfallwirtschaft] S.331f.
Einen etwas anderen Zugang wählt Schmidt-Endrullis, der in der Aufbereitung die „Herauslösung der werttragenden Bestandteile aus dem Abfall bzw. die Abtrennung von Nebenbestandteilen" sieht (Schmidt-Endrullis [Markterschließung] S.96.) N.M.d.V. ist diese Definition zu eng, um alle im Rückstandsbereich möglichen Aufbereitungsprozesse zu erfassen, etwa das Pelletieren von REA-Gips.

[242] vgl. Matschke/Jaeckel/Lemser [Umweltwirtschaft] S.317

Produkte zu dienen. Dieser Tatsache ist durch die jeweiligen Marketinganstrengungen Rechnung zu tragen.[243]

3.2.2.3 Internes und externes Recycling als marketingpolitische Basisoptionen

Neben der Einteilung von Aktivitäten nach der Herkunft der Rückstände und dem Grad der Wertsteigerungsaktivitäten kann man verschiedene Recyclingarten nach einem „institutionellen“ Kriterium differenzieren. Dabei fragt man danach, ob die Verwertung der Rückstände im eigenen Unternehmen geschieht oder von externen Unternehmen vollzogen wird. Beide Fälle haben für die marktliche Rückstandsbewältigung besondere Bedeutung, wobei aus der Sicht des Rückstandsmarketing dem sogenannten externen Recycling derzeit mehr Gewicht beizumessen ist. Auf längere Sicht befinden sich die größeren Entwicklungspotenziale für das Rückstandsmarketing, wie im Folgenden dargelegt, jedoch sicherlich im internen Recycling.[244]

Beim externen (oder außerbetrieblichen) Recycling werden eigene Rückstände „in den Produktionsbereich eines anderen Unternehmens (oder) ... in den Konsumtionsbereich“[245] abgegeben („extrabetriebliches Recycling“).[246] Dabei sind drei Varianten denkbar:

- Das Rückstand abgebende Unternehmen muss für das Recycling bezahlen.[247]
- Das Rückstand abgebende Unternehmen kann durch Aushandlung von speziellen Bedingungen die Rückstände kostenlos abgeben.
- Weisen die abzugebenden Rückstände von vornherein einen positiven Wert auf (etwa Eisenschrott) oder kann ein Rückstand durch Wertsteigerungsaktivitäten einen positiven Wert erhalten, so können für die Rückstände auch Erlöse erzielt werden.[248]

Extrabetriebliches Recycling kommt für ein Unternehmen vor allem dann in Betracht, wenn die Rückstandsverwertung im eigenen Betrieb aus technischen/wirtschaftlichen Gründen nicht möglich ist.[249] Das ist beispielsweise dann der Fall, wenn die Wiederverwertung mit der im Unternehmen vorhandenen technischen Ausstattung ausgeschlossen ist und die für die Rückstandsverwertung nötigen Investitionen höher sind als die dadurch langfristig erzielbaren Einsparungen (z.B. an Entsorgungsgebühren) bzw. Erträge. Extrabetriebliches Recycling ist auch dann vorteilhafter, wenn der Erlös aus dem Verkauf der unaufbereiteten Rückstände höher ist als Ersparnisse durch Wiedereinsatz[250] bzw. als Gewinne aus dem Verkauf von

---

[243] vgl. Abschnitt 9.3.2

[244] vgl. Kleinaltenkamp [Recyclingstrategien] S.56, vgl. Zotter [Wasserwirtschaft] S.142

[245] Jahnke [Recycling] S.30. Bei der Abgabe an den Konsumbereich ist etwa zu denken an die Gewährleistung einer Fernwärmeversorgung.

[246] vgl. Jahnke [Recycling] S.26

[247] etwa die Autoreifenhändler für die Verwertung von Autoreifen durch Zementfabriken

[248] So haben es Wärmekraftwerke verstanden, ihre thermisch belasteten Abwässer in Form von Fernwärmeversorgung wirtschaftlich sinnvoll zu nutzen, vgl. auch Schitag Ernst & Young (Hrsg.) [Buch] S.210

[249] vgl. Schwarz [Unternehmensnetzwerke] S.22

[250] z.B. an Primärstoffen

Rückständen, die Wertsteigerungsaktivitäten unterzogen (und damit „intern rezykliert") wurden.

Ebenfalls unter dem Begriff des „externen Recycling" zu diskutieren ist die Annahme von Rückständen zur Verwertung, das sogenannte „intrabetriebliche Recycling."[251] Bei externem Recycling darf nicht nur die Seite des abgebenden Unternehmens betrachtet werden, sondern es müssen auch ökonomische und technische Vor- und Nachteile des „beschaffenden" Unternehmens berücksichtigt werden, wobei aus der Sicht des Marketing das Instrumentarium des Beschaffungsmarketing anzuwenden ist.[252] Die Verbindung von Recycling als Absatz- und Beschaffungsaktivität eröffnet das gesamte Spektrum des externen Recycling. In dieser umfassenden Weise entspricht es der „integrierten Materialwirtschaft."[253] Diese offene Sichtweise geht auch konform mit neueren Publikationen zum Thema Stoffstrommanagement.[254]

Die Bedeutung des Marketing für Rückstandsverwertung im eigenen Unternehmen (internes oder innerbetriebliches Recycling) wurde bislang zu wenig beachtet.[255] Zwar ist der direkte Wiedereinsatz von Rückständen in den gleichen oder einen ähnlichen Prozess[256] aus Marketingsicht nicht interessant, da er keine Auswirkungen auf das Absatzprogramm und nur bedingt (mengenmäßige) Auswirkungen auf das Beschaffungsprogramm zeitigt. Jedoch ist das Marketing dann von wesentlicher Bedeutung, wenn durch die (innerbetriebliche) Verwertung von Rückständen marktfähige Produkte entstehen, für die ein Markt geschaffen werden muss.[257] Insoweit ist auch das interne Recycling Bestandteil der vorliegenden Arbeit, insbesondere da durch den Verkauf der aus Rückstand erzeugten Produkte letztlich eine externe Verwertung stattfindet. In diesem Bereich liegen noch große Innovationspotentiale.

---

[251] vgl. Jahnke [Recycling] S.26

[252] vgl. Biergans [Entwicklung] S.204ff.

[253] vgl. Grün [Materialwirtschaft] S.549, vgl. Eschenbach [Erfolgspotenzial] S.268f., vgl. Strebel/Schwarz/Schwarz [Recycling] S.126f.

[254] vgl. Abschnitt 9.2

[255] vgl. Jahnke [Recycling] S.26,vgl. Kleinaltenkamp [Recyclingstrategien] S.55, vgl. Lange [Umweltschutz] S.191ff.

[256] z.B. Im-Kreis-Führung von Kühlwasser (vgl. Zotter [Wasserwirtschaft] S.146f.) oder die Restwärmenutzung bei Drehrohröfen in der Zementindustrie.

[257] beispielsweise Hausschuhe aus Walk, deren Sohlen aus dem Materialverschnitt anderer Kleidungsstücke erzeugt werden. Dieses Vorgehen diente zunächst nur der Reduktion des Materialverschnittes. Mittlerweile zählen die „Patschen" zu den renommiertesten Produkten des Hauses (mündliche Information eines Unternehmensvertreters).

4 Situative Bedingtheit von Aktionen im Rückstandsbereich

Aus dem bisher Ausgeführten folgt, dass das Unternehmen seine Aktivitäten im Bereich der externen Rückstandsbewältigung nicht unabhängig von denen anderer Bereiche entfalten kann, vielmehr müssen alle inner- und außerbetrieblichen Tätigkeiten in einem gemeinsamen Kontext gesehen werden. Mit anderen Worten wird das betriebliche Rückstandsmarketing determiniert von einer Reihe unternehmensinterner und -externer Einflussfaktoren und übt seinerseits wieder Einflüsse auf interne und externe Größen aus. Die eingehende Beschäftigung mit unternehmensinternen Faktoren steht im Mittelpunkt der vorliegenden Arbeit. Zuvor ist jedoch eine Analyse der externen Kontextfaktoren unumgänglich.[258]

Der für das Unternehmen unmittelbar wichtigste Bereich des Umsystems ist der Bereich, in dem gleiche oder ähnliche Leistungen erbracht werden wie vom Unternehmen selbst. Im Rückstandsbereich zählt dazu nicht nur die eigene Branche, sondern auch diejenigen Branchen, in die das Unternehmen durch seine rückstandsbezogenen Aktivitäten eindringt. Hier liegt sein konkreter Aktionsraum, den es mit Hilfe einer entsprechenden Unternehmenspolitik aktiv mitgestalten und beeinflussen kann. Die Stellung innerhalb dieses nahen Umsystems determiniert Erfolg und Misserfolg des Unternehmens bei der Rückstandsbewältigung.[259]

Dieser Bereich seinerseits ist eingebettet in ein weiteres, „generelles" Umfeld. Von diesem gehen zwar im Regelfall keine direkten und aktiven Einwirkungen auf das Unternehmen aus,[260] doch stellt es eine wichtige Randbedingung dar. Zu den generellen Faktoren zählen soziodemographische und gesellschaftliche, wirtschaftliche, technologische und politisch-rechtliche Faktoren.[261]

Viele rein ökonomische Betrachtungen enden auf dieser Ebene und missachten die Tatsache, dass das System „Unternehmen" gemeinsam mit seinem Umsystem Teil eines allem übergeordneten Ökosystems ist und mit diesem in Wechselwirkung steht. In eine umfassende Analyse der für das Unternehmenshandeln relevanten Faktoren muss die natürliche Umwelt daher unbedingt mit einbezogen werden.[262] In der vorliegenden Arbeit wird sie - konsistent mit der bereits dargelegten systemtheoretischen Betrachtungsweise - den übrigen unternehmensexternen Einflussfaktoren teilweise über-, teilweise beigeordnet (vgl. Abbildung 4-1).[263]

---

[258] vgl. Kleinhückelskoten/Schnetkamp [Erfolgsfaktoren] S.264f.

[259] vgl. Porter [Wettbewerbsstrategie] S.35

[260] vgl. Abschnitt 4.2.2

[261] vgl. Huxold [Marketingforschung] S.51

[262] vgl. etwa Raffeé [Marketing] S.412ff.

[263] vgl. Abschnitt 4.1, zu anderen Abgrenzungen, vgl. Meffert [Marketing] S.28, vgl. Schwarz [Unternehmensnetzwerke] S.33ff., vgl. Zotter [Wasserwirtschaft] S.7ff.

Im Zentrum der Analyse der externen Gegebenheiten stehen Ansprüche, die von den sogenannten Stakeholders (Anspruchsgruppen)[264] an das Unternehmen herangetragen werden. Diese Ansprüche entsprechen dem Nutzen, den sich die Stakeholders davon erwarten, dass sie wie immer geartete Leistungen für das Unternehmen erbringen.[265] Mit anderen Worten ist es nötig, ein Gleichgewicht von erwarteten Nutzen und zu erbringenden Leistungen aufrecht zu erhalten.[266]

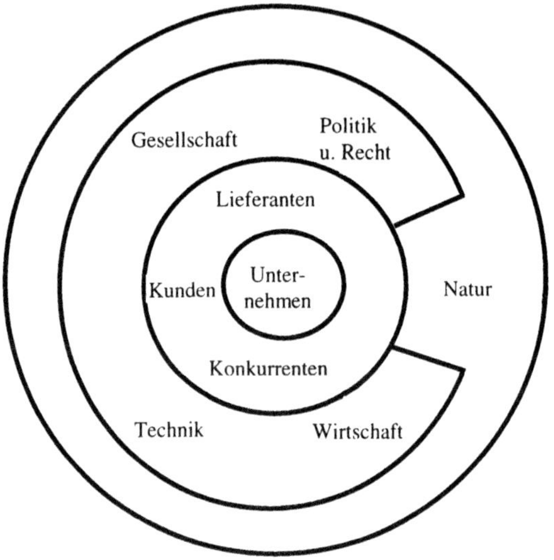

Abbildung 4-1: Das Unternehmen in seiner Umwelt

Aus den Ansprüchen erwächst das Interesse der Stakeholders am Unternehmen. Da diese Interessen im Allgemeinen nicht kongruent sind, kommt es zu entsprechenden Konflikten.[267] Um diese Konflikte zu lösen und so ein für alle Anspruchsgruppen annehmbares Anreiz-Bei-

---

264 abgeleitet vom englischen „stockholder" (Aktionär) und „stake" (Anteil) (vgl. Staehle [Management] S.395): Personen und Institutionen, die ihre Ziele nur durch das Unternehmen erreichen können oder die umgekehrt wesentlich sind für die Zielerreichung des Unternehmens. (vgl. Freeman [Management] S.41)

265 vgl. Hill/Fehlbaum/Ulrich [Organisation] S.147f.

266 Die theoretische Fundierung dieser Verhaltensweisen liefert die Anreiz-Beitrags-Theorie von March und Simon. Diese umfasst eine Reihe von grundlegenden Prämissen, die im Wesentlichen aussagen, dass die vom Individuum für das Unternehmen erbrachten Leistungen (Beiträge) übereinstimmen müssen mit den vom Unternehmen an das Individuum weitergegebenen Anreizen (vgl. March/Simon [Organisations] S.93-106)
Die Anreiz-Beitrags-Theorie bezieht sich zunächst nur auf die Organisationsmitglieder, im Speziellen die Beschäftigten, wird aber von March und Simon selbst auf die übrigen Systemteilnehmer umgelegt: „Our treatment of employee participation specified two major variables ... Similar major mechanisms operate in other areas. A consumer's decision to switch brands ... A dealer's decicion to change his franchise ..." (March/Simon [Organisations] S.107)

267 zum Stakeholder Konzept im Umweltbereich, vgl. Nork [Umweltschutz] S.91-120, vgl. Schaltegger/Sturm [Entscheidungen] S.8-25

trags-Gleichgewicht[268] zu wahren, müssen sich die einzelnen Anspruchsgruppen Partner suchen, die dieselben Ziele verfolgen wie sie selbst. Es entstehen folglich Koalitionen verschiedener Interessen.[269] Dieses Gleichgewicht für den Bereich der Rückstandsbewältigung zu erhalten, ist Aufgabe des Rückstandsmarketing. Die Aufgabe besteht zunächst vor allem darin, die Ansprüche, die Gesellschaft und Politik in Bezug auf Aktivitäten des Rückstandsmarketing an das Unternehmen richten, zu erfüllen.

Die Reichweite der Koalitionstheorie erfasst jedoch nicht alle an das Unternehmen gestellten Anforderungen, da es Faktoren gibt, aus denen Anforderungen und Ansprüche an das Unternehmen resultieren, für die keine Gegenleistung zu erwarten ist. Diese zusätzlichen Anforderungen ergeben sich einerseits aus dem Tätigwerden von Konkurrenten und anderseits aus dem Vorhandensein von sogenannten Rahmenbedingungen, die als positive oder negative Anreize das Handeln des Unternehmens beeinflussen.

Eine Diskussion der generellen Rahmenbedingungen erfolgt im Rahmen dieses Abschnitts, wohingegen die Untersuchung der Branchenumwelt im Rückstandsbereich in Abschnitt 5.3 behandelt wird.

4.1 Einflüsse aus der natürlichen Umwelt

Die natürliche Umwelt ist die Grundlage allen menschlichen (und somit auch des wirtschaftlichen) Handelns, da der Mensch selbst Teil des Ökosystems „Erde" ist. Deshalb müssen Schutz und Erhaltung dieser Lebensgrundlage zu den obersten Prinzipien gezählt werden. Gesellschaftliche, wirtschaftliche, rechtliche und technologische Rahmenbedingungen müssen aus diesem Grund ökologischen Problemstellungen Rechnung tragen.

Die natürliche Umwelt übt neben ihren Auswirkungen auf die globalen Rahmenbedingungen auch direkten Einfluss auf das Unternehmen aus. Sie dient einerseits als Rohstofflieferant, anderseits als Aufnahmemedium für Residuen aus Produktion und Konsum.[270] In dieser Funktion ist sie den übrigen Rahmenbedingungen nicht über-, sondern beigeordnet.

Betrachtet man die Inputseite, so wirkt sich die Knappheit der natürlichen Rohstoffe derzeit noch nicht unmittelbar auf das Unternehmen aus. Die Knappheit offenbart sich dem Unternehmen nur in Form von erhöhten Rohstoffpreisen, ist also wiederum nur indirekt über ihre Auswirkung auf den externen Faktor „Wirtschaft" messbar. Auf diese wirken aber noch eine Fülle anderer Größen ein (wie Spekulationen, Preisabsprachen, Konkurrenzkampf), die oftmals die Preise sogar eher nach unten drücken und die daher im Allgemeinen kein (eindeutiger) Indika-

---

268 vgl. March/Simon [Organisations] S.107

269 vgl. zur Koalitionstheorie Cyert/March [Theory] S.29-36

270 vgl. Strebel [Gründe] S.210

tor für die Knappheit sind. Von der Inputseite her gibt es folglich wenig rein umweltbezogene Anreize, Primärstoffe durch entsprechende Rückstände zu ersetzen.[271]

Anders ist der Fall auf der Outputseite gelagert. Ökologische Knappheit tritt in diesem Bereich vor allem in Form von Engpässen bei der Entsorgung von Rückständen auf. Aus ökologischer Sicht bedeutet dies vor allem die zeitlich beschränkte Aufnahmefähigkeit der Umweltmedien bezüglich flüssiger, fester und gasförmiger Emissionen (Ratenknappheit[272]). Um einer Überforderung der natürlichen Aufnahmekapazität für Rückstände vorzubeugen, müssen daher aus ökologischer Sicht Wege gefunden werden, wie unvermeidliche Rückstände aus Produktion und Konsum wieder in den Produktions- und Konsumprozess zurückgeführt werden können.[273]

Die Aufdeckung dieser Möglichkeiten wird in den meisten Fällen dem Bereich der Forschung und Entwicklung zuzuordnen sein, zumal das Recycling auch naturgesetzlichen Beschränkungen unterworfen ist.[274] Der Beitrag, den das Rückstandsmarketing dazu leisten kann, besteht darin, auf potenziell verwertbare Rückstände hinzuweisen und den Rückstandstransfer mit den zur Verfügung stehenden Instrumenten zu fördern.

4.2 Generelle Rahmenbedingungen

Zu den generellen Rahmenbedingungen zählen ökonomische, technologische, politisch-rechtliche und gesellschaftlich-soziale Phänomene. Die vorliegende Arbeit beschränkt sich darauf, die für das Rückstandsmarketing wesentlichen Faktoren zu analysieren.

4.2.1 Technologische Einflussfaktoren

Betrachtet man Rückstände als Produkte, so weisen sie für sich genommen häufig ein eher niedriges Innovationspotenzial auf.[275] Mit anderen Worten führt der Einsatz von Rückständen etwa als Einsatzstoffe nicht unbedingt zu innovativen Produkten.[276] Das gilt allerdings in der Regel nicht für die Technologien, die nötig sind, um den Wert der Rückstände zu steigern. Diese sind in vielen Fällen sogar hochgradig innovativ[277] und können durch die Verbesserung der Qualität von (aufbereiteten) Rückständen bzw. der daraus erzeugten Produkte und/oder

---

[271] Am ehesten als Knappheitsindikator gesehen werden können noch die Preise für landwirtschaftliche Produkte im Falle von Missernten. Für das Unternehmen relevant können auch regionale Rohstoffverknappungen werden, wie etwa das Versiegen einer Quelle in der Nähe einer Brauerei (vgl. zu dieser Problematik auch Schwarz [Unternehmensnetzwerke] S.145) Jedoch ist es in den genannten Fällen eher unwahrscheinlich, dass sich die Rohstoffe zur Gänze durch Rückstände ersetzen lassen.

[272] vgl. Müller-Wenk [Buchhaltung] S.262

[273] vgl. Friege [Abfallwirtschaft] S.5

[274] wie etwa der Entropiezunahme, vgl. Abschnitt 2.1

[275] etwa Altpapier, Altglas, Schrott, vgl. Abschnitt 9.4.1

[276] Es gibt aber auch Gegenbeispiele, etwa die Verarbeitung von verschiedenfarbigen Verschnittresten aus der Schiproduktion zu neuen, bunt gesprenkelten Laufflächen (vgl. Abschnitt 11.3.6.4)

[277] vgl. Schwarz [Prozessinnovationen] S.22

Kostensenkungen bei Verfahren das Erfolgspotenzial des annehmenden oder abgebenden Unternehmens erheblich steigern.

Als Technologie bezeichnet man „die Kenntnis von naturwissenschaftlich/technischen Wirkungszusammenhängen ..., die zur Lösung von technischen Problemen Anwendung findet oder finden kann.“[278] Die Entwicklung von Technologien wird oftmals mit Hilfe von sogenannten S-Kurven beschrieben,[279] die „die geringen Leistungssteigerungen am Anfang des Technologielebenszyklus, die Phase eines beschleunigten Durchbruchs des technischen Systems und die Ausschöpfung des zu Grunde liegenden Potenzials (beschreiben).“[280] In diesem Zeitpunkt sollte der Übergang zu einer neuen Technologie mit größerem Leistungspotenzial erfolgen. Auch wenn dieses Modell insofern problematisch ist, als die naturgesetzlichen Zusammenhänge teilweise noch unbekannt sind, so hilft es doch bei der Früherkennung neuer Technologien und der Bestimmung des eigenen technischen Potenzials.[281] Das gilt insbesondere für die Rückstandsbewältigung, da in diesem Bereich noch viele Innovationen vor allem im Hinblick auf neue, effizientere Verfahren zu erwarten sind.

Die ökologisch-technologische Ausgereiftheit der Produkte selbst und der zu ihrer Erzeugung eingesetzten Produktionsverfahren determiniert die Art der Einsatzstoffe und die Menge der anfallenden Rückstände: Produkte, die bereits seit längerem erzeugt werden, werden im Hinblick auf die bei Ge- und Verbrauch anfallenden Rückstände immer weiter verbessert.[282] Auch bei den Produktionsverfahren führen mit zunehmender Ausgereiftheit Rationalisierungs- und (sonstige) Ökologisierungsbestrebungen dazu, dass bei der Herstellung von Produkten weniger an Werk-, Hilfs- und Betriebsstoffen verwendet wird.[283] Für das Rückstandsmarketing ist diese Tatsache von (indirekter) Bedeutung, da mit der Abnahme von produkt- und produktionsinduzierten Rückständen auch eine Abnahme des rückstandsspezifischen Handlungsbedarfes verbunden ist.

Der zweite und weitaus wesentlichere Einflussfaktor im Bereich der Technologie sind die für das Recycling notwendigen Technologien selbst. Vom Stand der technischen Entwicklung in Bezug auf Technologien zur Wertsteigerung (Aufbereitung und Verarbeitung)[284] hängt die Anwendbarkeit des Rückstandsmarketing insgesamt ab: Sind keine Technologien vorhanden, die imstande sind, Rückstände wieder in einer für eine (sinnvolle) Verwertung geeigneten

---

[278] Zörgiebel [Technologie] S.11

[279] zum S-Kurven-Konzept vgl. v.a. Krubasik [Waffe] S.29

[280] Servatius [Schwerpunkte] S.58

[281] vgl. Kreilkamp [Management] S.83, vgl. Specht/Beckmann [F&E-Management] S.63ff.

[282] z.B. der immer geringere Treibstoffverbrauch von Automobilen oder die Erzeugung von dünnwandigen Leichtglasflaschen.

[283] Bei der Herstellung von Mikroprozessoren kann bei Einsatz eines sogenannten Kaskadensystems zur Reinigung mehr als 99% an Frischwasser eingespart werden (vgl. Zotter [Wasserwirtschaft] S.155).
Eine mögliche Erklärung für diese These liefert das sogenannte Branchenentwicklungsmodell von Abernathy/Utterback (vgl. Abernathy/Utterback. [Model] S.639-656, vgl. Abernathy/Utterback [Patterns] S.5ff., vgl. Michel [Technologie] S.53f.).

[284] vgl. Abschnitt 9.3.2.1

Form zu konfektionieren, so können sich die Aktivitäten des Rückstandsmarketing nur auf die Entsorgung richten.

Im Konkreten geht es in diesem Zusammenhang zunächst um Verfahren zur Rückhaltung von Rückständen im Produktions- oder Konsumtionsprozess, also um End-of-the-Pipe-Technologien im engeren Sinne.[285] Die bei der Anwendung solcher Verfahren erhaltenen Rückstände[286] können in weiteren Verfahren zu Sekundärprodukten verarbeitet werden. Die Vermarktung dieser Rückstände selbst bzw. der direkt daraus erzeugten Produkte fällt somit in den Bereich des Rückstandsmarketing.

Besonders wichtig unter dem Gesichtspunkt der Entwicklung von Technologien für das Recycling sind Wertsteigerungsverfahren aller Art, also Verfahren zur (sortenreinen) Trennung, Reinigung und weiteren Verarbeitung von Rückständen. Mit der zunehmenden Bedeutung des Recycling werden auch die verschiedenen Wertsteigerungsverfahren immer wichtiger, was zur Folge hat, dass diese Verfahren immer weiter verbessert werden.[287]

Das wettbewerbsstrategische Potenzial der angewandten Technologien, die Ausgereiftheit von Produkt- und Produktionsverfahren, die Dynamik der technologischen Entwicklung, die technische Reife einer Branche sowie die Verfügbarkeit neuer Rohmaterialien[288] sind von großer Bedeutung für das Rückstandsmarketing: Alle diese Elemente schlagen sich entweder in den Produktions- und Produkttechnologien im Allgemeinen nieder, die das Recyclingpotenzial[289] insgesamt beeinflussen, oder aber in den Rückhalte- und Aufbereitungstechnologien, die die Notwendigkeit des Rückstandsmarketing für sich bedingen.

Im Unterschied zum klassischen Innovations- und Technologiemanagement ist der Ausgangspunkt der Suche nach Lösungen für Rückstandsprobleme nicht ein Anwenderproblem (wie bei einer „herkömmlichen" Produktinnovation). Im Gegenteil handelt es sich um die Suche nach einer Lösung für das Problem, wie eine bereits vorhandene Menge von Rückständen (ökonomisch) sinnvoll verwertet werden kann. Aus dieser veränderten Sichtweise resultiert das Phänomen, dass die Problemlösungen vor allem darin bestehen, Technologien für die Rückstandsbewältigung so zu entwickeln, dass aus deren Anwendung wiederum Produkte hervorgehen, die Bedürfnisse befriedigen können. Bei der Rückstandsbewältigung geht es folglich weniger darum, ein Produkt zu generieren, sondern bereits angefallene Rückstände zu

---

[285]vgl. zum Begriff der End-of-the-Pipe-Technologie Matschke/Jaeckel/Lemser [Umweltwirtschaft] S.116

[286]Klärschlamm, Filterkuchen, Aktivkohle, REA-Gips etc.

[287]z.B. die Entwicklung von speziellen Filtern für die Aufbereitung von Kunststoffen: In den ersten Jahren des Kunststoffrecyclings war eines der kritischen Probleme bei der Aufbereitung die Verschmutzung der Rückstände. Fremdteilanhaftungen, die nicht vor der Aufbereitung durch energie- und wasserintensives Waschen entfernt wurden, blieben als Störungen im Sekundärstoff enthalten. Weil dieser Zustand unbefriedigend war, wurde ein Verfahren entwickelt, das imstande ist, mithilfe eines sogenannten Laserfilters (eines Filters mit ca. 1 Mio. Laserbohrungen von je 180.000stel mm Durchmesser pro mm^2) sämtliche Fremdstoffe aus dem aufgeschmolzenen Altkunststoff abzuscheiden (vgl. Vereinigung österreichischer Industrieller (Hrsg.)[Vermeiden] S.10).

[288]vgl. Olschowy [Einflussfaktoren] S.100 - 102

[289]vgl. Abschnitt 7.2

„vernichten." Konsequenterweise besteht das Ergebnis der F&E-Bemühungen somit nicht primär in einem Set verschiedener auf einen Endzweck hin konzipierter Produkte, sondern in einem Set verschiedener auf die Rückstandsbewältigung hin zugeschnittener Technologien.[290]

Es wird deutlich, dass technologische Größen den Aktionsradius des Rückstandsmarketing in erheblichem Maße beeinflussen. Genaugenommen stellen sie sogar eine conditio sine qua non dar, wenn man bedenkt, dass eine „marktliche" Verwertung ohne die Möglichkeit der - vor- oder nachgeschalteten - „technischen" Verwertung unmöglich ist.

4.2.2 Gesellschaftliche Einflussfaktoren

Erschwerend tritt zu den Problemen der Technologieverfügbarkeit und -wahl hinzu, dass sich die Bevölkerung in Bezug auf den Umweltschutz nicht unbedingt nach rationalen Prinzipien verhält, vielmehr lassen sich die Menschen oft von irrationalen Ängsten leiten. In der Diskussion um ökologische Fragestellungen ist auch zu bemerken, dass eine starke Fokussierung auf wenige Problembereiche der Umweltbelastung stattfindet. Die wesentlichen Probleme in Bezug auf die Rückstandsbewirtschaftung werden derzeit bei der Abfallverbrennung und der Konzipierung von Mülldeponien gesehen. Andere, ebenso wichtige Probleme wie etwa die Frage der stofflichen Wiederverwertung von Rückständen bleiben aus der öffentlichen Diskussion ausgeklammert.

Besonders wichtig ist die Erkundung des gesellschaftlichen Bereiches für das Marketing, das den Aufbau und die Aufrechterhaltung von (intakten) Beziehungen zur Unternehmensumwelt zu seinen wesentlichen Aufgaben zählt. Die sozio-kulturellen oder gesellschaftlichen Einflussfaktoren müssen in zumindest drei Unterdimensionen aufgeteilt werden:

Demographische Faktoren wie Alter etc. sind für die Aktivitäten des Rückstandsmarketing von eher untergeordneter Bedeutung.[291] Die normative Dimension umfasst Werte und Normen.[292] Als Werte bezeichnet man dabei „durch soziales Lernen erworbene, ... relativ stabile, generelle Vorstellungen über wünschenswerte, anzustrebende Lebens- und Verhaltensformen, die ... als Standards dienen und das Verhalten von Individuen maßgeblich beeinflussen."[293] Im Gegensatz zu den individuellen, personenbezogenen Bedürfnissen des Marketing entspricht ein in einer Gesellschaft gültiger Wert einem Konsens über Bedürfnisse: „Werte müs-

---

290 So eignen sich für (sortenreine und dickwandige) Kunststoffrückstände als Aufbereitungsverfahren die Aufmahlung und Mischung mit Neumaterial, die Regranulierung und Wiederverarbeitung zu prinzipiell den Neuprodukten gleichartigen Produkten (z.B. Recyclingtragetaschen), die Verarbeitung zu dickwandigen „Produkten aus der Schmelze" (z.B. Blumentöpfe), die andere Eigenschaften aufweisen als Primärkunststoffe und vor allem zu Holz und Beton in Konkurrenz stehen, weiters die chemischen Aufbereitungsverfahren Hydrierung und Pyrolyse und schließlich die sogenannte thermische Verwertung durch Nützen des Energieinhaltes von Kunststoffen in der Verbrennung (vgl. Rieß [Kunststoff] S.58f.).

291 wenn man davon absieht, dass im Allgemeinen jüngere, besser ausgebildetere und wohlhabendere Menschen dem Umweltschutzgedanken im Allgemeinen aufgeschlossener gegenüberstehen als die anderen. vgl. Meffert et al. [Marketing] S.437

292 vgl. Nieschlag/Dichtl/Hörschgen [Marketing] S.617

293 Balderjahn [Konsumentenverhalten] S.36

sen den Subjekten gemeinsame Bezugspunkte sein, auf die sie zur Koordination ihrer Interaktionen zurückgreifen können."[294] Jeder Wert ist Teil eines hierarchisch strukturierten Wertesystems, das einem stetigen Wandel unterliegt, der unter anderem auch die Forderung nach mehr Rücksicht auf die natürlichen Gegebenheiten und damit nach mehr Umweltbewusstsein bewirkt.[295] Das kann den Handlungsspielraum des Unternehmens in erheblichem Maße beeinflussen, eröffnet aber auch die Möglichkeit zur Erringung von Wettbewerbsvorteilen auf Märkten, die lange Zeit als gesättigt galten. Spezielle Konsequenzen für das Rückstandsmarketing können daraus jedoch nicht abgeleitet werden.

Als dritte und auch für das Rückstandsmarketing sehr wesentliche Dimension ist die „sozio-organisationale" Dimension zu nennen, die Bezug nimmt auf die gesellschaftliche Betroffenheit des Unternehmens bzw. auf die Anliegen bzw. Ansprüche, die von außen an das Unternehmen herangetragen werden - wie die ökologischen.[296] Diese Ansprüche gehören einem im Bewusstsein der Öffentlichkeit besonders sensiblen Bereich an, da heutige ökologische Probleme auch das Überlebenspotenzial zukünftiger Generationen betreffen, und sind von großem Misstrauen gegenüber Technik und Technologie gekennzeichnet: Werden diese einerseits als segensreich betrachtet, weil sie zur Reduktion von Umweltbelastungen beitragen, so ist anderseits mit heftigen Protesten zu rechnen, wenn sensible Bereiche berührt werden (etwa die Errichtung von Mülldeponien).

Träger der Proteste sind gesellschaftliche Anspruchsgruppen, die „aus gesellschaftlichen Anliegen ... Ansprüche an die Unternehmung ableiten und entweder selbst oder durch Dritte versuchen, auf die Unternehmungsziele oder die Art und Weise der Zielerreichung Einfluss auszuüben."[297] Für das Rückstandsmarketing relevante gesellschaftliche Anspruchsgruppen können sein Kammern, Gewerkschaften, Parteien, Behörden oder Medien ebenso wie Verbände und Organisationen (z.B. Konsumentenschutzverbände, Umweltorganisationen).

Solche Gruppierungen entstehen aus dem Wunsch einzelner Bürger, selbst Verantwortung für bestimmte Dinge zu übernehmen. Diese „sozialen Bewegungen"[298] sind (Sekundär)Gruppen,[299] die aktiv auf den Prozess des sozialen Wandels einzuwirken suchen und durch ein ausgeprägtes Zusammengehörigkeitsgefühl charakterisiert sind.[300] Sie machen ihre Ansprüche deutlich, indem sie entweder versuchen, politischen oder Marktdruck zu aktivieren oder mit dem Unternehmen in direkte Verhandlungen zu treten. In vielen Fällen versuchen

---

294 Schlöder [Werte] S.112, vgl. Bahrt [Schlüsselbegriffe] S.49

295 vgl. Inglehart [Umbruch] S.90. Bezogen auf den ökologieorientierten Wertwandel vgl. auch Nork [Umweltschutz] S.47-52, vgl. Fietkau [Umweltbewusstsein] S.144.

296 vgl. Dyllick [Management] S.36, vgl. Schaltegger/Sturm [Entscheidungen] S.31ff.

297 Dyllick [Management] S.43

298 Prisching [Teilnehmen] S.11

299 vgl. Wiswede [Soziologie] S.166. Zur Charakterisierung von Gruppen vgl. auch Bahrdt [Schlüsselbegriffe] S.91f., vgl. auch Kuß [Käuferverhalten] S.119ff.

300 vgl. Raschke [Bewegungen] S.76ff.

Anspruchsgruppen allerdings, die öffentliche Meinung zu beeinflussen.[301] Im weiteren Sinne zählen dazu auch Bürgerinitiativen, deren Bemühungen auf die Verhinderung konkreter privat- oder öffentlichwirtschaftlicher und umweltgefährdener Vorhaben gerichtet sind (single-issue).[302]

Ähnliche Bedeutung kommt den sogenannten Meinungsführern zu, die die Rolle des Vermittlers zwischen Massenmedien und Rezipienten spielen und als Vermittler und häufig auch als Verstärker einer Meinung auftreten. Sehr häufig agieren Politiker als Meinungsführer im ökologischen Bereich. Ein gutes Einvernehmen mit diesen bzw. deren „Wohlwollen" ist von vitalem Interesse für die Umsetzbarkeit von Rückstandsmarketingaktivitäten.[303] Zu einem Dilemma kann die Konzentration auf das Wohlwollen der Politiker führen, wenn diese aus Gründen der Wiederwahl umgekehrt nicht ihre eigene, für die Rückstandsmarketingaktivitäten positive Meinung vertreten, sondern die der potenziellen Wähler.

An dieser Stelle eröffnet sich der wechselseitige Zusammenhang von zunehmender Bedeutung unternehmensexterner Anspruchsgruppen und steigender Wichtigkeit der Massenmedien: Nur mithilfe der Massenmedien können externe Anspruchsträger ihre Forderungen einem breiteren Publikum bekanntmachen. Gerade diese komplexe Verflechtung bietet für das betroffene Unternehmen jedoch eine Möglichkeit, auf Widerstände der Bevölkerung zu reagieren, indem es die Präsenz der Medien ausnützt, um für größtmögliche Transparenz der eigenen Vorgangsweise und Miteinbeziehung der Anliegen der Betroffenen zu sorgen.[304]

Für das Rückstandsmarketing bedeutet das, dass die Identifikation sowohl von Gruppierungen, die allgemein als Referenzgruppen in Fragen mit Ökologiebezug fungieren können, als auch von potenziellen ökologischen Meinungsführern von vordringlicher Bedeutung ist. Aus den verschiedenen Konstellationen ergeben sich verschiedene Konsequenzen. So werden beispielsweise das ökologische Bewusstsein und das ökologierelevante Wissen bei Bürgern, die sich für ökologische Belange interessieren, anders geartet sein als bei diesbezüglich nicht engagierten Bürgern. Die Öffentlichkeitsarbeit muss gezielt auf die Informationsbedürfnisse des einzelnen hin konzipiert werden, um Widerständen gegenüber Projekten des Rückstandsmarketing vorzubeugen oder ihnen entgegentreten zu können.

Ergebnisse der empirischen Untersuchung zeigen, dass gerade in diesem Bereich sehr große Hindernisse des Rückstandsmarketing liegen und daher auch enormer Handlungsbedarf besteht.[305] Der Grund dafür ist die Tatsache, dass die Öffentlichkeit immer wieder vermutet, dass Unternehmen sie bei der Bekanntgabe von Umweltinformationen belügen, um den eigenen Vorteil wahren zu können. Das Instrumentarium der PR ist auf eine möglichst positive

---

[301] wie etwa die Anti-Gentechnik-Bewegung

[302] vgl. Prisching [Teilnehmen] S.14

[303] vgl. Abschnitt 11.3.5

[304] vgl. Schulze [Bürgerinitiativen] S.137ff., vgl. Keppler [Erfahrungsbericht] S.143-158

[305] vgl. Abschnitt 11.3.6.3

Beziehung zu potenziellen Referenzgruppen auszurichten, um durch ein entspanntes Klima die Möglichkeit zum Aushandeln von Problemen offen zu halten.

4.2.3 Politisch-rechtliche Einflussfaktoren

Von großer Tragweite für die Belange des Rückstandsmarketing sind Anreizwirkungen und Pflichten, die vom politisch-rechtlichen Umfeld des Unternehmens ausgehen. Darunter sind prinzipiell alle Daten der Wirtschafts- und Konjunkturpolitik zu verstehen und im Besonderen alle Daten der Umweltpolitik, einerseits mit allen positiven und negativen Anreizen, die davon ausgehen, anderseits mit allen rechtlichen Vorschriften, die dem Unternehmen vor allem Verpflichtungen auferlegen.

Geht man zunächst von der allgemeinen Wirtschaftspolitik aus, so beeinflusst diese das Rückstandsmarketing insofern, als sie versucht, Konjunkturschwankungen auszugleichen und so indirekt auch die Nachfrage nach Sekundärstoffen aufrechtzuerhalten. Davon abgesehen haben allgemein wirtschafts- und konjunkturpolitische Daten wenig Einfluss auf die Aktivitäten des Rückstandsmarketing.[306] Mehr Einfluss geht von den direkten Aktivitäten der staatlichen Umweltpolitik aus. In Österreich dient als Grundlage der Umweltgesetzgebung das Bundesverfassungsgesetz über den umfassenden Umweltschutz (vgl. § 1 Abs.1 BVG Umweltschutz).[307]

Dessen Umsetzung erfolgt in der staatlichen Umweltpolitik durch Zuhilfenahme von verschiedenen umweltpolitischen Instrumenten.[308] Große Bedeutung für die Aktivitäten des Rückstandsmarketing haben dabei die ordnungspolitischen Instrumente. Das für das Rückstandsmarketing relevanteste dieser Instrumente in Österreich ist das Abfallwirtschaftsgesetz (AWG) mit seinen Verordnungen.[309]

§ 1 Abs.1 Zif.2 und 3 AWG (Schonung von Rohstoff- und Energiereserven, geringer Verbrauch von Deponievolumen) können im Prinzip als Postulate für die Schließung von Stoffkreisläufen und somit für das Recycling gesehen werden. § 1 Abs.2 Zif.2 AWG bestimmt, dass Abfälle zu verwerten sind, „soweit dies ökologisch vorteilhaft und technisch möglich ist, die dabei entstehenden Mehrkosten im Vergleich zu anderen Verfahren der Abfallbehandlung nicht unverhältnismäßig sind und ein Markt für die gewonnenen Stoffe vorhanden ist oder geschaffen werden kann." Durch die Forderung der Schaffung von Märkten wird vom AWG implizit die Einrichtung eines Marketing für Rückstände gefordert, da eine Vermarktung von Rückständen ohne die Hilfe eines adäquaten Marketinginstrumentariums nicht vorstellbar ist.

---

[306] vgl. in ähnlicher Form Olschowy [Einflussfaktoren] S.104

[307] Als „umfassenden Umweltschutz" definiert § 1 Abs. 2 BVG Umweltschutz „die Bewahrung der natürlichen Umwelt als Lebensgrundlage der Menschen vor schädlichen Einwirkungen."

[308] informelle Instrumente (Symposien etc.), Planungsinstrumente (Raumordnung etc.), fiskalische Instrumente (Abgaben und Subventionen), ordnungspolitische (nicht-fiskalische) Instrumente (Gesetze etc.), vgl. Brünner [Umweltrecht] S.11f., vgl. Wicke [Umweltökonomie] S.166

[309] zu den Verordnungen im Einzelnen vgl. Brezovich [Abfallwirtschaftsrecht] Reg.3 Kap.4

Zunächst ist jedoch zu prüfen, ob der zu verwertende Rückstand überhaupt den Regelungen des AWG unterliegt oder ob nicht vielmehr ein - einem Produkt oder Rohstoff entsprechender - sogenannter „Wertstoff" vorliegt.[310] Eine Abgrenzung zwischen Wertstoffen und Abfällen ist jedoch in der Praxis wohl nur für den Einzelfall durchzuführen, da (vonseiten der Behörde) zu prüfen ist, ob der betreffende Rückstand nicht dem sogenannten subjektiven Abfallbegriff (§ 2 Abs.1 Zif.1 AWG) unterliegt. Dieser bezeichnet als Abfall jene beweglichen Sachen, deren sich der Eigentümer entledigen will oder entledigt hat.[311] Wann eine Entledigungsabsicht gemäß § 2 Abs.1 Zif.1 AWG vorliegt, wird sowohl in der juristischen Literatur als auch in der Praxis heftig und kontroversiell diskutiert,[312] wobei sich eine eher enge Auslegung des Begriffes durchgesetzt hat.

Aus der Sicht des Rückstandsmarketing liefert der subjektive Abfallbegriff einen Hinweis auf das - in 5.1.3 näher dargestellte - Verwertungsparadoxon: Bewegliche Sachen gelten solange nicht als Abfall, als sie neu sind (§ 2 Abs.2 Zif.1 AWG), in einer nach allgemeiner Verkehrsauffassung bestimmungsgemäßen Verwendung stehen (Zif.2) oder an deren Ende im eigenen Betrieb verwertet werden können (Zif.3). Kann der Inhaber eines Rückstandes diesen im eigenen Betrieb nicht mehr verwenden, so muss er eine externe Rückstandsbewältigungs-Leistung in Anspruch nehmen: Er „entledigt" sich des Rückstandes.[313] Für die Festlegung einer „Entledigungsabsicht" ist dem Gesetzgeber zunächst egal, was mit dem Rückstand weiter geschieht. Extern verwertbare Rückstände werden folglich nach der Legaldefinition zu Abfällen, wenn sie nicht mehr in einer nach allgemeiner Verkehrsauffassung bestimmungsgemäßen Verwendung stehen.[314]

Bei der Beurteilung der subjektiven Abfalleigenschaft spielt es auch nicht unbedingt eine Rolle, ob die Weitergabe der Rückstände unentgeltlich oder gegen Entgelt erfolgt (vgl. §2 Abs.1 AWG).[315] Kann der Anbieter von Rückstandsbewältigungs-Leistungen die erworbenen Rückstände wiederum (als Altstoffe gem § 2 Abs.2 AWG) in seinem Betrieb wertschöpfend einsetzen, ist aus dem Entsorgungsdienstleister der Produzent einer neuen Sache geworden.

---

[310] vgl. zum Wertstoffbegriff Abschnitt 3.1.1.2. Ein wesentliches Argument für die Begründung der Wertstoffeigenschaft ist, wenn der Rückstand bereits vor der Abgabe - mit oder ohne Aufbereitungsaktivitäten - in einem folgenden Prozess einsatzfähig ist (vgl. Strebel/Schwarz/Schwarz [Recycling] S.98).

[311] vgl. Wimmer [Abfallbegriff] S.722-723

[312] vgl. dazu die Ausführungen in Strebel/Schwarz/Schwarz [Recycling] S.84-91

[313] vgl. Zehetner [Abfall] S.669. Dieser Auffassung allerdings widerspricht Wimmer, der meint, dass Abfall im subjektiven Sinn nicht vorliegt, wenn der Innehaber einer Sache entscheidet, dass diese ein Wirtschaftsgut bleiben soll, auch wenn er selbst sie nicht mehr verwenden kann (vgl. Wimmer [Abfallbegriff] S.721)

[314] vgl. Schwarz [Hürden] S.205. Seit der Novelle des AWG 1998 ist der Umweltminister ermächtigt, Verordnungen zu erlassen, die unter bestimmten Bedingungen und bei bestimmten Abfällen (z.B. Altpapier) die Abfalleigenschaft enden lassen, wenn ein Markt für diese Stoffe vorhanden ist (vgl. § 3a,b,c AWG). Bislang wurde keine solche Verordnung erlassen, vgl. zu dieser Problematik im deutschen Recht Fluck [Stoffe] S.537ff.

[315] Nicht einmal die Tatsache, dass das abgebende Unternehmen eventuell einen Erlös aus dem Verkauf seiner Rückstände erzielen kann, steht der Begründung einer subjektiven Abfalleigenschaft entgegen (vgl. Zehetner [Abfall] S.670).

„Entscheidend ist die subjektive Verwertungsabsicht des Besitzers, soweit nicht der objektive Abfallbegriff greift."[316]

Ist geklärt, dass ein Rückstand nicht dem subjektiven Abfallbegriff unterliegt, muss die objektive Abfalleigenschaft geprüft werden. Dieser zweite im AWG festgelegte Abfallbegriff definiert als Abfälle alle beweglichen Sachen, deren Erfassung und Behandlung als Abfall im öffentlichen Interesse steht (§ 2 Abs.1. Zif.2 AWG): „Ob eine Sache Abfall oder nicht ist, hängt auch davon ab, ob das ihr innewohnende Gefährdungspotenzial durch die Anwendung entsprechender Verfahrenstechniken beherrschbar ist oder nicht. Ersteres setzt ... aus wirtschaftlicher Sicht voraus, dass eine entsprechende Verwertungsabsicht besteht, weil durch die Behandlung der Sache ein Wirtschaftsgut entstehen soll. ... (Wenn) der Pegel der Zumutbarkeit (für das öffentliche Interesse, A.d.V.) überschritten wird, ... dann kann eine Verwertung der Sache nicht erfolgen."[317] Diese Auslegung des Gesetzes bedeutet, dass auch Abfälle in objektiver Sicht verwertet werden können, wenn die Verwertungstechniken in Einklang mit den abfallwirtschaftlichen Zielen des Schutzes von Menschen, Tieren, Pflanzen und deren Lebensgrundlagen stehen (§ 1 Abs.1 AWG).

Um die Vermarktung von Rückständen zu begünstigen, werden in § 2 Abs.3 AWG Abfälle, die einer Wiederverwertung zugeführt werden, als Altstoffe bezeichnet. Doch gelten Altstoffe solange als Abfälle, bis sie tatsächlich einer Verwendung oder Verwertung zugeführt wurden (vgl. § 2 Abs.3 AWG): „Ein und dieselbe Sache (kann) in zeitlicher Abfolge sowohl Abfall als auch Wirtschaftsgut sein. Solange eine Sache nur eine abstrakte Verwertbarkeit besitzt, ist sie Abfall. Stößt diese abstrakte Verwertbarkeit auf eine konkrete Nutzungsmöglichkeit, wird die Sache zum Wirtschaftsgut."[318]

Der wesentliche Vorteil der Klassifikation eines Stoffes als Altstoff besteht in der Ausnahme der Altstoffe von gewissen gesetzlichen Regelungen, insbesondere von den §§ 16 und 28 AWG. Während die Ausnahme von § 16 AWG die Aufhebung des Kontrahierungszwanges in Bezug auf Altstoffe betrifft,[319] bedingt die Ausnahme von § 28 AWG Erleichterungen bei Genehmigungsvorschriften zur Errichtung, zum Betrieb und zur Änderung von Anlagen zur Rückstandsverwertung, denn Anlagen zur Verwertung von Altstoffen werden in den Abfallwirtschaftsgesetzen[320] nicht gesondert angeführt, sondern unter dem Begriff der „Abfallbehandlungsanlage" subsumiert.[321]

---

[316] Birn/Jung [Abfallbeseitigungsrecht] S.14

[317] Wimmer [Abfallbegriff] S.722

[318] Wimmer [Abfallbegriff] S.721

[319] vgl. Strebel/Schwarz/Schwarz [Recycling] S.100

[320] Bundes-AWG und Abfallwirtschaftsbestimmungen der Länder

[321] Ein juristisches Dilemma ergibt sich hiebei n.M.d.V. aus der Frage, warum für Altstoffe, die per definitionem einer *Verwertung* zugeführt werden, überhaupt ein Genehmigungsverfahren für eine *Abfall*behandlungsanlage nötig ist.

Im Bundes-AWG wird in § 28 die Pflicht festgeschrieben, die Errichtung oder wesentliche Änderung von Altöl- und Abfallbehandlungsanlagen für gefährliche Abfälle[322] durch den jeweiligen Landeshauptmann genehmigen zu lassen, wenn nicht bereits nach anderen gesetzlichen Bestimmungen[323] Genehmigungen notwendig sind. Das bedeutet, dass für die Verwertung von Rückständen aus abfallrechtlicher Sicht keine zusätzliche Genehmigung eingeholt zu werden braucht, wenn diese nicht schon nach anderen rechtlichen Normen notwendig gewesen wäre.

Ein unkompliziertes Vorgehen bei der Genehmigung von Anlagen zur Rückstandsverwertung ist einer Umsetzung von Aktivitäten des Rückstandsmarketing dienlich, da die Kosten eines aufwändigen Genehmigungsverfahrens wegfallen. Rückstände werden nur dann sinnvoll als Einsatzstoffe verwendet, wenn die Erfüllung von gesetzlich vorgeschriebenen Auflagen nicht unverhältnismäßig hohe Kosten im Vergleich zu verringerten Rohstoffkosten oder erhöhten Erlösen verursacht.

Ein besonderes Problem für das Rückstandsmarketing ergibt sich aus der Tatsache, dass durch gesetzliche Regelungen auch Beharrungstendenzen gefördert werden. Bestehende Anlagen sind weitaus weniger stark behördlichen Eingriffen (v.a. Auflagen) ausgesetzt als modifizierte oder gar neue Anlagen. Muss daher eine Produktionsanlage für den Einsatz von Rückständen modifiziert oder gar neu errichtet werden, so liefert sich das betroffene Unternehmen der Gefahr von verstärkten behördlichen Eingriffen aus.[324]

Eine weitere für das Rückstandsmarketing bedeutsame Unterteilung, die das AWG trifft, ist die in gefährliche und nicht gefährliche Abfälle. Gemäß § 2 Abs.5 AWG müssen gefährliche Abfälle vom Umweltminister in Zusammenarbeit mit anderen Ministerien, Ländern, Gemeinden und Interessenverbänden und unter Einbeziehung der in § 2 Abs.5 Zif.1-15 aufgezählten Eigenschaften per Verordnung bestimmt werden. Die Aufzählung der gefährlichen Abfälle ist taxativ, alle übrigen Abfälle sind demnach als nicht gefährlich einzustufen.

Für das Rückstandsmarketing ist diese Unterteilung insofern von Bedeutung, als das AWG von den in § 3 Abs.2 aufgezählten Ausnahmen abgesehen nur für gefährliche Abfälle gilt. So gibt es nur für gefährliche Abfälle eine Erlaubnispflicht zur Verwertung gemäß § 15 AWG. Nicht-gefährliche Abfälle werden im Wesentlichen durch Landesgesetze geregelt. Die Schwierigkeiten für das Rückstandsmarketing insbesondere für Unternehmen mit Standorten in verschiedenen Bundesländern besteht darin, dass diese Landesgesetze untereinander sehr große Unterschiede aufweisen. Dabei handelt es sich vor allem um verschiedene Definitionen des Altstoffbegriffes, was für das Rückstandsmarketing insofern von Bedeutung ist, als für die Verwertung von Altstoffen nicht nur im Bundes-AWG, sondern auch in einigen Landesabfall-

---

[322] zur Definition gefährlicher Abfälle siehe im selben Abschnitt unten

[323] die in § 28 AWG taxativ aufgezählt werden.

[324] vgl. Matschke/Jaeckel/Lemser [Umweltwirtschaft] S.238

wirtschaftsgesetzen erleichterte Bestimmungen vorgesehen sind.[325] Für Rückstandsmarketingaktivitäten ergibt sich daraus das Problem, dass bei Vorliegen besonders rigider Vorschriften die betreffenden Bundesländer in einer regionalen Betrachtung nicht als Markt für Rückstände in Frage kommen.

Die grenzüberschreitende Abgabe von Rückständen (Ein-, Aus- und Durchfuhr von Abfällen) kann für das Rückstandsmarketing in Ausnahmefällen relevant sein. Sie wird in den §§ 34-37a AWG geregelt. Ihre Darstellung würde den Rahmen der vorliegenden Arbeit bei weitem sprengen.

4.2.4 Ökonomische Einflussfaktoren

Die Aktivitäten des Rückstandsmarketing werden beeinflusst von einer Vielzahl von ökonomischen Wirkungen, die auf einer übergelagerten Ebene angesiedelt sind und daher eher aus dem makroökonomischen Bereich stammen (etwa Preisentwicklung, Einkommensverteilung, Arbeitskräftepotenzial, Rohstoffversorgung).[326]

Ein solcher Einflussfaktor[327] wäre für das Rückstandsmarketing etwa das Ansteigen der Preise bestimmter Primärrohstoffe, die durch (billigere) Sekundärstoffe substituiert werden können. Zur Zeit ist dieser Einflussfaktor von eher theoretischer Bedeutung, da die Rohstoffpreise insgesamt eher niedrig und die Aufbereitung der an sich billigen Rückstände meist sehr kostenintensiv sind.[328] Aus dieser Sichtweise ist verständlich, dass die Unternehmen wenig Anreiz haben, primäre durch sekundäre Stoffe zu ersetzen. Dies entspricht im Übrigen auch empirischen Befunden, wonach viel mehr Unternehmen daran interessiert sind, Rückstände abzugeben als aufzunehmen.[329]

Ein ähnlicher ins ökonomische Umfeld gehöriger Einflussfaktor ist eine Rohstoffverknappung aufgrund von Produktions- und/oder logistischen Engpässen (verursacht etwa durch einen extremen Nachfrageüberhang am Markt). In Österreich ist diese Situation derzeit auf dem Gipsmarkt gegeben, weshalb sinnvoll verwertbarer REA- und Synthese-Gips[330] zu gefragten Produkten avanciert sind, für die sogar Erlöse erzielbar sind.[331]

Auf der Outputseite zählen die Steigerung von Entsorgungskosten sowie generelle Entsorgungsengpässe aufgrund fehlender Deponie- und Müllverbrennungskapazitäten zu den ökonomischen Einflussfaktoren des Rückstandsmarketing. Diesen Faktoren könnte mittels eines effizienten Rückstandsmarketing dadurch entgegengewirkt werden, dass an Stelle der Entsor-

---

[325] vgl. dazu die zusammenfassende Darstellung in Strebel/Schwarz/Schwarz [Recycling] S.109-115

[326] vgl. Olschowy [Einflussfaktoren] S.98-100

[327] vgl. dazu und zum Folgenden Schwarz [Unternehmensnetzwerke] S.145 und die dort angegebene Literatur, vgl. auch Strebel/Schwarz/Schwarz [Recycling] S.144

[328] Substitution von fossilen Brennstoffen durch Kunststoffe

[329] vgl. Strebel/Schwarz/Schwarz [Recycling] S.182

[330] So nennt man Gips, der bei der Synthese von Chemieprodukten anfällt.

[331] Expertengespräch mit Managern eines österreichischen Chemieunternehmens

gung der Rückstand als Rohstoff oder nach entsprechender Aufbereitung und Verarbeitung als sinnvolles neues Produkt angeboten wird. Allerdings stehen dieser Vorgangsweise zwei gewichtige Argumente entgegen. Einerseits ist ein Argument das bereits oben angesprochene Marktungleichgewicht (Angebotsüberhang), das von den geringen Rohstoffkosten herrührt, sowie eine teilweise noch immer bestehende Abneigung der potenziellen Kunden gegenüber Produkten, die aus Rezyklaten erzeugt wurden.[332] In vielen Fällen ist es daher schwierig, Rückstände als Produkte auf Märkten abzusetzen. Das momentan gewichtigere Argument gegen diese Art der marktlichen Verwertung sind die sinkenden Deponiekosten, insbesondere für Klärschlamm.[333] Ein wesentlicher Grund dafür liegt in der Tatsache, dass etliche neue Deponien genehmigt wurden und auf diese Weise eine Art „Angebotsüberhang" bewirkt wurde, was die Deponiebetreiber zwingt, ihre Preise zu senken.[334]

Ein aus der Sicht des Rückstandsmarketing besonders interessanter ökonomischer Effekt ist die Notwendigkeit der Schaffung eines neuen Industriezweiges „Entsorgungswirtschaft", dem einerseits die Anbieter von Entsorgungsdienstleistungen im engeren Sinne (Altstoffsammlung, Müllentsorgung von Haus-, Gewerbe- und Industrieabfall, Deponien, Kompostierung, Kanalservice), anderseits aber auch jene Unternehmen angehören, die sich durch das Angebot von Rückstandsbewältigungs-Dienstleistungen zusätzlich zu ihrem bereits vorhandenen Produktions- und Absatzprogramm ein Standbein schaffen wollen.[335]

Alle diese Unternehmen müssen die Praktiken des Rückstandsmarketing im eigentlichen Sinne beherrschen müssen, da ihr Unternehmenszweck in der logistischen und technologischen Bewältigung des (unternehmensexternen) Rückstandsproblems besteht. In der vorliegenden Arbeit werden nach der vorgenommenen Definition die Probleme von Unternehmen, die ausschließlich als Entsorger oder Altstoffhändler tätig sind, nicht betrachtet. Auf Unternehmen, die sich als reine Aufbereiter betrachten, treffen die Aussagen nur zum Teil zu.

In Österreich hat sich die (private) Entsorgungswirtschaft bereits in Form des „Verbandes österreichischer Entsorgungsbetriebe (VÖEB)" etabliert, dessen Aufgaben im Prinzip denen einer privatrechtlichen Interessenvertretung entsprechen,[336] im Konkreten also die folgenden Aufgaben umfassen:[337] Wahrnehmung der Mitgliederinteressen gegenüber öffentlichen Institutionen im Bereich der Abfallwirtschaft, Presse- und Öffentlichkeitsarbeit, Erarbeitung von Stellungnahmen und Begutachtung von Gesetzesentwürfen. Die Mitglieder dieser

---

[332]vgl. dazu Abschnitt 3.1.2.1

[333]Genauere Daten bzw. eine Statistik dazu konnten nicht ermittelt werden, da die genauen Preise immer einzeln ausgehandelt werden. Der generelle Trend ist jedoch allgemein bekannt (telefonische Auskunft des VÖEB).

[334]Dazu tritt die Rechtsunsicherheit bezüglich der neuen Deponieverordnung, die im Jahr 2004 in Kraft treten soll und gemäß der nur noch vorbehandelte Abfälle deponiert werden dürfen. Dadurch wird sich das zu deponierende Volumen an Rückständen drastisch verringern, weswegen die Betreiber bis zu diesem Zeitpunkt versuchen, ihre Deponiekapazitäten möglichst stark auszulasten (Auskunft des VÖEB).

[335]vgl. Abschnitt 5.1.3

[336]vgl. Brezovich [Abfallwirtschaftsrecht] Reg.10 Kap.2 S.1

[337]vgl. Verband österreichischer Entsorgungsbetriebe [Jahresbericht] S.4-13

Vereinigung sind Privatbetriebe, die auch in Städten mit kommunalen Entsorgungsbetrieben zum Einsatz kommen.[338]

Die Betriebe des VÖEB sind - über ihren Kontakt mit den sogenannten Branchenrecyclinggesellschaften[339] - ebenfalls in das österreichweit installierte Entsorgungsnetz der ARA (Altstoff Recycling Austria AG) mit eingebunden. Diese Gesellschaft wurde als Initiative der Wirtschaft gegründet, um Packstoffe zu sammeln, zu sortieren und entsprechend den Zielen der österreichischen Verpackungsverordnung der Industrie wieder als Rohstoffe zuzuführen.[340]

Eigentümer und Alleinaktionär der ARA-AG ist der ARA-Verein, dessen Mitglieder aus den Bereichen Abpackung und Abfüllung, Import, Packstofferzeugung und Handel stammen.[341] „Ausgeschlossen von der Mitgliedschaft sind lediglich Unternehmen der Entsorgungsbranche. Damit werden Interessenskonflikte ausgeschlossen."[342] Im konkreten Fall sind von dieser Regelung gerade die Mitglieder des VÖEB betroffen.

Die ARA arbeitet mit den sogenannten Branchenrecyclinggesellschaften[343] zusammen, die auf die Sammlung und/oder Verwertung einzelner Verpackungsarten spezialisiert sind und die ihrerseits wiederum mit Abfallwirtschaftsverbänden, Gemeinden und (den im VÖEB organisierten) privaten Sammlern, Sortierern und Verwertern kooperieren. Auf diese Weise wurde durch eine gesetzliche Regelung die Entstehung einer eigenständigen Branche maßgeblich begünstigt, wo sich viele der Aktivitäten im Rückstandsmarketing abspielen.

---

338 vgl. ebenda S.14

339 vgl. unten

340 vgl. dazu und zum Folgenden Altstoff Recycling Austria AG (Hrsg.) [Verpackungen] S.4f.

341 Altstoff Recycling Austria AG (Hrsg.) [ARA] S.9

342 ebenda S.9

343 vgl. Altstoff Recycling Austria Aktiengesellschaft (Hrsg.)[Informationsübersicht] S.3

5 Märkte für Rückstände

Der Bedarf an einem Gut wird nur dann relevant, wenn er sich in einer entsprechenden Nachfrage äussert. Wenn nach einem Produkt kein Bedarf besteht, muss der Anbieter Anstrengungen unternehmen, einen Bedarf zu schaffen.[344] Mit anderen Worten ist es nicht nur Aufgabe des Marketing, bestehende Ansprüche zu befriedigen, sondern gegebenenfalls auch neue zu schaffen oder zu formen. Dies ist besonders für die unternehmensexterne Bewältigung von Rückständen eine wesentliche Aufgabe, die auch auf gesetzlichen Vorschriften fußt.[345]

Der Austausch von Gütern folgt unter Wettbewerbsbedingungen - so er nicht von hierarchischen Regelungen determiniert wird - marktlichen Prinzipien. Bevorzugt wird die Form, die die geringsten Kosten verursacht. Die Frage der Vermarktung bzw. Vermarktbarkeit von Rückständen wird auch von den Problemkreisen der Verfügbarkeit und dem nachgelagerten Problem der Übertragbarkeit von wirtschaftlichen Gütern resp. Rückständen beeinflusst.[346] Diese betreffen nicht nur deren physische Greifbarkeit, sondern vor allem die Frage, ob der Bedürfnisbefriedigung rechtliche oder soziale Hemmnisse entgegenstehen.[347] Abschnitt 5 untersucht Struktur und Funktionsweise der für Rückstände relevanten Märkte. Marktanalyse ist einer der wesentlichsten vorbereitenden Schritte für die Erstellung eines entscheidungsorientierten Marketing-Konzeptes auch im Rückstandsbereich.[348]

Zunächst werden typische Merkmale von Transaktionen auf Absatz- und Beschaffungsmärkten sowie deren für die Vermarktung von Rückständen charakteristischer Zusammenhang beleuchtet. Sodann wird anhand theoretischer Richtlinien ein für Rückstände geeignetes Transaktionsdesign entwickelt. In einem dritten Schritt werden die tatsächlichen marktlichen Gegebenheiten auf Rückstandsmärkten untersucht.

5.1 Marktliche Rückstandsbewältigung auf interindustriellen Absatz- und Beschaffungsmärkten

Mit dem Begriff der marktlichen Rückstandsbewältigung ist nicht nur der Absatz von Rückständen, sondern auch der Erwerb von Rückständen zur Verwertung im eigenen Unternehmen angesprochen. Für die Entwicklung einer Marketing-Konzeption im Bereich der Rückstandsverwertung sind daher absatzmarktgerichtete Aktivitäten ebenso mit einzube-

---

[344] vgl. Raffée [Marketing] S.3

[345] vgl. § 1 Abs.2 Zif.2 AWG: Schaffung von Märkten für Abfälle, vgl. Abschnitt 4.2.3

[346] vgl. dazu Schierenbeck [Grundzüge] S.2

[347] Bezüglich der Hemmnisse im Abfallmarketing vgl. Abschnitt 5.3.4

[348] vgl. dazu die Entwicklung eines Marketingkonzeptes für Siedlungskompost bei Funke [Marketingkonzepte] S. 416ff.

ziehen wie Aspekte der Beschaffung von Rückständen als Einsatzstoffe und Aspekte von rückstandsbezogenen Dienstleistungen.

5.1.1 Marktliche Rückstandsbewältigung als absatzmarktgerichtete Aktivität

Als Absatzmarketing bezeichnet man alle konsequent auf die Absatzmärkte ausgerichteten Aktivitäten des Unternehmens. Alle Aktivitäten des Unternehmens, die darauf gerichtet sind, im eigenen Unternehmen angefallene und eventuell einer Wertsteigerung unterzogene Rückstände extern zu bewältigen, fallen somit im weiteren Sinne unter den Begriff des Absatzmarketing.

Auf Rückstände, die zunächst oft einen negativen Wert aufweisen, können nur in seltenen Fällen von vornherein die Parameter des klassischen Produktmarketing[349] angewandt werden. Vielmehr sind Rückstände, die direkt als Produkt vermarktet werden können, die Ausnahme und werden von der vorliegenden Arbeit nicht mitbehandelt.

Die absatzseitigen Aktivitäten des Rückstandsmarketing bestehen zum Großteil darin, aus dem „Übel" Abfall, der bislang entsorgt werden musste, vermarktungsfähige Produkte zu schaffen.[350] Die Möglichkeiten reichen dabei von der simplen Markterschließung für Rückstände als Einsatzstoffe in nachfolgenden industriellen Prozessen,[351] über die der Veräusserung vorgeschaltete Aufbereitung der Rückstände[352] bis hin zur Verarbeitung von Rückständen zu neuen Produkten, die dann abgesetzt werden können.[353]

Zunächst sind nicht alle Alternativen bekannt, wie ein Rückstand überhaupt verwertet werden kann. Die Suche nach möglichen Partnern für die Abnahme ist folglich auch ein kreatives Problem des Abgebers. Er muss sich die Bedürfnisse und Ansprüche von potenziellen Abnehmern vor Augen halten und zu befriedigen versuchen. Dabei stellt sich die Frage, eine wie hohe Aufbereitungsintensität der abgebende Betrieb bereit ist zu leisten: Findet sich kein Abnehmer, der den Rückstand unaufbereitet abnimmt, müssen immer mehr Aufbereitungs- und Verarbeitungsschritte in Erwägung gezogen werden, um den Rückstand doch abgeben zu können. Obergrenze für die leistbaren Aufbereitungs- und Verarbeitungsaktivitäten sind die Kosten für konventionelle Entsorgung. Welche der vorhandenen Möglichkeiten tatsächlich für das einzelne Unternehmen in Betracht kommt, bedarf einer genauen strategischen Analyse. Letztlich hängen die Einsatzmöglichkeiten von Parametern des Rückstandes selbst ebenso ab wie von unternehmens- und branchenspezifischen Faktoren, deren Implikationen im Folgenden noch zu erörtern sind.

---

[349] vgl. z.B. Koppelmann [Produktmarketing]

[350] vgl. Meyer [Absatzmarktprogramm] S.65

[351] Beispiel: Lieferung von REA-Gips an Zementwerke

[352] Beispiel: Trocknung und Pelletierung des REA-Gipses vor der Vermarktung

[353] Beispiel: Verarbeitung des REA-Gipses zu Gipskartonplatten

5.1.2 Marktliche Rückstandsbewältigung als Anwendungsfall des Beschaffungsmarketing

Werden von einem Unternehmen Rückstände als Einsatzstoffe beschafft, so ist diese Aktivität dem Bereich des Beschaffungsmarketing zuzurechnen.[354] Während der Begriff des Absatzmarketing relativ einsichtig und in der Literatur eindeutig abgegrenzt ist,[355] wird der Begriff „Beschaffungsmarketing" in verschiedener Weise verwendet.[356] Es hat neben der schon für das Absatzmarketing kennzeichnenden Aufgabe, die Marktpartner (in diesem Falle die Lieferanten) zufriedenzustellen, vor allem die Aufgabe, den Interessen der internen Funktionsbereichspartner zu entsprechen.[357] Mit anderen Worten müssen Rohstoffe so eingekauft werden, dass sie im Unternehmen überhaupt verwertet werden können. Dies gilt um so mehr, wenn die zugekauften Stoffe Rückstände sind.

Das Beschaffungsmarketing unterscheidet sich vom klassischen Einkauf dadurch, dass zur Einkaufsfunktion der Lieferantenverhandlung auch die Tätigkeiten der Beschaffungsmarktforschung und des Beschaffungscontrolling treten.[358] Die Notwendigkeit, Beschaffungsmarketing zu betreiben, entspringt der Notwendigkeit, „zur Anbahnung von Tauschbeziehungen und beim Vollzug des Tauschaktes Gegenleistungen anbieten zu müssen."[359]

Für die vorliegende Arbeit von besonderem Interesse ist die Überlegung, dass beide in die Beschaffungssituation involvierten Unternehmen langfristig ihre Bedürfnisse befriedigen müssen.[360] Das Beschaffungsmarketing hat somit eine gegenüber der klassischen Einkaufspolitik strategische Ausrichtung, die auf umfassenden Nutzenbetrachtungen und der Aushandlung von für beide Seiten befriedigenden Kompromisslösungen basiert.[361]

Das erscheint für die Vermarktung von Rückständen eine erstrebenswerte Situation: Während beim „klassischen" Beschaffungsmarketing vor allem die Austauschsituation „Ware gegen Geld" anzutreffen ist, können beim Rückstandsmarketing auch andere Arten der Bedürfnisbefriedigung ausschlaggebend für den Tausch sein, wie etwa die Situation „kostengünstige Entsorgungsmöglichkeit gegen kostengünstige Rohstoffquelle."

Im Zusammenhang mit der Beschaffung wird auch in der Literatur immer wieder die Frage der Entsorgung bzw. der Abfallwirtschaft diskutiert. Ein Grund dafür ist, dass die Rückstandsbewältigung vielfach als Beschaffung der Dienstleistung „Entsorgung" gesehen wird.[362] Die Entsorgung von Rückständen wird jedoch auch oft als Aufgabe der Materialwirtschaft gesehen, in Bezug auf die die Beschaffung nur eine Teilaufgabe darstellt. Die Anforderungen, die

---

[354] vgl. Koppelmann [Beschaffungsmarketing] S.14

[355] vgl. Nieschlag/Dichtl/Hörschgen [Marketing] S.12f.

[356] vgl. dazu die Erörterungen bei Biergans [Entwicklung] S.101-111

[357] vgl. Kern [Einkaufsmarketing] S.24 und insbesondere S.134ff., vgl. auch Biergans [Entwicklung] S.202

[358] vgl. Koppelmann [Beschaffungsmarketing] S.14, vgl. auch Görgen [Wettbewerbsforschung] S.23

[359] Hammann/Lohrberg [Beschaffungsmarketing] S.4

[360] vgl. Biergans [Entwicklung] S.202. Gegenteiliger Meinung sind Hamman/Lohrberg [Beschaffungsmarketing] S.4. Ihnen reicht auch die einmalige Bedürfnisbefriedigung durch eine Beschaffungstransaktion aus.

[361] vgl. Biergans [Entwicklungen] S.157

an eine moderne integrierte Materialwirtschaft[363] gestellt werden, sind vielfältig und umfassen neben der Beschaffung auch die Bevorratung und Verteilung von Rohstoffen sowie die Entsorgung von Rückständen. Der Bezug der Materialwirtschaft zur Rückstandswirtschaft besteht insbesondere darin, dass die Beschaffung von Rohstoffen, die nicht vollständig in vermarktbare Produkte umgesetzt werden können, folgerichtig auch die Beschaffung von Rückständen beinhaltet.

Bei genauerer Betrachtung fällt an den genannten Aufgaben auf, dass sie sich in einerseits für diese Arbeit weniger wichtige logistische Aufgaben (Disposition, Bevorratung, Verkehrswesen, Fertigungssteuerung)[364] und in typische Marketingaufgaben anderseits unterteilen lassen.[365] Zählt man zu den Aufgaben des Beschaffungsmarketing neben Marktforschung, Einkauf und Lieferantenpflege, Einkaufskosten- und Bedarfsforschung sowie Beschaffungscontrolling auch die Entsorgung,[366] so ist das Spektrum der für das Rückstandsmarketing wesentlichen Leistungen als Teil der Materialwirtschaft definiert.

Auch dürfen die kreativen Anforderungen bei der Suche nach Einsatzmöglichkeiten nicht unterschätzt werden. Wiederum stellt sich die Frage, wie hoch der Aufwand ist, der für die Sicherung einer günstigen Einsatzstoffquelle in Kauf genommen wird. Im Fall einer Einsatzstoffsubstitution ist zusätzlich zu klären, ob die Aufbereitung, die vom einsetzenden Betrieb noch zu leisten ist, unter Kostengesichtspunkten rentabel im Vergleich mit der Beschaffung von Primärstoffen ist. Eine genaue Abklärung dieser Probleme ist Voraussetzung für die Entwicklung von strategischen Alternativen.

5.1.3 Das Verwertungsparadoxon

Eng mit der im vorangegangenen Abschnitt dargestellten Problematik verbunden ist ein Phänomen, das nur im Bereich der Vermarktung von Rückständen auftritt: Aus der Sicht einer marktorientierten Rückstandsbewältigung besteht der Absatz von Rückständen nicht allein in der Akquisition von Entsorgungsdienstleistungen, sondern - besonders, wenn man die marktliche Rückstandsbewältigung als möglichen neuen Wettbewerbsvorteil auffasst - auch in der Abgabe von Rückständen als Einsatzstoffe oder der Verarbeitung zu neuen Produkten.

Die Anbieter von Rückständen bzw. Recyclingprodukten agieren (noch immer) als Bittsteller, wenn sie versuchen, einen Abnehmer für ihre Produkte zu finden.[367] Ursache dafür ist wie bereits erwähnt, dass Rückstände und die daraus erzeugten Produkte mit einem negativen

---

[362] vgl. Pampel [Kooperation] S.34, vgl. auch Arnolds/Heege/Tussing [Materialwirtschaft] S.290f.

[363] vgl. Eschenbach [Erfolgspotenzial] S.23f., vgl. Stahlmann [Materialwirtschaft] S.28

[364] vgl. Abschnitt 9.4.4

[365] vgl. Koppelmann [Beschaffungsmarketing] S.14 -17

[366] vgl. Koppelmann [Beschaffungsmarketing] S.14

[367] vgl. dazu das Fallbeispiel des Landringes Weiz in Abschnitt 6.3.4 dieser Arbeit

Image behaftet sind bzw. dass potenziellen Verwertern von Rückständen bewusst ist, dass die Produzenten von Rückständen diese ansonsten teuer entsorgen müssten.

Im Rahmen der unternehmensexternen Rückstandsbewältigung kommt es daher oftmals zu einer Umkehrung der Positionen von Lieferanten und Abnehmern: Die „Lieferanten" des Rohstoffes „Rückstand" werden zu Abnehmern, die Rückstandsabnehmer, die diesen als Produktivfaktor einsetzen, werden zu Lieferanten der Dienstleistung „Entsorgung von Rückständen." Daraus folgt, dass die Abgrenzung zwischen dem Beschaffungs- und dem Absatzmarketing im Rückstandsbereich nicht mehr trennscharf vorgenommen werden kann. Dieser Sachverhalt, der aus technologischer oder auch logistischer Sicht als nicht besonders wesentlich erscheinen mag, wird in der vorliegenden Arbeit mit dem Begriff „Verwertungsparadoxon" umschrieben, da er eine Modifikation der gängigen Marketingschemata in mehrfacher Hinsicht erfordert: Zunächst ist zu diskutieren, ob nun eine Sach- oder eine Dienstleistung im Mittelpunkt der Austauschbeziehung steht. In modernen Ansätzen der Marketingtheorie wird diese Dichotomie mithilfe informationsökonomischer Ansätze weitgehend aufgehoben. Wegen ihrer großen Bedeutung für die Vermarktung von Rückständen wird diesen Ansätzen in Abschnitt 5.2 breiter Raum gewidmet.

In engem Zusammenhang damit steht die Frage der Abgrenzung, welches der beiden beteiligten Unternehmen mit den Mitteln des Beschaffungs- und welches mit den Mitteln des Absatzmarketing arbeitet (arbeiten kann).

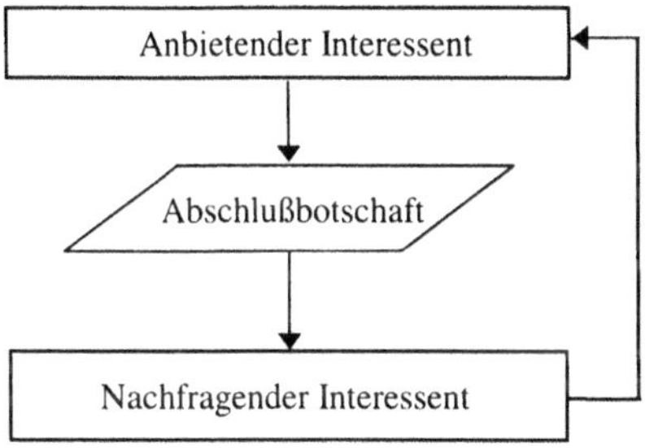

Abbildung 5-1: Kommunikationsprozess beim Leistungsabschluss[368]

Abstrahiert man von den Begriffen der „Beschaffung" bzw. des „Absatzes", so lässt sich der Leistungsaustausch charakterisieren über den dazu nötigen Kommunikationsprozess (vgl. Abbildung 5-1):[369] „Ein anbietender (...) Interessent (Kommunikator), versucht eine Aussage über Objekt, Menge, Preis und Konditionen, (...) einem oder mehreren (...) Interessenten

[368] Muser [Absatzabschluss] S.146

[369] vgl. dazu und zum Folgenden Muser [Absatzabschluss] S.145. Muser spricht - nicht ganz konsistent mit der Loslösung von „Beschaffung" und „Absatz" - von Absatzabschlüssen.

(Rezipienten), zu vermitteln, mit dem Ziel, eine Wirkung, den Abschluss, bei diesem (...) Interessenten zu erzielen."[370]

Somit erfolgt die Loslösung von einer Unterteilung in Absatz und Beschaffung hin zu einer Unterteilung in Anbieter und Nachfrager. Dabei kann das Unternehmen, das einen Leistungsaustausch anbietet, durchaus auch der „Beschaffende" sein, und umgekehrt dasjenige Unternehmen, das eine Leistung nachfragt, auch der „Absetzende." Wesentlich ist, dass im Rahmen des Abschlusses Einigung über die transferierten Objekte, deren Menge, über die Gegenleistungen sowie über die Konditionen erzielt werden muss.[371]

Eng mit der Frage „Dienstleistung oder Beschaffung?" ist vor allem die Frage der Gegenleistung verbunden, mit anderen Worten, wer eine Leistung gegen Entgelt anbietet: der Abgebende seine Stoffe oder der Abnehmer seine Leistung zur Rückstandsbewältigung. Hier sind verschiedene komplexe Zusammenhänge denkbar, insbesondere da es sich bei Rückständen oftmals um Dinge von sehr geringem oder negativem Wert handelt.

Bezogen auf die Vermarktung von Rückständen ist der Übergang vom Beschaffungs- auf das Absatzmarketing jedenfalls als Kontinuum anzusehen. Welcher der beteiligten Partner eher das Instrumentarium des Beschaffungsmarketing und welcher das Instrumentarium des Absatzmarketing anwenden kann, lässt sich generell nicht bestimmen, sondern muss für den Einzelfall festgelegt werden. Aufgabe des folgenden Abschnitts ist es daher, einen sinnvollen theoretischen Bezugsrahmen für die Klassifikation von Transaktionen mit Rückständen zu entwickeln, vor dessen Hintergrund die entsprechenden situationsspezifischen Aktionen beleuchtet werden können.

5.2 Entwicklung eines theoretischen Bezugsrahmens für Transaktionen im Rückstandsbereich

Will man einen theoretischen Bezugsrahmen für die Einordnung von Geschäften mit Rückständen entwickeln, so ist zunächst die Frage zu klären, wie Transaktionen zwischen den beteiligten Parteien von Statten gehen. Dabei werden verschiedene mögliche Austauschkonstellationen betrachtet, die von Faktoren wie dem Standardisierungsgrad, der Informationsverteilung, der Ausreifung des Marktes und der entscheidenden Qualitätskategorie abhängen.[372] Ziel ist dabei die Entwicklung von für Rückstandstransaktionen geeigneten, idealtypischen Transaktionsdesigns, die ihrerseits wiederum wesentliches Kriterium für Transaktionen auf interindustriellen Märkten sind.

Die Aufnahme und Abgabe von Rückständen zwischen Unternehmen zum Zweck der Produktion neuer Güter wird dabei dem „Investitionsgütermarketing" zugerechnet, unter dem in

---

[370] ebenda S.146

[371] vgl. ebenda S.151

[372] vgl. Kleinaltenkamp [Investitonsgüter-Marketing] S.823

der Wirtschaftspraxis im Allgemeinen eher Geschäfte mit Investitionscharakter subsumiert werden.[373] Rückstände, die als Einsatzstoffe transferiert werden, sind aber im Normalfall dem Umlaufvermögen, nicht dem Anlagevermögen zuzurechnen, weshalb sich für die vorliegende Arbeit der neutralere, aus dem Englischen übernommene Begriff des „Business-to-Business"-Marketing anbietet,[374] welches die folgenden grundlegenden Kennzeichen aufweist:

- „abgeleiteter Bedarf,
- kollektiver und formalisierter Kaufentscheidungsprozess,
- geringere Zahl und höhere Konzentration von Bedarfsträgern,
- direkter Interaktions- und Verhandlungsprozess,
- besondere Schwerpunkte beim Einsatz von Marketinginstrumenten (z.B. persönlicher Verkauf, Kredite und Zahlungsbedingungen),
- höheres Maß an Internationalität."[375]

Diese allgemeinen Kennzeichen von Business-to-Business-Transaktionen reichen nicht aus, um letztere für die Zwecke der Rückstandsvermarktung ausreichend zu charakterisieren. Eine leistungsfähige Typologisierung ist daher nur dann möglich, wenn auf der Basis einer fundierten Theorie Kriterien zur Abgrenzung von Transaktionen im Rückstandsbereich gefunden werden können. Da die Entwicklung der marktlichen Beziehungen abhängig ist von den informatorischen Beziehungen, die zwischen den Marktpartnern herrschen, bieten sich informationsökonomische Erklärungsansätze zur Entwicklung eines solchen Klassifikationsschemas an.[376] In der vorliegenden Arbeit wird in Anlehnung an Publikationen zum Thema „Business-to-Business-Marketing" auf die Prämissen der Agency Theorie zurückgegriffen.[377]

Transaktionsbeziehungen werden maßgeblich beeinflusst von der Informations- und Entscheidungssituation zwischen Principals und Agents, die gekennzeichnet ist durch Unsicherheiten des Principals (Auftraggebers, d.h. des Kunden) über die Entscheidungen seines Agents (Auftragsnehmers, d.h. des Lieferanten). Diese Unsicherheiten sind in erster Linie[378]

- „exogene" Unsicherheiten aufgrund der unvollkommenen Information über mögliche Umweltzustände,
- endogene Unsicherheiten, die durch die asymmetrische Informationsverteilung[379] zwischen den Partnern entstehen, sowie
- eine gewisse Verhaltensunsicherheit, weil nicht klar ist, ob sich nicht einer der Partner opportunistisch verhält: „Probleme in Zusammenhang mit dem Inputfaktor Information entstehen durch Opportunismus, eingeschränkte Rationalität und Unsicherheit."[380]

---

[373] vgl. Kleinaltenkamp [Typologien] S.77

[374] vgl. Backhaus [Konzept] S.771

[375] Meffert [Marketing] S.42, vgl. auch Kotler [Marketing-Management] S.7f.

[376] vgl. Backhaus [Konzept] S.783, vgl. Günther [Unternehmenskooperation] S.794f.

[377] vgl. dazu v.a. Williamson [Institutionen] S.54, vgl. auch Picot/Dietl/Franck [Organisation] S.85ff.

[378] vgl. Kaas [Kontraktgütermarketing] S.886f.

Für die Belange des Business-to-Business-Marketing ist dieser Ansatz insofern zu variieren, als zwischen dem Abnehmer und dem Produzenten eine bilaterale Principal-Agent-Situation gegeben ist:[381] Der Abnehmer fungiert nicht nur als Principal und der Produzent nicht nur als Agent. Denn durch die spezielle Situation, dass auch die Informationen, die der Kunde an den Produzenten weitergibt, als externe Produktionsfaktoren in dessen Produktion eingehen, wird auch der Kunde zum Agent (Informationslieferanten) des Principals „Produzent."[382]

Legt man diese Theorie um auf die Belange der Vermarktung von Rückständen, so wird deutlich, dass die wechselseitige Principal-Agent-Beziehung im Sinne der Agency-Theorie hier noch deutlich stärker ausgeprägt ist. Denn in diesem Fall lässt sich tatsächlich a priori nicht sagen, welcher der beiden Beteiligten der Principal und welcher der Agent ist, insbesondere (aber nicht nur), wenn für Abgabe und/oder Aufnahme von Rückständen kein Preis bezahlt wird („Verwertungsparadoxon").[383] Die bilaterale Abhängigkeit äussert sich darin, dass einerseits der Rückstandsabnehmer (Principal) gleichzeitig die Rückstandsbewältigung gewährleistet und somit als Agent auftritt und anderseits der Rückstandsproduzent (Agent) für den Abnehmer Einsatzstoffe bereitstellt und damit auch zum Principal wird.

Aus dem Principal-Agent-Ansatz und der daraus abzuleitenden Gütertypologie[384] kann ein Typologisierungsmodell von Transaktionen abgeleitet werden, das auch für die Belange des Rückstandsmarketing geeignet ist. Dieses Modell verwendet für die Typologisierung die drei Kriterien Individualisierungs-(Integrativitäts-)Grad der Leistungen,[385] Materialitätsgrad der Leistungsergebnisse sowie Intensität der Anbieter-Nachfrager-Beziehung.[386] Sie werden nachfolgend dargestellt, wobei die beiden ersteren wegen ihres engen Zusammenhanges simultan diskutiert werden.

5.2.1 Der Individualisierungsgrad der Leistungen und der Materialisierungsgrad des Leistungsergebnisses

Die Leistungen im Business-to-Business-Bereich werden gemeinhin in Sach- und Dienstleistungen unterteilt. Diese Unterteilung bereitet insbesondere im Marketing von Rückständen Schwierigkeiten, da nicht immer einwandfrei abgrenzbar ist, ob ein Unternehmen eine „Entsorgungsdienstleistung" für ein anderes erbringt oder umgekehrt das andere Unternehmen dem ersteren Einsatzstoffe und damit Sachgüter zur Verfügung stellt.

---

[379] vgl. Spremann [Reputation] S.615, vgl. Wenger/Terberger [Beziehungen] S.507

[380] Büchs [Markt] S.12

[381] vgl. Kaas [Kontraktgütermarketing] S.889f.

[382] vgl. Engelhardt/Freiling [Gestaltung] S.905

[383] vgl. Abschnitt 5.1.3

[384] vgl. Abschnitt 5.2.1ff

[385] In der hier gefolgten Argumentation werden die beiden Begriffe de facto synonym gebraucht. Vgl. demgegenüber Meffert, der den Integrativitätsgrad gliedert in die Unterdimensionen Individualisierungs- und Interaktionsgrad (vgl. Meffert [Führung] S.523).

Dienstleistungen können definiert werden als „angebotene Leistungsfähigkeiten, die direkt an externen Faktoren (Menschen oder deren Objekten) mit dem Ziel erbracht werden, an ihnen gewollte Wirkungen (Verbesserungen oder Erhaltung bestehender Zustände) zu erreichen."[387] Grundsätzlich weisen Dienstleistungen aus Marketingsicht mehrere Besonderheiten auf: Neben einer hohen Komplexität, die die Bewertung durch den Leistungsempfänger erschwert, verfügen sie über ein hohes Maß an Individualität, d.h. Einmalig- und Einzigartigkeit.[388]

Der Individualisierungsgrad einer Leistung ergibt sich somit allgemein vor allem aus der Frage, in welchem Ausmaß der Nachfrager einer Leistung (Auftraggeber) in die Leistungserstellung mit eingebunden ist, insbesondere dadurch, dass er Informationen einbringt.[389] Ein hoher Individualisierungsgrad, wie er essentiell für die Erbringung von Dienstleistungen im klassischen Sinne ist, findet sich jedoch kaum bei der Erbringung von Dienstleistungen der externen Rückstandsbewältigung.[390] In diesem Fall handelt es sich beim angebotenen Produkt - der Dienstleistung „Entsorgung" - um ein Standardprodukt, bei dem von Seite des Kunden (des Rückstand abgebenden Unternehmens) keine bzw. kaum Leistungen in den Transaktionsprozess eingebracht werden müssen. Die Rückstandsabgabe ist damit hoch-standardisierbar und für den Kunden leicht bewertbar, indem er Konkurrenzangebote vergleicht. Nichtstandardisierbar ist, was mit dem Rückstand nach der Abnahme geschieht, doch aus Kundensicht ist das irrelevant. Ein weiterer Unterschied zwischen einer „klassischen" und einer Entsorgungsdienstleistung besteht darin, dass bei der „klassischen" Dienstleistung ein mit der Dienstleistung verbundenes Objekt[391] vom Dienstleister zum Auftraggeber geht, während sich im Fall der Rückstandsbewältigung der Stofffluss vom Auftraggeber zum Dienstleister vollzieht.

Mit der Miteinbeziehung von materiellen Komponenten in die Dienstleistung ist die Materialität als zweiter für die Abgrenzung von Leistungen wesentlicher Aspekt angesprochen. Die Frage, ob eine Leistung als Dienst- oder Sachleistung zu sehen ist, kann daher nicht eindeutig beantwortet werden, vielmehr sind Unterschiede zwischen verschiedenen Leistungen anhand der kontinuierlich zu sehenden Dimensionen „Materialität" und „Individualität" zu messen.[392]

Auch aus Marketingsicht interessiert vor allem, wie verschiedene Absatzobjekte bei der Vermarktung zu behandeln sind (vgl. Abbildung 5-2). In der Realität enthalten die meisten Leistungen materielle und immaterielle Komponenten und sind unter mehr oder weniger

---

[386] vgl. Kleinaltenkamp [Typologien] S.85ff.

[387] Meyer [Dienstleistungs-Marketing] S.198

[388] vgl. Kleinaltenkamp [Einführung] S.165, vgl. Meyer [Dienstleistungs-Marketing] S.199f.

[389] „Grad der Integration des externen Faktors" (Engelhardt/Kleinaltenkamp/Reckenfeldbäumer [Leistungsbündel] S.406)

[390] wegen der starken Interdependenzen zwischen der Interaktionsintensität und der Frage der Individualisierung bzw. Standardisierung vgl. zu diesem Thema auch Abschnitt 5.2.2

[391] z.B. Diskette mit speziell erstelltem Kostenrechnungsprogramm

[392] vgl. Engelhardt/Kleinaltenkamp/Reckenfeldbäumer [Leistungsbündel] S.407

großem Engagement des Auftraggebers zu vollbringen. Marktleistungen sind daher immer Leistungsbündel.[393]

Diese Darstellung gilt für das Rückstandsmarketing insbesondere wegen der Unmöglichkeit festzustellen, wann dieselbe offensichtliche Situation (A gibt einen Rückstand an B weiter) eine Sach- oder eine Dienstleistung ist. Die Bezahlung eines Entgelts ist als Abgrenzungskriterium nicht hinreichend, wie das klassische Beispiel der Verwertung von Altautoreifen beweist: Obwohl die Lieferanten der Altautoreifen für Zementwerke (nach deren eigenen Angaben) einen wertvollen Energieträger liefern, der dort hilft, Energiekosten zu senken, müssen sie für die Abnahme der Reifen bezahlen.[394]

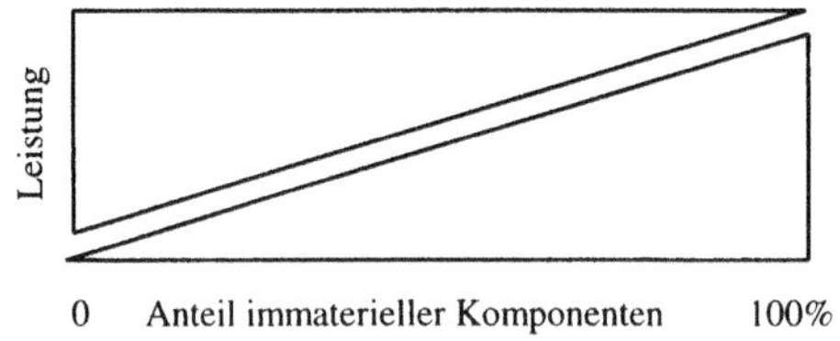

Abbildung 5-2: Einstufung von Marktleistungen nach Individualisierungs- und Materialitätsgrad[395]

Als spezielles dienstleistungsspezifisches Charakteristikum bleibt im Rückstandsmarketing die Nicht-Lagerbarkeit der Leistungen, da Dienstleistungen nicht „auf Vorrat" produziert werden können.[396] Ein zweites dienstleistungsspezifisches Charakteristikum des Rückstandsmarketing ist die Dienstleistungsqualität als Konstanz der Leistungsqualität. Die Dienstleistungsqualität besteht bei Rückstandsbewältigungs-Dienstleistungen darin, die Logistik für den Dienstleistungsnehmer möglichst bequem zu gestalten (wenig Vorsortierung, regelmäßiger Abholservice etc.). Trotz dieser Besonderheiten bleibt als einziges mögliches Abgrenzungskriterium für die Leistungen im Rückstandsmarketing die Frage, wer eine Leistung anbietet und wer eine Leistung nachfragt. Eine konkrete Unterscheidung kann damit allerdings nur für den Einzelfall getroffen werden.

5.2.2 Die Intensität der Anbieter-Nachfrager-Beziehungen

Um die Intensität der Anbieter-Nachfrager-Beziehungen näher untersuchen zu können, ist es zunächst zweckmäßig, die gehandelten Leistungsträger zu hinterfragen. Prinzipiell unter-

---

[393] vgl. Engelhardt/Kleinaltenkamp/Reckenfeldbäumer [Leistungsbündel] S.410f., vgl. Kleinaltenkamp [Investitionsgüter-Marketing] S.809

[394] Interview mit einem Manager der österreichischen Zementindustrie

[395] Engelhardt/Kleinaltenkamp/Reckenfeldbäumer [Leistungsbündel] S.410f.

[396] In einem Chemieunternehmen wurden Entwicklungsbemühungen angestellt, um Klärschlamm als Düngemittel zu konditionieren. Aufgrund der herrschenden niedrigen Deponiepreise für Klärschlämme hätte diese Art der Klärschlammentsorgung niemand in Anspruch genommen, weswegen die Entwicklung wieder eingestellt wurde (Gesprächsergebnis mit Mitarbeitern eines österreichischen Chemieunternehmens)

scheidet die Agency-Theorie drei verschiedene Typen von Gütern, deren Komplexität von Type zu Type zunimmt:[397]

- Inspektionsgüter, die bereits vor ihrer Beschaffung bewertet werden können. Über sie haben beide Beteiligten ausreichendes Wissen, weil sie auf einem ausgereiften Markt als standardisierte Produkte gehandelt werden. Ihre Qualitätseigenschaften werden als search qualities bezeichnet.
- Erfahrungsgüter, die erst nach dem Gebrauch beurteilt werden können, weil sie einen hohen Anteil nicht-standardisierbarer Elemente, vor allem Dienstleistungen, enthalten. Der Markt ist noch nicht ausgereift, entsprechend herrscht ein relativ hohes Maß an Informationsasymmetrie. Die Qualitätseigenschaften dieser Güter heissen experience qualities.
- Vertrauensgüter, die auch nach dem Gebrauch nicht vollständig beurteilt werden können, weil einzelne Komponenten einem schnellen Wandel unterliegen und auf diese Weise kaum Erfahrungspotenziale herausgebildet werden können. Ihre Qualitätseigenschaften sind credence qualities.

Betrachtet man die Auflistung von Inspektions- bis hin zu Vertrauensgütern als Kontinuum, so sind die Güter, die im Rahmen der Rückstandsvermarktung gehandelt werden, im Bereich der Inspektions- und der Erfahrungsgüter einzuordnen, da ihre Qualitäten zumindest nach dem Einsatz mehr oder minder vollständig beurteilt werden können. Nichtsdestoweniger sind insbesondere beim (erstmaligen) Erwerb von Rückständen als Einsatzstoffe vor allem credence qualities - Glaubwürdigkeitsqualitäten - von großer Bedeutung, da gerade in der Rückstandswirtschaft die Seriosität des Partners gewährleistet sein muss.

Die klassischen Geschäfte des Business-to-Business-Marketing umfassen weiters in erster Linie die Vermarktung komplexerer Güter, die typischerweise im Bereich des Anlagen- und Systemgeschäfts, weniger jedoch im Bereich der Vermarktung von Roh- bzw. Einsatzstoffen zu finden sind.[398] Mit zunehmender Produktkomplexität, sinkender Standardisierbarkeit und steigendem Individualisierungsgrad nimmt die Informationsverzerrung zwischen den Beteiligten zu: Aus Massengütern werden Kontraktgüter, „die singulär, komplex und hochwertig sind und deren Herstellung ohne die Mitwirkung des Kunden nicht möglich oder nicht sinnvoll ist."[399] Die Kontraktgüter stehen im Gegensatz zu reinen Austauschgütern, bei denen es sich um einen „Transfer von Eigentumsrechten an Ressourcen (handelt), der keine Versprechungen und keine latenten zukünftigen Verpflichtungen beinhaltet."[400]

Rückstände können sowohl als Austauschgüter als auch als Kontraktgüter gehandelt werden: Austauschgüter sind sie dann, wenn sie wie „normale" Rohstoffe gehandelt werden und

---

[397] vgl. Backhaus [Konzept] S.785ff., vgl. Kaas/Busch [Inspektions] S.243f., vgl. Kleinaltenkamp [Investitonsgüter-Marketing] S.823, vgl. Kleinaltenkamp [Typologien] S.78

[398] vgl. Backhaus [Konzept] S.786f.

[399] Kleinaltenkamp [Investitionsgüter-Marketing] S.81, vgl. auch Kaas [Kontraktgütermarketing] S.884

[400] Kaas [Kontraktgütermarketing] S.885, dort wörtlich übersetzt aus Alchian/Woodward [Firm] S.65-79

search qualities im Mittelpunkt der Transaktion stehen (wie etwa im Falle von Altpapier[401]). Wesentliches Kriterium für oder gegen eine Kaufentscheidung ist der Preis. Leistungen im Rückstandsmarketing sind auch dann reine Austauschgüter, wenn sie in der Bereitstellung von Dienstleistungen zur Rückstandsbewältigung bestehen.[402]

Sollen Rückstände als Einsatzstoffe verwendet werden, handelt es sich jedoch oftmals nicht um standardisierte oder standardisierbare Massengüter, sondern um Produkte, die möglicherweise speziell auf die Bedürfnisse des Abnehmers abgestimmt werden müssen („Spezifischer Abfall").[403] Somit sind als Einsatzstoffe gehandelte Rückstände als Güter mit hoher Produktkomplexität anzusehen.

In den meisten Fällen enthalten Transaktionen mit Rückständen auch Elemente des Kontraktgütermarketing, wozu insbesondere ein hohes notwendiges Maß an Vertrauen zwischen den Partnern zu zählen ist.[404] Besonders wesentlich ist, dass bei Kontraktgütern beide Partner einen Input einbringen müssen, was die bilaterale Principal-Agent-Beziehung verstärkt.[405] Im weiteren Sinne gehen die beiden an einer Transaktion beteiligten Unternehmen damit eine Kooperation ein.[406] Das Zustandekommen solcher Kooperationen wird wiederum begünstigt durch offene und vertrauensvolle Beziehungen mit guten persönlichen Kontakten.[407] Der wesentliche Grund für eine enge Form der Zusammenarbeit ist, dass beide Partner von einem konzertierten Vorgehen mehr profitieren als jeder Einzelne für sich. Dieses „Positiv-Summen-Spiel"[408] ist wiederum direkt auf die Prämissen der Principal-Agent-Theorie zurückführbar.

Von der normativen Principal-Agent-Theorie wurden für die unterschiedlichen Güter Kooperations- resp. Transaktionsdesigns[409] erstellt, die dem Gütertyp angemessen sind.

- Das Transaktionsdesign „Information" ist dabei am besten geeignet für Inspektionsgüter, weil über diese eine ausreichende Menge von detaillierten Informationen zur Verfügung steht, die zum Aufbau einer symmetrischen Informationsverteilung beitragen kann. Dieses Transaktionsdesign erfordert keine Zusammenarbeit im Sinne der oben definierten Kooperation, weil die gehandelten Leistungen Austausch- und nicht Kontraktgüter sind.[410] Es ist im Rückstandsmarketing insbesondere dann geeignet, wenn Rückstände ohne besondere

---

401 vgl. Schneider [Sekundärrohstoff] S.57f.

402 vgl. Abschnitt 5.2.1

403 Schmidt-Endrullis [Markterschließung] S.196. Dies kann geschehen, indem Aufbereitungsvorgänge noch im Bereich des Rückstandsproduzenten vorgenommen werden oder indem die Produktionsprozesse des abgebenden Betriebes so gesteuert werden, dass die Rückstände in der beim Abnehmer benötigten Qualität anfallen.

404 vgl. Engelhardt/Kleinaltenkamp/Reckenfeldbäumer [Leistungsbündel] S.408

405 vgl. Kaas [Kontraktgütermarketing] S.885

406 vgl. Günter [Unternehmenskooperation] S.795, vgl. Kaas [Marktinformationen] S.362, vgl. Spremann [Reputation] S.613, vgl. auch Abschnitt 9.4.5.2

407 vgl. Schwarz [Unternehmensnetzwerke] S.152f.

408 Nielsen [Strategy] S.481, vgl. auch ff.

409 vgl. Spremann [Reputation] S.614

410 vgl. Kaas [Kontraktgütermarketing] S.885

Schwierigkeiten als Rohstoffsubstitute verkauft werden können (z.B. Holzspäne als Einsatzstoffe für Spanplatten) oder bereits seit längerer Zeit als solche angeboten werden, weswegen eventuelle Risiken bekannt und abschätzbar sind (z.B. REA-Gips). Weiters kann wie bereits angesprochen dieses Transaktionsdesign zum Einsatz kommen, wenn Rückstandsbewältigung als Dienstleistung angeboten wird.

- Das Transaktionsdesign „Garantie“ bietet sich bei Erfahrungsgütern an, wenn a priori keine eindeutige Beurteilung getroffen werden kann und diese zeitlich beschränkte Unsicherheit durch die Abgabe von Garantieerklärungen durch den Produzenten gemindert werden kann.[411] Im Rückstandsmarketing ist dieses Transaktionsdesign vor allem dann geeignet, wenn ein beschaffendes Unternehmen Unsicherheit bezüglich der Qualität eines neu auf den Markt gebrachten Rückstandes oder eines daraus erzeugten Produktes empfindet, beispielsweise bei aus geschnetzelten Verbundkartons gepressten Spanplatten.[412]
- Das Transaktionsdesign „Reputation“ ist schließlich bei Vertrauensgütern von Interesse, wenn der gute Ruf eines Unternehmens die Tatsache aufwiegt, dass eine eindeutige Beurteilung einer Leistung wegen mangelnder Vergleichbarkeit auch im Nachhinein nicht möglich ist. Im Rückstandsbereich ist der Aufbau einer positiven Reputation besonders dann wichtig, wenn ein aus Rückständen erzeugtes Produkt auf den Markt gebracht werden soll und zuwenig Vergleichsmöglichkeiten zu anderen Produkten bestehen. Ein typisches Beispiel für das Transaktionsdesign Reputation ist die Verwendung des Produktnamens „Heraflax“ für einen Dämmstoff, der in Zusammenarbeit mit einem anderen Unternehmen von der Firma Heraklith aus für die Verspinnung zu minderwertigen Flachsfasern geplant wurde.[413] Durch den Zusatz „Hera-“ sollte die bekannte Kompetenz der Firma Heraklith im Dämmstoffbereich auf das neue Produkt übertragen werden.

Die Bedeutung der Reputation ist insbesondere dann groß, wenn der Aufbau von längerfristigen Geschäftsbeziehungen angestrebt wird. Der Anbieter bekommt auf diese Weise die Möglichkeit, ein Vertrauenskapital aufzubauen und dem Nachfrager laufend seine Leistungsbereitschaft und -fähigkeit zu demonstrieren,[414] er wird zum „In-Supplier.“[415] Die Bedeutung längerfristiger Geschäftsbeziehungen für das Rückstandsmarketing wird in Abschnitt 6.3.4 diskutiert.

5.2.3 Typologisierung von im Rückstandsbereich auftretenden Transaktionen

Die Typologisierung von im Rückstandsbereich auftretenden Transaktionen erfolgt anhand der drei abgehandelten Kriterien

---

[411] vgl. Kleinaltenkamp [Investitionsgüter-Marketing] S.817

[412] Gesprächsergebnis aus einem Interview mit einem Manager der Spanplatten erzeugenden Industrie

[413] vgl. Gelbmann [Markteinführung] S.2ff.

[414] vgl. Kleinaltenkamp [Investitionsgüter-Marketing] S.820

[415] zu den Begriffen des In- und Out-Suppliers vgl. Backhaus [Industriegütermarketing] S.73

- Individualisierungsgrad der Leistung,
- Materialitätsgrad des Leistungsergebnisses und
- Intensität der Anbieter-Nachfrager-Beziehung, womit hier in erster Linie die Zeitdauer und Frequenz der Beziehungen und nicht die Kooperationsintensität gemeint sind.[416]

Aus dem Dargelegten ist zu entnehmen, dass diese drei Dimensionen nicht unabhängig zu sehen sind und dass durchaus komplementäre, aber auch substitutive Beziehungen zwischen den Dimensionen bestehen. Dazu kommt, dass die Ausprägungen von Anbietern und Nachfragern unterschiedlich gesehen werden (können).[417] Diesen Anforderungen wird für eine Typologisierung dadurch entsprochen, dass ein dreidimensionaler Raster mit den besprochenen Dimensionen für die Anbieter- und Nachfragerseite erstellt wird (vgl. Abbildung 5-3).

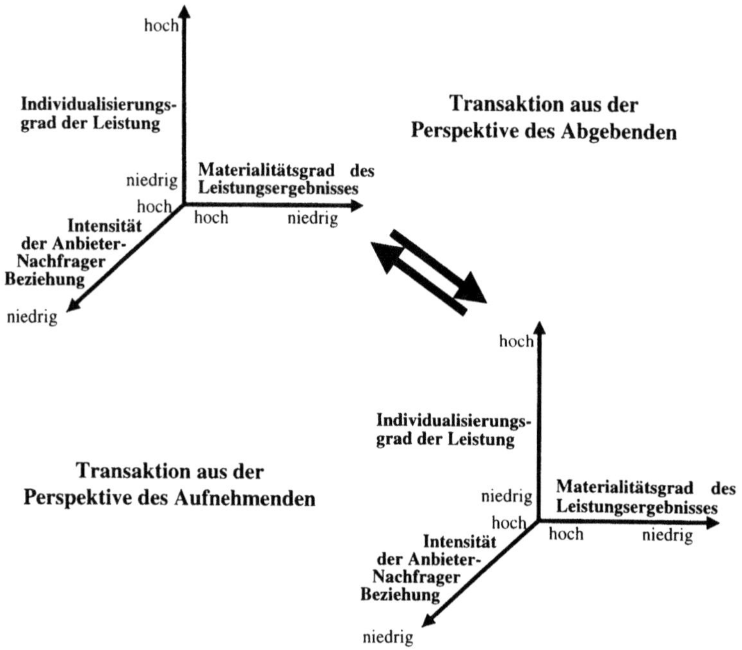

Abbildung 5-3: Typologisierung von Marktleistungen[418]

Dieser Raster ermöglicht eine Einordnung der einzelnen Transaktionen anhand verschiedener relevanter Kriterien, ohne dass etwa festgelegt werden muss, ob es sich im Konkreten um eine Sach- oder Dienstleistung handelt. Da für die Seite des Rückstandsabgebenden und die des Rückstandsaufnehmenden jeweils ein eigenständiger Raster entwickelt wird, ist es möglich, auch unterschiedlichen Ansichten (etwa wenn sich beide beteiligten Unternehmen

---

[416] vgl. Kleinaltenkamp [Typologien] S.85
[417] vgl. Kleinaltenkamp [Typologien] S.85

als Lieferanten sehen - das eine für den Rückstand, das andere für die Entsorgungsdienstleistung) Rechnung zu tragen. Daraus lässt sich die Unterscheidung, wer als Anbieter und als Nachfrager agiert, für den Einzelfall treffen. Auch kann jede Transaktion danach beurteilt werden, ob der Sach- oder Dienstleistungscharakter im Vordergrund steht und ob die Individualisierung und damit der Grad der Zusammenarbeit hoch sind. Schließlich kann die Intensität der Zusammenarbeit von niedrig bis hoch variiert werden, weswegen fallweise Transaktionen ebenso erfasst werden können wie intensive und langdauernde Kooperationen

Welches Transaktionsdesign im einzelnen Fall tatsächlich für den Rückstandstransfer geeignet ist, hängt von den zu Grunde gelegten Entscheidungskriterien ab. Diese resultieren ihrerseits aus den Zielen der Rückstandsbewältigung und werden hier behandelt.[419]

5.3 Tatsächliche Gegebenheiten auf den Märkten für Rückstände

Die Transaktionen im Rückstandsbereich vollziehen sich auf den Märkten, auf denen das Unternehmen tätig wird.[420] Wie bereits angedeutet, muss für eine Festlegung marketingpolitischer Optionen im Rückstandsbereich das engere Unternehmensumfeld untersucht werden. Es ist daher die Branche, in der ein Unternehmen arbeitet, näher zu durchleuchten.

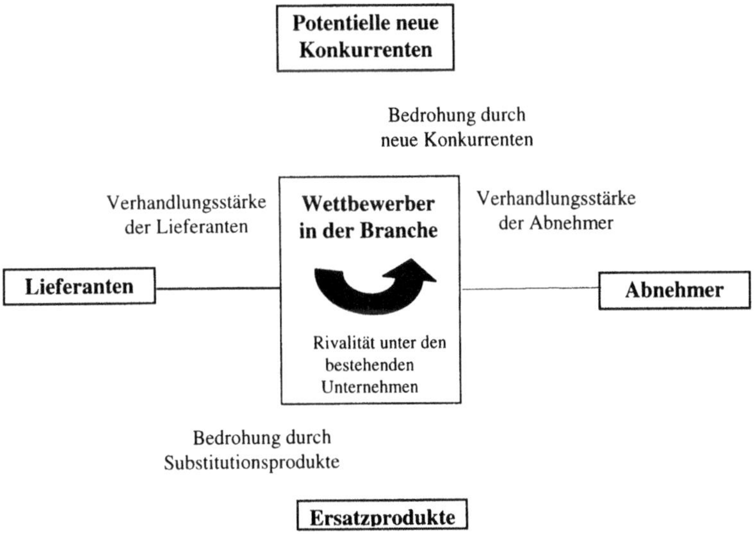

Abbildung 5-4: Branchenanalyse nach Porter[421]

---

418 nach Kleinaltenkamp [Typologien] S.86

419 vgl. Abschnitt 8

420 vgl. Ulrich [Unternehmungspolitik] S.80-84

421 entnommen aus Porter [Wettbewerbsvorteile] S.29

Der Branchenanalyse in dieser Arbeit zu Grunde gelegt wird die Vorgangsweise von Porter, der neben den beiden Einflussfaktoren „Lieferanten“ (Rückstandsabgeber) und „Kunden“ (Rückstandsabnehmer) auch Einflüsse durch die Wettbewerbsintensität in der Industrie, neue Marktteilnehmer und die Bedrohung durch Ersatzprodukte identifiziert (vgl. Abbildung 5-4).[422] Ergänzt und erweitert wird Porters Ansatz um eine Analyse der Märkte für Rückstände bzw. deren Entwicklung. Darauf aufbauend erfolgt die Abgrenzung des für das Unternehmen in Bezug auf das Rückstandsmarketing relevanten Marktes.[423]

5.3.1 Marktanalyse und Abgrenzung des relevanten Marktes

Der Markt, auf dem ein Unternehmen operiert, besteht in der Regel nicht nur aus jeweils einem Lieferanten oder Abnehmer, auch wenn dieser Fall im Bereich der externen Rückstandsbewältigung aufgrund der Notwendigkeit, überhaupt eine Bewältigungsmöglichkeit für die anfallenden Rückstände zu finden, häufiger vorkommt („single sourcing“[424]). Gerade in Bezug auf marktliche Rückstandsbewältigung kann es zu einer Ausweitung des für das Unternehmen interessanten potenziellen Marktes kommen,[425] wenn etwa mit einem aus Rückständen erzeugten Produkt ein vom Unternehmen bislang nicht bearbeiteter Markt erschlossen wird[426] oder Rückstände an Stelle von Primärstoffen als Einsatzstoffe bezogen werden.[427] Der Anbieter oder Nachfrager von Rückständen sieht sich einer strukturell inhomogenen Gruppe von potenziellen Kunden bzw. Lieferanten gegenüber, die sich nicht nur in der Art der Erzeugung bzw. Verwendung der Rückstände unterscheiden, sondern auch nach der Menge des Anfalls/Verbrauchs und nach dem Stellenwert des Rückstandes in ihrem Unternehmen.[428]

So können etwa Kunststoffrückstände an einen Entsorger weitergegeben werden, direkte Kontakte mit einem thermisch verwertenden Abnehmer geknüpft oder Möglichkeiten der externen oder internen stofflichen Verwertung gesucht werden. Auf der Beschaffungsseite kann ein Zementwerk neben herkömmlichen Brennstoffen Altreifen von Reifenhändlern, organische Rückstände (etwa Lösungsmittel) direkt von den Produzenten oder beide Rückstandsarten über dazwischengeschaltete Absatzmittler beziehen.[429]

Grundlegende Voraussetzung für alle strategischen Aktivitäten ist die Abgrenzung des für das Unternehmen relevanten Marktes.[430] Darunter versteht man „alle für die Kauf- und

---

[422] vgl. Porter [Wettbewerbsstrategie] S.34f. Vgl. auch Kreilkamp, der eine etwa andere, komplexere Strukturierung entwickelt (vgl. Kreilkamp [Management] S.73). Dieser Ansicht wird hier aus Übersichtsgründen nicht gefolgt.

[423] vgl. auch Kreilkamp [Management] S.87f.

[424] Günter [Vertragsgestaltung] S.941

[425] vgl. Strebel [Konzept] S.5

[426] z.B.: Ein Marmorbergbau beschließt, Marmorstaub aus der Aufbereitung als Düngemittel abzugeben.

[427] REA-Gips etwa wird nicht wie Naturgips von Bergbaubetrieben, sondern von Kraftwerken etc. bezogen.

[428] vgl. Kreilkamp [Management] S.91

[429] Information aus einem Gespräch mit einem Manager der österreichischen Zementindustrie

[430] vgl. Backhaus [Industriegütermarketing] S.710, vgl. Görgen [Wettbewerbsforschung] S.142

Verkaufsentscheidungen bedeutsamen Austauschbeziehungen zwischen Produkten in räumlicher, sachlicher und zeitlicher Hinsicht."[431] Gefragt wird also danach, wo die Produkte abgesetzt oder beschafft werden sollen, zu welchen anderen Produkten sie in Konkurrenz stehen und welche zeitliche Stabilität die Marktsituation aufweist.[432]

Der Definition des relevanten Marktes kommt eine erhebliche Bedeutung zu. Besonders komplex ist dabei die Frage der sachlichen Abgrenzung des relevanten Marktes oder, anders ausgedrückt, die Frage, mit welchen anderen Abnehmern/Lieferanten das Unternehmen auf dem anvisierten Markt in Konkurrenz treten muss:[433] Ein Unternehmen, das Rückstände absetzen möchte, kann dies entweder am Rohstoffmarkt, auf einem Konsum- oder Business-to-Business-Markt oder auf dem Entsorgungsdienstleistungsmarkt tun. Je nachdem, welche dieser drei Varianten für das Unternehmen überhaupt gangbar und weiters am kostengünstigsten/ertragreichsten erscheint, wird es sämtliche anderen Aktivitäten in Bezug auf die Rückstandsvermarktung danach ausrichten.[434]

5.3.2 Determinanten aus dem Feld der Rückstandsabgeber und Rückstandsabnehmer

Eine Schwierigkeit bei der Diskussion von Einflussfaktoren aus dem Bereich der Abgeber und Abnehmer ergibt sich daraus, dass, wie im vorangehenden Abschnitt ausführlich besprochen, eine klare Abgrenzung zwischen den beiden Begriffen für die Belange des Rückstandsmarketing nicht immer möglich ist. Nichtsdestoweniger wird aus Übersichtsgründen und aus Gründen der Konformität mit dem zu Grunde gelegten Ansatz von Porter zunächst auf diese Unterteilung zurückgegriffen. In einem ergänzenden Abschnitt werden jene Aspekte besprochen, die das besondere Verhältnis von Lieferanten und Kunden im Rückstandsbereich bzw. das Verwertungsparadoxon betreffen.

5.3.2.1 Abgeberanalyse

Im Mittelpunkt der sogenannten Lieferantenanalyse stehen die Ansprüche des beschaffenden Unternehmens an den Lieferanten bzw. die Leistungen, die der Lieferant für das beschaffende Unternehmen zu erbringen hat. Einflüsse, die von der Sphäre der Lieferanten ausgehen, sind in zweifacher Weise von Bedeutung für das Rückstandsmarketing eines Unternehmens.

Einerseits besteht im Rahmen des Beschaffungsmarketing die Möglichkeit, Rückstände an Stelle von primären Rohstoffen zu beschaffen, sofern diese ohne Qualitätseinbußen beim Endprodukt eingesetzt werden können.[435] Anderseits sind Fälle denkbar, in denen im Hinblick auf

---

431 Backhaus [Industriegütermarketing] S.179

432 vgl. Meffert [Marketing] S.35ff.

433 vgl. Hörschgen et al. [Marketing-Strategien] S.36f., vgl. Plinke [Grundkonzeption] S.103, vgl. dazu auch Abschnitt 5.3.3

434 vgl. Zentes [Grundbegriffe] S.270, vgl. Abschnitt 9.4

435 Ein Beispiel dafür sind Altholzreste in der Spanplattenindustrie: Sind diese nur gering verunreinigt, ist ein Einsatz ohne weiteres möglich. Mit Holzschutzmitteln, Farbe oder Lacken versehene Hölzer jedoch sind zum

eine marktliche Verwertbarkeit der im eigenen Unternehmen zu erwartenden Rückstände schon beim Einkauf darauf geachtet werden muss, dass die Einsatzstoffe (ob primär oder sekundär) so beschaffen sind, dass die Rückstände auch verwertet werden können.

Als Besonderheit des Rückstandsmarketing kommt hier zum Tragen, dass die Lieferanten oft mehr Interesse am Absatz ihrer Rückstände haben als die Kunden an deren Aufnahme, mithin a priori kein Anreiz-Beitrags-Gleichgewicht vorliegt. Das Rückstand abgebende Unternehmen erspart sich immerhin die kostenintensive Entsorgung der betreffenden Rückstände und kann eventuell sogar zusätzliche Erlöse erzielen.

Einen wesentlichen Einfluss auf das Beschaffungsverhalten von Unternehmen[436] übt die Verhandlungsstärke der Lieferanten[437] aus, die von verschiedenen Faktoren gekennzeichnet ist.[438] Sind die nachgefragten Rohstoffe knapp, kann es zur Herausbildung von Verkäufermärkten kommen,[439] vor allem auch deshalb, weil am Rohstoffsektor Lobbyismus[440] und eine abgeminderte Form der Kartellbildung (Lieferantenkonzentration) auf der Tagesordnung stehen.[441] Rohstoffe mineralischen Ursprungs werden oftmals an Börsen gehandelt, was zu beträchtlichen Preisschwankungen führen kann.[442]

Beim Rückstandsmarketing haben die Lieferanten in der Regel keine Macht über die belieferte Industrie, weshalb die Entwicklung eines Verkäufermarktes in diesem Bereich unwahrscheinlich ist, da Unternehmen, die Rückstände abgeben müssen, dem Rückstand annehmenden Unternehmen gegenüber eher in einer Bittstellerposition sind.[443] Doch scheint es durchaus plausibel, dass Unternehmen gerade deshalb Primärstoffe nach Möglichkeit durch sekundäre ersetzen, weil sie als der mächtigere Partner die Konditionen in erheblich stärkerem Ausmaß bestimmen können. Indem sie solche „Ersatzprodukte" anbieten, können die Liefe-

---

Einsatz in Spanplatten ungeeignet, weil davon teilweise sogar gesundheitsschädliche Wirkungen ausgehen können. (vgl. Vorbach [Analyse] S.225). Ein anderes Beispiel ist die Aufmahlung und Zumengung von Schlacken eines Hüttenwerkes zu Asphaltmischungen.

[436] vgl. Abschnitt 5.1.2

[437] vgl. Abschnitt 5.3.2

[438] vgl. Porter [Wettbewerbsvorteile] S.32:

- Differenzierung der Inputs
- Umstellungskosten der Lieferanten und Unternehmen der Branche
- Ersatz-Inputs
- Lieferantenkonzentration
- Bedeutung des Auftragsvolumens für den Lieferanten
- Kosten im Verhältnis zu den Gesamtumsätzen der Branche
- Einfluss der Inputs auf Kosten oder Differenzierung
- Gefahr der Vorwärtsintegration im Vergleich zur Gefahr der Rückwärtsintegration durch Unternehmen der Branche

vgl. auch Abschnitt 6.3.4

[439] vgl. Biergans [Entwicklung] S.35ff., vgl. Günter/Kuhl [Beschaffungspolitik] S.405

[440] vgl. Abschnitt 5.3.4

[441] vgl. Porter [Wettbewerbsstrategie] S.61

[442] als bestes Beispiel gilt hier sicherlich Mineralöl

[443] Ausnahmen von der Regel sind etwa REA-Gips (Nachfrageüberhang auf dem gesamten Gipsmarkt) und teilweise auch Altkunststoffe (bedingt durch die Aktivitäten der ARA), vgl. Abschnitt 11.3.1.3

ranten von Rückständen resp. Sekundärstoffen den Produzenten herkömmlicher Einsatzstoffe erheblichen Konkurrenzdruck bereiten, wogegen sich letztere nach Kräften zu wehren versuchen.[444] Eine Substitution von Primärstoffen durch sekundäre wird selbstverständlich auch nur dann in Erwägung gezogen, wenn das Rückstand anliefernde Unternehmen imstande ist, alle Ansprüche des belieferten Unternehmens zu erfüllen.

Mögliche Ansprüche an den Lieferanten richten sich in der Regel nach den Merkmalen:[445]

- Qualität
- Preis/Konditionen
- Lieferzuverlässigkeit
- Liefertreue
- Nebenleistungen:
  - ⇒ termingerechte Angebotserstellung
  - ⇒ prompte Auftragsbestätigung
  - ⇒ korrekte administrative Arbeit
  - ⇒ rasche Erledigung von Reklamationen
  - ⇒ Zusammenarbeit bei der Lösung von Problemen

Gerade im Bereich des Rückstandsmarketing von besonderer Bedeutung sind die Probleme der Lieferzuverlässigkeit und der Produktqualität.[446] Der erste der beiden Problemkreise berührt vor allem die Frage, ob das Rückstand abgebende Unternehmen die benötigte Menge zum benötigten Zeitpunkt zur Verfügung stellen kann, so dass beim aufnehmenden Unternehmen keine Versorgungsengpässe entstehen können. Diese Problematik steht in engem Zusammenhang mit der Frage, ob nicht im Sinne der Gewährleistung einer stabilen Entsorgungsmöglichkeit für das abgebende und einer stabilen Versorgungsmöglichkeit für das aufnehmende Unternehmen feste Liefer- und Abnahmeverträge sinnvoll sind.[447]

Zum kritischen Faktor wird dieses Problem vor allem wegen der Tatsache, dass die anfallenden Rückstände nicht zum eigentlichen Sortiment des abgebenden Unternehmens zählen, sondern vielmehr ungewollte Nebenprodukte sind. Kommt es aus irgendeinem Grund zu einem Absatzrückgang beim primären Sortiment des Rückstandsproduzenten, hat dieser kein Interesse daran, die Produktion in vollem Umfang aufrecht zu erhalten, nur um den Abnehmer des Rückstandes zu versorgen.[448]

---

[444] Beispielsweise, indem versucht wird, die Anbieter von Produkten aus Rückständen aus öffentlichen Ausschreibungen auszuschließen. So werden etwa bei der Errichtung von Lärmschutzwänden oftmals dezidiert nur Ausschreibungen für Beton- und Holzwände gemacht, „alternative" Lösungen aus Recyclingkunststoff kommen daher von vornherein nicht zum Zug. (vgl. Höfler [Recyclingprodukte] S.50)

[445] vgl. Eschenbach [Erfolgspotenzial] S.179ff., vgl. Koppelmann [Beschaffungsmarketing] S.245ff.

[446] vgl. Olschowy [Einflussfaktoren] S.120

[447] vgl. Schwarz [Unternehmensnetzwerke] S.153
vgl. Abschnitt 6.3.4

[448] Solches geschieht etwa des öfteren bei einem Unternehmen, das Gipsplatten aus Gips produziert, der in einem Chemieunternehmen in großen Mengen als Rückstand bei der Produktion von Zitronensäure anfällt. Kommt es dort zu Produktionsrückgängen, ist das Plattenwerk gezwungen, kurzfristig andere Beschaffungsquellen für Rückstände aufzutun.
vgl. zu dieser Problematik auch Wiesch [Abfallreduzierung] S.57 und die dort zitierte Literatur

Neben diesen eher quantitativen Problemen stellt sich für das Rückstand aufnehmende Unternehmen auch die Frage der Lieferqualität. Diese festzulegen, ist Aufgabe aller betroffenen Abteilungen, wobei als Qualität in diesem Fall sowohl die objektive Beschaffenheit als auch die subjektive Eignung für das einsetzende Unternehmen bezeichnet werden.[449] Ein Lieferant gilt dann als zuverlässig bezüglich der Lieferqualität, wenn er „die qualitativen Absprachen mit den Abnehmern einhält."[450] Dies wiederum ist im Rückstandsbereich nur möglich, wenn genaue Kenntnis über Stoff- und Energieströme vorliegt, mit anderen Worten, wenn Material- und Energiebilanzen vorliegen[451] und wenn die Rückstandsqualität technisch beherrschbar ist.

Denn auch mit einer genau vorgeschriebenen Zusammensetzung der Rückstände könnten abgebende Unternehmen eventuell Probleme haben. Bedenkt man, dass für die Hauptprodukte des Unternehmens genaue Spezifikationen gelten (beispielsweise in der chemischen Industrie), ist es fraglich, ob man alle Nebenprodukte so standardisieren kann, dass auch sie genau den Ansprüchen entsprechen. So enthalten etwa Klärschlämme, die aufgrund ihrer sonstigen Beschaffenheit ideal als Düngemittel einsetzbar wären, einen veränderlichen Anteil an Schwermetallen und sonstigen toxischen Substanzen, der eine Aufbereitung mit vertretbaren technischen und finanziellen Mitteln fast unmöglich werden lässt.[452]

Bei der Beurteilung von Lieferanten spielen neben den Kriterien, die direkt das gelieferte Material betreffen, auch noch Kriterien wie der Ruf des Lieferanten, die Zuverlässigkeit des Qualitätswesens, das F&E-Niveau des Lieferanten oder seine Bereitschaft zur Zusammenarbeit eine Rolle.[453] Aus diesen Faktoren können sich sogar besondere Erfolgspotenziale ergeben. In neuen Formen der Zusammenarbeit können Stärken der Qualitätssicherung und das Know-How beider Unternehmen zur Integration von Rückständen in (innovative) Produkte genützt werden.[454] Mit Kooperationen dieser Art befasst sich Abschnitt 9.4.5.2.

5.3.2.2 Abnehmeranalyse

Anders stellt sich das Problem dar, wenn das Unternehmen selbst davon betroffen ist, Rückstände oder daraus erzeugte Sekundärprodukte abzusetzen. Geht man davon aus, dass der Absatz- und der Entsorgungssektor ohnedies die kritischen Engpässe in vielen Unternehmen sind, so stellt dies bei der Notwendigkeit, Rückstände über marktliche Beziehungen auszutauschen, ein doppeltes Problem dar: Primäre Rohstoffe stehen (meist) in ausreichender Menge zur Verfügung[455] und werden von den potenziellen Abnehmern gegenüber Rückständen präferiert, die zudem (meist) im Überfluss vorhanden sind. Die Analyse der (potenziellen)

---

[449] vgl. Hansen/Leitherer [Produktpolitik] S.34

[450] Harting [Lieferanten] S.167

[451] vgl. Strebel [Konzept] S.5, vgl. Strebel/Schwarz/Schwarz [Recycling] S.131ff., vgl. Abschnitt 9.3

[452] Gesprächsergebnis mit Mitarbeitern eines österreichischen Chemieunternehmens

[453] vgl. Harting [Lieferanten] S.167

[454] vgl. Håkansson [Developing] S.25

[455] vgl. Abschnitt 4.2.4

Kundenstruktur und die Festlegung der Zielgruppe nehmen daher einen wesentlichen Stellenwert im Rückstandsmarketing ein. Analog zur Analyse der Lieferanten kann man hier eine Analyse der Rückstandsabnehmer vornehmen anhand der Kriterien

- Abnahmezeit (Zeitpunkt und Intervalle),
- Abnahmezuverlässigkeit,
- Zuverlässigkeit der Arbeitsabläufe,
- Systembereitschaft der Rückstandsabnahme,
- Beschaffenheit der Rückstandsabnahme,
- Eigenschaften der Rückstände,
- Abnahmegenauigkeit,
- Sicherheit der Rückstandsabnahme,
- Flexibilität der Rückstandsabnahme.[456]

Große Bedeutung kommt dabei insbesondere der Abnahmezuverlässigkeit bzw. der Entsorgungstreue[457] zu, die das Maß darstellt, in dem sich der Abgeber von Rückständen tatsächlich auf seinen Abnehmer verlassen kann.

Der Verkauf von Rückständen als Einsatzstoffe an Stelle von Primärstoffen stellt im Prinzip eine Marktinnovation dar, die im annehmenden Unternehmen zu Innovationen oder zumindest Modifikationen bei bestehenden Produktionssystemen führen kann.[458] Eine Marktinnovation kann aber nur dann erfolgreich sein, wenn das Unternehmen mit der Situation am Absatzmarkt vertraut ist, Verständnis für die Kundenwünsche aufbringt und mit seinem Produkt in der Lage ist, Kundenwünsche zu erfüllen.[459]

Gerade letzteres ist mit Produkten, die selbst Rückstände sind, eher schwierig, so dass der Rückstandslieferant in vielen Fällen auf das Entgegenkommen seiner Abnehmer angewiesen ist. Dies führt zu einer gewissen Abhängigkeit des Rückstandslieferanten von den Abnehmern, die um so stärker ausgeprägt ist,[460]

- je größer die vom einzelnen Abnehmer abgenommene Rückstandsmenge relativ zur im abgebenden Unternehmen anfallenden Gesamtmenge einer Rückstandsart ist,
- je weniger Unternehmen bereit sind, die Rückstände abzunehmen,
- je weniger alternative Rückstandsbewältigungs-Möglichkeiten es überhaupt gibt. Dürfen etwa thermisch belastete Abwässer nicht in Flüsse eingeleitet werden, können Gemeinden, die diese Abwässer eventuell zur Beheizung von Schulen etc. abnehmen könnten, Verhandlungsvorteile gegenüber den abgebenden Unternehmen erzielen,

---

[456] in enger Anlehnung an Stölzle/Jung [Optionen] S.33f.

[457] vgl. Strebel [Stoffverwertungsnetze] S.49

[458] vgl. Kotzbauer [Erfolgsfaktoren] S.10

[459] vgl. etwa Hauschildt [Innovationsmanagement] S.22

[460] vgl. Olschowy [Einflussfaktoren] S.121, vgl. Porter [Wettbewerbsstrategie] S.159-179

- je weniger wichtig der Rückstand für das abnehmende Unternehmen als Input ist. Da es sich bei Rückständen nicht um High-Tech-Einsatzgüter handelt und sehr ähnliche Rückstände von mehreren Unternehmen angeboten werden, besteht die Gefahr, dass die abnehmenden Unternehmen bei Unzufriedenheit mit den Konditionen auf einen anderen Rückstandslieferanten oder gar wieder auf einen Primärstoff umsteigen,
- je vollständiger die Informationen sind, über die der Abnehmer in Bezug auf mögliche andere Partner und/oder Substitutionsprodukte verfügt,
- je geringer die Modifikationen sind, die der Abnehmer zum Einsatz von Rückständen vornehmen muss, da er sich seinerseits nicht in Abhängigkeit begeben muss.

Für das Rückstand abgebende Unternehmen ist es daher bedeutend wichtiger, zu den (potenziellen) Abnehmern eine langfristige und für beide Seiten befriedigende Beziehung aufzubauen als für das aufnehmende Unternehmen.

5.3.2.3 Interdependenzen in den Beziehungen von Abgebern und Abnehmern

Die bereits in der Einleitung zu Abschnitt 4 angesprochene Koalitionstheorie liefert auch Anschlüsse für eine Analyse der Beziehungen von Abgebern und Aufnehmern von Rückständen.[461] Die nähere Umwelt des Unternehmens wird in erster Linie durch die Ansprüche seiner Lieferanten und Kunden dominiert. Die wesentliche Aufgabe des Rückstandsmarketing besteht darin, Koalitionen anzubahnen, indem Partner für die Aufgaben der Rückstandsbewältigung gesucht werden, um die kontinuierliche Beschaffung und Abgabe von Rückständen gewährleisten zu können. Besonders wenn diese als aufnehmende Partner („Kunden") fungieren, sind die Ansprüche der Koalitionspartner im Rückstandsbereich hoch und labil, weswegen die Erhaltung des Anreiz-Beitrag-Gleichgewichts schwierig ist.

Gerade im Bereich des Rückstandsmarketing ist neben der Aufrechterhaltung des Anreiz-Beitrags-Gleichgewichts auch noch die Aufrechterhaltung des Gleichgewichtes von In- und Outputs nötig: Letztlich soll vom aufnehmenden Unternehmen nicht mehr an Rückstand angenommen werden, als verarbeitet und insbesondere wiederum in Form von Produkten an Abnehmer weitergegeben werden kann. Eine ausgeglichene Bilanz von Aufnahme- und Abgabebeziehungen lässt sich jedoch nur durch eine enge Zusammenarbeit mit Zulieferern und Abnehmern erhalten. In diesem Bereich ist die Koalitionstheorie ebenfalls von Bedeutung: Je besser sich die Interessen der Koalitionspartner abstimmen lassen, desto größerer Erfolg ist den Rückstandsmarketingaktivitäten beschieden.

Erschwert wird die Herausbildung einer engen Zusammenarbeit durch die Implikationen des Verwertungsparadoxons: Aufgrund der Tatsache, dass Unternehmen, die Rückstände annehmen, sich selbst nicht als Beschaffer, sondern vielmehr als Entsorgungsdienstleister sehen,[462] kommt es zu einer Verzerrung der tatsächlichen Gegebenheiten. Die Transformation

---

461 vgl. dazu die Einleitung zu Abschnitt 4

462 vgl. dazu etwa Seuring [Zusammenfassung] S.151

des Übels „Abfall“ in ein Gut ist oftmals rein mentaler Natur: Ein „Abfall“ wird aufgenommen, ein „Einsatzstoff“ verwertet, ohne dass dazwischen ein materieller Verarbeitungsprozess stattgefunden hätte. Der Übergang vom Abfall zum Gut findet somit erst im abnehmenden Unternehmen statt. Diese Tatsache stellt wie bereits dargelegt die größte Herausforderung für ein effektives Rückstandsmarketing im Absatzbereich dar. Von größerer Bedeutung ist in diesem Zusammenhang die Preisbereitschaft der Kunden, die deren wertmäßige Einschätzung eines Produktes widerspiegelt.[463] Für Rückstände, die bislang wie Abfälle behandelt wurden, sind die Abnehmer in der Regel nicht bereit zu zahlen, auch wenn sie imstande sind, diese wiederzuverwerten.[464] In vielen Fällen wird aufgrund des Verwertungsparadoxons vielmehr ein Entsorgungsbeitrag eingehoben. Doch selbst wenn weder für die Abgabe der Rückstände noch für die Aufnahme Preise in Rechnung gestellt werden, wie dies doch in einigen Fällen geschieht,[465] so bleibt immer noch die Frage bestehen, welcher der beiden Partner für Transport, Lagerung etc. aufkommen muss.

Besonderes Augenmerk ist dabei der Preisbereitschaft der Abnehmer von Primärstoffen zu widmen: In manchen Fällen ist das den Primärstoff anbietende Unternehmen in der Lage, die aus dessen Verwendung anfallenden Rückstände zurückzunehmen und zu verwerten. Es kann somit ein „Leistungspaket“ aus Ver- und Entsorgung anbieten, wobei die Entsorgung meist - zumindest nominell - kostenlos erfolgt, dafür aber ein gegenüber anderen Anbietern höherer Rohstoffpreis verrechnet wird. Diese Variante bietet für beide Beteiligten Vorteile: Der Rohstofflieferant kann seinen angestammten Markt gegenüber Billiganbietern, etwa aus dem ehemaligen Ostblock, verteidigen und günstig Rohstoffe beziehen. Das Rohstoff kaufende Unternehmen hat zwar mehr zu bezahlen, hat dafür aber den Vorteil, sich nicht um eine - meist kostenintensive - Entsorgung des anfallenden Rückstandes kümmern zu müssen. Man spricht bei dieser Form von Absatz- und Entsorgungskombinationen auch von Paketlösungen bzw. „Servicekonzepten.“[466] Paketlösungen werden gerade in der Chemie- und Kunststoffindustrie auch von der Praxis propagiert.[467]

Diese Form der Zusammenarbeit kann entsprechend der Koalitionstheorie auch als Form der Koalition von Anbieter- und Abnehmerinteressen interpretiert werden: Das erste Unter-

---

463 vgl. Nieschlag/Dichtl/Hörschgen [Marketing] S.336f.

464 Ein Beispiel dafür ist die Verwertung von Faserreststoffen aus der Papiererzeugung in einem Ziegelwerk: Obwohl es durch den Einsatz der Faserreststoffe an Stelle von Sägespänen sogar zu einer Qualitätsverbesserung bei den produzierten Porenziegeln kommt, muss die Papierfabrik für die Abgabe bezahlen (Ergebnis der empirischen Untersuchung).

465 etwa teilweise bei einem österreichischen Chemieunternehmen (Ergebnis der empirischen Untersuchung)

466 Braungart [Servicekonzepte] S.112ff.

467 zum Stellenwert dieser Konzepte in der Praxis vgl. die Ergebnisse der empirischen Studie in Abschnitt 11.3.6.1

nehmen ist für das zweite somit Lieferant und Abnehmer in einem. Die Unternehmen bilden somit eine Art Koalition aus Lieferant, Unternehmen und Abnehmer.[468]

5.3.3 Erfassen von potenziellen Konkurrenten

Neben der Analyse der möglichen Abnehmer ist eine Analyse der (potenziellen) „Rückstandsbewältigungs-Konkurrenten" vonnöten,[469] obwohl aus Gesprächen mit betroffenen Unternehmern deutlich wird, dass diese selbst eine solche Analyse nicht für nötig halten.[470] Um den Gedanken des Rückstandsmarketing effizient in die Praxis umzusetzen, wird man sich einer solchen Analyse aber nicht verschließen können. Diese unterscheidet sich in den meisten Fällen erheblich von der üblichen Konkurrenzanalyse,[471] da unter Umständen nicht nur die Konkurrenten in der eigenen Branche mit einbezogen werden müssen,[472] sondern alle Unternehmen, deren Rückstände eine ähnliche Beschaffenheit aufweisen wie die eigenen. Bevor daher das Konkurrentenverhalten als solches analysiert werden kann,[473] sind alle Bereiche zu durchleuchten, in denen den eigenen ähnliche Rückstände möglicherweise anfallen können. Mit anderen Worten müssen zunächst die relevanten Konkurrenten geortet werden.[474] Die Anzahl der Bereiche, aus denen die jeweiligen Konkurrenten kommen können, ist naturgemäß abhängig von der Art des Rückstandes.

Viele Rückstände fallen in den verschiedensten Branchen in ähnlicher Form an wie etwa Papier, Sägespäne oder Kunststoffe.[475] In diesen Bereichen wird eine sinnvolle Analyse der möglichen Konkurrenten sehr erschwert. Andere, sehr spezielle Rückstände fallen tatsächlich nur in einigen wenigen Branchen an; in diesen Fällen stimmen die Rückstandsbewältigungs-Konkurrenten mit den übrigen Konkurrenten am Markt überein.[476]

Nicht vergessen werden darf, dass die direkte Weitergabe von Rückständen, die bisher über Altstoffhändler und/oder Aufbereitungsunternehmen gehandelt wurden (wie bei Papier oder Glas), aus der Sicht dieser Unternehmen ein Eindringen in ihre angestammten Bereiche und somit eine Art der Vorwärtsintegration[477] bedeutet. Potenzielle Konkurrenten sind daher auch

---

[468] So liefert etwa ein österreichisches Chemieunternehmen Schwefelsäure an ein anderes und nimmt dafür „unentgeltlich" den dort bei der Produktion von Zitronensäure anfallenden Synthese-Gips zurück.

[469] vgl. Görgen [Wettbewerbsforschung] S.282f.

[470] Diese Meinung wurde auch in den im Rahmen der vorliegenden Arbeit geführten Interviews immer wieder geäussert, insbesondere von Unternehmen der chemischen Industrie, die Rückstände annehmen. Sie waren der Meinung, ohnehin die einzigen Anbieter der entsprechenden Entsorgungsdienstleistung in Österreich zu sein, vgl. Abschnitt 11.3.6.2

[471] vgl. Dreger [Konkurrenz] S.8ff.

[472] vgl. Kreilkamp [Management] S.84

[473] vgl. dazu Joas [Konkurrenzforschung] S.76-78

[474] vgl. Backhaus [Investitonsgütermarketing] S.108

[475] vgl. Strebel/Schwarz/Schwarz [Recycling] S.183ff.

[476] etwa in speziellen Bereichen der chemischen Industrie, vgl. Strebel/Schwarz/Schwarz [Recycling] S.21

[477] vgl. Kreilkamp [Management] S.221f., vgl. Nieschlag/Dichtl/Hörschgen [Marketing] S.282

in diesen Bereichen zu suchen, wobei zu bedenken ist, dass diese über einen großen fachspezifischen Know-How-Vorsprung verfügen.[478]

Aus dem Dargelegten folgt, dass im Rückstandsmarketing drei grundlegende Arten von Konkurrenten anzutreffen sind:[479]

- die Entsorgungskonkurrenten, die ebenso wie das eigene Unternehmen darauf achten müssen, ihre Rückstände möglichst kostengünstig zu entsorgen. Wie bereits erwähnt, sind die Entsorgungskonkurrenten nicht nur im Bereich der übrigen Absatzkonkurrenten zu suchen, sondern überall dort, wo ähnliche Rückstände anfallen.
- die Substitutionskonkurrenten,[480] die in einem Markt bereits mit einem konventionellen, nicht aus Rückständen hergestellten Produkt erfolgreich sind. Versucht ein neuer Anbieter mit aus Rückständen erzeugten Produkten in diesen Markt einzudringen, werden die eingesessenen Anbieter danach trachten, ihre eigenen Marktanteile gegen den Eindringling durch den Aufbau von Markteintrittsbarrieren zu schützen. Ein Beispiel für Substitutionskonkurrenz sind Erzeuger von Recyclingschotter (aus Baurestmassen) und Steinbrüche, Sand- und Schottergruben.[481]
- die Diversifikationskonkurrenten, die ebenso wie das eigene Unternehmen nach neuen und kreativen Lösungen für das Entsorgungsproblem suchen. Sie sind die Konkurrenten im engeren Sinn, mit anderen Worten ist auf diese Konkurrenzbeziehung am ehesten das klassische innovations- bzw. marketingpolitische Instrumentarium anwendbar.

Nach der Identifikation der potenziellen Konkurrenten müssen deren Annahmen über die Rückstandsbewältigungs-Situation sowie ihre Stärken und Schwächen im Bereich der Rückstandsbewältigung oder (im umgekehrten Fall, dass ein Unternehmen Rückstände beschaffen möchte) -beschaffung mit den eigenen Stärken und Schwächen verglichen und analysiert werden (vgl. Abbildung 5-5).[482]

Zu überprüfen ist insbesondere, ob die Konkurrenten irgendwelche vertraglichen Bindungen im Rückstandsbereich eingegangen sind, sei es, dass fixe Kontrakte mit Deponien oder sonstigen Entsorgern im engeren Sinne bestehen oder dass vertraglich fixierte Kooperationen mit anderen (Industrie-) Betrieben bestehen, die imstande sind, die Rückstände zu verwerten. Beruhen bereits bestehende Beziehungen nur auf unverbindlichen mündlichen Absprachen, so ist es eventuell möglich, durch gezielte Marketingaktivitäten den Konkurrenten aus der betreffenden Position zu verdrängen. Bestehen fixierte Verträge, kann eine Verdrängung nur schwer und bestenfalls längerfristig in Angriff genommen werden.

---

[478] vgl. Kirchgeorg [Kreislaufwirtschaft] S.237

[479] vgl. zu dieser Art der Abgrenzung Koppelmann [Marketing] S.59f.

[480] vgl. zum Begriff der Substitutionskonkurrenz Thomas [Substitutionskonkurrenz] S.17ff.

[481] vgl. Eschenbach et al. [Baustoffrecycling] S.117

[482] vgl. Görgen [Wettbewerbsforschung] S.278f.

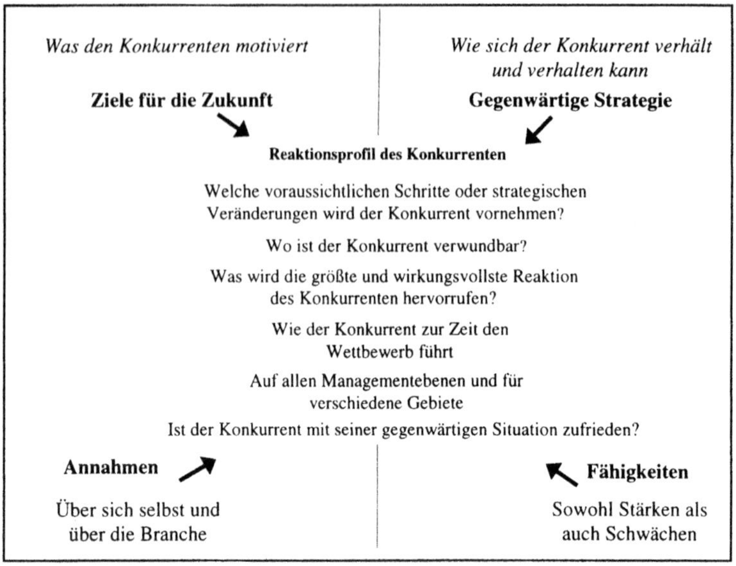

Abbildung 5-5: Elemente der Konkurrentenanalyse nach Porter[483]

Besonders relevant sind die Annahmen der Konkurrenten über die eigene Situation und über die Branche im Allgemeinen.[484] Insbesondere interessieren dabei die Einschätzungen der Konkurrenten bezüglich der Entwicklung der Rückstandsbewältigungs-Möglichkeiten im Allgemeinen (etwa die Frage, inwieweit die Verschärfung von Restriktionen antizipiert wird) und der Rückstandsbewältigungs-Kosten im Besonderen. Neigen die Konkurrenten dazu, diese Faktoren zu unterschätzen bzw. zu vernachlässigen, wird es für das eigene Unternehmen leichter, im Bereich des Rückstandsmarketing Fuß zu fassen. Stellt sich hingegen heraus, dass die Rückstandsbewältigungs-Konkurrenten bereits einen Marktvorsprung besitzen, muss das eigene Unternehmen nach Mitteln und Wegen suchen, wie dieser Vorsprung wettgemacht werden kann.[485]

Der letzte der relevanten Einflussfaktoren betrifft die Fähigkeiten der Rückstandsbewältigungs-Konkurrenten, „strategische Schritte zu ergreifen oder zu beantworten bzw. mit Ereignissen in der Branche oder im Umfeld fertig zu werden."[486] Für das Rückstandsmarketing müssen in erster Linie die Fähigkeiten im Bereich des Management und der Organisation eruiert werden. Zusätzlich Beachtung erfahren müssen die Fähigkeiten der Konkurrenten im Bereich der Rückstandsbewältigung. Zu fragen ist dabei nach deren Fähigkeit,

[483] Porter [Wettbewerbsstrategie] S.86
[484] vgl. Porter [Wettbewerbsstrategie] S.99, vgl. auch Kairies [Konkurrenz] S.53
[485] vgl. Abschnitt 9.4

- (kostengünstige) Entsorgungsmöglichkeiten für ihre Rückstände zu finden,
- alternative Bewältigungsmodelle für ihre Rückstände zu suchen,
- im Rahmen von Produktinnovationen aus Rückständen neue, sinnvolle Produkte zu erzeugen und zu vermarkten,
- sich an geänderte Rahmenbedingungen im Rückstandsbereich möglichst schnell und effizient anzupassen.

5.3.4 Bedrohung durch Substitutionsprodukte

Das Aufkommen von Substituten ist eine evidente Gefahr für alle Produkte, die sich einen Platz auf einem Markt gesichert haben. Denn durch neue Produkte oder auch neue Rohstoffe können die eingesessenen an Marktanteil verlieren, wenn die ersteren besser geeignet sind, die Ansprüche der Abnehmer zu befriedigen: Um als Substitut akzeptiert zu werden, muss ein Produkt zumindest die gleichen Funktionen erfüllen wie die schon am Markt befindlichen Produkte und möglichst bezüglich mindestens einer Komponente besser abschneiden, mit anderen Worten mit besseren Funktionen ausgestattet, leichter erhältlich oder billiger sein.[487] Durch die Vermarktung von Rückständen entstehen ebenfalls Substitutionsprodukte, die in einer Branche alle Reaktionen hervorrufen wie andere Substitutionsprodukte auch.

Will ein Unternehmen mit einem aus Rückständen erzeugten Produkt neu in einen Markt einsteigen, ergeben sich vielfache Probleme dadurch, dass es sogenannte Markteintrittsbarrieren überwinden muss. Unter Markteintrittsbarrieren versteht man zunächst „the extent to which, in the long run, established firms can elevate their selling prices above the minimal average costs ... without inducing potential entrants to enter their industry."[488] Nach dieser und den darauf basierten volkswirtschaftlichen Definitionen von Markteintrittsbarrieren sind nur die Kosten wesentlich für das Interesse neuer Wettbewerber an einem Markteintritt.[489] Jedoch kann außer den kostenbasierten Größen eine Reihe anderer Faktoren Unternehmen daran hindern, auf einen neuen Markt einzutreten.[490]

Eine etwas andere Situation ergibt sich für das Rückstandsmarketing. Rückstände und die daraus erzeugten Produkte stellen - abgesehen vom Ausnahmefall, dass sie tatsächlich ein neues Bedürfnis befriedigen - selbst für die schon am Markt befindlichen „herkömmlichen" Produkte eine Konkurrenz dar. Aus diesem Grunde ist die Frage der „Bedrohung durch Substitutionsprodukte" aus der Sicht des Rückstandsmarketing aus einem etwas anderen Blickwinkel zu sehen. Es gilt, alle Empfehlungen für den Aufbau von Markteintrittsbarrieren zu über-

---

[486] Porter [Wettbewerbsstrategie] S.105

[487] vgl. Porter [Wettbewerbsstrategie] S.57

[488] Bain [Barriers] S.252

[489] vgl. Berg [Markteintrittsbarrieren] S.283f., vgl. Meffert [Marketing-Strategien] S.290

[490] vgl. Schmidt/Engelke [Marktzutrittsschranken] S.399-404, vgl. auch Minderlein [Markteintrittsbarrieren] S.49-60

denken und daraus Rückschlüsse auf die Möglichkeit des Abbaus von Eintrittsbarrieren in Bezug auf den Markteintritt mit Rückständen zu ziehen.

Porter identifiziert als mögliche Quellen von Eintrittsbarrieren Betriebsgrößenersparnisse, Umstellungskosten, Zugang zu Vertriebskanälen, den Kapitalbedarf, größenunabhängige Kostennachteile, die staatliche Politik sowie Produktdifferenzierung.[491] Mithilfe der Produktdifferenzierung können insofern Markteintrittsbarrieren abgebaut werden, als durch Differenzierung besser auf Spezialbedürfnisse einzelner Abnehmer eingegangen werden kann.[492] In Bezug auf das Rückstandsmarketing dürfte Differenzierung jedoch von eher untergeordneter Bedeutung sein. Die übrigen potenziellen Markteintrittsbarrieren werden jedoch im Hinblick auf ihre Relevanz für das Rückstandsmarketing untersucht:

- Betriebsgrößenersparnisse sind im Wettbewerb von Bedeutung, weil mit der Erreichung von Skalenerträgen dem größeren Unternehmen Kostenersparnisse erwachsen. Die Größenvorteile können in jedem funktionalen Bereich liegen. Die meisten der Betriebsgrößenersparnisse sind für das Rückstandsmarketing irrelevant, da bei der Vermarktung von Rückständen weder im Einkauf, noch in der Produktion erhebliche größenabhängige Kosten anfallen. Lediglich die auf der Absatzseite anfallenden Größeneffekte sind auch für das Rückstandsmarketing interessant:[493] Die Größeneffekte im Bereich des Marketing bestehen im Allgemeinen in einem hohen Marktanteil, einer schon lange andauernden Präsenz und in einem entsprechenden Bekanntheitsgrad auf einem Markt,[494] auf dem nun auch Rückstände oder daraus erzeugte Produkte abgesetzt werden sollen. Ein Beispiel dafür, wie Rückstandsprodukte über die bereits besetzten Absatzkanäle abgesetzt werden können, ist die Papierindustrie, die mit Recyclingpapier ein Produkt erfolgreich auf dem Markt etablieren konnte.
- Umstellungskosten beeinflussen das Rückstandsmarketing in größerem Ausmaß. Besonders wesentlich sind sie dann, wenn der potenzielle Rückstandsabnehmer bei der Substitution von Primärstoffen durch sekundäre organisatorische oder technische Veränderungen an seinen Prozessen durchführen muss.[495] In diesem Fall liegt die Markteintrittsbarriere für den Rückstand so hoch, dass der Rückstandsproduzent in den meisten Fällen sogar noch für die Abnahme seine Rückstände wird bezahlen müssen. Es liegt demnach ein typischer Fall des Verwertungsparadoxons vor.
- Ein erhöhter Kapitalbedarf kann für Rückstandsmarketingaktivitäten dann ein Hemmnis sein, wenn das Unternehmen selbst Aufbereitungsaktivitäten zu leisten hat, die einen hohen Kapitalbedarf erfordern (beispielsweise die Beschaffung einer Sortieranlage). Gerade wenn

---

491 vgl. Porter [Wettbewerbsstrategie] S.37-45
492 vgl. Scherer [Market] S.258
493 vgl. dazu etwa Koch [Organization] S.98f.
494 vgl. Kessides [Advertising] S.86
495 vgl. Minderlein [Markteintrittsbarrieren] S.57

Stoffe einen geringen oder gar negativen Wert haben wie die meisten Rückstände, amortisieren sich Investitionen zu deren Aufbereitung nur äusserst langsam bzw. überhaupt nicht. Die einzige Ausnahme davon besteht darin, dass es gelingt, ein effektives Up-Cycling durchzuführen, d.h. durch die Aufbereitung und Verarbeitung ein hochwertiges und/oder statusträchtiges Recyclingprodukt zu erzeugen (wie etwa das immer wieder zitierte Beispiel von aus Getränkedosen erzeugten Leichtmetallfelgen).

- Der Zugang zu den Vertriebskanälen[496] ist mit Rückständen oft schwierig. Die übliche Vorgangsweise, Zugangsbarrieren zu den Vertriebskanälen abzubauen, indem man günstigere Preise bietet als die Konkurrenz, wird wesentlich dadurch eingeschränkt, dass Rückständen und den daraus erzeugten Sekundärprodukten nach wie vor der Makel der Obsoleszenz anhaftet, von dem viele Absatzmittler fürchten, dass er die Kaufbereitschaft ihrer Abnehmer negativ beeinflusst. Zur Notwendigkeit der Überwindung von Markteintrittsbarrieren im herkömmlichen Sinn tritt hier daher noch die Notwendigkeit der Überwindung von Kaufbarrieren.[497]
- Rechtlich-politische Hemmfaktoren sind aus heutiger Sicht die wesentlichen Barrieren für den Markteintritt mit Rückständen und den daraus erzeugten Sekundärprodukten. Die Gründe dafür sind vor allem im Abfallwirtschaftsgesetz zu suchen, das die Vermarktung von Rückständen zwar vorschreibt (vgl. § 1 Abs.2 Zif.2 AWG), die marktliche Verwertung von Rückständen mit verschiedenen Hemmnissen belegt.[498] Doch nicht nur aus Gesetzestexten selbst können Barrieren für das Rückstandmarketing erwachsen, sondern auch aus dem Verhalten der mit der Vollziehung der Gesetze beauftragten Stellen.[499]

Neben den Markteintrittsbarrieren ist für das Unternehmen, das Rückstände vermarkten möchte, auch die Reaktion der schon am Markt befindlichen Wettbewerber von Bedeutung, insbesondere wenn Lobbies existieren, zu denen der neue Wettbewerber keinen Zugang hat.

Unter Lobbying versteht man

- die gewollte oder beabsichtigte Beeinflussung
- legistischer oder administrativer Entscheidungen von Behörden und offiziellen Institutionen
- in sachbezogener, nicht permanenter Hinsicht

---

[496]vgl. Bain [Conditions] S.226

[497]vgl. Hüser [Regelungen] S.270f.

[498]vgl. zum österreichischen Abfallwirtschaftsgesetz Abschnitt 4.2.3

[499]Ein Beispiel für eine auf diese Art geschaffene Markteintrittsbarriere sind die Schwierigkeiten einer steirischen landwirtschaftlichen Genossenschaft bei der marktlichen Verwertung sogenannter Silagefolien. Da diese Folienart aus technischen Gründen bisher nicht wiederverwertet werden konnte, entschloss man sich, die gebrauchten Folien zu Profilen zu verpressen zu lassen, die nach Angabe des Verarbeiters hervorragend für die Errichtung von Lärmschutzwänden geeignet sind. Jedoch konnten die Lärmschutzprofile nicht abgesetzt werden, da in den öffentlichen Ausschreibungen für Lärmschutzwände nur Holz und Beton als Werkstoffe vorgesehen waren, obwohl es sogar einen Erlass gibt, der öffentliche Stellen auffordert, bei der Beschaffung vor allem auf Recyclingprodukte Bedacht zu nehmen (Information einer steirischen landwirtschaftlichen Genossenschaft).

- durch Personen, die selbst nicht am Entscheidungsfindungsprozess beteiligt sind
- mittels spezieller Kommunikationsinstrumente.[500]

Für das Rückstandsmarketing ist dies insofern von Bedeutung, als durch effizientes Lobbying die Behörden auf die Seite der Interessenten an der Rückstandsverwertung gebracht werden können und dadurch teilweise auch finanzielle Unterstützung erworben werden kann.[501]

Lobbies mit den entsprechenden Kontakten sind imstande, ihre Positionen abzusichern: Einem neuen Mitbewerber, der einen Rückstand als Produkt lancieren möchte, wird dadurch der Zutritt zum Markt völlig verwehrt, indem die Lobby ihren Einfluss an der betreffenden Stelle geltend macht.[502]

Der Markteintritt mit Rückständen oder den daraus erzeugten Produkten erfolgt normalerweise in einer bereits entwickelten Branche. In den letzten Jahren ist jedoch in zunehmendem Ausmaß auch das Heranwachsen einer neuen Branche, der Entsorgungswirtschaft, zu beobachten.[503] Da die meisten Unternehmen, die in der Rückstandswirtschaft tätig sind, (auch) andere Unternehmensschwerpunkte haben (z.B. Chemieindustrie, Kunststoffindustrie), stehen sie vor der Besonderheit, Markteintrittsbarrieren in zumindest zwei verschiedenen Branchen überwinden zu müssen, was die Komplexität der Anforderungen des Rückstandsmarketing verdeutlicht.

---

[500] vgl. Köppl [Lobbying] S.2ff.

[501] Ein Beispiel hiefür ist ein von den Bundesbehörden unterstütztes Projekt zur Verwendung von Altkunststoffen für die Erzeugung von Rohrleitungen in der Schweiz (vgl. Welker/Barrage/Wagner [Rohrleitungs] S.14).

[502] vgl. Sturn [Lobbies] S.40f.

[503] vgl. Abschnitt 4.2.4

6 Verhaltensweisen der an Rückstandstransaktionen Beteiligten

In diesem Abschnitt werden Probleme des Verhaltens der beteiligten Unternehmen diskutiert, die in allgemeineren Darstellungen über Marketing meist unter dem Titel „Konsumenten-“oder „Käuferverhalten“ subsumiert werden. Für den Bereich des Rückstandsmarketing erübrigt sich eine ausgedehnte Diskussion des Konsumentenverhaltens, relevant sind die Erklärungsansätze des industriellen Käuferverhaltens.

6.1 Grundlagen der Interaktion im interindustriellen Bereich

Geht man davon aus, dass das Kaufverhalten von Unternehmen ein komplexes Bündel verschiedener Einflussfaktoren zur Grundlage hat, müssen alle diese Faktoren gleichzeitig behandelt und aufeinander abgestimmt werden. Diesem Zweck dienen die sogenannten Totalmodelle des industriellen Käuferverhaltens.[504] Diese Modelle sind aufgrund der Vielzahl behandelter Faktoren in sich selbst wiederum sehr komplex und besitzen daher eher geringe praktische Relevanz. Aus diesem Grund begann man, einzelne Komponenten in Form der sogenannten Partialanalyse isoliert zu betrachten. Die partialanalytischen Modelle beschäftigen sich mit Problemen wie dem Ablauf der organisationalen Beschaffung, der Struktur und dem Entscheidungsprozess sogenannter Buying Centers, der Typisierung einzelner Einkaufsarten und dem Einfluss extraorganisationaler Faktoren auf das Kaufverhalten.[505]

Unter dem Überbegriff des „Kaufverhaltens“ lassen sich jedoch nicht alle Verhaltensschemata des Rückstandsmarketing zusammenfassen, da in vielen Fällen Rückstände nicht gegen Entgelt abgegeben werden und somit kein „Kauf“ und auch kein „Käufer“ vorhanden sind. Dazu kommt, dass nicht nur der Absatzbereich betrachtet werden darf, sondern zusätzlich auch der Bereich der Rückstandsbeschaffung mit einbezogen werden muss, weshalb aus diesem Blickwinkel auch das Verhalten der Rückstandslieferanten in der Verhaltensanalyse zu betrachten ist. Diesem Dilemma wird versucht zu entgehen, indem begrifflich nicht allein auf die am Rückstandstransferprozess Beteiligten abgestellt wird, sondern auf den Austausch selbst[506] und die ihm zu Grunde liegende Interaktion. Aus dieser Sichtweise können zudem noch die Besonderheiten des Umgangs mit anderen Anspruchsträgern wie etwa Behörden im Bereich der Verhaltensanalyse mitbehandelt werden. Als methodische Basis für eine derartige Diskussion des Verhaltens der am Rückstandstransferprozess Beteiligten sind die klassischen Partial- und Totalmodelle des Käuferverhaltens nur sehr bedingt geeignet, weshalb auf die Modelle der Interaktionsanalyse zurückgegriffen wird.[507]

---

[504] vgl. als ein Beispiel Webster/Wind [Behavior]

[505] vgl. dazu die Übersicht bei Backhaus [Industriegütermarketing] S.54ff.

[506] vgl. Abschnitt 5.3.2

[507] vgl. zu diesem Begriff Bonoma/Bagozzi/Zaltman [Paradigm] S.107, vgl. Kern [Interaktionsansatz] S.7

Mit dem Begriff der Interaktion bezeichnet man das Verhalten der an einem Austauschprozess beteiligten Personen und Personengruppen. Die Interaktionsmodelle gehen der Frage nach, wie die Beteiligten (auch auf der Seite des Lieferanten) aufeinander wirken und in welcher Form sie sich gegenseitig beeinflussen.[508] Diese Interaktionsmodelle werden weiter unterschieden nach der Art der Beteiligten (einzelne Personen oder Unternehmen) sowie nach der Anzahl der Beteiligten (zwei oder mehrere) in folgende Kategorien:

- Dyadisch-personale Interaktionsansätze beziehen sich auf die zwischen zwei Personen ablaufenden Interaktionsprozesse und sind daher vor allem für den Bereich des persönlichen Verkaufs von Interesse. Für den Bereich des Rückstandsmarketing sind allerdings komplexere Beziehungen zu erwarten.
- Multipersonale Interaktionsansätze stellen darauf ab, dass im Business-to-Business-Bereich in der Regel mehr als zwei Personen am Interaktionsprozess beteiligt sind, vernachlässigen aber anderseits die Tatsache, dass organisationale Einkaufentscheidungen nicht nur von persönlichen, sondern auch von organisationalen Variablen bestimmt werden. Dieser Tatsache tragen die organisationalen Ansätze Rechnung:
- Die dyadisch-organisationalen Ansätze erlauben „eine Betrachtung der Personen und ihrer Handlungen im Beziehungsgeflecht der Unternehmung und (berücksichtigen) so die Abhängigkeit des einzelnen von der Organisation."[509] In diese Ansätze gehen sowohl die Kommunikationsprozesse ein, die unternehmensintern - im Rahmen der Entscheidungsprozesse - stattfinden, als auch die unternehmensexternen, zwischenbetrieblichen Kommunikationsbeziehungen.
- Die sogenannten multiorganisationalen Interaktionsansätze sind am weitesten gefasst: Sie berücksichtigen, dass vor allem im Business-to-Business-Bereich der Beschaffungs- resp. Verkaufsprozess nicht auf zwei Unternehmen beschränkt ist. Vielmehr entstehen komplexe Beziehungsmuster dadurch, dass Unternehmen in vielfältigen Beziehungen mit anderen Unternehmen stehen, die untereinander auch noch durch andere Glieder verbunden sind. Auf diese Weise können netzwerkartige Strukturen entstehen, wie sie in Abschnitt 9.4.6 näher beschrieben werden.

Die Ansätze des Interaktionsverhaltens werden in der Folge im Speziellen für die Analyse der Austauschpartner im Rückstandsmarketing herangezogen. Insbesondere wird dabei auf die organisationalen Ansätze zurückgegriffen, weil die Entscheidung über Annahme oder Abgabe von Rückständen für das Unternehmen strategisch bedeutsame Konsequenzen haben kann, über die eine einzelne Person im Regelfall nicht entscheiden kann.[510]

---

[508] vgl. Kern [Interaktionsansatz] S.9ff.

[509] Backhaus [Industriegütermarketing] S.120

[510] Diese Ansicht widerspricht allerdings teilweise der heutigen Situation, in der in vielen Fällen tatsächlich eine einzelne Person mit Entsorgungsfragen beauftragt ist (z.B. der in manchen Fällen gesetzlich vorgeschriebene Abfallbeauftragte). Jedoch beginnt sich diese neue Erkenntnis in den Unternehmen langsam durchzusetzen (Ergebnis der empirischen Untersuchung, vgl. Abschnitt 11.2).

Als Voraussetzung für das Zustandekommen unternehmensexterner Kontakte werden zunächst die unternehmensinternen Vorgänge, die die Entscheidung zur Rückstandsaufnahme oder -abgabe begleiten, untersucht. Dabei werden auch kommunikations- und innovationstheoretische Besonderheiten einer Betrachtung unterzogen. Im zweiten Schritt werden die zwischen den Unternehmen stattfindenden Interaktionsprozesse durchleuchtet.

6.2 Unternehmensinterne Interaktionsprozesse bei der Entscheidung zur Rückstandsvermarktung

Bei der Analyse der unternehmensintern stattfindenden Vorgänge in Bezug auf die Rückstandsvermarktung ist vorerst danach zu fragen, wer an diesen Prozessen grundsätzlich beteiligt sein kann. Entsprechend der organisatorischen Struktur des Unternehmens können dies sein

- Mitarbeiter aus dem Bereich der Materialwirtschaft, insbesondere wenn die „Abfallentsorgung" in deren Aufgabenbereich fällt,
- Mitarbeiter der Produktion,
- Mitarbeiter der F&E-Abteilung,
- Mitarbeiter der Marketingabteilung
- eigene „Abfallbeauftragte", nach § 9 Abs.6 AWG ab einer Mitarbeiterzahl von 100 Personen verpflichtend einzusetzen, oder
- Angehörige der Unternehmensleitung.

In Unternehmen, für die Rückstandsbewältigung mehr bedeutet als die Beschaffung von „Entsorgungsleistungen", werden Entscheidungen, die die Rückstandsvermarktung betreffen, meist von einem Kollektiv von Personen getroffen. In der Theorie des Business-to-Business-Marketing werden jene Mitglieder des Unternehmens, die während eines Kaufentscheidungsprozesses miteinander in Interaktion stehen, als Buying Center bezeichnet.[511] Als zum Buying Center korrespondierendes Gremium im abgebenden Unternehmen definiert die Literatur das sogenannte Selling Center,[512] dessen Strukturen analog denen des Buying Centers aufgebaut sind. Aus diesem Grund und vor allem, weil im Rückstandsmarketing aufgrund des Verwertungsparadoxons eine eindeutige Bestimmung von „Buyer" und „Seller" ohnedies nicht immer möglich ist, beziehen sich die nachfolgenden Ausführungen, wenn nicht anders angegeben, auf beide Strukturen. In der jüngsten Literatur wird an Stelle des Begriffes Buying bzw. Selling Center auch der Begriff des Kundenbeziehungsteams verwendet,[513] der darauf abstellt,

---

[511] vgl. Webster/Wind [Behavior] S.77

[512] vgl. zum Begriff Backhaus [Industriegütermarketing] S.53, vgl. auch Webster/Wind [Behavior] S.77

[513] vgl. dazu und zum Folgenden Helfert [Erfolg] S.81ff.

dass in der Regel - und gerade im Bereich des Rückstandsmarketing - längerfristige Abgabe-Abnahme-Beziehungen angestrebt werden.[514]

Aus der Überlegung, dass die interne Struktur und der Ablauf der Entscheidungsbildung die Grundlage für jede Interaktion mit unternehmensexternen Gruppen bilden, wird bei der Analyse des unternehmensinternen Interaktionsverhaltens zusätzlich auf Erkenntnisse aus partialanalytischen Forschungen zum Themenbereich „Buying Center" sowie auf multipersonale Interaktionsprozesse zurückgegriffen. In ihrem Mittelpunkt stehen aber neben der Analyse von intraorganisationalen Interaktionsbeziehungen vor allem auch die Beziehungen, die die Mitglieder des abgebenden und des aufnehmenden Unternehmens während des Verhandlungsprozesses untereinander aufbauen.

6.2.1 Die innere Struktur des Buying oder Selling Centers

Das Buying oder Selling Center eines Unternehmens ist nicht notwendigerweise ein von der Unternehmensführung eingesetztes Gremium, sondern eine Gruppe von Personen, die ihre Zusammensetzung erhält „from the regularized patterns of communication that reflect the individuals involved and their relationships."[515] Mit anderen Worten bezeichnet der Begriff des Buying bzw. Selling Center das Zusammenwirken mehrerer Personen, die verschiedene individuelle und organisationale Interessen verfolgen.[516] Im Falle des Rückstandsmarketing ist das übergeordnete Ziel, für das Unternehmen Rückstände zu bewältigen oder zu beschaffen. Dazu kommen noch eine Reihe von untergeordneten organisationalen Zielen und persönlichen Motiven.[517]

Wesentlich für das Verständnis der in einem Buying oder Selling Center stattfindenden Vorgänge ist die Kenntnis der Interaktionsbeziehungen zwischen seinen Mitgliedern. Diese sind strukturiert[518] nach dem Grad der Miteinbeziehung verschiedener hierarchischer Ebenen (dem vertikalen Involvement),[519] der Miteinbeziehung verschiedener funktionaler Bereiche im Unternehmen (dem horizontalen Involvement), der Größe des Buying oder Selling Centers, der Intensität der Interaktionsbeziehungen der einzelnen Mitglieder des Buying oder Selling Centers (der „Verbundenheit") sowie nach der Zentralität des formalen Einkäufers (resp.

---

[514]vgl. auch Abschnitt 6.3.4

[515]vgl. Johnston/Bonoma [Buying Center] S.146-148

[516]vgl. Webster/Wind [Behavior] S.80, vgl. Tucker [Context] S.69ff.
vgl. zum Ursprung dieser Theorie Cyert/March [Theory] S.27f.

[517]Beispiel für ersteres ist etwa der Wunsch, der eigenen Abteilung im Unternehmen durch die Anbahnung von Rückstandbewältigungskontakten mehr Bedeutung im Unternehmen zu verschaffen, Beispiel für letzteres ist das Streben nach Selbstverwirklichung oder Beförderung.

[518]vgl. Johnston/Bonoma [Buying Center] S.146-148. Eine anders formulierte, aber im Prinzip analoge Gliederung findet sich bei Geider [Beschaffungsverhalten] S.218. Ebenda findet sich auch eine extensive Analyse von intraorganisationalen Interaktionsbeziehungen.

[519]vgl. zum Begriff des Involvement Wind [Buying Center] S.68

Verkäufers), die angibt, wieviele der möglichen Kommunikationskanäle im Buying oder Selling Center der Einkäufer (resp. Verkäufer)[520] ausnützt.

Alle diese Einflussfaktoren auf die Interaktionsbeziehungen sind für das Rückstandsmarketing vor allem dann von großer Bedeutung, wenn es sich bei dem Buying oder Selling Center nicht um ein institutionalisiertes Gremium handelt, sondern um durch die Zusammenarbeit im Bereich der Rückstandsbewältigung mehr oder minder „zufällig" entstandene Teams, wie in der Einleitung dieses Abschnitts bereits erwähnt.

6.2.1.1 Vertikales Involvement

Ein starkes vertikales Involvement in Richtung der Unternehmensspitze weist auf das Interesse der Unternehmensführung an Rückstandsmarketing hin. Das kann dahingehend gedeutet werden, dass die Unternehmensleitung bereit ist, in Bezug auf die Rückstandsbewältigung kreative, neue Wege zu beschreiten. Eine Ursache dafür kann sein, dass die Rückstandsbewältigung schon zu einem zentralen Engpassfaktor geworden ist[521] und das Unternehmen hofft, durch Umdenken in Bezug auf Absatzkanäle oder gar durch Entwicklung marktfähiger Produkte aus den eigenen Rückständen diese Probleme zu lösen.

Bei Vorliegen des Verwertungsparadoxons kann es sein, dass das Management eines aufnehmenden Unternehmens hofft, durch die Rückstandsmarketingaktivitäten die alten Märkte besser zu durchdringen, indem man zusätzlich zu den gelieferten Produkten die Entsorgung der daraus entstehenden Rückstände anbietet.[522] Eine Hoffnung kann sich auch darauf richten, zusätzliche Märkte oder Marktsegmente erschließen zu können und so strategische Wettbewerbsvorteile zu erlangen.[523]

6.2.1.2 Horizontales Involvement

Ein starkes horizontales Involvement, mit anderen Worten die Beteiligung verschiedener Unternehmensbereiche, deutet wiederum darauf hin, dass viele Bereiche Interesse an einer effektiven Rückstandsbewältigung haben. Im Besonderen als positives Zeichen zu werten ist dabei, wenn Konstruktions- (F&E-), Produktions- und/oder Marketingabteilung sich im Bereich der Rückstandsbewältigung engagieren, da in diesen Bereichen die größten Potenziale für eine (marktliche) Verwertung der Rückstände gegeben sind. Von besonderer Bedeutung für Aktivitäten des Rückstandsmarketing ist das Engagement von Konstruktions- und Produktionsabteilungen, da diese Abteilungen über Informationen darüber verfügen, in welchen alten

---

[520] streng genommen müssten diese Rollen eigentlich als Abgeber und Annehmer bezeichnet werden, da im Rückstandsmarketing Transaktionen oft nicht im Austausch Ware gegen Geld bestehen, sondern im Austausch Ware gegen Dienstleistung (Entsorgung).

[521] vgl. Schmidt-Endrullis [Markterschließung] S.63

[522] z.B. die Entsorgung von gebrauchten Toner-Kassetten durch ihre Lieferanten oder die Entsorgung von Alt-EPS durch die Lieferanten von EPS-Dämmstoffplatten (vgl. Abschnitt 5.3.2.3).

[523] so etwa wenn der Kunststoffproduzent sich auch als Dienstleister für die Entsorgung von Altkunststoffen anbietet (vgl. Abschnitt 11.1).

oder neu einzuführenden Produktionsprozessen aufgenommene oder eigene Rückstände sinnvoll zu verwerten sind. Diese Abteilungen wissen anderseits am besten darüber Bescheid, wie die an ein anderes Unternehmen oder an Konsumenten abzugebenden eigenen Rückstände zu konditionieren sind, um sie in deren Prozessen einsetzen zu können.[524]

Der Beitrag des Marketing besteht vor allem darin, dass es die Märkte des Unternehmens kennt und eventuell direkten Kontakt zu potenziellen Abnehmern von Rückständen hat. Des Weiteren sind der Marketingabteilung die Bedürfnisse und Wünsche des Marktes im Einzelnen vertraut, was auch die Miteinbeziehung marktbezogener Verwertungsalternativen (Konzeption von völlig neuen Produkten aus Rückständen) ermöglicht. Mit diesen kann in der Folge möglicherweise auch auf Konsumgütermärkten reüssiert werden.[525]

6.2.1.3 Die Größe des Buying oder Selling Centers

Die Größe des Buying oder Selling Centers ist einerseits als Resultante des horizontalen und lateralen Involvement zu sehen, anderseits als eigenständige Größe, die auf das persönliche Engagement einzelner Mitarbeiter zurückzuführen ist. Das bedeutet, dass man aus der Größe des Buying oder Selling Centers in gewissem Maße auf die Stärke des Interesses am Rückstandsmarketing insgesamt Rückschlüsse ziehen kann.

Die Auswirkungen der Größe des Buying oder Selling Centers auf den Entscheidungsprozess des Rückstandsmarketing sind ambivalent: Die Gruppengröße wirkt sich verstärkend auf die Bereitschaft aus, ein höheres Risiko zu übernehmen,[526] wie es etwa durch die Entscheidung, Primärrohstoffe durch sekundäre zu ersetzen, sicherlich oft gegeben ist.[527] Die erhöhte Risikobereitschaft lässt sich in erster Linie auf die erwartete geringere Risikobelastung des Einzelnen zurückführen. Erhöhte Risikobereitschaft bringt als positive Konsequenz eine erhöhte Innovationsneigung, anderseits werden wegen des geringeren persönlich wahrgenommenen Risikos einzelne Für und Wider nicht so sorgfältig abgewogen.

6.2.1.4 Die Interaktionsintensität innerhalb des Buying oder Selling Centers

Die übrigen ambivalenten Konsequenzen aus der Größe des Buying oder Selling Centers hängen direkt zusammen mit der vierten der genannten Strukturvariablen, der Interaktionsin-

---

524 vgl. Hildebrandt [Ressourcenschonung] S.205f.

525 Ein erfolgreich in die Praxis umgesetztes Beispiel dafür ist das Folienrecycling im Rahmen der ARA: Die aus Industrie, Gewerbe und Handel sowie aus der Wertstoffsammlung in den Gemeinden gesammelten Folien werden zu Recyclingfolie und in weiterer Folge zu den sogenannten „Comebag"-Recyclingtragetaschen verarbeitet, die zum selben Preis wie Tragetaschen aus Neumaterial angeboten werden (vgl. Vereinigung österreichischer Industrieller (Hrsg.) [Vermeiden] S.9-11).

526 vgl. zu diesem sog. „risky shift"-Theorem Bagozzi [Exchange] S.107

527 Entweder durch die Notwendigkeit kostenintensiver Forschungs- und Entwicklungsaktivitäten, durch die Umstellung oder Erweiterung von Produktionsprozessen oder die Schwierigkeit, Produkte aus „Abfällen" am Markt durchsetzen zu können. Als Beispiel mögen die Anlaufschwierigkeiten der zur Industriesymbiose Kalundborg gehörigen biochemischen Fabrik Novo Nordisk dienen, wo eine Umbenennung eines Schlammes aus der Biofermentation notwendig wurde, der erst als Düngemittel verkauft werden konnte, nachdem er mit einem nicht mehr auf die Herkunft hindeutenden Namen angeboten wurde (vgl. Strebel [Sicht] S.57).

tensität. Je mehr Personen an einem kreativen oder einem Entscheidungsprozess teilhaben und vor allem je intensiver die Beziehungen zwischen den Mitgliedern des Buying oder Selling Centers sich gestalten, desto größer ist die Vielfalt der eingebrachten Ideen und Meinungen.[528] So gesehen wirken sich Gruppengröße und Interaktionsintensität positiv auf die Qualität der Interaktion aus, wenn darunter das Ausmaß der Kreativität der Gruppe sowie die Problemlösungsumsicht verstanden werden. Mithin vergrößern Gruppengröße und Interaktionsintensität die Menge der betrachteten Einzelaspekte und die Sorgfalt, die bei der Entscheidungsfindung im Bereich des Rückstandsmarketing aufgewandt wird.[529] Anderseits ist die Größe des Buying oder Selling Center proportional zur Dauer des Interaktionsprozesses, dessen zeitliche Effizienz somit verringert wird.

6.2.1.5 Die Zentralität des Ein- bzw. Verkäufers

Die fünfte von Johnston und Bonoma genannte Strukturvariable ist die Zentralität der eigentlichen Einkäufer (Verkäufer). Diese sind formell damit beauftragt, mögliche Lieferanten bzw. Abnehmer ausfindig zu machen und die Lieferbedingungen festzulegen. Ihr Einfluss beschränkt sich im Rückstandsbereich zunächst auf die Tätigkeit der Anbahnung von Verhandlungen, sofern nicht auch diese Aufgabe von anderen Mitgliedern des Buying oder Selling Centers wahrgenommen wird. Im weiteren Verlauf der Beziehungen werden die zur Routine gewordenen Einzeltransaktionen jedoch durchaus von eigenen Ein- oder Verkäufern durchgeführt.[530]

6.2.2 Rollenbilder im Buying oder Selling Center

Die Frage danach, wer den Anstoß zu Rückstandsbewältigungs-Prozessen gibt, führt unmittelbar weiter zu den kommunikationspolitischen Rollen, die in dieser Situation übernommen werden müssen.[531] Von größerer Bedeutung für den Rückstandsmarketingprozess als dessen formelle Initiatoren sind die Anwender, die im Konkreten mit der Be- und Verarbeitung der beschafften Rückstände befasst sind. Sie haben großen Einfluss auf die Entscheidung für oder gegen den Einsatz von Rückständen, da sie einerseits sogar den Anstoß zu einem solchen Prozess geben können, anderseits aber in der Realisierungsphase des Rückstandseinsatzes als heftige Opponenten des Rückstandseinsatzes auftreten können.[532]

Nicht an bestimmten Stellen im organisationalen Gefüge festgemacht werden können die Rollen des Beeinflussers und des Entscheiders. Die Macht des Beeinflussers liegt in der Festlegung von Beschaffungskriterien oder in der Möglichkeit der Informationszuteilung.

---

[528] vgl. Gemünden/Helfert [Hypothesen] S.250ff.

[529] vgl. Thom [Grundlagen] S.69ff.

[530] Das bestätigen auch die Ergebnisse der empirischen Untersuchung (vgl. Abschnitt 11.3.2.2).

[531] vgl. dazu und zum Folgenden Webster/Wind [Behavior] S.77-80, vgl. auch Harlander [Buying Center] S.26f.

[532] vgl. Hauschildt [Innovationsmanagement] S.135ff.

Beeinflusser im Bereich der Rückstandsbewältigung sind häufig Mitglieder von F&E-, Produkt- und Produktionsplanungsabteilungen. Ihre Hauptbeeinflussungskraft liegt bei der Entscheidung darüber, Primärstoffe durch sekundäre zu ersetzen.

Entscheider haben die formale oder informale Macht zur Entscheidung in einem bestimmten Bereich. Entscheider über den Absatz von Rückständen sind in den mit der Rückstandsbewältigung betrauten Abteilungen zu suchen. Interessanter ist die Beschaffungsseite, wo über die Substitution von Primärstoffen durch Rückstände entschieden wird. Diese Entscheidungen können de facto von einem Entwicklungsingenieur, der ein Produktionsprogramm für den Einsatz einer genau spezifizierten Rückstandsart (etwa eine genau bestimmte Art von Altpapier oder Altkunststoffen) konzipiert, ebenso „getroffen" werden wie etwa von einem Geschäftsführer.

Eine gerade im Bereich des Rückstandsmarketing besonders wesentliche Position nehmen die Gatekeeper ein. Sie sind im Unternehmen diejenigen, die im Besonderen darum bemüht sind, relevante Informationen aus der Umwelt zu sammeln, zu verdichten und zu strukturieren und sie sodann an die relevanten Stellen im Unternehmen weiterzuleiten.[533] Ebenso wie die des Beeinflussers und Entscheiders ist die Position des Gatekeepers im Unternehmen nicht an eine bestimmte Stelle gebunden, vielmehr unternimmt es der Gatekeeper aus eigenem Antrieb und nicht aufgrund eines formellen Auftrags, möglichst viele Kontakte zur Unternehmensumwelt zu knüpfen.

Die Persönlichkeitsstruktur des Gatekeepers wird beschrieben als kreativ, ausgerichtet auf Teamarbeit, kommunikativ und eher extrovertiert, er verfügt meist über ein hohes formales Ausbildungsniveau und gehört schon länger zum Unternehmen.[534] Seine Informationen erhält der Gatekeeper aus einem „Kommunikations- und Informationsnetzwerk ..., welches in hohem Maße durch persönliche Informationsquellen gekennzeichnet ist."[535]

Im Bereich des Rückstandsmarketing kann der Gatekeeper vor allem als „Marketgatekeeper"[536] auftreten, der Informationen in Bezug auf potenzielle Absatz- bzw. Beschaffungsmärkte für Rückstände beschafft. Er wird damit insofern eine Schlüsselfigur, als in vielen Unternehmen Möglichkeiten der marktlichen Verwertung von Rückständen (noch) nicht aktiv gesucht werden und/oder die Auseinandersetzung mit der Problematik der Rückstandsbewältigung von vielen (noch) als notwendiges Übel angesehen wird. In dieser Situation ist das Vorhandensein einer Person, die im Rahmen ihrer externen Kontakte oftmals auch zufällig auf Möglichkeiten der marktlichen Verwertung stößt, von eminenter Wichtigkeit. Die Persönlichkeitsstruktur des Gatekeepers macht ihn zur idealen Kontaktperson im Bereich der Rück-

---

[533] vgl. dazu und zum Folgenden Domsch/Gerpott/Gerpott [Gatekeeper] S.22ff.

[534] vgl. ebenda

[535] Hauschildt/Schewe [Gatekeeper] S.167. Möglichkeiten dazu ergeben sich aus seinem regen Interesse am Tagesgeschehen, seinen intensiven Messe- und Kongressbesuche und seiner Beschäftigung mit der in Frage kommenden wissenschaftlichen Literatur (vgl. Thom [Grundlagen] S.287).

[536] Maidique [Entrepreneurs] S.62f.

standsverwertung. Seine Kreativität befähigt ihn, die von außen an das Unternehmen herangetragenen Informationen in für das Unternehmen gangbare Problemlösungskonzeptionen umzuwandeln.[537]

Eine innovationstheoretische Rollenbeschreibung, die der kommunikationspolitischen des Gatekeeper vor allem, was die Persönlichkeitsvariablen anbelangt, sehr nahe kommt, ist die des sogenannten Promotors,[538] im Speziellen die des Fachpromotors.[539] Witte bezeichnet in seinem Promotorenmodell Promotoren als Personen, die einen Innovationsprozess „aktiv und intensiv fördern", und zwar kraft ihres hierarchischen Potenzials (Machtpromotor) oder aufgrund ihrer überlegenen fachlichen Kompetenz (Fachpromotor), und so imstande sind, Barrieren des Nicht-Könnens und des Nicht-Wollens zu überwinden.[540] Ähnlich wie Gatekeeper können Promotoren nicht vom Management eingesetzt werden, sondern werden aus eigenem Antrieb tätig.

Im Bereich der Rückstandsbewältigung ist das Auftreten von „Verwertungspromotoren" wünschenswert. Diese regen - in Anlehnung an die oben gegebene Definition - den Prozess des Rückstandstransfers an bzw. halten ihn in Gang. Der Promotor ist derjenige, der möglicherweise überhaupt erst auf die Idee kommt, dass Rückstände in einer gewissen Weise verwertbar sind, und der die Verwirklichung seiner Ideen per definitionem „aktiv und intensiv"[541] vorantreibt. Er drängt darauf, dass Primärstoffe durch sekundäre ersetzt werden bzw. strebt aufgrund seiner profunden Kenntnis von technischen und/oder marktlichen Gegebenheiten danach, die eigenen Produktionsrückstände im eigenen Unternehmen oder auf dem Markt ökonomisch sinnvoll zu verwerten. Insofern übernimmt er wiederum die Rolle eines Marketgatekeepers.[542]

Der Verwertungspromotor, der zunächst wohl in erster Linie als Fachpromotor auftritt, muss nicht Angehöriger der mit Entsorgungsfragen beauftragten Stelle sein, sondern kann ähnlich wie der Gatekeeper aus den verschiedensten Bereichen des Unternehmens stammen. Allerdings bedarf gerade der Verwertungspromotor mit zunehmender Konkretheit des Verwertungsprojektes der Absicherung durch hierarchisches Potenzial.[543] Falls er darüber nicht ohnehin kraft seiner hierarchischen Stellung im Unternehmen verfügt, ist er gezwungen, sich

---

[537] vgl. Allen [Managing] S.141f.

[538] vgl. Hauschildt/Schewe [Gatekeeper] S.171f. Hauschildt/Schewe untersuchen dabei auch die Relevanz der einzelnen Rollenbilder im Prozessverlauf der Innovation.

[539] vgl. Gemünden/Walter [Beziehungspromotor] S.972

[540] vgl. Witte [Organisation] S.17f. In weiterführenden Ansätzen wird eine dritte Art von Promotor unterschieden, der sogenannte Prozesspromotor, dessen Aufgabe es ist, „die Verbindung zwischen dem Fachpromotor und dem Machtpromotor her(zustellen)"(Hauschildt [Innovationsmanagement] S.122). Diesem Ansatz wird in der vorliegenden Arbeit nicht weiter nachgegangen.

[541] Witte [Organisation] S.17

[542] vgl. oben

[543] vgl. Hauschildt/Schewe [Gatekeeper] S.171, vgl. Thom [Grundlagen] S.367

„seinen“ Machtpromotor zu suchen, mit anderen Worten Unterstützung aus den oberen hierarchischen Ebenen zu erhalten.

Eine interessante Weiterentwicklung des Promotorenmodells - die Einführung des sogenannten „Beziehungspromotors“[544] - verlässt die intraorganisationale Ebene und sucht nach Promotoren im interorganisationalen Bereich. Der Beziehungspromotor vereint insofern Merkmale eines Gatekeepers und eines Promotors in sich, als er imstande ist,

- wie ein Promotor Barrieren zu überwinden, „deren Ursachen in erster Linie in der Interaktion zwischen verschiedenen Organisationen liegen.“ [545] Er sucht geeignete Partner, schlägt sie vor und bringt sie zusammen.
- wie ein Gatekeeper „Personen aus den kooperierenden Unternehmen miteinander in Kontakt zu bringen und Informationen auszutauschen, ... weil er über ein Netzwerk von persönlichen Beziehungen verfügt.“[546] Er kennt potenzielle Fach- und Machtpromotoren auf beiden Seiten und aktiviert diese.

In Anlehnung an dieses Modell widmet sich der Verwertungspromotor auch dem Identifizieren und Kontaktieren von potenziellen Partnern der Rückstandsverwertung, der Förderung des Dialoges mit diesen und dem Aufbau sozialer Beziehungen. Studien beweisen, dass das Vorhandensein von Beziehungs- resp. Verwertungspromotoren den Beziehungserfolg fördert,[547] denn es führt zur Überwindung von Barrieren des „Nicht-Miteinander-Zusammenarbeiten-Könnens, -Wollens und -Dürfens.“[548] Gleichgültig, ob nun in einem Transaktionsprozess Promotoren oder Gatekeeper vorhanden sind, kommt diesen große Bedeutung bei der Anbahnung von Rückstandstransferprozessen zu, da sie Kontakte zu potenziellen externen Partnern knüpfen. Diese Überlegungen führen hin zur Betrachtung zwischenbetrieblicher Interaktionsmuster.

6.3 Zwischenbetriebliche Interaktionsmuster

Verlässt man die gedankliche Ebene der Beziehungen zwischen einzelnen Unternehmensmitgliedern bzw. sonstigen Beeinflussern, so bewegt man sich in Richtung der organisationalen Interaktionsansätze. Beschränkt man sich dabei zunächst auf die Beziehungen zwischen zwei Unternehmen (dyadisch-organisationale Interaktionsansätze), so interessiert bezüglich des Rückstandsmarketing die Fragestellung, in welcher Form Buying und Selling Centers miteinander in Kontakt treten. Für die Dauer der Verhandlungen findet zwischen beiden Gremien ein Prozess von speziell auf Rückstandstransfer ausgerichteten Transaktionen statt.

---

[544] Gemünden/Walter [Beziehungspromotor], vgl. Gemünden/Walter [Förderung]

[545] Gemünden/Walter [Förderung] S.237

[546] Hauschildt/Schewe [Gatekeeper] S.510

[547] vgl. Walter/Mörmann [Verkaufen] S.74

[548] Gemünden/Walter [Beziehungspromotor] S.974f.

Die an diesem Prozess beteiligten Mitarbeiter bilden eine Art Zwischensystem[549] zwischen den beteiligten Unternehmen und verbinden diese („linking pins"[550]). Die Marketingliteratur spricht in diesem Fall von einem Transaction Center.[551]

Die Interaktion der Mitglieder des Transaction Centers wird in starkem Maße von organisationalen Variablen beeinflusst[552] und steht mithin in engem Kontext mit den oben zum Thema Buying Center behandelten Faktoren. Der Grad der Beeinflussung von Entscheidungen bezüglich des Rückstandsmarketing hängt intern zum großen Teil vom Grad des Involvement ab.[553]

Die im Transaction Center geführten Verhandlungen sind der Ausgangspunkt für ein erfolgreiches betriebliches Rückstandsmarketing. Der Zusammenarbeit zwischen den Mitgliedern des Transaction Centers kommt dadurch erhebliche Bedeutung zu. Sensible Entscheidungen sind im Bereich des Rückstandsmarketing häufig anzutreffen: Entweder sind die angestrebten Lösungen hochgradig innovativ, weil (zumindest) ein Unternehmen sich damit auf für es neues Terrain begibt (im Fall der Erzeugung von neuen Produkten aus den im eigenen Unternehmen angefallenen Produktionsabfällen), oder es ergibt sich die Gefahr einer Verschlechterung des Produktimages, weil Primärstoffe durch sekundäre ersetzt wurden, oder das aufnehmende Unternehmen tritt bei Vorliegen des Verwertungsparadoxons in den neuen Bereich des Angebotes von Entsorgungsdienstleistungen ein. Deshalb ist eine intensive Zusammenarbeit der beiden Unternehmen vor Abschluss der Verhandlungen nötig. Die Bewältigung eines solchen Prozesses erfordert erhebliche Anstrengungen beider Interaktionspartner: Zur Erarbeitung einer technisch-organisatorischen Lösung muss ein gemeinsamer, beiderseitiger Lernprozess durchlaufen werden.[554]

In dieses Transaction Center können jedoch auch noch Repräsentanten anderer Organisationen als der beiden explizit an einem Rückstandstransfer interessierten Unternehmen involviert sein. Zu denken ist im Bereich des Rückstandsmarketing, der von strengen gesetzlichen Restriktionen betroffen ist, etwa an die Miteinbeziehung von Behördenvertretern oder an die Hinzuziehung von Rechtsanwälten, um ein Projekt rechtlich einwandfrei abzusichern. In der Zukunft ist es auch denkbar, dass Mitarbeiter bzw. Vertreter einer (noch zu schaffenden) Verwertungsagentur[555] oder andere Mitglieder einer netzwerkartig organisierten Verwertungsstruktur als Beeinflusser oder Gatekeeper Mitglieder in einem rückstandsbezogenen Buying oder Selling Center sind.

---

[549] vgl. Koch [Verhandlungen] S.92, vgl. dazu auch Håkansson/Snhota [Developing] S.42

[550] Wind/Robertson [Pin] S.169-184

[551] vgl. Backhaus [Industriegütermarketing] S.116, vgl. Kern [Interaktionsansatz] S.12, vgl. Koch [Verhandlungen] S.92ff.

[552] vgl. Kern [Interaktionsansatz] S.31

[553] vgl. oben

[554] vgl. Gemünden [Innovationsmarketing] S.31

[555] vgl. Abschnitt 9.4.6

Im Transaction Center finden die wesentlichen Interaktionsvorgänge des Rückstandsmarketing statt. Sie sind charakterisierbar durch drei Gruppen von Variablen, die Austauschsituation, die Interaktionspartner und den Transaktionsprozess.[556] Diese werden in den folgenden Abschnitten besprochen.

6.3.1 Charakteristika der Austauschsituation im Rückstandsmarketing

Die Rückstandstransfersituation ist gekennzeichnet durch die marktliche Situation (Marktcharakteristika) einerseits und durch die Eigenschaften, die dem Rückstand zugeschrieben werden müssen (Produktcharakteristika), anderseits.

6.3.1.1 Marktcharakteristika beim Rückstandstransfer

Die Marktcharakteristika des Rückstandsmarketing wurden bereits in Abschnitt 5.3 dargestellt und sind hier nur kurz zusammengefasst. Die Situation am Markt beruht in erster Linie auf der Frage, wie groß die Abhängigkeiten in der Abgabe-/Aufnahmebeziehung sind. Im Bereich des Rückstandsmarketing ist in aller Regel zu erwarten, dass ein Käufermarkt vorliegt, das heisst, dass das Angebot schneller wächst als die Nachfrage.[557] Besonders interessant ist dabei der potenzielle Einfluss von Dritten wie Entsorgungskonkurrenten, aber auch von staatlichen Stellen oder gesellschaftlich-politischen Instanzen. Von besonderer Bedeutung für das Rückstandsmarketing ist die zunehmende Dynamik auf den Rückstandsmärkten vor allem aufgrund der immer rigider werdenden rechtlichen Lage.[558]

6.3.1.2 Produktcharakteristika von Rückständen aus Transaktionssicht

An für den Rückstandstransfer wesentlichen Produkteigenschaften des Rückstandes zu nennen sind die Produktkomplexität, der Innovationsgrad der Problemlösung sowie der Stellenwert der betrachteten Transaktion für das Unternehmen.[559]

Letzterer hängt eng mit den soeben beschriebenen Marktcharakteristika zusammen: Zunehmende Dynamisierung des Marktes sowie abnehmende Entsorgungskapazitäten führen zu erhöhtem rückstandsbezogenem Handlungsbedarf in Unternehmen, was in weiterer Folge bedeutet, dass die Wichtigkeit der Transaktion für das Unternehmen steigt. Der Stellenwert der Transaktion ist insbesondere bei Vorliegen des Verwertungsparadoxons hoch, wenn ein Rückstand annehmendes Unternehmen versucht, sich in Gestalt der Rückstandsbewältigung

---

[556] vgl. Kern [Interaktionsansatz] S.57

[557] vgl. Marr/Picot [Absatzwirtschaft] S.625

[558] So führte etwa in einem der im Rahmen der empirischen Untersuchung befragten Unternehmen das Verbot, Dicklauge in den Vorfluter einzuleiten, zu einem großen wirtschaftlichen Erfolg: Durch chemische Umwandlung entstehen wirtschaftlich verwertbare Produkte (u.a. Essigsäure). So waren zunächst rechtliche Gründe ausschlaggebend für die Aktivitäten zur Rückstandsbewältigung. Da es sich jedoch bei den Rückständen um wertvolle Nebenprodukte handelt, die einen hohen Ertrag abwerfen, kann aus der heutigen Sicht nicht von Abfallentsorgung gesprochen werden, vielmehr werden Wertstoffe als (Neben-)Produkte verkauft. Das Ziel dabei ist, einen maximalen Gewinn zu erwirtschaften (vgl. Abschnitt 11.3.1).

ein zweites Standbein aufzubauen. Dann wird Rückstandsbewältigung zu einem Teil des Angebotsprogramms des Unternehmens.[560]

Das zweite bedeutende Produktmerkmal ist der Innovationsgrad der Problemlösung. Innovativ ist es, wenn Unternehmen, wie im vorhergehenden Absatz geschildert, Entsorgungsdienstleistungen anbieten und das neue Produkt daher in einer Dienstleistung besteht.[561] Beim Ersatz von Primärstoffen durch Rückstände handelt es sich oft um (gesellschaftlich) umstrittene Innovationen. Das gilt vor allem, wenn durch den Einsatz von Rückständen gesellschaftliche Interessen berührt werden, etwa die Verwertung von Kunststoff, v.a. PVC.

Die Produktkomplexität als letztes der Produktcharakteristika ist abhängig vom Einsatzzweck des Rückstandes. In der Regel wird sie nicht so hoch sein wie etwa bei der Anlieferung von vollständigen Produktionsanlagen, doch kann die inkorporierte Komplexität eines Rückstandes besonders dann hoch sein, wenn vor dem Einsatz in einem erneuten Produktionsprozess mehrere verschiedenartige Aufbereitungsprozesse notwendig sind.

6.3.2 Charakteristische Merkmale der Interaktionspartner

Eine zweite Gruppe von Variablen, die kennzeichnend sind für das Interaktionsverhalten im Bereich des Rückstandsmarketing, betrifft die Verhaltensstrukturen der an einem Rückstandstransferprozess Beteiligten innerhalb des Unternehmens und in der Verhandlungssituation. Dabei spielen sowohl personenbezogene als auch organisationale Variablen mit.[562] Auf personaler Ebene sind alle Mitglieder der Buying und Selling Centers beteiligt. Hier sind diejenigen Aspekte wichtig, die bereits im Rahmen der unternehmensinternen Analyse diskutiert wurden. Zu den organisationalen Variablen zählen etwa die Größe des Unternehmens, die Position am Markt, das Technologie- und das strategische Potenzial, die alle den Handlungsspielraum der Repräsentanten und in weiterer Folge den Transaktionsprozess beeinflussen.[563] Dazu kommt, dass auf Anbieter- und/oder Nachfragerseite auch mehrere Unternehmen beteiligt sein können, die auch in anderen Bereichen als der Rückstandsverwertung miteinander in geschäftlicher Verbindung stehen können. Bereits andauernde, für beide zufriedenstellende Geschäftsbeziehungen können das Zustandekommen von Rückstandstransferrelationen begünstigen.[564]

Auch Dritte können auf staatlicher oder gesellschaftlicher Ebene möglicherweise die Austauschsituation beeinflussen, etwa durch gesetzliche Regelungen bzw. Auflagen oder durch die Gründung von Bürgerinitiativen.[565] Weitere potenzielle Einflussmöglichkeiten gehen von

---

[559] vgl. Kern [Interaktionsverhalten] S.59

[560] vgl. Abschnitt 9.4.1

[561] vgl. zum Innovationsgrad Abschnitt 9.4.1

[562] vgl. Håkansson [Marketing] S.18f.

[563] vgl. Kern [Interaktionsansatz] S.61

[564] vgl. Abschnitt 6.3.4

[565] vgl. Abschnitt 4.2.2

technologischen Kompatibilitäten, der Problemvertrautheit in den betroffenen Unternehmen sowie auch von früheren Verhandlungserfahrungen aus.

6.3.3 Beeinflussung des Transaktionsprozesses durch informelle Beziehungen

Faktoren des Transaktionsprozesses selbst haben insofern eine Bedeutung, als bei der Betrachtung von Abnehmer- und Abgeberverhalten nicht nur strukturale, sondern auch prozessuale Elemente mit einbezogen werden müssen. Der Transaktionsprozess ist gekennzeichnet von Merkmalen wie der Verhandlungsdauer oder der Kontakthäufigkeit. Definiert werden müssen jedenfalls die Leistung und die zu erbringende Gegenleistung. Ziel ist, den Transaktionsprozess solcherart in Phasen zu zerlegen, dass diese durch unterschiedliches Interaktionsverhalten gekennzeichnet sind.

Beachtet muss dabei werden, dass nicht nur die sich in den Verhandlungen ergebenden Kontakte von Bedeutung für das Rückstandsmarketing sind. Vielmehr entstehen oftmals besonders wichtige Kontakte im Bereich der Rückstandsbewältigung aufgrund sogenannter informeller Beziehungen. Diese bestehen in Kontakten zu Schul- oder Studienkollegen, in der Teilnahme an Erfahrungsaustauschgruppen (ev. auch im Rahmen von Seminaren und/oder Tagungen) oder der Mitgliedschaft in Berufs- oder Fachverbänden und in privaten Vereinen. Motivationstheoretisch ist belegbar,[566] dass gerade im Rahmen zwangloser Gespräche von Experten aus unterschiedlichen Fachbereichen der kreative Prozess angeregt und die Intuition gefördert werden. Das Aufeinandertreffen verschiedener Informationen wirkt sich positiv auf die Generierung von innovativen Ideen aus.[567] Insbesondere hervorgehoben werden muss die Bedeutung von informellen Beziehungen für das Zustandekommen von marktlichen Rückstandsverwertungsmöglichkeiten.[568] Gute persönliche Kontakte sind sehr hilfreich bei der Anbahnung von Geschäften mit Rückständen, denn sie erleichtern es, mit Unternehmen in Kontakt zu treten, die als eventuelle Abnehmer für Rückstände in Erwägung gezogen werden. Die Möglichkeit des Gesprächseinstiegs über unverfängliche Themenstellungen, die die Verhandlungspartner verbinden, verhilft zur schnelleren Überwindung von Anfangsschwierigkeiten, und ein bereits vorhandenes Vertrauensverhältnis hilft, Barrieren abzubauen.[569] Hier dürfte auch ein Grund dafür liegen, dass den sogenannten Abfallbörsen im Bereich der Geschäftsanbahnung kein besonders großer Erfolg beschieden ist: Man zieht es vor, Geschäfte im Rückstandsbereich mit Partnern in Angriff zu nehmen, die bekannt sind. Die Bedeutung von Abfallbörsen wird allerdings mit der zunehmenden Diffusion des Internet steigen, da auf

---

[566] vgl. Thom [Grundlagen] S.229f.

[567] Diese Tatsache ist durchaus auch in den Unternehmen bekannt. So halten laut einer repräsentativen Umfrage des Instituts für Marketing an der Freien Universität Berlin 95% der Befragten persönliche Kontakte für notwendig und sinnvoll (vgl. Strothmann/Prüser/Ginter [Netzwerke] S.37).

[568] Dies geht auch aus den im Rahmen der vorliegenden Arbeit durchgeführten Firmeninterviews hervor (vgl. Einleitung zu Abschnitt 11 und Abschnitt 11.3.6.3)

[569] vgl. Strothmann et al. [Kaufentscheid] S.40ff.

diese Weise Angebote schnell einem großen Interessentenkreis zugänglich gemacht werden können. Wiederum gilt dabei die Einschränkung, dass Rückstandsbewältigung in aller Regel auf regionaler Ebene vollzogen wird. Jedoch wird die Nutzung des Internet für die operative Abwicklung von Rückstandstransaktionen zunehmen.[570]

Allerdings reichen persönliche Kontakte im Bereich der Rückstandswirtschaft oft nicht aus, um das Misstrauen abzubauen: Bietet ein potenzieller Abnehmer von Rückständen eine Verwertungsmöglichkeit an, so erhält er, selbst wenn er die angesprochene Person gut kennt, zunächst oft den Bescheid, dass es im Bereich der Rückstandsentsorgung kein Problem gäbe. Das passiert sogar dann, wenn der Entsorgungsdienstleister gleichzeitig Lieferant des Einsatzstoffes ist, bei dessen Verwendung ein bestimmter Rückstand zwangsläufig anfällt.[571]

Abgesehen von dieser Reserviertheit in Problemfragen der Rückstandsbewältigung können durch private Kontakte - oft über die Grenzen verschiedener Wissens- und Ausbildungsbereiche hinweg - zufällig Ideen für Rückstandsprojekte entstehen. Der Umstand, dass dieser Serendipitätseffekt[572] in der betrieblichen Rückstandswirtschaft häufig anzutreffen ist, beruht darauf, dass planmäßige Aktivitäten im Rückstandsbewältigungs-Bereich noch nicht selbstverständlich gesetzt werden.

6.3.4 Längerfristige Zusammenarbeit im Bereich der betrieblichen Rückstandswirtschaft

Sucht man nach gezielten Aktivitäten im Bereich des Rückstandstransfers, so stellt sich die Frage, inwieweit Unternehmen bereit sind, im Bereich der Rückstandsbewältigung enger zusammenzuarbeiten oder sich sogar auf gemeinsame Projekte im Bereich der Forschung und Entwicklung einzulassen, mit anderen Worten Kooperationen einzugehen. Die Vor- und Nachteile von Kooperationen im engeren Sinne werden in Abschnitt 9.4.5.2 erörtert. Dieser Abschnitt widmet sich der Frage, wie längerfristige, regelmäßige Geschäftsbeziehungen im Rückstandsbereich grundsätzlich zu Stande kommen. Diese werden dabei definiert als „langfristig angelegte, von ökonomischen Zielen geleitete Interaktionsprozesse und Bindungen zwischen Mitgliedern verschiedener Organisationen, die auf eine Folge von Austauschprozessen gerichtet sind.“[573] Das bedeutet, „dass es auf der Anbieter- und/oder der Nachfragerseite Gründe gibt, die eine planmäßige Verknüpfung zwischen Markttransaktionen sinnvoll oder notwendig erscheinen lassen, wobei jedoch eine Kooperation im engeren Sinne nicht Ziel der Bestrebungen ist.“[574]

---

[570] Folgende Links zu Abfallbörsen im www konnten ausfindig gemacht werden: http://www.recycle.de, http://www.abfallboerse.de, http://www.mut-online.de, http://www.recytrade.com

[571] Indiz aus Besprechungen mit Vertretern der österreichischen chemischen Industrie, die sich in starkem Maße als Löser von Rückstandsbewältigungsproblemen sieht.

[572] vgl. Brockhoff [Forschung] S.28

[573] Gemünden [Innovationen] S.573. Diese Sicht der Geschäftsbeziehung als geplante Abfolge von Transaktionen wird von anderen Autoren als zu deterministisch abgelehnt (vgl. Bauer [Einzeltransaktionen] S.44).

[574] Plinke [Grundlagen] S.23

Nähere Aufschlüsse über den Aufbau von längerfristigen und stabilen Interaktionsbeziehungen liefern die multiorganisationalen Interaktions- bzw. Netzwerkansätze. Sie basieren auf einer systemtheoretischen Betrachtungsweise des Marketing, wie sie in Abschnitt 2.1 bereits vorgestellt wurde. Im Mittelpunkt ihrer Analyse stehen „dauerhafte Beziehungsmuster zwischen Anbieter und Nachfrager."[575] Wesentlich ist dabei, dass diesen Ansätzen - im Gegensatz zu den bisher behandelten Interaktionsansatztypen - bereits explizit die Hypothese zu Grunde liegt, dass die Hersteller im Business-to-Business Marketing bemüht sind, stabile und daher kontinuierliche Abnahmebeziehungen aufzubauen.[576] Dabei geht es darum, Kontakte niemals abreissen zu lassen und auch dann zu pflegen, wenn gerade kein Austauschbedarf besteht.[577]

Ausgangspunkt der Überlegungen ist hier wie in den dyadisch-organisationalen Ansätzen die Beziehung zwischen zwei Unternehmen, ergänzt um „alle Aktivitäten und Interaktionen sozialer Aktoren, die mit der Anbahnung, Vereinbarung und Realisation der interessierenden Transaktion verbunden sind (Episode)."[578] Ergänzt wird dieser Episodenansatz durch den Potenzialansatz. Potenziale sind die von Unternehmen im gegenseitigen Umgang geschaffenen Voraussetzungen, die sich nun in der einzelnen Episode günstig oder ungünstig auswirken können.[579]

Stärker ausgeprägt ist dieses Prinzip in den Ansätzen der IMP-Group, das auf den Arbeiten von Kutschker und Kirsch fusst. Dieses umfassendste Modell des industriellen Kaufverhaltens bezieht neben individuellen und organisatorischen Variablen der beteiligten Unternehmen, wie sie in der vorliegenden Arbeit bereits besprochen wurden, und den Variablen des Interaktionsprozesses auch Einflussfaktoren aus der Unternehmensumwelt und die sogenannte Atmosphäre mit ein.[580]

Die Atmosphäre ist ein Beziehungsgeflecht zwischen den beteiligten Unternehmen, das sich aufgrund der verschiedenen Transaktionen und auch sozialer Kontakte entwickelt.[581] Die Beziehungsatmosphäre beruht in erster Linie auf zwei Konstrukten:

- Vertrauen als Erwartung, dass sich ein Interaktionspartner im Interesse der Beziehung verhält. Bezogen auf das Rückstandsmarketing bedeutet das etwa, dass Tansaktionspartner nicht aufgrund eines kurzfristigen Preisvorteils gewechselt werden.
- Committment als der „inneren Verpflichtung gegenüber einem Anbieter."[582] „Der Aufbau, die Pflege und Entwicklung solcher Potenziale ist dann zunächst Gegenstand von ganz vertrauten Marketingaktivitäten."[583]

---

[575] Kern [Interaktionsansatz] S.45, vgl. dazu auch Meffert [Absatztheorie] Sp.145 -147
[576] vgl. Kirsch/Kutschker/Lutschewitz [Ansätze] S.5
[577] vgl. Strothmann et al. [Kundenzufriedenheit] S.40
[578] Kirsch/Kutschker/Lutschewitz [Ansätze] S.6
[579] vgl. Kutschker/Kirsch [Verhandlungen] S.5
[580] vgl. Backhaus [Industriegütermarketing] S.129, vgl. dazu auch Meade [Economies] S.54-67
[581] vgl. Turnbull/Valla [Strategies] S.5 , vgl. Turnbull/Valla [Planning] S.14

Die Atmosphäre greift somit zurück auf Konstrukte, die auch informationsökonomisch orientierte Ansätze des Marketing verwenden,[584] und macht deutlich, dass es auf jede längerfristige Geschäftsbeziehung eine Reihe von Einflüssen gibt, die durch die Interaktion zwischen den Beteiligten entstanden sind.

„Mutually oriented interaction between two reciprocally committed parties"[585] steht auch im Mittelpunkt der Analyse von Geschäftsbeziehungen von Håkansson et al. Als Dimensionen dieser Geschäftsbeziehungen werden unterschieden „substance" und „function."[586]

Die Dimension „substance" gibt darüber Auskunft, *was* in einer Geschäftsverbindung bewirkt wird. Die Variablen, in die die Dimension weiters unterteilt wird, stehen untereinander in Beziehung und können jeweils unterschiedlich ausgeprägt sein. Im Einzelnen handelt es sich dabei um

- „activity links", die Aktivitäten im Unternehmen, die auf irgendeine Weise mit denen eines anderen Unternehmens verbunden sein können;
- „resource ties", die auf technologischer, stofflicher oder Wissensebene bestehen, aufgrund der Interaktion zwischen zwei Unternehmen zu Stande kommen und selbst wiederum eine Ressource für beide Unternehmen darstellen. Beim Rückstandsmarketing ist das die Austauschbeziehung im engeren Sinne;
- „actor bonds", die engen Beziehungen zwischen zwei Unternehmen, die dadurch entstehen, dass sich die Unternehmen gegenseitig Beachtung schenken und so einen gewissen Grad gegenseitiger Verpflichtung erreichen. Hier spielen wiederum die informellen Kontakte zwischen Rückstand abgebendem und Rückstand aufnehmendem Unternehmen eine Rolle.

Die Dimension „functions" untersucht, *wer* von einer Geschäftsbeziehung betroffen ist. Auch ihre Unterfunktionen sind nicht unabhängig voneinander zu sehen:

- „functions for the dyad" betreffen den „Teameffekt", mithilfe dessen Erfolge erzielt werden können, die ein Unternehmen allein nicht erreichen könnte (Positivsummenspiel[587]);
- „functions for the individual company" sind positive Effekte auf das einzelne Unternehmen, und zwar auf interne Aktivitäten ebenso wie auf das Auftreten nach außen (Entsorgungssicherheit, Imagebildung);
- „network functions" spielen eine Rolle beim Zustandekommen und der Aufrechterhaltung von Netzwerken und werden in Abschnitt 9.4.6 näher erläutert.

---

582 Gemünden/Helfert [Hypothesen] S.254f., vgl. Preß [Kaufverhalten] S.81

583 Kirsch/Kutschker/Lutschewitz [Ansätze] S.9

584 vgl. Abschnitt 5.2.2

585 Håkansson/Snhota [Developing] S.25

586 ebenda S.26

587 vgl. zum Positivsummenspiel von Kooperationen auch Wallner [Ökologie] S.98. So etwa bei der Zusammenarbeit einer Papierfabrik und eines Zementwerkes: Die Papierfabrik liefert Faserschlämme über eine eigene Rohrleitung an das Zementwerk. Auf diese Weise verfügt die Papierfabrik über einen ständigen Abnehmer, im Zementwerk trägt der Faserschlamm zu einer verbesserten Produktqualität bei (vgl. Abschnitt 11.3.2.1).

Die Beziehungen zwischen den Unternehmen werden somit durch viele verschiedene Faktoren geprägt, die für beide Unternehmen positive Auswirkungen haben. Diese Beziehungen führen aber auch zur Ausbildung von Macht- und Abhängigkeitsverhältnissen, die je nach ihrer Ausgestaltung wiederum zu kooperativen oder konfliktären Kontakten führen können. Schaffen es die beiden beteiligten Unternehmen, langfristige Geschäftsverbindungen zu etablieren und intensiv zusammenzuarbeiten, so wird ein Klima des Vertrauens aufgebaut,[588] das eine weitere Zusammenarbeit begünstigt und daher zum Aufbau von Kooperationsbeziehungen verhelfen kann (aber nicht muss).[589] Mit anderen Worten sind längerfristige Geschäftsbeziehungen eine notwendige, nicht aber eine hinreichende Bedingung für das Zustandekommen von Kooperationen.

Eine ähnliche Argumentation findet sich im Übrigen wiederum in den weiterführenden Konzepten der Agency-Theorie: Das Zustandekommen von längerfristigen Geschäftsbeziehungen begünstigt das Aufkommen von Kooperationen, weil ein In-Supplier durch die Möglichkeit, ein Vertrauenskapital und damit auch Wechselbarrieren[590] beim Nachfrager aufzubauen, für „Out-Suppliers" eine Markteintrittsbarriere aufbauen kann.[591] Länge und Häufigkeit von Geschäftsbeziehungen dürfen jedoch nicht als einziger Bedingungsfaktor für das Zustandekommen von Kooperationsbeziehungen angesehen werden. Vielmehr handelt es sich bei Zeitdauer einer Geschäftsbeziehung und Kooperationsintensität um unterschiedliche Faktoren.[592] Auch längerfristige Verträge über die Abnahme von Rückständen sind demgemäß nicht Kooperationen, wenn sich die Partner nicht verpflichten, „im Einzelfall auf für sie günstigere Alternativen zu verzichten und somit eigene Entscheidungen den Zielen der Gemeinschaft unterzuordnen."[593]

Mit dem Problem der langfristigen Geschäftsbeziehungen beschäftigt sich in jüngster Zeit das sogenannte Relationship- bzw. Beziehungsmarketing, bei dem sowohl auf Anbieter- als auch auf Kundenseite auf die Erwartungen und Wahrnehmungen des jeweiligen Partners[594] eingegangen wird: Die Gegenseitigkeit der Bindungen begründet eine Geschäftsbeziehung im engeren Sinne.[595]

Gerade diese Art der Geschäftsbeziehung trifft man im Rückstandsmarketing häufig an: Durch die Fixierung längerfristiger Austauschbeziehungen[596] bei Rückständen soll vor allem eine Stabilisierung der primären Funktionen (Herstellung der Hauptprodukte des Unterneh-

---

588 vgl. Plötner [Kundenvertrauen] S.36ff.

589 vgl. Håkansson [Behaviour] S.123, vgl. auch Corsten/Götzelmann [Kooperationsprinzip] S.378, vgl. Meffert [Marketing] S.1123

590 vgl. Preß [Kaufverhalten] S.86, vgl. Abschnitt 6.3.4

591 vgl. Plinke [Investitionsgütermarketing] S.173, vgl. Preß [Kaufverhalten] S.65

592 vgl. Abschnitt 6.3.4 und 9.4.5.2

593 Wurche [Kooperation] S.53

594 vgl. Ritter [Innovationserfolg] S.68

595 vgl. Plinke [Grundlagen] S.11 und S.23f.

596 vgl. Günter [Vertragsgestaltung] S.941f.

mens) gewährleistet werden.[597] Dies gilt für das Rückstand abgebende Unternehmen, das durch den Aufbau stabiler Rückstandsabgabebeziehungen der Sorge bezüglich seiner Entsorgungsmöglichkeiten enthoben ist und sich so auf seine Hauptaktivitäten konzentrieren kann. Doch auch für das Rückstand aufnehmende Unternehmen ergibt sich eine Stabilisierung etwa dadurch, dass für eine kontinuierliche Auslastung seiner (möglicherweise eigens für die Rückstandsbewältigung eingerichteten) Produktionskapazitäten gesorgt ist.

Im Mittelpunkt des Aufbaus von längerfristigen Geschäftsbeziehungen stehen „die Pflege der Kundenbeziehung ... und die Ausrichtung sämtlicher Unternehmensaktivitäten am Ziel der Abnehmerbindung."[598] Für den Bereich des Rückstandsmarketing ist diese Aussage dahingehend zu relativieren, dass die Rückstandsbewältigung in vielen Fällen keine zentrale (wenn auch überlebensnotwendige) Aufgabe des Unternehmens darstellt.

Dennoch ist die Abnehmer- resp. Kundenbindung gerade hier von Bedeutung. Sie kann zu Stande kommen als „Verbundenheit" (Committment).[599] Eine im Rückstandsbereich weit wesentlichere Rolle spielt jedoch die „Gebundenheit" des Kunden an die Leistungen eines bestimmten Lieferanten aufgrund fehlender bzw. teurer Alternativen:[600] Bindungsinstrumente sind dabei gute persönliche Kontakte oder Gewohnheit ebenso wie Kapitalbeteiligungen oder verschiedene Arten von Verträgen.[601] Der Aufbau von stabilen Geschäftsbeziehungen im Rückstandsbereich schafft somit Wechselbarrieren auf beiden beteiligten Seiten und folglich für beide beteiligten Unternehmen Wettbewerbsvorteile.[602]

Zu bedenken ist jedoch, dass beim Aufbau von langfristigen Geschäftsbeziehungen durch den Einsatz dieser Bindungsinstrumente zunächst höhere Transaktionskosten anfallen. Anderseits entsteht gerade dadurch langfristig der Vorteil höherer Wechselkosten (zusätzliche Transaktionskosten, sunk costs, Opportunitätskosten) und somit eine höhere Bindungsintensität.[603]

Für das Rückstandsmarketing bedeutet das, dass im Vorfeld der eigentlichen Rückstandsabnahmeverhandlungen und während der Verhandlungen selbst darauf zu achten ist, dass Konflikte möglichst vermieden werden. Spannungen sind aber vor allem dann vorprogrammiert, wenn zwischen den beiden beteiligten Unternehmen ein Machtungleichgewicht vorliegt, mit anderen Worten, wenn einer der beiden Beteiligten von vornherein eine stärkere (monopolähnliche) Position einnimmt als der andere. Im Rückstandsmarketing ist eine solche Situation sehr wahrscheinlich dann zu erwarten, wenn im Rückstand abgebenden Unterneh-

---

[597] vgl. Wehrli/Jüttner [Beziehungsmarketing] S.34

[598] Bogaschewsky [Kooperationen] S.173

[599] vgl. im selben Abschnitt oben

[600] vgl. Bliemel/Eggert[Kundenbindung] S.38ff

[601] vgl. Preß [Kaufverhalten] S.79

[602] vgl. Wehrli/Jüttner [Beziehungsmarketing] S.33

[603] vgl. Preß [Kaufverhalten] S.77, vgl. im Allgemeinen Picot [Transaktionskostenansatz] S.267ff.

men ein Entsorgungsnotstand herrscht, während das annehmende Unternehmen einem Angebotspolypol gegenübersteht.

Nützt das Rückstand aufnehmende Unternehmen den durch seine Überlegenheit entstandenen Machtüberhang aus, wird der Druck auf das Rückstand abgebende Unternehmen besonders groß.[604] Als Resultat entsteht für das Rückstand abgebende Unternehmen der Zwang zur Interaktion,[605] einerseits mit dem bereits vorhandenen Rückstandsabnehmer, um eventuell bessere Konditionen zu erhalten, anderseits aber auch mit anderen potenziellen Verwertern, um die Monopolstellung des jetzigen Abnehmers zu brechen. Im Sinne einer für beide Seiten befriedigenden Lösung müssen beide Unternehmen danach trachten, ihre „Atmosphäre" möglichst frei von Spannungen und Konflikten zu halten.

---

[604] Ein Beispiel dafür stammt aus der österreichischen Kunststoffverwertungsbranche: Ein Verwertungsbetrieb erklärte sich nur dann bereit, die von einerr landwirtschaftlichen Genossenschaft gesammelten Silagefolien zu Recyclingkunststoffprofilen zu verarbeiten, wenn diese ihrerseits imstande ist, Abnehmer für die Profile zu finden. Diese etwas seltsam anmutende Kondition kann verlangt werden, obwohl in jedem Fall für die Entsorgung der Altfolien bezahlt werden muss (Auskunft der landwirtschaftlichen Genossenschaft).

[605] vgl. zu diesem Begriff Håkansson/Wootz [Framework] S.29

7 Erfolgspotenziale für das Rückstandsmarketing

Bislang wurden die Implikationen des Rückstandsmarketing aus dem systemtheoretischen Blickwinkel betrachtet. Der Leistungsaustausch des offenen Systems Unternehmen mit seiner Umwelt wird jedoch durch ein System von Entscheidungen im Rahmen der Unternehmenspolitik festgelegt.[606] Diese Aussage führt weg von der systemtheoretischen Betrachtungsweise zu der im Marketingansatz geforderten Verknüpfung mit Vorgaben aus entscheidungstheoretischer Sicht.[607]

Ausgangspunkt für die Ableitung von entscheidungsorientierten Ziel- und Handlungsempfehlungen ist die Analyse des rückstandsbezogenen Erfolgspotenzials[608] des eigenen Unternehmens. Dieses Erfolgspotenzial lässt sich definieren als „Gesamtheit aller ... strategischen Erfolgsfaktoren eines Unternehmens."[609] Diese wiederum umfassen alle Elemente, Bedingungen oder Determinanten, die für den wirtschaftlichen Erfolg eines Unternehmens über zumindest mittelfristige Zeiträume bestimmend sind.[610] Erfolgsfaktoren können in allen funktionalen und strukturalen Bereichen des Unternehmens liegen.

Im Rahmen der Erfolgspotenzialanalyse müssen folgende Einflussfaktoren beachtet werden:[611]

- für die Entwicklung neuer Strategien geeignete Stärken des Unternehmens,
- die im Rahmen einer neuen Strategie zu vermeidenden Schwächen,
- vorhandene Synergiepotenziale,
- im Unternehmen vorhandene Mittel.

Ein erster Schritt bei der Bestimmung der Erfolgs- und Misserfolgspotenziale des Unternehmens besteht in der gezielten Sammlung von Daten über die bisherigen Ergebnisse, das vorhandene Leistungspotenzial und die bisher angewendeten Strategien.[612] Da im Rückstandsbereich kaum Erkenntnisse über bisherige Aktivitäten vorliegen, wird die Ermittlung auch anderer (zusätzlicher) Daten nötig. So umfasste etwa eine Marktanalyse für die Markteinführung von Siedlungskompost Fragen nach der Absetzbarkeit einer bestimmten Menge von Rottematerial, nach den Haupteinsatzbereichen bzw. potenziellen Abnehmern sowie nach Preisvorstellungen der potenziellen Abnehmer.[613]

---

[606] vgl. Meffert [Marketing] S.23

[607] vgl. Abschnitt 2.1

[608] vgl. Kirchgeorg [Kreislaufwirtschaft] S.235, vgl. Zahn/Schmid [Wettbewerbsvorteile] S.48ff.

[609] Seibert [Erfolgsfaktoren] S.9

[610] vgl. ebenda, vgl. auch Kleinhückelskoten/Schnetkamp [Erfolgsfaktoren] S.262
In anderen Publikationen wird diesbezüglich auch von strategischen Wettbewerbsvorteilen geprochen (vgl. etwa Simon [Management] S.4). Da das Wort „Vorteil" per se schon eine Wertung darstellt, wird in dieser Arbeit auf den neutraleren Begriff des Erfolgsfaktors zurückgegriffen.

[611] vgl. Ansoff [Management] S.97ff., vgl. Hopfenbeck [Betriebswirtschaftslehre] S.591, vgl. Pümpin [Führung] S.15f.

[612] vgl. Hörschgen et al. [Marketing-Strategien] S.28, vgl. Ulrich [Unternehmungspolitik] S.58

[613] vgl. Funke [Marketingkonzepte] S.416

Eine genaue Analyse wird möglich durch die Aufsplittung des Unternehmens in seine einzelnen Teilbereiche.[614] Nach der Ermittlung der Erfolgspotenziale sollten die Einflussfaktoren im Einzelnen noch näher untersucht werden. Zu dieser Analyse der Stärken und Schwächen empfiehlt sich die Erstellung von Checklisten und der anschließende Vergleich der ermittelten Fakten mit den Daten des (der) stärksten Konkurrenten.[615]

7.1 Die Wertkette als Analyseinstrument im Rückstandsmarketing

In der rückstandsbezogenen betriebswirtschaftlichen Literatur wird der Begriff der Kreislaufführung von Stoffen in zunehmendem Maße abgelöst von wertketten- bzw. wertkreislauforientierten Betrachtungen.[616] Diese Betrachtungsweise basiert auf einer Aufsplittung der Unternehmensaktivitäten. Sie „gliedert ein Unternehmen in strategisch relevante Tätigkeiten, um dadurch Kostenverhalten sowie vorhandene und potenzielle Differenzierungsquellen zu verstehen."[617] Dadurch können „Einzelkomponenten, aber auch Verknüpfungen und Verflechtungen dieser Aktivitäten untereinander einer ... Analyse unterzogen werden."[618]

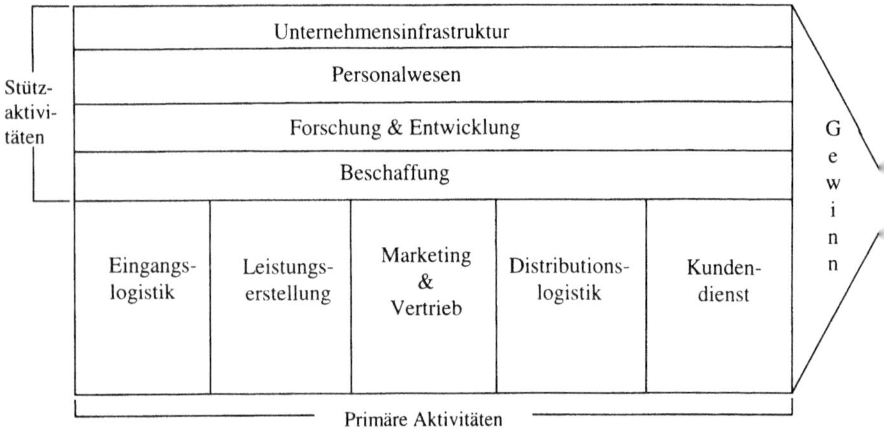

Abbildung 7-1: Wertkette nach Porter[619]

Diese Tätigkeiten untergliedern sich in sogenannte primäre Aktivitäten, die sich mit der Herstellung und dem Verkauf von Produkten befassen, sowie unterstützende Aktivitäten, die

[614] vgl. ebenda, vgl. auch Porter [Wettbewerbsvorteile] S.63f.

[615] vgl. Engelhardt/Kleinaltenkamp [Analyse] S.248ff., vgl. Kreilkamp [Management] S.239

[616] vgl. Kirchgeorg [Strategie] S.245

[617] Porter [Wettbewerbsvorteile] S.63

[618] Görgen [Wettbewerbsforschung] S.166, vgl. auch Esser [Wertkette] S.193

[619] nach Porter [Wettbewerbsvorteile] S.66

dafür sorgen, die primären Aktivitäten aufrecht zu erhalten (vgl. Abbildung 7-1).[620] Zu diesem Zweck werden materielle Inputs, Know How und menschliche Arbeitskraft und andere Funktionen sowohl für einzelne primäre Aktivitäten als auch für die ganze Kette bereitgestellt. Der in dieser Kette dargestellte (Gesamt-)Wert entspricht dem Betrag, den die Kunden bereit sind, für die ihnen vom Unternehmen bereitgestellten Leistungen zu bezahlen.[621] Dieser Wert umfasst jedoch auch zwangsläufig die Kosten für die Beseitigung von Rückständen, die ebenfalls Output von Wertschöpfungsaktivitäten sind.[622]

Jedes der Elemente der Wertkette lässt sich in Unterkategorien unterteilen, anhand derer die im Unternehmen gesetzten Aktivitäten untersucht werden können. „Die Einordnung einer Aktivität in die richtige Kategorie erfordert Urteilsvermögen und ergibt sich oft aus dem konkreten Zusammenhang."[623] Dies trifft in besonderen Maße für die Aktivitäten des Rückstandsmarketing zu, die sich, wie bereits beschrieben, keiner einzelnen Wertschöpfungsaktivität zuordnen lassen. Dabei ergibt sich zusätzlich das Problem, wie der „Wert" von Rückständen überhaupt zu bemessen ist.[624]

Basierend auf diesen Überlegungen stellt sich die Frage, ob es ein Wertkettenmodell gibt, in das das Rückstandsmarketing als marktliche Verwertung von Rückständen vor allem in den Bereichen Marketing/Vertrieb und Kundendienst integriert werden kann. Das Modell der Wertkette wurde für den Umweltbereich von mehreren Autoren konkretisiert. So stellt Winter für jede der Wertschöpfungsstufen eine eigene Checklist auf, anhand der auch die Sinnhaftigkeit des Rückstandsmarketing überprüft werden kann.[625]

Eine interessante Umgestaltung dieses Ansatzes unternimmt Günther, die die Wertkette zu einem Wertschöpfungskreis schließt (vgl. Abbildung 7-3).[626] Diese Schließung erfolgt dort, wo Rückstände nach entsprechenden Forschungs- und Entwicklungsaktivitäten dem Recycling und schließlich dem Produktionsprozess des eigenen Unternehmens zugeführt werden.[627] Das bedeutet jedoch nicht notwendigerweise, dass das Unternehmen nur Rückstände, die im eigenen Betrieb angefallen sind, zur Wiederverwertung einsetzt. Der Kreisschluss symbolisiert vielmehr die Tatsache, dass sich das Unternehmen der Notwendigkeit der Abgabe und Aufnahme von Rückständen zu Zwecken des Recycling bewusst ist.

An einigen Punkten dieses Modells kann sich durchaus berechtigte Kritik entzünden, vor allem am Aufeinanderfolgen der drei Aktivitäten „Entsorgung", „Recycling" und „F&E." So stellt sich die Frage, ob Recycling und Entsorgung nicht in einem gemeinsamen Schritt zu be-

---

[620] vgl. dazu und zum Folgenden Porter [Wettbewerbsvorteile] S.70-76, vgl. auch Görgen [Wettbewerbsforschung] S.166, vgl. auch Günther [Controlling] S.90

[621] vgl. dazu und zum Folgenden Porter [Wettbewerbsvorteile] S.68

[622] vgl. Palupski [Markterschließung] S.77

[623] Porter [Wettbewerbsvorteile] S.73

[624] vgl. Abschnitt 3.1.1.1, vgl. auch Kirchgeorg [Strategie] S.246

[625] vgl. Winter [Unternehmen] S.98ff.

[626] vgl. Günther [Controlling] S.88ff.

handeln sind. Die F&E-Abteilung bildet in diesem Modell wohl eine Schnittstelle, die für die Konfektionierung von Recycling-Inputs und Outputs zuständig ist. N.M.d.V. sollte der Bereich der F&E sinnvollerweise eher den Basisaktivitäten zugeordnet werden.

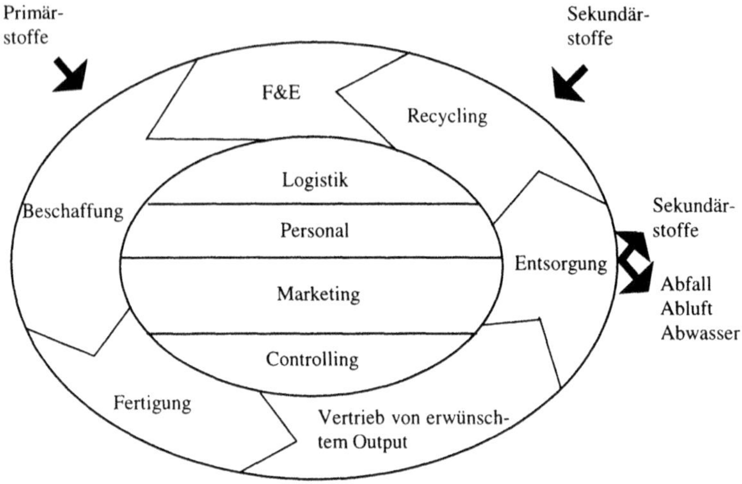

Abbildung 7-2: Wertschöpfungskreis nach Günther[628]

Dennoch kann dieses Modell grundsätzlich als tauglich zur Analyse von Erfolgsfaktoren im Bereich des Rückstandsmarketing angesehen werden, erhebt es doch als einziges den Bereich des Marketing zur unterstützenden Aktivität und somit zur Querschnittsfunktion. Dieser Auffassung entsprechend kann das Rückstandsmarketing direkt dem „normalen" Marketing zugeordnet werden und von dort aus Einfluss auf die primären Aktivitäten der Beschaffung, Vermarktung und Entsorgung von Rückständen nehmen.[629] Das Modell des Wertschöpfungskreises bietet für die Identifikation rückstandsbezogener Erfolgsfaktoren mehrere Vorteile:

- Das Unternehmen kann rückstandsbezogene Aktivitäten, die einen Beitrag zur Unternehmensleistung liefern, gezielt identifizieren, beschreiben, analysieren und gestalten.[630]
- Strategisch orientiertes Denken wird gefördert.[631]

---

627 vgl. Günther [Controllig] S.91ff.

628 nach Günther [Controlling] S.90. Ähnlich auch der Ansatz von Wittmann (vgl. Wittmann [Rückstandsmanagement] S.62)

629 Eine den primären Funktionen ähnliche Einteilung liegt auch dem Konzept des Rückstandszyklus zu Grunde. Intention ist hier allerdings die Erfassung sämtlicher während der Lebensdauer eines Produktes anfallenden Rückstände (vgl. Strebel/Hildebrandt [Produktlebenszyklus] S.389-394).

630 vgl. Zahn/Schmid [Wettbewerbsvorteile] S.76

631 vgl. dazu auch Meffert [Wertkette] S.276

Auf diesen Punkt wird im Rahmen der Strategieentwicklung bei der Frage der Vernetzung noch gesondert einzugehen sein.[633]

7.2 Analyse der das Rückstandsmarketing bestimmenden Einflussfaktoren

Auf der Basis einer wertkettenorientierten Betrachtung des Rückstandsmarketing können sodann die einzelnen Erfolgspotenziale für das betreffende Unternehmen einer genaueren Analyse unterzogen werden. In diesem Zusammenhang besonders hervorzuheben ist die Analyse des sogenannten Recyclingpotenzials. Darunter versteht man „Art und Menge an Rückständen (Produktions- und Konsumrückständen), welche zum Wiedereinsatz in die Fertigungsprozesse der recyclierenden Betriebswirtschaft grundsätzlich geeignet oder verfügbar sind."[634] Nur wenn Recyclingpotenziale im aufnehmenden Unternehmen vorhanden sind bzw. ein abgebendes Unternehmen Recyclingpotenziale in einem anderen Unternehmen orten kann, können die Anstrengungen des Rückstandsmarketing überhaupt greifen. Die Implikationen des Recyclingpotenzials werden implizit mit den Erfolgspotenzialen des Rückstandsmarketing mitbehandelt.

Die Analyse von Erfolgsfaktoren unternimmt es, eigene Stärken und Schwächen zu ermitteln, die in einem weiteren Schritt zu den bereits untersuchten Chancen und Risiken der Branche in Beziehung gesetzt werden.[635] Ziel ist es dabei unter anderem, „das Unternehmen so zu gestalten, dass seine Fähigkeiten und Stärken den besten Schutz gegenüber den Wettbewerbern und den Kräften des Wettbewerbs bieten."[636] Man erhält dabei einerseits Informationen über Vorteils- und Nachteilspositionen gegenüber den Wettbewerbern, anderseits treten auch Verbesserungspotenziale zu Tage. Zusätzlich zu den Fragen der technischen Machbarkeit und der ökologischen Sinnhaftigkeit der Rückstandsverwertung ist dabei immer wieder explizit nach zusätzlich anfallenden Kosten und insbesondere nach möglichen zusätzlichen Erlösen zu suchen.[637]

Im Folgenden werden in Form von Checklisten Fragen aufgezeigt, mit denen sich ein Unternehmen bei der Suche nach Erfolgspotenzialen im Rückstandsmarketing auseinandersetzen muss. Die Methode wurde gewählt, da auf diese Weise ein bereichsübergreifendes, anwenderfreundliches, anpassungsfähiges und überblicksartiges Instrument zur Identifikation von Stärken und Schwächen zur Verfügung steht, das einen ersten Einblich in die Materie ermöglicht.[638] Einschränkend muss dazu bemerkt werden, dass eine überschneidungsfreie Darstellung der einzelnen Listen, wie eigentlich gefordert, aufgrund der gewählten Systematik un-

---

[632] vgl. Zahn/Schmid [Wettbewerbsvorteile] S.74

[633] vgl. Abschnitt 9.4.6

[634] Strebel [Industrie] S.823

[635] vgl. Kreikebaum [Wettbewerbsanalysen] S.140

[636] Kreilkamp [Management] S.232

[637] vgl. Busch/Dögl/Unger [Marketing] S.67

möglich, wegen der Komplexität der Materie aber auch nicht zielführend ist: Die Systematik der einzelnen Listen folgt dem Wertschöpfungskreis von Günther,[639] wurde jedoch entsprechend der im vorangehenden Abschnitt vorgenommenen Kritik modifiziert. Obwohl das Rückstandsmarketing in diesem Zusammenhang dem Bereich des Marketing zugeordnet wurde, ist eine Untersuchung auch der übrigen Bereiche notwendig, da sich aufgrund des bereits dargestellten Querschnittscharakters des Rückstandsmarketing auch dort mögliche Faktoren für Erfolg und Misserfolg finden. Weiters ist zu beachten, dass eine überschneidungsfreie Darstellung von primären und sekundären Aktivitäten nicht möglich und auch nicht gewünscht ist. Die Aufzählung erhebt in keiner Weise den Anspruch auf Vollständigkeit.

Ansatzpunkte im Bereich Logistik:[640]

- Wie weit sind potenzielle Lieferanten bzw. Abnehmer entfernt?
- Ist der Aufbau von stabilen Lieferbeziehungen günstiger als flexible Beschaffung?
- Welche Transportmittel stehen für den Transport der Rückstände zur Verfügung und was kosten diese?
- Besteht die Möglichkeit der Errichtung einer fixen Transportverbindung (z.B. Pipeline)?

Ansatzpunkte im Bereich Personal:[641]

- Sind die Repräsentanten des Unternehmens in der Lage, die Anliegen der Rückstandsentsorgung in der Öffentlichkeit und im Umgang mit potenziellen Abnehmern in professioneller Weise zu vertreten oder besteht in diesen Bereichen (Ein-) Schulungsbedarf?
- Hat sich beim Personal die Einstellung durchgesetzt, dass auch Rückstände Objekte von Wert sind? Wenn nicht, wie lässt sich die Mentalität ändern?
- Verfügen die mit der Rückstandsbewältigung betrauten Personen über ausreichendes interdiszipinäres Know-How bzw. Marketingwissen?
- Sind die mit der Rückstandsvermarktung betrauten Personen imstande, informelle Kontakte aufzubauen und zu pflegen?

Ansatzpunkte im Bereich Marketing:[642]

- Wieviele Anbieter stehen den Abnehmern gegenüber (Marktform)?
- Finden sich Abnehmer, die bereit sind, die Rückstände als Einsatzstoffe aufzunehmen?
- Wie muss das Produkt, d.h. der Rückstand oder das daraus gefertigte Erzeugnis, beschaffen sein, damit dafür ein Käufer gefunden werden kann (Produktgestaltung)?

---

[638] vgl. Winter [Unternehmen] S.199-205

[639] vgl. Abschnitt 7.1

[640] vgl. Graf [Distributionsstrategien] S.61-72, vgl. Nagel [Arbeitsfelder] S.43-53, vgl. Steven/Bruns [Entsorgungslogistik I] S.695-700, vgl. Steven/Bruns [Entsorgungslogistik II] S.802-807

[641] vgl. Winter [Unternehmen] S.143-169

[642] vgl. Schmidt-Endrullis [Markterschließung] S.120ff. und S.194ff.

- Wenn keine Abnehmer vorhanden sind, welche (kostenpflichtigen) Entsorgungsmöglichkeiten sind denkbar, rechtlich möglich und am kostengünstigsten?
- Verfügt das Unternehmen über ausreichendes Know-How bezüglich der beschaffungs- und absatzpolitischen Instrumente, die für Rückstände besonders geeignet sind?
- Verfügt das Unternehmen über genügend (informelle) Kontakte zu externen Anspruchsgruppen (insbesondere Behörden und quasi-staatlichen Einrichtungen), um die Aktivitäten des Rückstandsmarketing erleichtern oder zumindest Einschränkungen entgegenwirken zu können?
- Existieren Synergien mit anderen Bereichen des Marketing? Können etwa bereits erschlossene Absatz- oder Beschaffungskanäle genutzt werden?
- Ist die Öffentlichkeitsarbeit ausgefeilt genug, um die Bestrebungen des Rückstandsmarketing in der Öffentlichkeit angemessen zu vertreten? Welche Maßnahmen können konkret gesetzt werden?

Ansatzpunkte im Bereich Controlling (im weitesten Sinne):[643]

- Welche rechtlichen Begünstigungen oder Hemmnisse spielen bei der Substitution eine Rolle (v.a. Bestimmungen nach dem AWG)?
- Sind im Unternehmen vollständige Aufzeichnungen über In- und Outputs vorhanden (Stoff- und Energiebilanzen)?
- Existieren Kennzahlen, anhand der die Effizienz der Massnahmen des Rückstandsmarketing einfach gemessen werden kann?

Ansatzpunkte im Bereich F&E:[644]

- Ist es aus technischer Sicht möglich, primäre Werkstoffe durch nicht-identische sekundäre Werkstoffe zu substituieren (z.B. Kunstdünger in der Landwirtschaft durch entsprechende Schlämme aus der Industrie)?
- Können Produktionsprozesse so umgeändert werden, dass die daraus entstehenden Rückstände in irgendeiner Form marktlich genutzt werden können?
- Kann die Produktion so umgestellt werden, dass die eigenen Rückstände in irgendeiner Form (direkt, ohne weitere Aufbereitungs- oder Verarbeitungsprozesse) marktlich verwertet werden können?
- Wie müssen potentielle Wertsteigerungsmaßnahmen gestaltet sein?
- Welche Wertsteigerungsprozesse sind nötig, um die eigenen Rückstände als Produkte absetzen oder zumindest kostengünstig abgeben zu können?

---

[643] vgl. Günther [Controlling], vgl. Schaltegger/Sturm [Entscheidungen], vgl. Winter [Unternehmen] S.290-309

[644] vgl. Strebel [Rückstand] S.399-409, vgl. Gerybadze [Management] S.395-416, vgl. Winter [Unternehmen] S.199-205

Ansatzpunkte im Bereich Beschaffung:[645]

- Welche Einsatzstoffe werden im Unternehmen überhaupt eingesetzt?
- Sind Einsatzstoffe, die für die Fertigung benötigt werden, überhaupt als Sekundärstoffe erhältlich (z.B. REA-Gips an Stelle von Naturgips, Recycling-PE an Stelle von neuem)?
- Zu welchen Konditionen sind die Sekundärstoffe erhältlich? Muss dafür bezahlt werden oder kann eventuell sogar noch ein Entsorgungsbetrag eingehoben werden?

Ansatzpunkte im Bereich der Fertigung:[646]

- Können die bezogenen Rückstände ohne weitere Vorbehandlung in die Produktion mitaufgenommen werden? Wenn nicht, wie aufwändig ist diese Vorbehandlung, d.h. wie hoch sind die Kosten und sind Investitionen nötig?
- Sind durch die Aufnahme von Rückständen irgendwelche Umstellungen am Basisverfahren nötig? Wie hoch sind die Kosten dafür?
- Fallen bei der Substitution von primären Stoffen durch sekundäre zusätzlich Schadstoffe an, die in irgendeiner Form entsorgt werden müssen (umweltschädliche Substitution). Wie hoch belaufen sich die zusätzlichen Kosten?

Ansatzpunkte im Bereich des Absatzes (d.h. der Abgabe von Rückständen):[647]

- Gibt es potenzielle Abnehmer, an die man bisher noch überhaupt nicht gedacht hat, und eröffnet sich so die Chance der Diversifizierung (etwa der Einsatz von praktisch wertlosen, kurzen Flachsfasern in der Produktion von Dämmstoffen)?
- Können Synergien im Absatzbereich genutzt werden, d.h. wären die Kunden bereit, mit der gelieferten Ware auch Rückstände oder daraus gefertigte Sekundärprodukte mit abzunehmen (z.B. zusätzlich zu herkömmlichen Laufflächenbelägen für Alpinschi auch solche, die aus Verschnittresten gefertigt wurden)?
- Könnten sich Synergien mit dem Beschaffungsbereich ergeben, etwa indem Lieferanten sich bereit erklären, Rückstände, die aus dem Ge- und Verbrauch ihrer Produkte entstehen, zur Verwertung abzunehmen?
- Sind stabile Abgabebeziehungen kostengünstigeren, aber unsicheren vorzuziehen?

Die Konfrontation der eigenen Stärken und Schwächen mit den sich aus der Umfeldsituation ergebenden Chancen und Risiken ermöglicht die Definition der strategischen Ausgangssituation für die Ableitung von Zielen und Handlungsalternativen für das Rückstandsmarketing.[648]

---

[645] vgl. Eschenbach [Erfolgspotenzial] S.150-153, vgl. Stahlmann [Materialwirtschaft] S.34-49, vgl. Stahlmann [Umweltschutz] S.417-436, vgl. Strebel [Materialwirtschaft] S.35ff.

[646] vgl. Matschke/Jaeckel/Lemser [Umweltwirtschaft] S.189-241

[647] vgl. Schmidt-Endrullis [Markterschließung] S.120ff. und S.194ff.

[648] vgl. Kreilkamp [Management] S.241, vgl. Kropfberger [Erfolgsmanagement] S.77f.

8 Ziele des Rückstandsmarketing

Als Ziele bezeichnet man im Allgemeinen „Aussagen mit normativem Charakter, die einen vom Entscheidungsträger gewünschten, von ihm oder anderen anzustrebenden, jedenfalls aber zukünftigen Zustand der Realität beschreiben."[649] Ziele als erwünschte und anzustrebende Zustände sind immer Ausfluss einer subjektiven Präferenzordnung und stellen „folglich eine Wertbeziehung zwischen Handlungsfolgen her, die auf individuelles Handeln bezogen sind."[650] Im Rahmen der Zielbildung werden aus mehreren Alternativen diejenigen bestimmt, deren „Zielbeitrag" als sehr hoch und deren Anstrebung daher als sehr sinnvoll angesehen wird.[651]

Unternehmen verfolgen in der Regel keine monistische, rein gewinnorientierte Zielsetzung.[652] Für die Unternehmen ausschlaggebend ist vielmehr „eine Mehrzahl von Zielvorstellungen ..., die gleichzeitig angestrebt werden."[653] Diese stehen in vielfältiger Beziehung zueinander. Aus diesem Grund spricht man auch vom Zielsystem des Unternehmens.[654] Im Rahmen des mehrdimensionalen Zielsystems werden auch umweltbezogene Zielsetzungen wie die des Rückstandsmarketing verwirklicht. Dass Umweltziele in den letzten beiden Jahrzehnten zunehmend an Bedeutung gewinnen, zeigt eine Gegenüberstellung von unternehmenspolitischen Zielprioritäten in älteren und jüngeren empirischen Untersuchungen.[655]

In diesem Abschnitt soll zunächst eine Darstellung der vom Rückstandsmarketing verfolgten Ziele gegeben werden, in deren Rahmen eine genaue Dimensionierung und Systematisierung vorgenommen wird. Sodann werden die Ziele des Rückstandsmarketing auf ihre Beziehung zu anderen Unternehmenszielen und auf ihre Wertigkeit im Rahmen des unternehmerischen Zielsystems untersucht.[656]

8.1 Die Festlegung von Zielen des Rückstandsmarketing

Die Festlegung von Zielen hat für das Unternehmen den Zweck, die Auswahl aus alternativen Handlungsmöglichkeiten zu erleichtern und dient daher der Entscheidungsfindung.[657] Das Unternehmen muss dabei zwei Kategorien von „Zielen" erfüllen: Einerseits die vom Unternehmen für sich selbst gesetzten, anderseits aber auch die Erwartungen, die von außen an das

---

649 Hauschildt [Entscheidungsziele] S.9

650 Kupsch [Unternehmensziele] S.1

651 vgl. Strebel [Zielsysteme] S.458

652 vgl. z.B. Schmidt-Sudhoff [Unternehmerziele] S.64f.

653 Ulrich [Unternehmung] S.190, vgl. Bidlingmaier [Unternehmerziele] S.44

654 vgl. Hauschildt [Entscheidungsziele] S.7f., vgl. Günther [Controlling] S.72, vgl. Ulrich [Unternehmung] S.190f.

655 vgl. Heinen [Grundlagen] S.39, vgl. auch Raffée/Wiedmann [Wertewandel], vgl. auch Meffert/Kirchgeorg [Umweltschutz]

656 vgl. Meffert [Marketing-Management] S.95

657 vgl. Strebel [Zielsysteme] S.458

Unternehmen herangetragen werden.[658] Das Unternehmen darf somit nicht nur die eigenen Ansprüche zu Maßstäben seiner Ziele machen, sondern muss bei der Zielformulierung auf die Bedürfnisse der Anspruchsgruppen (Stakeholders) Rücksicht nehmen.[659]

Die Ziele ihrerseits sind Ausgangspunkt für die Festlegung der konkreten lang- und kurzfristigen Aktivitäten des Unternehmens. Um zu gewährleisten, dass erwünschte zukünftige Zustände erreicht werden können, müssen Ziele folgende Aufgaben erfüllen:[660]

- Identifikation von (zukünftigen) Soll-Ist-Zustandsabweichungen als Ausgangspunkt für unternehmerische Aktivitäten;
- Selektion von alternativen Maßnahmen, die zur Behebung des Soll-Ist-Defizites eingesetzt werden können;
- Deskription von Kriterien zur Messung des Erfolges der gesetzten Maßnahmen;
- Evaluation der Wirksamkeit der gesetzten Maßnahmen anhand der definierten Kriterien.

Damit das Ausmaß der Zielerfüllung intersubjektiv überprüft werden kann, müssen Ziele operational formuliert werden. Das Erfordernis der Operationalität bedingt eine in ihrer Bedeutung klare Definition der Ziele nach ihrem Inhalt, ihrem Ausmaß und ihrem zeitlichen Bezug.[661] Auf Zielinhalt und Zielausmaß von Rückstandsmarketingzielen wird im Folgenden eingegangen.[662]

8.1.1 Zielinhalte des Rückstandsmarketing

Zielinhalte nennt man „die sachliche Festlegung dessen, was angestrebt wird."[663] Das bedeutet jedoch nicht, dass der Weg zu ihrer Erreichung (das Wie) von vornherein festgelegt wird. Vor allem Formalziele sind Ziele, die ein Bewertungskriterium angeben, aber keinen konkreten Weg zur Zielerreichung vorgeben.[664]

Anhand der Formalziele wird gemessen, welchen Beitrag die Erfüllung der Sachziele für die Erreichung des Unternehmenszwecks leistet.[665] Sachziele beziehen sich auf die Bereiche, in denen ein Unternehmen agiert und sind daher leistungsbezogene Ziele, die durch ihre Erfüllung Mittelcharakter in Bezug auf die ihnen übergeordneten Formalziele erhalten.[666]

---

658 vgl. Ulrich [Unternehmung] S.114

659 vgl. Günther [Controlling] S.24f.

660 vgl. Koppelmann [Beschaffungsmarketing] S.83, vgl. Szyperski [Setzen] S.649ff.

661 vgl. Heinen [Grundlagen] S.59-125

662 Bezüglich der zeitlichen Festlegung, die im Prinzip der aller übrigen Unternehmensziele gleichkommt, vgl.Hauschildt [Entscheidungsziele] S.13f., vgl. Heinen [Grundlagen] S.85-89, vgl. Schmidt-Sudhoff [Unternehmerziele] S.111-113, vgl. Strebel [Zielsysteme] S.459

663 Strebel [Zielsysteme] S.459

664 vgl. Böcker/Thomas [Marketing] S.92

665 vgl. Strebel [Gründe] S.212

666 vgl. Strebel [Zielsysteme] S.461

Umweltbezogene Ziele lassen sich theoretisch entweder den Formal- oder den Sachzielen zuzuordnen:[667] Betrachtet man Umweltschutz als Formalziel des Unternehmens, so sieht man in ihm ein etwa dem Gewinnziel gleichgeordnetes Oberziel des Unternehmens.[668] Ziel des unternehmerischen Handelns ist aber nicht die durch Umweltschonung erreichte Steigerung des Gemeinwohls,[669] sondern vielmehr die Realisierung betriebswirtschaftlicher Erfolgsziele bzw. die langfristige Existenzsicherung für das Unternehmen.[670] Daher stehen umweltbezogene Ziele stehen „meist im Dienste übergeordneter Formalziele."[671] Aus diesem Grund werden Umweltziele in der vorliegenden Arbeit den Sachzielen des Unternehmens zugeordnet.[672] Oberstes umweltbezogenes Sachziel ist die Einhaltung rechtlicher Vorschriften bzw. genereller Normen.[673] Man unterscheidet inputorientierte und outputorientierte Aktivitäten, deren Zweck eine in Bezug auf umweltschädigende Verhaltensweisen relative Umweltentlastung ist.[674]

Auch die Ziele des Rückstandsmarketing sind zunächst zum Großteil Umweltziele und haben Sachzielcharakter. Allerdings zählen sie selbst nicht direkt zu den Basiszielen[675] des Unternehmens, sondern sind vielmehr anderen Zielen untergeordnet: Ziel des Rückstandsmarketing ist es, sowohl bereits angefallene Rückstände zu verwerten oder nötigenfalls möglichst „umweltschonend" zu entsorgen als auch natürliche Rohstoffvorräte durch die Nutzung von Rückständen als Einsatzstoffe zu schonen. Mit anderen Worten enthalten die Ziele des Rückstandsmarketing aus betriebswirtschaftlicher Sicht Aspekte der Konzeption Rückstandsnutzung bei der Fremdentsorgung, aber auch der Konzeptionen Ressourcenschonung und Risikominimierung.[676] Die Ziele des Rückstandsmarketing sind daher in weiten Bereichen identisch mit den Zielen des Recycling. Betrachtet man die Stellung des Rückstandsmarketing innerhalb dieser Konzeptionen des betrieblichen Umweltschutzes, so stellt es einen unverzichtbaren Bestandteil der Realisierung der Konzeptionen Rückstandsumwandlung, -nutzung und -entsorgung (bei Fremdentsorgung, d.h. außerhalb des eigenen Unternehmens) dar, spielt aber auch bei den inputorientierten Konzeptionen keine unerhebliche Rolle.[677]

Zu den Zielen des Rückstandsmarketing gehören aber durchaus auch weniger umweltbezogene Ziele. Typische Sachziele des Rückstandsmarketing sind die Erzwingung des Marktzugangs für Rückstände sowie die Ausschöpfung von Marktpotenzialen, die Verbesserung des

---

[667] vgl. Frese/Kloock [Rechnungswesen] S.345

[668] vgl. Raffée/Förster/Fritz [Umweltschutz] S.242f.

[669] vgl. Günther [Controlling] S.80

[670] vgl. Strebel [Gründe] S.212

[671] Raffée/Förster/Fritz [Umweltschutz] S.242

[672] vgl. Raffée/Förster/Fritz [Umweltschutz] S.247

[673] Strebel [Gründe] S.213

[674] vgl. Strebel [Umwelt] S.93, vgl. Abschnitt 9.3

[675] vgl. Koppelmann [Marketing] S.83ff.

[676] vgl. Strebel [Industrie] S.780

[677] vgl. Strebel [Industrie] S.773-778

Image von Rückständen oder daraus erzeugten Sekundärprodukten und darauf folgend die Schaffung von Präferenzen für diese Produkte.[678] Neben diesen absatzpolitischen Zielsetzungen sind die beschaffungspolitischen Sachziele Schaffung von stabilen Zulieferverträgen, die Qualitätssicherung bei zugelieferten Rückständen und vor allem die Aushandlung günstiger Beschaffungskonditionen ebenso zu den Sachzielen des Rückstandsmarketing zu zählen.[679]

Bei der Formulierung des Zielinhaltes ist darauf zu achten, dass einzelne Ziele in ihren Bedeutungen klar definiert und von einander unabhängig sein müssen. Ein einzelnes Ziel muss auch in sich widerspruchsfrei formuliert werden. Ein Beispiel für ein inhaltlich klar definiertes Rückstandsmarketing-Ziel ist die Vermarktung (eines gewissen Prozentsatzes) eines bestimmten, bisher konventionell entsorgten Rückstandes als Einsatzstoff.

8.1.2 Die Festlegung des Ausmaßes von Rückstandsmarketing-Zielen

Das „Ausmaß" der Zielerreichung gibt an, um wieviel sich der Wert einer Zielgröße im Vergleich zu seinem derzeitigen Wert verändern soll. Das Zielausmaß kann im Wachstum, der Schrumpfung oder der Erhaltung eines Zustandes liegen. Eine Grundlage für die Festsetzung des angestrebten Zielausmaßes findet sich in der Bedürfnishierarchie von Maslow,[680] die sich unter Berücksichtigung soziologischer Nebenwirkungen und Rückkoppelungen auch auf Unternehmen übertragen lässt. Maslow ist der Ansicht, dass die Bedürfnisse in einem ordinalen Verhältnis zueinander stehen: Bedürfnisse einer jeweils übergeordneten Ebene werden nach Maslow erst verhaltensrelevant, wenn alle darunterliegenden Bedürfnisebenen befriedigt sind. In der untersten Ebene stehen hier die Bedürfnisse nach dem Unternehmensüberleben (Risiko- und Kostenminimierung), sodann kommen andere Überlegungen zu Tage, die hin zu Umsatz- und Imageüberlegungen führen. Oberstes Element - vor allem im Hinblick auf den Umweltschutz - sind ethische und gesellschaftspolitische Bedürfnisse des Unternehmens.

Die Ziele des Rückstandsmarketing können in diesem hierarchischen System auf jeder Ebene angesiedelt sein: Die Sicherung des Unternehmensüberlebens steht im Mittelpunkt, wenn durch die Aktivitäten des Rückstandsmarketing Entsorgungsschienen gesichert oder Entsorgungskosten gesenkt werden sollen. Gewinn- und Imageüberlegungen sind zentral, wenn durch Rückstandsmarketing neue Einnahmequellen erschlossen werden sollen. Eine Einordnung von Zielen des Rückstandsmarketing unter ethische Bedürfnisse erscheint ohnedies allein aus der Definition heraus plausibel (wenngleich auch etwas vage).

Das angestrebte Ausmaß der Zielerreichung muss nicht in der Erreichung eines Optimalwertes liegen, wesentlich ist die Erreichung eines aus der Sicht des Unternehmens sogenann-

---

678 vgl. Meffert [Marketing] S.74f.

679 vgl. Meyer [Beschaffungsziele] S.87 und S.104

680 vgl. Maslow [Motivation] S.97-100

ten zufriedenstellenden Anspruchsniveaus.[681] Das Anspruchsniveau ist definiert als ein Konglomerat von Zielsetzungen und Ansprüchen an die zukünftige eigene Leistung und ergibt sich aus einem Konflikt von Erfolgsstreben und Misserfolgsvermeidung.[682] Das Anspruchsniveau wird determiniert von den Kenntnissen (v.a dem status quo und dem traditionellen Ausmaß der Anspruchserfüllung), den Einstellungen (repräsentiert durch das Wertsystem) und der Motivationsstruktur des Individuums bzw. des Unternehmens. Allerdings ändert sich das Anspruchsniveau im Zeitablauf: Realisierte Ansprüche stellen keine Herausforderung mehr dar, das Anspruchsniveau wird infolgedessen nach oben korrigiert. Auf diese Weise nähern sich die tatsächlichen Ansprüche immer mehr an die maximalen („Topniveau“[683]) an.

Mit der Erreichung zufriedenstellender Werte muss man sich im Rückstandsmarketing zufriedengeben: Eine optimale Zielsetzung wie etwa die marktliche Verwertung aller im Unternehmen anfallenden Rückstände wird aufgrund rechtlicher, technologischer und auch ökonomischer Barrieren zumindest vorerst kaum erfüllbar sein. Es ist jedoch durchaus vorstellbar, dass mittel- bis längerfristig das Anspruchsniveau und die geleisteten Beiträge zum Rückstandsmarketing erhöht werden können. Als zufriedenstellendes Ziel des Rückstandsmarketing zum Beispiel kann die marktliche Verwertung von X Prozent der Rückstandsart Y innerhalb von Z Jahren angenommen werden.

Gehen die Ansprüche der externen Anspruchsgruppen über die internen hinaus, so ist abzuwägen, ob die Erfüllung der externen Ansprüche für das Unternehmen so wichtig ist, um dafür etwa zusätzliche Kosten oder Investitionen in Kauf zu nehmen. Ähnliches ist auch bei der Notwendigkeit der Beachtung rechtlicher Auflagen und Vorschriften der Fall.

8.2 Die Stellung von Zielen des Rückstandsmarketing im Zielsystem des Unternehmens

Die Analyse von Unternehmenszielsystemen ist komplex, weshalb sich die Verwendung von mehreren Merkmalen empfiehlt. In der vorliegenden Arbeit wird das Unternehmenszielsystem im Hinblick auf die Ziele des Rückstandsmarketing nach den Merkmalen Planungshorizont, Zuordnungsbereich, Rang, Verträglichkeit und Präferenz untersucht.[684]

8.2.1 Zeitliche Betrachtung

Die temporale Analyse des unternehmerischen Zielsystems fragt nach den zeitlichen Zusammenhängen verschiedener Unternehmensziele. Langfristig liegt die oberste Priorität aller gesetzten Ziele bei der Sicherung des Unternehmensüberlebens. Dem entspricht eine langfris-

---

681 vgl. Heinen [Grundlagen] S.82, vgl. auch Staehle [Management] S.488

682 vgl. Kroeber-Riel [Konsumentenverhalten] S.412

683 Koppelmann [Produktmarketing] S.153

684 vgl. Strebel [Zielsysteme] S.459

tige Gewinnerzielung, da nur dann die Kapitalgeber langfristig Interesse an der Fortführung des Unternehmens haben,[685] es bedingt aber nicht die Ausnützung jedes kurzfristigen Gewinnpotenzials.[686]

Aus einer langfristigen Perspektive muss auch die Erhaltung der natürlichen Umwelt einen entsprechenden Stellenwert haben, da diese Grundlage für alles wirtschaftliche Handeln bzw. für das menschliche Dasein überhaupt ist. In manchen Publikationen wird der Erhaltung der natürlichen Umwelt daher derselbe Stellenwert eingeräumt wie der Gewinnorientierung.[687]

Die Ziele des Rückstandsmarketing haben im Hinblick auf die Existenzsicherung des Unternehmens durchaus langfristigen Charakter, vor allem wenn man bedenkt, dass zukünftig ein kritischer Engpassfaktor des Unternehmens im Entsorgungsbereich liegen wird. Diese Ziele des Rückstandsmarketing können direkt auf das Unternehmensüberleben wirken, etwa wenn bei Entsorgungsengpässen im äussersten Falle die Einstellung der Produktion droht. Die Ziele können selbst aber auch eher kurzfristiger Natur sein und sich langfristig durch die Sicherung eines zumindest angemessenen Gewinns auf das Unternehmensüberleben auswirken. Beispiele dafür sind die Rückstandsmarketing-Ziele „Kostensenkung durch Einsparung von Deponiegebühren" oder „Produktinnovation mit Produkten aus Sekundärstoffen."

8.2.2 Hierarchische Gliederung des Zielsystems nach Zuordnungsbereich und Rang

Die Gliederung des Zielsystems nach hierarchischen Gesichtspunkten macht zwei Gliederungsarten möglich, die Gliederung nach dem Unternehmungsbereich und die Gliederung nach Ober- und Unterzielen.

Ordnet man die Ziele entsprechend dem Unternehmensbereich, für den sie Gültigkeit haben, erhält man als übergeordnete Ziele die sogenannten Systemziele, Unternehmensgrundsätze und die Corporate Identity sowie als oberstes Ziel den Zweck, den das Unternehmen für seine Umwelt erfüllen soll (Business Mission).[688] Von den Systemzielen abgeleitet werden die untergeordneten Handlungs- oder Vorgehensziele. Handlungsziele können wiederum in über- und untergeordnete eingeteilt werden: Die übergeordneten Handlungsziele sind die schon im vorangegangenen Abschnitt angesprochenen Basisziele des Unternehmens.[689] Diesen in der Hierarchie nachgeordnet sind entsprechend ihren Mittel-Zweck-Relationen die Ziele der Funktionsbereiche wie Beschaffung oder Absatz und die ihnen nachgeordneten Ziele.

---

[685] vgl. Staehle/Nork [Umweltschutz] S.78f.

[686] vgl. Senn [Unternehmensführung] S.60

[687] vgl. Günther [Controlling] S.293

[688] vgl. Meffert [Marketing] S.67f.

[689] vgl. Strebel [Zielsysteme] S.460

Umweltschutz muss seinen Niederschlag in den Unternehmensgrundsätzen finden.[690] In manchen Fällen wird Umweltschutz sogar zur Business Mission des Unternehmens, wenn dieses Produkte erzeugt und absetzt wie End-of-the-Pipe-Technologien oder Entsorgungsdienstleistungen. Im letzteren Fall wird auch eine Form des Rückstandsmarketing Business Mission eines Unternehmens, weil es sich hauptsächlich damit befasst, Abfälle zu „vermarkten", indem es ihre Entsorgung anbietet. Ähnliches ist - nur mit umgekehrtem Vorzeichen - der Fall bei Altstoffhändlern und teilweise bei Aufbereitungsunternehmen: Hauptzweck ihrer Unternehmen sind die Beschaffung von Altstoffen (Rückständen) und der Absatz ebendieser Stoffe oder der unmittelbar daraus erzeugten Produkte.

Normalerweise sind die Ziele des Rückstandsmarketing aber im Bereich der untergeordneten Funktionsbereichsziele angesiedelt. Ausgehend von der Situation, dass Unternehmen eher an der Verwertung ihrer eigenen Rückstände als an der Verwertung von außen hereingenommener Rückstände interessiert sind, sind die meisten Ziele des Rückstandsmarketing den klassischen (Absatz-)Marketingzielen zuzuordnen, etwa im Bereich von Produkt-, Absatz- oder Bekanntheitszielen. Da das Rückstandsmarketing jedoch nicht ausschließlich auf den Absatzbereich gerichtet ist, liegen seine Ziele auch in anderen Funktionsbereichen: Wesentliche Ziele manifestieren sich im Bereich der Materialwirtschaft, da Rückstandsmarketing definitionsgemäß auch den Einkauf von Rückständen zur Verarbeitung im eigenen Unternehmen sowie die Entsorgung von nicht wirtschaftlich verwertbaren Rückständen umschließt. Aber auch im Produktionsbereich finden sich wichtige Ziele des Rückstandsmarketing: Produktionsrückstände müssen im Sinne der Produktgestaltung so konditioniert werden, dass sie von potenziellen Abnehmern auch als annehmbar angesehen werden. So kann beispielsweise eine Papierfabrik Faserschlämme aus der Produktion nur dann an ein Zementwerk zur Verwertung abgeben, wenn ein Wassergehalt von maximal 50% garantiert werden kann.[691]

Zusammenfassend ist zu bemerken, dass die Ziele des Rückstandsmarketing sich keinem Funktionalbereich eindeutig zuordnen lassen, sondern alle Bereiche gemeinsam betreffen.[692] Das macht eventuell die Überlegung plausibel, dass die Ziele des Rückstandsmarketing in einer höheren Hierarchieebene verankert werden sollten, doch ist dies wegen der vielen unterschiedlichen Facetten der Rückstandsmarketing-Ziele einzelner Bereichen nicht möglich.

Eine zweite Möglichkeit der hierarchischen Betrachtung ist die Einteilung der Ziele nach ihrem Rang in Ober- und Unterziele. Oberziele sind meist als Formalziele formuliert, die in untergeordnete Formal- und Sachziele aufgesplittet werden. Die Erfüllung untergeordneter Ziele führt per definitionem zu einer Erfüllung der übergeordneten. Die Ziele des Rückstandsmarketing können in dieser Ober-Unterziel-Hierarchie direkt zur Erreichung von Oberzielen beitragen (etwa zur Gewinnsteigerung durch Verkauf von bislang unverkäuflichen

---

690 vgl. Dierkes/Marz [Umweltorientierung] S.227f., vgl. Meffert [Marketing] S.1202

691 Ergebnis der empirischen Untersuchung

692 vgl. dazu auch die Ausführungen über Formal- und Sachziele

Rückständen) oder - bei konsequenter Produktgestaltung - auch die Erreichung von Unterzielen wie Marktanteilsgewinnen oder Innovationserfolgen fördern. Die Ober-Unterziel-Relationen werden oft in Form von Kennzahlensystemen formuliert,[693] da diese „eine operationale Formulierung von Unterzielen ermöglichen, die als Vorgaben an die Entscheidungsinstanzen übermittelt werden und deren Realisation durch einen Soll-Ist-Vergleich überprüft werden kann."[694] Der Wahl der Kennzahlen kommt große Bedeutung zu, da sie Informationen verdichten. Sie müssen daher bedeutsam für die Problemstellung, einfach anwendbar, objektiv, überprüf- und vergleichbar und reproduzierbar sein.[695]

Ansätze für die Entwicklung eines ökologieorientierten Kennzahlensystems im Bereich Recycling finden sich bei Günther, die für die Funktionalbereiche des Unternehmens, etwa das Marketing, ökologieorientierte Kennzahlen darstellt (vgl. Abb. 8-1). Sie differenziert ausgehend von den Oberzielen „Langfristige Gewinnorientierung" und „Ökologieorientierung" monetäre und nicht-montäre ökologieorientierte Kennzahlen, die (zumindest) für einen effektiven Einsatz im Rückstandsmarketing zu wenig differenziert sind.

Abbildung 8-1: Monetäre Recyclingkennzahlen nach Günther[696]

---

[693] vgl. Goldmann/Schellens [Umweltkennzahlen] S.40f.

[694] Kupsch [Unternehmungsziele] S.86, vgl. Loew/Hjalmarsdottir [Umweltkennzahlen] S.29f.

[695] vgl. Clausen [Umweltkennzahlen] S.53

[696] nach Günther [Controlling] S.311

Für die vorliegende Arbeit sind diejenigen Kennzahlen nicht von Bedeutung, die nur ökologische Faktoren berühren und ökonomische Faktoren außer Acht lassen. Rückstandsmarketing hat schon vom Namen her den Anspruch, marktbezogene Lösungen für das Problem der Rückstandsbewältigung zu schaffen. Deren Auswirkungen sind jedenfalls in irgendeiner Art und Weise monetär messbar. Aus diesem Grunde werden in der vorliegenden Arbeit sogenannte Umweltzustands- und Umweltleistungskennzahlen, wie sie Günther definiert, von vornherein aus der Diskussion ausgeschlossen und nur monetäre Umweltkennzahlen behandelt (vgl. Abbildung 8-1).[697]

Als passende Kennzahlen zu werten sind instrumentebezogene Kennzahlen, die etwa den Umsatzzuwachs in Relation setzen mit verringerten Entsorgungskosten bzw. die den Umsatzzuwachs (oder Kostenersparnis im Vergleich zu konventioneller Entsorgung) im Verhältnis zu zusätzlichen Kommunikations-, Lager- oder Entwicklungskosten für Rückstandsmarketing sehen.

Da in dieser Arbeit auch die Entsorgung von Rückständen als Teil des Rückstandsmarketing gesehen wird, gehören zu den kurzfristigen Kennzahlen auch entsorgungsbezogene Kennzahlen wie der Anteil der Entsorgungskosten an den Gesamtkosten oder der Anteil der Kosten für Rückstandsmarketing an den Gesamtkosten oder an den Marketingkosten.

Eine etwas längerfristige Betrachtung ergibt sich etwa bei einem Vergleich von Zusatzumsatz oder verringerten Entsorgungskosten und zusätzlichem Investitionsbedarf für die Aufbereitung von Rückständen. Interessante inputbezogene Daten liefert ein Vergleich der Kosten für den alternativen Einsatze von Primär- und Sekundärstoffen. Für den „Entsorgungsdienstleister“ von Bedeutung ist auch der Anteil von Erlösen aus der Übernahme von Recyclingaktivitäten am Gesamtumsatz.

Je nach dem Schwerpunkt der Rückstandsbewältigungs-Aktivitäten im Unternehmen lässt sich noch eine Reihe von weiteren Kennzahlen bilden. An dieser Stelle kann diese Problematik jedoch nur kurz angerissen werden. Die Entwicklung eines auf die spezifischen Anforderungen des Rückstandsmarketing zugeschnittenen Kennzahlensystems ist Aufgabe einer eigenständigen Arbeit.[698]

---

[697] vgl. Seidel/Göllinger/Weber [Umweltkennzahlen] S.129ff., vgl. auch Umweltbundesamt (Hrsg.) [Leitfaden] S.5

[698] vgl. etwa zur Problematik umweltorientierter Kennzahlen im Bereich des Handels Strebel et al. [Entscheidungshilfen] S.22ff.

8.3 Interdependenzrelationen von Zielen des Rückstandsmarketing

Bei der Darstellung von Zielsystemen wurde bereits darauf hingewiesen, dass die Teilziele des Systems untereinander in Beziehungen stehen. Geht man davon aus, dass die Ziele des Rückstandsmarketing mit den umweltbezogenen Zielen des Unternehmens eher in Einklang stehen und betrachtet man zunächst vor allem die ökonomischen (Formal-) Ziele als wesentliche Maßkriterien für den Unternehmenserfolg, so stellt sich unweigerlich die Frage, welche Auswirkungen die Integration von umweltbezogenen Verwertungs- (Sach-) Zielen auf das Zielsystem ausübt.

Unternehmen sind bestrebt, möglichst konsistente Zielbündel zu verfolgen, bei denen Unterziele jeweils auf die Erfüllung der ihnen übergeordneten Ziele gerichtet sind.[699] Neben dieser sogenannten Zielkomplementarität von praktischer Relevanz ist die Zielkonkurrenz.[700] Als Zielkonkurrenz bezeichnet man eine Situation, in der unternehmerische Maßnahmen manche Ziele positiv und andere negativ beeinflussen. Ein Ziel kann dann auf Kosten zumindest eines anderen erreicht werden. Eine Lösung dieses Problems ist nur möglich, wenn die Ziele in mehrdimensionalen Entscheidungsprozessen selbst einer Bewertung unterzogen werden. Zum Zwecke der Komplexitätsreduktion kann auch eines der Ziele als das wichtigste Ziel bzw. Hauptziel festgesetzt werden, Nebenziele erhalten in diesen Fällen den Charakter von Restriktionen.[701]

Die Ziele des Rückstandsmarketing stehen zu den anderen Zielen des Unternehmens in verschiedenen Relationen. Wie bereits dargelegt, sind die Ziele des Rückstandsmarketing untergeordnete Ziele, die nicht eindeutig nur den Umweltzielen zugeordnet werden können. Als solche haben sie in vielen Fällen den Charakter von zu den Gewinnzielen konfliktären Zielen, da die „konsequente Verfolgung von Umweltschutzzielen zu erheblichen Kostenbelastungen (führt).“[702] „Dies fördert die Tendenz, nicht mehr für den Umweltschutz zu tun als nach der bestehenden Rechtsordnung und erlassenen Auflagen der Vollzugsbehörden notwendig erscheint.“[703]

Oft wird übersehen, dass die Anstrebung von umweltbezogenen Zielen auch durchaus förderlich für die Erreichung von wirtschaftlichen Oberzielen sein kann, und zwar entweder direkt in Form einer Gewinnsteigerung bzw. Kostensenkung oder indirekt über eine Steigerung des Images bzw. der Popularität der (umweltfreundlichen) Produkte.[704] Gerade im

---

[699] So ist das Unterziel "Verbesserung des Unternehmensimages durch gezieltes Rückstandsmarketing“ förderlich für das Oberziel "Erhöhung des Unternehmensgewinns".

[700] vgl. Strebel [Zielsysteme] S.460

[701] Lassen sich Haupt- und Nebenziele nicht einfach festlegen, müssen komplexe Lösungsmechanismen eingesetzt werden, vgl. im Speziellen etwa Gebler [Ökobilanzen] S.40ff.

[702] Raffée/Förster/Wiedmann [Umweltschutz] S.247

[703] Strebel [Gründe] S.212, vgl. Günther [Controlling] S.83, vgl. Meffert/Kirchgeorg [Stellenwert] S.25, vgl. Raffée/Förster/Wiedmann [Umweltschutz] S.250. Letzteren gelang es auch, eine positive Korrelation zwischen der Anstrebung von Umweltschutzzielen und Kostenzielen nachzuweisen (vgl. ebenda).

[704] vgl. Strebel [Gründe] S.342, vgl. Meffert/Kirchgeorg [Stellenwert] S.25

Zusammmenhang mit den Kosten können die Ziele des Rückstandsmarketing auch im Widerspruch zu umweltbezogenen Zielen stehen: Sie setzen das Postulat der Kostensenkung über das der Umweltschonung und ziehen dann die Entsorgung vor, wenn eine Verwertung für das Unternehmen langfristig teurer ist.

Gerade aus dem letzten Beispiel wird deutlich, dass in den Zielen des Rückstandsmarketing jedenfalls auch Aspekte von rein ökonomischen Zielen enthalten sind. Aus diesem Grund kann zwischen Zielen des Rückstandsmarketing und ökonomischen Basiszielen oftmals eine starke positive Korrelation angenommen werden. Als besonders stark muss die positive Beziehung zwischen den Zielen des Rückstandsmarketing und Kostensenkungszielen eingeschätzt werden, da ein wesentliches Motiv für die Setzung gezielter Marketingaktivitäten im Rückstandsbereich die Verminderung von Entsorgungskosten ist. Doch auch die übrigen, absatzbezogenen Ziele des Rückstandsmarketing wie die Imageverbesserung sind durchaus geeignet, positive Auswirkungen auf die eigentlichen Zielgrößen des Unternehmens herbeizuführen.[705]

Positive Beziehungen bestehen bei einem effektiven Rückstandsmarketing ebenfalls zwischen beschaffungspolitischen Zielen und den Basiszielen des Unternehmens. So zeitigt etwa die Verstetigung der Lieferbeziehungen bei Kooperationen mit Rückstand produzierenden Unternehmen fraglos eine höhere Sicherheit bei der Rohstoffversorgung. Die preisgünstige Beschaffung von Einsatzstoffen schlägt sich direkt in verminderten Rohstoffkosten nieder. Schließlich steht außer Frage, dass der Einkauf von Rückständen als umweltschonenden weil Rohstoff sparenden Stoffen positive Auswirkungen auf die Umweltziele des Unternehmens ausübt.

Zu beachten ist dabei jedoch, dass vor allem in der Einführungsphase des Rückstandsmarketing beachtliche Transaktionskosten zu erwarten sind, die sich vor allem in einer Steigerung der Kommunikations- und Informationskosten sowie der Anbahnungskosten niederschlagen.[706] Anfängliche Kostensteigerungen ergeben sich möglicherweise zusätzlich dadurch, dass es notwendig wird, das Produktionsprogramm an modifizierte Einsatzstoffe anzupassen. Allerdings hat diese Einschränkung hat derzeit eher hypothetischen Charakter. Praktische Erfahrungen zeigen, dass die meisten abgebenden Unternehmen froh sind, einen Absatzkanal für ihre Rückstände gefunden zu haben und diese deshalb in einer Form anliefern, die den direkten Einsatz im annehmenden Unternehmen ermöglicht, ohne dass dort noch aufwändige Aufbereitungsaktivitäten vorgeschaltet werden müssten.[707]

Ganz im Gegenteil können sich Kostensteigerungen aber auch dadurch ergeben, dass die anfallenden Rückstände so konditioniert werden müssen, dass sie im abnehmenden Betrieb

---

[705] vgl. Meffert [Marketing] S.74ff.

[706] vgl. Picot [Transaktionskostenansatz] S.267f.

[707] So wird REA-Gips aus einem steirischen Kraftwerk in pelletierter Form in ein Zementwerk geliefert (Gesprächsergebnis mit Vertretern der österreichischen Zementindustrie).

problemlos eingesetzt werden können. Die durch das Rückstandsmarketing verursachten Kosten schlagen sich vor allem in den Bereichen der Produktpolitik und der Kommunikations- und Informationspolitik nieder. Mittel- bis längerfristig ermöglichen sie jedoch in vielen Fällen eine nicht unerhebliche Kostensenkung.

9 Strategische Optionen im Rückstandsmarketing

Aus der operationalen Definition eines Zieles resultiert nicht zwingend der Weg zur Zielerreichung. Vielmehr gibt es meist mehrere Optionen, aus denen die für das Unternehmen geeignete auszuwählen ist. In der Theorie werden diese Handlungsalternativen meist mit dem Begriff Strategien gekennzeichnet. Das Wort „Strategie" leitet sich vom griechischen „stratos" (etwas Weites, Ausgebreitetes, Allumfassendes) und vom lateinischen „agere" (handeln, tun) ab.[708] Strategien beziehen sich daher auf das gesamte unternehmerische Handeln, sie stellen den grundlegenden Handlungsrahmen des Unternehmens dar.[709] „Strategien strukturieren das Entscheidungsfeld ... unter dem Gesichtspunkt langfristiger Aufgaben und Aktionsmöglichkeiten, sie beziehen sich auf das Aktionsfeld als aktiv gestaltbaren Teil des Entscheidungsfeldes. ... Die Strategiefelder müssen langfristig gestaltbar sein, sich in typische Maßnahmenbündel übersetzen lassen und großen Einfluss auf die Formalzielerfüllung haben."[710] Mit anderen Worten spricht man von einer Strategie dann, wenn ihre Umsetzung die Wettbewerbsposition des Unternehmens verändert.[711]

Eine theoretische Erörterung von Strategien des Rückstandsmarketing umfasst mehrere Stufen. Zunächst sind Strategien des Umgangs mit umweltrelevanten Problemen im Unternehmen allgemein zu erörtern. Sodann ist zu prüfen, welche Handlungsalternativen existieren, um den Aspekt der Rückstandsbewältigung aufgreifen zu können. Erst nach der Ausarbeitung von Rückstandsbewältigungs-Strategien können Möglichkeiten entwickelt werden, die sich mit dem Problem der Rückstandsbewältigung aus Marketingsicht befassen. Dabei bieten stoffstrombezogene Überlegungen eine wertvolle Hilfestellung.

9.1 Kreative Umweltstrategien als Voraussetzung für das Rückstandsmarketing

Basis für die Entwicklung von rückstandsbezogenen sind die umweltbezogenen Strategien des Unternehmens, wobei zu klären ist, welche dieser gesamtunternehmensbezogenen Strategien sich positiv auf die Strategien des Rückstandsmarketing auswirken. In der Literatur herrscht große Uneinigkeit über die genaue Besetzung einzelner Begriffe. Die meisten Autoren unterscheiden dichotomisch zwischen Strategien, die Umweltbelange mit einbeziehen, und solchen, die dies nicht tun.[712] Daraus lassen sich keine für das Rückstandsmarketing relevanten Schlussfolgerungen ziehen. Auf der der strategischen zumindest teilweise übergeordneten Ebene der Unternehmenskonzeption setzt die Unterscheidung in „umweltbelasten-

---

708 vgl. Kreikebaum [Unternehmensplanung] S.25

709 vgl. Pepels [Strategien] S.203

710 Meyer [Beschaffungsmarketing] S.192

711 vgl. Neus/Nippel [Verhalten] S.424

712 vgl. Meffert/Kirchgeorg [Marketing] S.196ff.

des“[713] und „relativ umweltschonendes“ Unternehmensverhalten an,[714] die auch die Setzung von entsprechenden Sachzielen mit einschließt und darauf abstellt, dass der Anspruch der vollständigen Vermeidung von Umweltkonsequenzen jegliches ökonomische Handeln unmöglich macht. „Relative Umweltschonung“ wird „von der Absicht geleitet, die natürliche Umwelt ökologisch zu entlasten, und zwar im Vergleich zu ökologisch schlechteren Alternativen.“[715] Die Aktivitäten des Rückstandsmarketing sind in der Regel dem Konzept der relativen Umweltschonung zuzuordnen. Für die konkrete Gestaltung von rückstandsbezogenen Handlungsalternativen ist dies jedoch zu allgemein.

Für die vorliegende Arbeit wird deswegen auf das von Schmid vorgelegte Konzept der offensiven und defensiven Umweltstrategien zurückgegriffen, das eine besonders umfassende Definition beinhaltet und der Tatsache Rechnung trägt, dass Strategien des Rückstandsmarketing sowohl positive als auch negative Auswirkungen auf die natürliche Umwelt ausüben können (vgl. Abbildung 9-1).[716]

Strategische Anpassungsalternativen	
Defensives Verhalten	Offensives Verhalten
Konflikthandhabung	*Konflikthandhabung*
• reaktiv	• proaktiv
• statisch	• dynamisch
• abwartend	• vorausschauend
• passiv	• aktiv
• beschränkend	• beeinflussend
• kompensierend	• vermeidend
• anpassend	• innovativ
• isoliert	• integriert
• individuell	• kooperativ
• unternehmensbezogen	• anspruchsbezogen
• Sachzwänge	• eigenständige Konzeption
Wettbewerbswirkung	*Wettbewerbswirkung*
• Hinnahme	• Gestaltung
• Gegenwartsorientierung	• Zukunftsorientierung
• Krisenmanagement	• Chancenmanagement

Abbildung 9-1: Strategische Anpassungsalternativen[717]

---

713 Ausloten von Graubereichen gesetzlicher Aktionsspielräume sowie das (bewusste oder unbewusste) Überschreiten der gesetzten Grenzen

714 vgl. Strebel [Industrie] S.768-777, vgl. Strebel [Umwelt] S.85-107

715 Strebel [Industrie] S.771

716 vgl. Schmid [Umweltschutz] S.97-108. Eine andere Definition der Begriffe offensiv und defensiv treffen Meffert/Kirchgeorg (vgl. Meffert/Kirchgeorg [Management] S.203ff.)

717 entnommen aus Schmid [Umweltschutz] S.98

Defensiven Strategien liegt eine statisch-adaptive Unternehmensphilosophie zu Grunde, die Anforderungen vonseiten der Umwelt als exogene Restriktionen für das Unternehmen ansieht.[718] Zu unterscheiden sind zwei mögliche defensive Verhaltensweisen:

- Passivität als Verzicht auf Maßnahmen jedweder Art, wobei selbst der Verstoß gegen Auflagen und Verbote in Kauf genommen wird, und
- Reaktion als Versuch, mit sich in Bezug auf die natürliche Umwelt vollziehenden Wandlungen Schritt zu halten, ohne jedoch zu versuchen, zukünftige Änderungen vorauszusehen oder gar aktiv darauf Einfluss zu nehmen.

Offensives Umweltmanagement hingegen impliziert, dass die Unternehmen versuchen, „zukünftige Beschränkungen zu antizipieren, im Vorfeld aktiv zu werden und gestaltend einzugreifen, um Probleme gar nicht erst entstehen zu lassen."[719] Mögliche Ausprägungen dieser Grundeinstellung sind

- Konfrontation als aktiver Widerstand gegen restriktive umweltpolitische Bestimmungen, der sich verschiedener Mittel bedienen kann und nicht unbedingt als illegitim angesehen werden muss, und
- Kreativität als bewusstes Ausnützen der sich aus den neuen Anforderungen ergebenden Erfolgspotenziale.[720]

Die Implementierung eines effektiven Rückstandsmarketing ist nur in einem solchen Unternehmensklima möglich. Die Belange der Rückstandsvermarktung scheinen zwar oft auf den ersten Blick kein besonderes Augenmerk zu verlangen, jedoch erfordert der Versuch, „Abfälle" möglichst günstig oder sogar unter Gewinnerzielung abzusetzen, eine erhebliche kreative Anstrengung.

Absatzseitige Aktivitäten des Rückstandsmarketing können oft nur erfolgreich sein, wenn sich das Top-Management mit der Tatsache identifiziert, dass es die ehemaligen Abfälle als wertvolle Produkte verkauft. Als besonders wesentlich muss das Einverständnis des Aufsichtsrates bzw. je nach Unternehmensform des entsprechenden Gremiums gesehen werden.[721] In einigen Fällen kann der Anstoß zum Rückstandsmarketing sogar dem „ökologischen Bewusstsein" dieser Personengruppe entspringen wie im Fall einer landwirtschaftlichen Genossenschaft in der Steiermark. Dort forderte die Gruppe der Mitgliedervertreter vom Geschäftsführer, eine sinnvolle Verwertungsmöglichkeit für die benutzten sogenannten Silagefolien zu finden.[722]

Effektives Rückstandsmarketing verlangt daher ein kreatives und Neuerungen gegenüber aufgeschlossenes Management, das Aufgaben, die aus der zunehmenden Bedeutung von öko-

---

[718] vgl. Schmid [Umweltschutz] S.99

[719] Schmid [Umweltschutz] S.102

[720] vgl. Einleitung zu Abschnitt 7

[721] vgl. Schreyögg/Papenheim-Tockhorn [Aufsichtsrat] S.205f., vgl. Zahn/Schmid [Wettbewerbsvorteile] S.80

[722] Gesprächsergebnis mit einem Mitarbeiter einer steirischen landwirtschaftlichen Genossenschaft

logischen Problemfeldern resultieren, als Herausforderung und als Möglichkeit zur Verbesserung der Unternehmenssituation versteht.

Vor allem am Beginn dieses neuen Rückstandsbewältigungungskonzeptes sind Fehl- und Rückschläge unvermeidlich. Die mit diesem Aufgabenbereich Betrauten müssen, wie allgemein in den Innovationsphasen üblich,[723] über eine hohe Frustrationstoleranz ebenso verfügen wie über Einfallsreichtum und Beharrlichkeit. Sieht man das Rückstandsmarketing als zusätzliche und innovative Komponente des Managements, muss das Konzept einer innovationsfreundlichen Unternehmung verwirklicht werden, in dem die Innovationsfähigkeit „als gleichrangiges Organisationsziel neben Wirtschaftlichkeit, Qualitätssicherung, Termintreue, Zuverlässigkeit"[724] und anderen wichtigen Unternehmenszielen steht. Als Merkmale einer innovationsfreundlichen Unternehmung erkennt Hauschildt die Systemoffenheit, einen relativ geringen Organisationsgrad, der große Handlungsspielräume offenlässt, einen möglichst ungehinderten Informationsfluss, die Fähigkeit aus Konflikten kreativen Nutzen zu ziehen und die Fähigkeit, kreative, konfliktfähige und eigenverantwortliche Mitarbeiter heranzubilden.[725] In einem solchen Klima ist es durchaus möglich, dass der immer wieder zitierte Gegensatz zwischen den ökonomischen und den ökologischen Zielen eines Unternehmens auch im Bereich der Rückstandsbewältigung aufgehoben wird.

Gerade weil einerseits ein effektives Marketing die Grundvoraussetzung für die erfolgreiche Um- und Durchsetzung von Neuerungen (z.B. als neuen Produkten verkauften Rückständen) am Markt darstellt und die Einführung des Rückstandsmarketing im Unternehmen anderseits eine gravierende Verfahrens- bzw. Strukturinnovation verlangt,[726] ist für die Implementierung eines erfolgreichen Rückstandsmarketing eine innovative und marketingorientierte Umweltstrategie unumgänglich. Aus diesem Grund wird die Verfolgung von offensiv-kreativen Strategien in der Folge als Basis für die nachfolgende Entwicklung von effizienten Rückstandsbewältigungs- und insbesondere von Rückstandsmarketingstrategien gesehen.

9.2 Stoffstrommanagement als Verbindungselement von Marketing und Rückstandsbewältigung

Interessante Ansatzpunkte für das Rückstandsmarketing ergeben sich durch die Erweiterung des Porter´schen Wertkettenansatzes[727] von der unternehmensinternen auf eine unternehmensübergreifende Perspektive: Lieferanten- bzw. Abnehmerbelange werden explizit in die Betrachtung mit einbezogen. „Durch gemeinsame Optimierung der Wertketten können langfris-

---

[723] vgl. Thom [Innovationsmanagement] 54ff.

[724] Hauschildt [Innovationsmanagement] S.80

[725] vgl. Hauschildt [Innovationsmanagement] S.79f.

[726] vgl. zu diesen Begriffen Hauschildt [Innovationsmanagement] S.11f., vgl. Thom [Grundlagen] S.23f.

[727] vgl. Abschnitt 7.1

tige Bindungen und Wettbewerbsvorteile erreicht werden."[728] Die einzelnen Stufen der Wertschöpfung werden dadurch durchgängig sichtbar gemacht, was die Nutzung von Synergiepotenzialen ermöglicht: Gemeinsam können Differenzierungsvorteile ebenso erkannt werden wie Möglichkeiten der Kostensenkung. Somit ergeben sich hier unter anderem auch Ansatzpunkte für eine effizientere Gestaltung des Marketing. Desgleichen ist entlang solcherart verbundener Wertketten die Verfolgung von Rückstandsströmen bzw. die Entdeckung von Recyclingpotenzialen einfacher nachzuvollziehen.

Eine neue Facette ist bei dieser Vorgangsweise die Überlegung, wieviel an Wertschöpfung aus vorangegangenen Wertketten erhalten bleibt, wenn ein Rückstand aus einer Wertkette am Beginn der nächsten wieder eingesetzt wird: Kann eine Wieder- oder Weiterverwendung erfolgen, so bleibt ein Großteil der Wertschöpfung erhalten. Ist nur ein stoffliches Recycling möglich, so geht zumindest derjenige Teil der Wertschöpfung verloren, der durch die Kombination der Einsatzstoffe in der vorangehenden Wertkette geschaffen wurde.[729] Da in der Regel nicht der ganze anfallende Rückstand einer Rückstandsart in einen Prozess eingesetzt werden kann, der einen hohen Anteil der Wertschöpfung zu erhalten imstande ist, wird ein Teil der schon geleisteten Wertschöpfung in technisch weniger effizienten Recyclingprozessen vernichtet[730] - man spricht in diesem Zusammenhang auch von Wertschöpfungskaskaden[731] - oder muss sogar entsorgt werden. Das Rückstandsmarketing hat daher danach zu trachten, technisch effiziente Verwertungsmöglichkeiten zu finden, bei denen ein großer Teil der bereits geleisteten Wertschöpfung erhalten bleibt. Dabei kann es jedoch zu Konflikten mit ökonomischen Zielen kommen, wenn die technisch effizienteste Methode nicht zugleich die wirtschaftlich sinnvollste ist. In diesen Fällen müssen Zielprioritäten gesetzt werden.[732]

Die Verknüpfung der einzelnen Wertschöpfungsstufen sowie der Umgang mit den innerhalb des so definierten Systems stattfindenden Stoff- und Energieströmen führt zu einer Betrachtung von der „Wiege bis zur Bahre" bzw. von der „Wiege bis zur Wiege."[733] Diese wertschöpfungsorientierte Betrachtungsweise bildet auch die Basis der Überlegungen zum Thema „Stoffstrommanagement": Dieses umfasst die Bestrebungen, „Stoffströme (also auch Rückstände, A.d.V.) sowohl durch Veränderung der Rahmenbedingungen als auch durch verändertes Verhalten der Akteure in Richtung einer nachhaltig zukunftsfähigen Entwicklung"[734]

---

[728] Görgen [Wettbewerbsforschung] S.180

[729] vgl. Meffert/Kirchgeorg [Umweltmanagement] S.210

[730] Ein Beispiel dafür sind Mehrwegsysteme: Nur ein Teil der Gebinde gelangt tatsächlich unter Erhaltung der bisher geleisteten Wertschöpfung zum Abfüller zurück, ein Teil kann aufgrund von Bruch o.ä. bestenfalls einer stofflichen Verwertung zugeführt werden, ein Teil geht durch Vermischung mit anderen Stoffen (etwa Restmüll) für die Verwertung überhaupt verloren.

[731] vgl. Nagel [Bausteine] S.207

[732] vgl. Abschnitt 8.3

[733] de Man/Haralabopoulou/Henseling [Ziele] S.23f.

[734] Lucas [Netzwerk] S.45, vgl. auch Dyckhoff/Oenning/Rüdiger [Grundlagen] S.1143, zum Zustandekommen inner- und außerbetrieblicher Verwertungsketten vgl. auch Strebel [Verwertungsnetze] S.115ff.

zu lenken. „Durch unterschiedliche Koppelungen und Kooperationen der entsprechenden Akteure (werden) Synergieeffekte angestrebt."[735]

Das Stoffstrommanagement stellt zunächst auf die innerbetriebliche Bewältigung von Stoffströmen ab, wie sie schon in Abschnitt 3.2.2.3 diskutiert wurde, umfasst aber vor allem das im Zentrum dieser Arbeit stehende zwischenbetriebliche und davon ausgehend das regionale Stoffstrommanagement ab, das in Abschnitt 9.4.6 ausführlicher zu behandeln ist.[736]

Die Übertragung der wertkettenorientierten Betrachtungsweise aus dem Bereich des strategischen Management bzw. Marketing in den Bereich des Managements von Stoffen bzw. Rückständen eröffnet eine neue Sichtweise der Integration von Marketing und Rückstandsbewältigung: Ausgehend von der Betrachtung der Rückstandsflüsse entlang von Wertketten zeigt sich, an welchen Punkten Marketingaktivitäten gezielt ansetzen können.[737]

9.3 Recyclingstrategien als Basis für die Entwicklung von Strategien des Rückstandsmarketing

Zur Implementierung von Umweltstrategien im Unternehmen bieten sich grundsätzlich zwei Möglichkeiten:

- Die sogenannten inputorientierten Ansätze bestehen im Wesentlichen darin, den Einsatz von umweltschädlichen und ökologisch knappen Ressourcen zu vermeiden und gegebenenfalls durch andere, umweltschonendere und/oder weniger knappe Stoffe zu substituieren. Sie dienen der Vorsorge.[738]
- Die outputorientierten Ansätze werden näher differenziert in
  - ⇒ Strategien der Rückstandsvermeidung bzw. -verminderung, bei denen versucht wird, den mengenmäßigen Anfall von Rückständen zu unterbinden oder zu vermindern.
  - ⇒ Strategien der Rückstandsverwertung oder -nutzung, bei der bereits angefallene Rückstände wiederum in der Produktion oder dem Konsum eingesetzt werden.
  - ⇒ Strategien der Rückstandsentsorgung, die auf die geordnete und konditionierte Ablagerung oder sonstige Beseitigung
  - ⇒ von Rückständen abzielen und in deren Rahmen auch eine entsprechende Rückstandsbehandlung vorzunehmen ist, die eine möglichst umweltschonende Beseitigung zulässt.[739]

---

[735] de Man/Haralabopoulou/Henseling [Ziele] S.24

[736] vgl. Sterr [Stoffstrommanagement] S.3ff. Mit regionalem Management von Rückständen beschäftigen sich auch Strebel/Schwarz[Unternehmenskooperationen], vgl. Abschnitt 9.4.6

[737] vgl. Kirchgeorg [Kreislaufwirtschaft] S.237

[738] vgl. Strebel [Industrie] S.773

[739] vgl. dazu Strebel [Industrie] S.773

Es handelt sich bei diesen strategischen Optionen um Grundlagen für die Rückstandsbewältigung, auf denen die konkreten Marketingstrategien aufbauen müssen. Für das Rückstandsmarketing ist einerseits die inputorientierte Strategie der Ressourcenschonung von Bedeutung: Ressourcenschonung besteht unter anderem auch darin, primäre durch Sekundärstoffe zu ersetzen. Damit jedoch überhaupt Aktivitäten des Rückstandsmarketing gesetzt werden (können), müssen vermarktbare Rückstände angefallen sein, weshalb als outputorientierte Strategien die der Rückstandsverwertung und der Rückstandsentsorgung in Frage kommen.

Können die im Unternehmen angefallenen Rückstände nicht intern verwertet werden - was Rückstandsmarketing im engeren Sinne überflüssig macht -, muss auch aus strategischer Sicht zwischen den beiden Gesichtspunkten unterschieden werden zwischen

- Aufnahme von in anderen Unternehmen angefallenen Rückständen und
- Abgabe der im eigenen Unternehmen angefallenen Rückstände an andere Unternehmen.[740]

Zu fragen ist daher, welche Aktivitäten im Bereich der externen Rückstandsbewältigung aus strategischer Sicht zu setzen sind. Grundsätzlich steht die Möglichkeit einer externen Verwertung von Rückständen nur dann offen, wenn - wie bei jedem klassischen Produkt auch - die Funktionen, die der Rückstand in der Lage ist zu erfüllen, den Anforderungen entsprechen, die der Abnehmer stellt.[741] Die Entwicklung von Strategien der Rückstandsbewältigung greift einzelne Punkte wieder auf, die bereits im Rahmen der Erfassung von Erfolgspotenzialen im Groben andiskutiert wurden. Sie setzt die Beschäftigung mit einer Vielzahl technischer und organisatorischer Details voraus, führt aber in den Bereich des Rückstandsmarketing hinein.

Zunächst muss man sich einen Überblick über die Art und Menge der Stoffe machen, die im Unternehmen zum Zweck der Produktion eingesetzt werden und die im Unternehmen als Produktionsrückstände anfallen. Eine umfassende Ist-Analyse der eingesetzten Stoffe und Energie ist am einfachsten über die Aufstellung von umfassenden Material- und Energiebilanzen möglich, die sowohl bezüglich der Datenerfassung als auch bezüglich einer übersichtlichen Darstellung geeignet sind:[742] Sie suchen sämtliche stofflichen und energetischen In- und Outputs eines Prozesses/Unternehmens innerhalb eines Betrachtungszeitraumes zu erfassen und stellen sie einander gegenüber.

Die Aufnahme bzw. Abgabe von Rückständen zur Verwertung erfordert jedenfalls eine genaue Identifikation, Klassifikation und Kennzeichnung der benötigten Sekundärstoffe bzw. der abzugebenden Stoffe.[743] Benötigt werden genaue Informationen darüber, „welche Stoff- und Energiearten pro Zeiteinheit von einem räumlich determinierbaren System oder Subsystem ... benötigt werden oder von ihm in Form von Abfällen und Erzeugnissen abgegeben

---

[740] vgl. Schwarz [Unternehmensnetzwerke] S.68

[741] vgl. Abschnitt 3.1.2.1

[742] vgl. Strebel [Material-] S.10ff., vgl. Wörner/Dold [Einordnung] S.11
Zu empirischen Befunden zur Verbreitung des Instruments Material- und Energiebilanz vgl. Strebel/Schwarz/Schwarz [Recycling] S.131ff.

[743] vgl. Strebel [Industrie] S.798

werden."[744] Je nach Art des Stoffes bzw. des Stoffgemisches eignen sich als Kriterien für eine Feinklassifikation die genaue Angabe der enthaltenen Stoffe (nach DIN etc.), Angabe von Schwankungen der enthaltenen Stoffe, die Dichte, der Aggregatzustand, der Toxizitätsgrad, die Löslichkeit, der Wassergehalt etc.

Erst im Anschluss an diese Ist-Erhebung - wenn bekannt ist, welche Einsatzstoffe benötigt werden und welche Rückstände unerwünscht anfallen - kann ermittelt werden, welche Stoffe grundsätzlich geeignet sind, in Produktionsprozesse des Unternehmens eingesetzt zu werden. Dies gilt für unternehmensintern aus anderen Produktionsprozessen anfallende Stoffe ebenso wie für Stoffe, die von anderen Unternehmen bzw. aus dem Konsumbereich aufgenommen werden.[745] Erst wenn geklärt ist, welcher Anteil der Rückstände intern recycliert werden kann, wird entschieden, welche Stoffe bzw. Energiearten abgegeben werden können.

Eine zweite wesentliche Fragestellung hat sich mit dem Problem zu befassen, wer als Abnehmer bzw. als Lieferant von Rückständen in Frage kommt.[746] Eine sinnvolle Verwertung von Rückständen ist nur dann möglich, wenn entsprechende Partner vorhanden sind. Deren Auffindung scheitert in vielen Fällen an der mangelnden Information bzw. am Unwissen über bestehende Verwertungsmöglichkeiten.[747] Hier wird als eine der wesentlichen Aufgaben des Rückstandsmarketing die Beschaffung und Bereitstellung von Informationen für das Unternehmen, aber auch die Kommunikation nach außen sichtbar.[748] Für die Auffindung von geeigneten Partnern sind daher eine umfangreiche Auseinandersetzung mit möglichen Märkten ebenso nötig wie Geschick und Phantasie, aber auch umfassende (informelle) Kontakte.

Als drittes ist zu klären, wie der Transfer von Rückständen zwischen Lieferanten und Abnehmern zu erfolgen hat. Dabei geht es in erster Linie um die Gewinnung von Abnehmern, aber auch um die organisatorisch-logistische Lösung des Problems und nicht zuletzt um Fragen der finanziellen Abwicklung.[749] Die wesentliche Voraussetzung für die externe Rückstandsbewältigung besteht jedoch darin, die Eigenschaften des Rückstandes („Rückstandscharakteristika") den Anforderungen des Abnehmers an den Stoff („Wertstoffcharakteristika") anzunähern, wenn sie nicht von vornherein in ausreichendem Maße übereinstimmen.[750]

Die Erstellung

- eines Wertstoffanforderungsprofils als Auflistung der Anforderungen, die ein potenzieller Abnehmer von Rückständen stellt, und

[744] Schultheiß [Umweltschutz] S.122, vgl. Kleinaltenkamp [Recyclingstrategien] S.179, vgl. Schwarz [Unternehmensnetzwerke] S.70

[745] vgl. Görg [Recycling] S.71

[746] vgl. Abschnitt 5.3.2

[747] vgl. Schwarz [Unternehmensnetzwerke] S.31f.

[748] vgl. in diesem Sinne auch Meffert [Marketing] S.117

[749] vgl. Strebel/Schwarz/Schwarz [Recycling] S.143ff.

[750] vgl. Kleinaltenkamp [Recyclingstrategien] S.87

• eines Rückstandsprofils als Beschreibung der Rückstandscharakteristika

bietet einen ersten Ansatzpunkt, um Strategien für ein externes Recycling und in weiterer Folge für das Rückstandsmarketing zu entwickeln. Als mögliche Alternativen für Strategien der Rückstandsbewältigung ergeben sich daraus die Veränderung der Rückstandscharakteristika, die Wertsteigerung sowie die Veränderung der Wertstoffcharakteristika.[751] Diese stellen die Vorstufe zur Entwicklung von Strategien des Rückstandsmarketing dar.

9.3.1 Die Strategie der Veränderung der Rückstandscharakteristika

Eine Möglichkeit zur Angleichung von Wertstoffanforderungen und Rückstandscharakteristika besteht darin, von vornherein darauf zu achten, dass Rückstände anfallen, die für den Wiedereinsatz in einem neuen Produktions- oder Konsumprozess geeignet sind. Im Konkreten handelt es sich also um eine recyclingfreundliche Produktgestaltung.[752] Diese besteht in einer Veränderung des Kuppelproduktpäckchens, etwa durch Substitution der Werkstoffe bzw. Vorprodukte,[753] die Veränderung von konstruktionstechnischen Details[754] oder beim Produktionsprozess selbst, so dass andere, (leichter) verwertbare Produktionsrückstände anfallen.[755]

Die Schwierigkeit bei der Durchsetzung der Strategie der recyclingfreundlichen Produktgestaltung liegt darin, dass die Entwicklung von neuen, leicht rezyklierbaren Produkten zu großen Investitionen führen kann, die sich nur schwer amortisieren, wenn die Abnehmer nicht bereit sind, für die rezyklierbaren Produkte mehr zu bezahlen. Dazu müssen eventuelle Veränderungen der Funktionen des Hauptproduktes in Kauf genommen werden, die zu Nachfragerückgängen führen können.[756] Recyclingfreundliche Produktgestaltung wird daher nur anzutreffen sein, wenn die entstehenden Nutzen die anfallenden Kosten überwiegen, die Kundenwünsche sich entsprechend verändern[757] oder staatliche Eingriffe und die sich daraus ergebenden Folgen wirksam werden.[758]

---

751 vgl. Schultheiß [Umweltschutz] S.121ff.

752 vgl. Kleinaltenkamp [Recyclingstrategien] S.129ff., vgl. Hauser/Röttchen [Verwendungs] S.91, vgl. Strebel [Industrie] S.782

753 beispielsweise den Verzicht auf Verbundstoffe zugunsten von Monostoffen

754 die der leichteren Trennung in Fraktionen dienen, z.B. eine Verpackung von Milchprodukten, die aus einem dünnen PE-Innenbecher und einer leicht entfernbaren Papp-Außenschichte besteht.

755 vgl. Kurbel/Rautenstrauch [Integration] S.299, vgl. Steinhilper [Entwicklung] S.33f.

756 Ein Beispiel dafür ist die schlechte Kopier- und Druckfähigkeit von Recyclingpapier, was nach einem anfänglichen Boom dieser Papiere wieder zu einem Nachfragerückgang geführt hat (Auskunft des Papierhandels).

757 Wegen des geringen internalisierbaren Nutzens umweltfreundlichen Verhaltens für den Einzelnen ist eine massive Veränderung der Kundenanforderungen jedoch nicht zu erwarten, vgl. Abschnitt 4.2.2.

758 So bewirkten etwa das Inkrafttreten der österreichischen Verpackungsverordnung und die daraufhin erfolgende Installierung des ARA-Systems eine indirekte Subventionierung von relativ leicht rezyklierbaren Materialien wie Glas und Papier, während der Einsatz von Kunststoffen zu Verpackungszwecken teurer wurde.

9.3.2 Die Strategie der Wertsteigerung[759]

Die Strategie der Wertsteigerung stellt darauf ab, dass die Anforderungen des Abnehmers und die Qualität des Rückstandes durch zwischengeschaltete Maßnahmen zur Übereinstimmung gebracht werden, die physikalischer, biologischer und/oder chemischer Art sein können. Im Grunde geht es darum, dass zusätzliche Produktionsprozesse vorgenommen werden, um ein vermarktungsfähiges Produkt zu erhalten: „Die (Wertsteigerungungs)Strategie ... ist dabei immanenter Bestandteil eines jeden Recycling-Prozesses, während die beiden übrigen (Recycling-Strategien, A.d.V.) fakultativ hinzutreten können, aber nicht müssen."[760]

Diese Aussage trifft im Wesentlichen auf alle Rückstände zu, da ein Minimum an Wertsteigerungsarbeiten - das Sortieren und Klassifizieren - vor jedem Recyclingprozess zu erfolgen hat, um die Rückstände einer Verwertung zuführen zu können.[761]

9.3.2.1 Aufbereitungs- und Verarbeitungsstrategien als Grundlage für die Ableitung von Marketingstrategien

Die Angleichung von Rückstandsanforderungsprofil und Wertstoffprofil erfordert Aufbereitungs- und Verarbeitungsaktivitäten und damit eine Steigerung des Wertes von Rückständen. Aus diesem Grund wird für die vorliegende Arbeit der Begriff „Wertsteigerung" dem von Kleinaltenkamp verwendeten Begriff der „Aufbereitungsstrategie" vorgezogen.[762] Da in der Literatur eine Unterscheidung von Aufbereitungs- und Verarbeitungsverfahren teilweise zum Zwecke der Anbindung von Marketingmaßnahmen getroffen wird,[763] ist dennoch eine weitere Auseinandersetzung mit diesen Begriffen vonnöten. Zwar lassen sich die Verfahren zur Wertsteigerung einer gewissen Klassifikation unterziehen. Ob eine Wertsteigerungsaktivität als Aufbereitung oder als Verarbeitung zu bezeichnen ist, muss jedoch für den Einzelfall entschieden werden. Ausschlaggebend für diese Unterscheidung ist die Intention, die der Verarbeiter mit dem Wertsteigerungsprozess bezweckt: Soll der Output eines Prozesses wiederum als Ausgangsstoff für einen anderen Produktionsprozess diesen, so handelt es sich eher um einen Aufbereitungsprozess, soll ein vollständig neues Produkt erzeugt werden, so ist der Prozess eher der Verarbeitung zuzurechnen.

Außerdem ist davon auszugehen, dass im Regelfall aufbereitende Aktivitäten eher am Beginn des Wertsteigerungsprozesses überwiegen und gegen Ende hin immer mehr von Verarbeitungsprozessen abgelöst werden. Es sind jedoch sowohl Recyclingaktivitäten denkbar,

---

[759] vgl. Kleinaltenkamp [Recyclingstrategien] S.177ff.

[760] Kleinaltenkamp [Recyclingstrategien] S.87f.

[761] vgl. Strebel [Industrie] S.801

[762] vgl. Abschnitt 3.2.2.2

[763] vgl. Schmidt-Endrullis [Markterschließung] S.95ff. sowie S.223f.

die ohne Aufbereitungsprozesse auskommen,[764] als auch solche, bei denen Aufbereitungsprozesse allein genügen, um eine Vermarktbarkeit zu gewährleisten.[765]

Die Wertsteigerung, die ein Ausgangsstoff durch den Aufbereitungsprozess erfährt, muss dabei - unter Kostengesichtspunkten - nicht kleiner sein, als die durch den Verarbeitungsprozess hinzugefügte. Ganz im Gegenteil sind es oft gerade die Verfahren der Trennung und/oder Sortierung, die besonders hohe Kosten verursachen[766] und somit eigentlich eine entsprechend hohe Wertsteigerung (gemessen als Marktpreis) bewirken müssten. Dies ist aber nur dann der Fall, wenn ein vergleichbarer Primärstoff ebenfalls einen hohen Wert aufweist. Ansonsten klafft eine Lücke zwischen dem auf dem Markt erzielbaren Preis und den Herstellungs- resp. Aufbereitungskosten, die das Recycling zumindest aus ökonomischer Sicht unwirtschaftlich macht.[767]

Eine eindeutige Unterteilung der Begriffe Aufbereitung und Verarbeitung ist somit nur schwer möglich, aus Sicht der marktlichen Rückstandsbewältigung scheint sie jedenfalls nicht nötig. Beide Begriffe zielen darauf ab, einem Ausgangsstoff eine Wertsteigerung zukommen zu lassen. Wie die konkreten Prozesse zur Wertsteigerung einzuordnen sind, ist aus Marketingsicht unerheblich, solange der Output der Prozesse geeignet ist, die Bedürfnisse aller Beteiligten zu befriedigen.

9.3.2.2 Konkrete Verfahren zur Wertsteigerung

Die Wertsteigerungsaktivitäten dienen wie bereits dargestellt der Angleichung der Funktionsprofile der Rückstände an die Anforderungen der Abnehmer. Es handelt sich somit um Produktgestaltungsprozesse im eigentlichen Sinn. Aus Marketingsicht sind daher die Wertsteigerungsaktivitäten bei Rückständen den Maßnahmen der Produktgestaltung zuzuordnen.[768] Im Einzelnen können die Verfahren zur Wertsteigerung eingeteilt werden in:[769]

- mechanische Verfahren, die die grundlegenden (aufbereitenden) Tätigkeiten des Zerkleinerns, Klassierens, Sortierens, Reinigens und Verdichtens[770] von Rückständen bzw. Rückstandsgemischen umfassen, ohne die ein Recycling beinahe unmöglich ist. Typische mechanische Wertsteigerungsaktivitäten im Rückstandsbereich sind etwa die Magnetabscheidung oder die Stromklassierung.[771] Mechanische Verfahren der Wertsteigerung umfassen jedoch auch verschiedenste andere Verfahren wie beispielsweise die Verdichtung von Rückständen etwa zu Dämm- oder Baustoffen,[772] die Aufbereitung von

---

[764] z.B. das Pressen von Dämmstoffplatten aus kurzen Flachsfasern, vgl. Gelbmann [Markteinführung] S.5f.

[765] etwa eine Klassierung nach der Größe

[766] etwa die Trennung und Säuberung von gemischten Kunststoffabfällen

[767] vgl. Abschnitt 3.2.2.2

[768] vgl. Strebel [Umwelt] S.107f., vgl. auch Nieschlag/Dichtl/Hörschgen [Marketing] S.100

[769] vgl. Jacobi [Behandlungsarten] S.152ff.

[770] vgl. Bilitewski/Härdtle/Marek [Abfallwirtschaft] S.XIIf (Inhaltsverzeichnis)

[771] vgl. Jacobi [Behandlungsarten] S.156ff.

[772] etwa bei der Verarbeitung von Granitabfällen zu Mauersteinen (vgl. Vorbach [Analyse] S.231ff.)

Rückständen zu Brennstoffen (BRAM)[773] sowie einzelne Verfahrensschritte bei komplexeren Aufbereitungs- und Verarbeitungsvorgängen.

- chemische Verfahren, die dann zum Einsatz kommen, wenn die Rückstände in der vorliegenden Art nicht weiter verwendet werden können, sich daraus aber andere verwertbare Stoffe erzeugen lassen.[774] Die chemischen Verfahren umfassen die elektrolytische Behandlung von metallhaltigen Lösungen, die Neutralisation von sauren oder basischen Lösungen, das Ausfällen von bestimmten Stoffen aus löslichen Gemischen und Entgiftungsverfahren wie die Chromatentgiftung[775] oder das De-Inken von Altpapier.[776] In der chemischen Industrie wurde in der CAL-Apparatebau Leipzig GmbH ein Verfahren entwickelt, das die elektrolytische Entkupferung von schwefelsauren Kupferbeizen und so die Rückgewinnung von reiner Schwefelsäure und Kupfergranulat für die Kupferelektrolyse ermöglicht.[777]

  Ein österreichisches Chemieunternehmen entwickelte eine Methode, aus salzsauren Eisenbeizen Eisen-III-Chlorid zu erzeugen, das als Fällmittel in Kläranlagen eingesetzt wird.[778] Dieses Beispiel ist besonders interessant, weil mithilfe eines chemischen Wertsteigerungsprozesses die Grundlage für einen weiteren Wertsteigerungsprozess (das Reinigen von Abwasser) gewonnen wird. Ein weiteres Beispiel für einen chemischen Verarbeitungsprozess liefert dasselbe Unternehmen mit der Produktion von Kalziumkarbid aus kontaminierten Aktivkohlefiltern.[779]
- biologische Verfahren, von denen vor allem die Kompostierung bekannt ist. Aber auch anaerobe Vergärungsverfahren gewinnen wegen der Möglichkeit der Energiegewinnung durch sogenanntes Biogas zunehmend an Bedeutung.[780]
- thermische Aufbereitungsverfahren, die Wärme zur Umwandlung der Rückstände verwenden oder die Rückstände nicht in deren stofflicher Substanz nutzen, sondern lediglich den Energieinhalt. Zu unterscheiden sind die Verfahren der Verbrennung (Oxidation) sowie mit eher untergeordneter wirtschaftlicher Bedeutung die Verfahren der Pyrolyse (Erhitzen unter Sauerstoffabschluss, dient dem Aufbrechen langer Polymerketten in Kunststoffen), der Hydrierung (Erhitzen kohlenstoffhaltiger Rückstände unter Zufuhr von Wasserstoff zur Gewinnung von Kohlenwasserstoffen) und schließlich verschiedene Trocknungsverfahren (wie etwa für Klärschlämme).[781] Vor allem die Verbrennung von Rückständen ist

---

773 „Brennstoff aus Müll" (Hüning [Entsorgungswege] S.205)
774 vgl. Kleinaltenkamp [Recyclingstrategien] S.224
775 vgl. Bilitewski/Härdtle/Marek [Abfallwirtschaft] S.323-328, vgl. Kleinaltenkamp [Recyclingstrategien] S.225
776 vgl. Wiesch [Abfallreduzierung] S.161
777 vgl. Schönberg [Recycling] S.105
778 Gesprächsergebnis mit Mitarbeitern eines österreichischen Chemieunternehmens
779 Gesprächsergebnis mit Mitarbeitern eines österreichischen Chemieunternehmens
780 vgl. Bilitewski/Härdtle/Marek [Abfallwirtschaft] S.307
781 vgl. Jacobi [Behandlungsarten] S.186ff.

mit vielen Einwänden konfrontiert, da hier die Grenze zwischen einer Verwertung (unter Nutzung wenigstens des Energieinhaltes eines Rückstandes) und Entsorgung („Müllverbrennung" unter zusätzlichem Energieeinsatz durch Stützfeuerung) äusserst unscharf gezogen ist.[782]

Es gibt somit mehrere Verfahren zur Steigerung des Wertes von Rückständen, die einen mehr oder minder großen Eingriff in die physikalische und/oder stoffliche Zusammensetzung der Rückstände bedeuten. Die Komplexität der Wertsteigerungsvorgänge steigt in dem Maße, in dem

- in einem Rückstand verschiedene Stoffe miteinander vermischt vorliegen und für das Recycling mithilfe aufwändiger technischer Verfahren getrennt werden müssen und/oder
- Stoffe (bzw. Stoffgemische) mit bekannten Verfahren nicht rezykliert werden können und somit spezielle Verfahren zur Rückstandsverwertung entwickelt werden müssen.

Im ersten Fall ist das Problem des Recycling „nur" aus technischer Sicht (und selbstverständlich aus Kostensicht) zu lösen. Im zweiten Fall geht die Problematik aber tiefer. Zu finden sind hier Einsatzmöglichkeiten für Rückstände und somit Möglichkeiten der Bedürfnisbefriedigung für Dritte. Es muss nach innovativen technischen und marktlichen Lösungen gesucht werden. Ein dafür geeignetes Instrumentarium zur Verfügung zu stellen, ist eine der wesentlichen Aufgaben des Rückstandsmarketing.

9.3.2.3 Die Beurteilung von Wertsteigerungsaktivitäten aus wirtschaftlich-strategischer Sicht

Die Frage eines Marketing für Rückstände und die daraus erzeugten Sekundärprodukte entsteht, weil für die Bewältigung von Rückständen immer höhere Kosten anfallen: Steigen die Kosten für die Rückstandsbewältigung weiterhin, tut sich eine Lücke auf zwischen der Möglichkeit, „wie bisher" weiter zu agieren - sofern dies aufgrund sich ändernder gesetzlicher Rahmenbedingungen überhaupt möglich ist -, und den verschiedenen Möglichkeiten, die Kosten für die Bewältigung von Rückständen zu reduzieren bzw. gegebenenfalls sogar Erträge aus der Rückstandsbewältigung zu erzielen.

Ziel / Aktivität	Kostensenkung Auszahlungssenkung	Nutzensteigerung Einzahlungssteigerung
Beseitigung	Faktorstrategie	——
Nutzung	——	Leistungsstrategie

Abbildung 9-2: Möglichkeiten der marktlichen Verwertung von Rückständen[783]

---

[782]vgl. die Diskussion bei Rothert [Criteria] v.a. S.96ff.

[783]entnommen aus Hamann/Palupski [Vermarktung] S.258

Hamann/Palupski stellen die Möglichkeiten der marktlichen Verwertung in Form einer zweidimensionalen Matrix dar, auf deren einer Achse das Ziel der Vermarktung, auf deren anderer die mit der Rückstandsvermarktung verbundene Aktivität dargestellt sind (vgl. Abbildung 9-2).[784] Der Argumentation, dass eine Kostensenkung beim Abgeber nur durch Beseitigung des Rückstandes herbeigeführt werden kann bzw. dass es durch die Nutzung der Rückstände zu einer Einzahlungssteigerung kommen muss, kann n.M.d.V. nicht gefolgt werden; das Spektrum sich bietender Alternativen ist weitaus größer.

Zu einer genaueren strategischen Analyse bietet sich daher eine Abwandlung des bekannten strategischen Planungsinstrumentes der Gap-Analyse an.[785] Diese hat zur Aufgabe, die gewünschte Entwicklung einer Formalzielgröße des Unternehmens (meist Umsatz oder Gewinn) und deren erwartete Entwicklung bei Beibehaltung der bisherigen Aktivitäten über einen bestimmten Planungszeitraum einander gegenüberzustellen.[786] In aller Regel klafft dabei zwischen der erwarteten und der geplanten Entwicklung eine Lücke („Gap"), die auf Änderungen in den Ausgangsbedingungen der ursprünglich gewählten Strategie von vornherein hinweist und so die Aufgabe einer „strategischen Anregung" übernimmt:[787] Ein Teil der Lücke kann durch Maßnahmen wie Rationalisierung geschlossen werden. Wesentlicher Ansatz zur Schließung der Lücke sind aber innovative Projekte.

Für die Belange des Rückstandsmarketing ist die Gap-Analyse nicht ohne weiteres einsetzbar, geben doch Zielgrößen wie Gewinn und vor allem Umsatz nur indirekt Aufschluss über die Entwicklung der Rückstandsbewältigung. Wählt man als Entwicklungsgrösse jedoch die Kosten der Rückstandsbewältigung, setzt an Stelle der „gewünschten Entwicklung" der klassischen Gap-Analyse die künftigen Kosten bei Beibehaltung des bisherigen Entsorgungsverhaltens und erlaubt für die „erwartete Entwicklung" auch Erlöse aus dem Verkauf von Rückständen, so ist das Instrument der Gap-Analyse für den Bereich der Strategieplanung im Rückstandsbereich anwendbar. Zu beachten ist dabei allerdings, dass der angestrebte Wert von der unteren der beiden Kurven repräsentiert wird, wohingegen die obere Kurve die Entwicklung des status quo darstellt. Die Schließung der Lücke erfolgt daher von oben nach unten (vgl. Abbildung 9-3).

Die operative Lücke kann möglicherweise dadurch geschlossen werden, dass mit bereits vorhandenen Entsorgungspartnern neue, günstigere Verträge abgeschlossen oder gegebenenfalls neue Marktpartner gesucht werden. Eine Möglichkeit zur kurzfristigen Senkung der Entsorgungskosten besteht auch in der Motivation der Mitarbeiter, weniger Abfall zu produzieren bzw. Abfälle sortenrein zu trennen und so kostengünstigere Entsorgungswege in Anspruch nehmen zu können. Inputseitig kann mit Lieferanten vereinbart werden, dass Einsatz-

---

[784] vgl. Hamann/Palupski [Vermarktung] S.258

[785] vgl. Kreikebaum [Lückenanalyse] S.17-26

[786] vgl. Busch/Dögl/Unger [Marketing] S.64f.

[787] vgl. Becker [Marketing-Konzeption] S.413

stoffe in Mehrweggebinden oder zumindest in größeren Einheiten geliefert werden und der Rückstandsanfall dadurch gemindert wird.

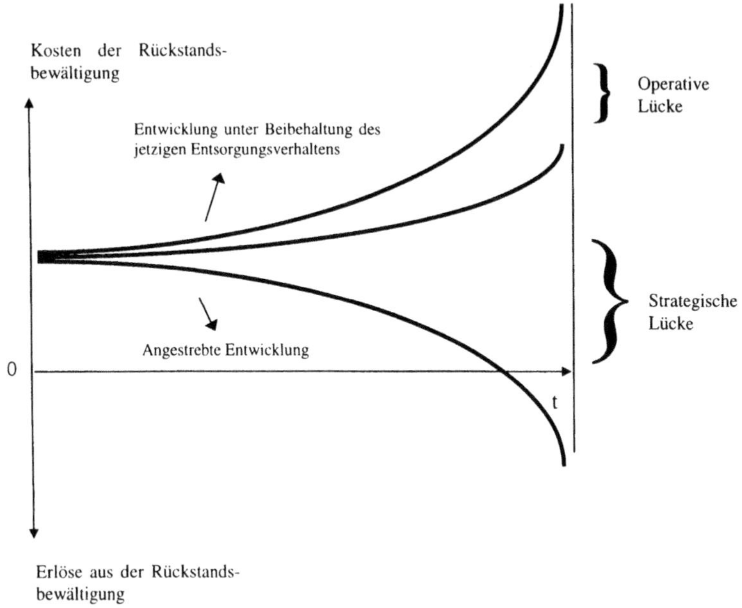

Abbildung 9-3: Lückenanalyse im Rückstandsbereich

Die Schließung der strategischen Lücke verlangt hingegen - ähnlich wie dies auch die klassische Gap-Analyse fordert - innovative Anstrengungen. Notwendig ist eine Strategieerweiterung, die auf eine Steigerung des Wertes des Rückstandes abstellt, die ein Umdenken bei der Beschaffung im Hinblick auf alternative Einsatzstoffe einschließt und das Erschließen neuer Kanäle für den Absatz von Rückständen bzw. den daraus erzeugten Produkten ermöglicht. Aufbauend auf den Erkenntnissen der Gap-Analyse lassen sich somit alternative und komplementäre Strategien für das Rückstandsmarketing entwickeln.

9.3.3 Die Strategie der Veränderung der Wertstoffanforderungen

Die dritte der von Kleinaltenkamp beschriebenen Strategien befasst sich mit der Veränderung der Anforderungen, die an Einsatzstoffe bzw. an Konsumprodukte gestellt werden. Diese Strategie ist vor allem dann von Bedeutung, wenn Aufbereitungsmaßnahmen allein nicht ausreichen, um die Diskrepanzen zwischen den Eigenschaften des Rückstandes und den Ansprüchen eines potenziellen Verwenders an den Rückstand zu überbrücken.

Gefordert ist hier also eine Vorgehensweise, die den potenziellen Abnehmern nahelegt, auf einige ihrer Produktanforderungen zu verzichten bzw. diese zu modifizieren. Dies gilt insbesondere dann, wenn Anforderungen der Abnehmer an das Produkt höher sind als für den Einsatzzweck nötig.[788] Eine besonders markante Veränderung der Wertstoffanforderungen gelang bei der Markteinführung von Recyclingpapieren: Den Abnehmern wurde klar gemacht, dass weisses Papier für alltägliche Schreibarbeiten nicht unbedingt erforderlich ist. Man bediente sich auch des Arguments, dass graues Schreibpapier günstiger für die Augen ist.

9.4 Strategische Optionen des Rückstandsmarketing auf der Basis von klassischen Marketingstrategien

Marketingstrategien haben die Aufgabe, „die marktorientierte Stoßrichtung des unternehmerischen Handelns (zu formulieren).“[789] Dabei sind grundlegende Entscheidungen über die mögliche Segmentierung und über das Verhalten des Unternehmens auf seinen Märkten zu treffen, Beschaffungs- oder Absatzvolumina festzulegen sowie das marketingpolitische Instrumentarium und der Zeitbezug der Strategie zu definieren.[790] Dazu gehört es, „nachgeordnete Entscheidungen und den Mitteleinsatz eines Unternehmens im Bereich des Marketing-Instrumentariums an den Bedarfs- und Wettbewerbsbedingungen sowie am vorhandenen Leistungspotenzial zu orientieren und auf die Erreichung der Ziele hin zu kanalisieren.“[791]

Grundsätzlich wird die wettbewerbsbezogene Unternehmensgrundeinstellung von zwei wesentlichen Faktoren bestimmt:[792]

- Der Grad der Originalität gibt an, ob und wie weit sich ein Unternehmen von den bewährten Standards und Methoden der Branche abheben will. Bei der Anpassung an das Markt- oder Branchenübliche orientiert sich das Unternehmen an althergebrachten Konzepten des Beschaffungs- oder Absatzmarketing, während es bei der Abhebung bewusst innovative Wege beschreitet, um neue strategische Potenziale für sich zu erschließen.
- Der Grad der Aktivität hingegen gibt an, ob die erreichten Marktpositionen eher gesichert (defensive Haltung) oder weiter ausgebaut (offensive Haltung) werden sollen.

Die Ausrichtung der Marketingstrategie ähnelt daher der Konzeption von offensiven und defensiven Umweltstrategien und baut gewissermaßen auch darauf auf: Die Umsetzung von Umweltstrategien nach außen erfolgt durch das Marketing, das somit mit den Zielen und Strategien des Umweltmanagements konform gehen muss. Da ein effektives Rückstandsmarketing eine offensiv-kreative Umweltstrategie voraussetzt, sind folglich auch aktive, auf Abhebung

---

788 vgl. Kleinaltenkamp [Recyclingstrategien] S.234

789 Backhaus [Industriegütermarketing] S.175, vgl. Becker [Marketing-Konzeption] S.139

790 vgl. Hamann/Lohrberg [Beschaffungsmarketing] S.50f.

791 Nieschlag/Dichtl/Hörschgen [Marketing] S.833

792 vgl. Becker [Marketing-Konzeption] S.374f.

gerichtete Marketingstrategien vonnöten, die danach streben, das Absatzpotenzial zu vergrößern und durch innovatives Auftreten am Markt die Konkurrenz zu übertrumpfen.

Bei der Betrachtung des Rückstandsmarketing ist es wie bereits dargelegt unumgänglich, beschaffungs- und absatzstrategische Aspekte integrativ zu behandeln, aufgrund der Implikationen des Verwertungsparadoxons[793] auch Aspekte des Dienstleistungsmarketing zu berücksichtigen sind. In diesem Abschnitt werden Strategien für Absatz-, Beschaffungs- und Dienstleistungsmarketing daher nicht gesondert dargestellt, nicht zuletzt deshalb, weil die Erörterung der einzelnen Strategien in der Literatur nicht konsistent ist.[794]

Wegen der großen Vielfalt strategischer Formen stellt die systematische Darstellung von Marketingstrategien ein beträchtliches Problem dar. Neben zahlreichen Partialansätzen, die Strategien nur anhand eines Kriteriums einteilen,[795] existieren einige Versuche, integrative Systematisierungsansätze zu entwickeln. In Anlehnung an die auf dem Marketinginstrumentarium beruhende Einteilung von Koppelmann[796] von Marketingstrategien in Produkt-, Entgelt-, Service-, Bezugs- und Kommunikationsstrategien unterscheiden Hamann/Palupski Leistungs-, Gegenleistungs- und Kontrahierungsstrategien.[797] Diese Einteilung führt zu einer Vermischung von Marketingstrategien und Marketing-Mix und wird in der vorliegenden Arbeit ebensowenig verwendet, wie die besonders umfassende Strategiesystematik von Meffert, die ebenfalls den Instrumenteneinsatz mit umfasst.[798] Die vorliegende Arbeit folgt dem Ansatz von Becker, der die Tatsache in den Mittelpunkt seiner Überlegungen stellt, „dass angestrebte Marktwirkungen in der Regel nicht das Ergebnis einzelner Marketinginstrumente, sondern Resultat einer strategie-orientierten und damit kanalisierten Kombination mehrerer (vieler) Instrumente sind. Der Strategieeinsatz bestimmt dabei Art, Richtung, Intensität sowie Gewichtung des Instrumenteneinsatzes."[799]

Bei der Konzeption der Marketingstrategien ist jedoch zu beachten, dass es verschiedene strategische Schlüsselfaktoren gibt, die jedenfalls zu beachten sind. Die wesentlichsten dieser Faktoren sind Preis, Leistung, Raum und Zeit.[800] Das Verhältnis von Preis und Leistung hat ambivalente Einflüsse auf Transaktionen im Rückstandsbereich. Wesentlich ist vor allem, ob es gelingt, Rückstände als Produkte mit positivem Preis abzusetzen, oder ob das Verwertungsparadoxon zum Tragen kommen und daher sogar für die Abgabe der Stoffe gezahlt

---

[793] vgl. Abschnitt 5.1.3

[794] vgl. Backhaus [Industriegütermarketing] S.177ff., vgl. Hamann/Lohrberg [Beschaffungsmarketing] S.101ff., vgl. Koppelmann [Beschaffungsmarketing] S.104, vgl. Meffert [Marketing] S.258ff., vgl. Meyer [Beschaffungsziele] S.201ff., vgl. Nieschlag/Dichtl/Hörschgen [Marketing] S.77ff.

[795] z.B. vgl. Ansoff [Management-Strategie], z.B. vgl. Porter [Wettbewerbsstrategie]

[796] vgl. zu diesem Ansatz z.B. Koppelmann [Beschaffungsmarketing] S.105. Gegen diesen Vorschlag sprechen Abell/Hammond [Planning] S.10

[797] vgl. Hamann/Palupski [Vermarktung] S.261

[798] vgl. Meffert [Marketing-Management] S.124

[799] Becker [Marketing-Konzeption, 5.Aufl.] S.122 (im Original tlw. fett bzw. kursiv), vgl. auch Becker [Marketing-Konzeption] S.139f., vgl. auch Hammann/Lohrberg [Beschaffungsmarketing] S.101

werden muss. Im Vergleich zum konventionellen Marketing tut sich hier ein größerer Spielraum auf, der bei passiver Unternehmensstrategie zwar zu schlechterem wirtschaftlichem Abschneiden führt, für innovative Unternehmen jedoch große Erfolgspotenziale eröffnet. Umgekehrt ist aber gerade im Rückstandsbereich zu beobachten, dass bei der externen Rückstandsbewältigung ein sehr eng abgegrenzter Spielraum zwischen Preis und Leistung bestehen kann und die Entscheidung darüber, wer die Kosten für den Transport von Rückständen zwischen zwei Unternehmen zu tragen hat - auch wenn sonst kein Preis in Ansatz gebracht wird -, zum Scheitern einer Austauschbeziehung führen kann.[801] Mit der näheren strategischen Analyse der Faktoren Preis und Leistung befassen sich die Abschnitte 9.4.2 und 9.4.3, der Faktor Raum wird in Abschnitt 9.4.4 behandelt.

Der zeitliche Faktor wird im Rahmen von Timingentscheidungen festgelegt. Es geht dabei zunächst um den Zeitpunkt, wann eine Innovation auf den Markt gebracht werden soll.[802] Da Chancen zur Senkung der Kosten für die Rückstandsbewältigung bzw. Chancen zur Akquisition kostengünstiger Rohstoffe möglichst schnell realisiert werden sollten, ist der zeitliche Faktor für Entscheidungen im Bereich des Rückstandsmarketing von vornherein eher festgelegt. Die Frage einer Pionier- oder Folgerstrategie[803] stellt sich daher in den meisten Fällen nicht. In weiterer Folge umfasst der zeitliche Faktor aber auch die Frage, wie schnell Leistungen erbracht werden sollen.[804] Beim Rückstandsmarketing ergibt sich ein zeitliches Problem dadurch, dass Sekundärstoffe zwar vom einsetzenden Unternehmen mehr oder minder kontinuierlich gebraucht werden, der Anfall der Rückstände aber von der Regelmäßigkeit der Produktion des Zweckproduktes im abgebenden Unternehmen abhängig ist. Umgekehrt macht die nur fallweise Abnahme des Rückstandes durch ein verwertendes Unternehmen im abgebenden Unternehmen den Aufbau von Lagerkapazität nötig, was wiederum zu rechtlichen Problemen mit dem AWG führen kann. Eine allgemeine Richtlinie kann hier nicht festgelegt werden.

Der folgende Unterabschnitt stellt in systematischer Form eine Auswahl von für das Rückstandsmarketing relevanten Strategietypen dar. Für eine sinnvolle Strategieentwicklung ist die Kombination konsistenter Teilstrategien zu einer Rückstandsmarketing-Strategie nötig.[805]

9.4.1 Die Art der Marktbearbeitung

Zunächst ist die Art und Weise festzulegen, in der der Markt bearbeitet wird: In Anlehnung an eine von Ansoff entwickelte Vier-Felder-Matrix wird dabei von Marktfeldstrategien

---

800 vgl. Becker [Marketing-Konzeption] S.376f.

801 vgl. Abschnitt 9.4.4

802 vgl. Meffert [Marketing] S.408, vgl. auch Buchholz [Timingstrategien] S.26ff.

803 vgl. v.d. Oelsnitz [Marktpionier] S.25f., vgl. Perillieux [Zeitfaktor] S.120ff., vgl. Wolfrum [Technologiemanagement] S.273ff.

804 vgl. Hörschgen et al. [Marketingstrategie] S.94

805 vgl. Nieschlag/Dichtl/Hörschgen [Marketing] S.82ff. , vgl. Pepels [Handbuch] S.203ff.

gesprochen. Marketingstrategien werden dabei eingeteilt nach den beiden Dimensionen Märkte und Produkte.[806] Die Festlegung von Produkt/Markt-Kombinationen ist eine grundlegende Aufgabe der Marketing- und Unternehmenspolitik, auf der andere Strategien aufbauen.[807]

Der (verstärkte) Absatz schon vorhandener Produkte auf vorhandenen Märkten wird dabei als Marktpenetration (-durchdringung) bezeichnet, der Absatz vorhandener Produkte auf neu geschaffenen oder erschlossenen Märkten als Marktentwicklung (-ausweitung), der Absatz neu entwickelter Produkte auf bereits erschlossenen Märkten als Produktentwicklung (-ausweitung) und schließlich das Eindringen mit neuen Produkten in neue Märkte als Diversifikation.

Für das Rückstandsmarketing kommen alle vier genannten Marktfeldstrategien in Betracht. Diese können zumindest zum Teil auch auf die Beschaffung von Einsatzstoffen umgelegt werden. Beispiel dafür ist etwa eine Ausweitung des Beschaffungsmarktes durch Miteinbeziehung von REA-Gips-Anbietern für den Einsatzstoff Gips oder eine Produktausweitung durch die Miteinbeziehung von Recycling-Kunststoff-Bauteilen in öffentliche Ausschreibungen von Lärmschutzwänden.

Hamann/Palupski legen die Ansoff-Matrix auf den Rückstandsbereich um, betrachten dabei jedoch nur die Abgeberseite (vgl. Abbildung 9-4). Die Matrix lässt sich nach Maßgabe des vorangehend Gesagten auch für die Beschaffung von Rückständen anwenden.

Abnehmer / Output	gegenwärtig	neu
gegenwärtig	Abnahmeverbesserung	Abnahmeentwicklung
neu	Outputveränderung	Diversifikation

Abbildung 9-4: Modifikation der Ansoff-Matrix für den Rückstandsbereich[808]

Der Schwerpunkt liegt insbesondere bei der Markteinführung von Rückständen in den Bereichen Outputveränderung resp. Produktentwicklung und Diversifikation. Denn die Markteinführung von (Produkten aus) Rückständen entspricht der Generierung von Innovationen. Die Kritik an der Ansoff-Matrix, dass sie nur für wachsende Märkte, nicht aber für gesättigte

Zur Verwendung dieses Typologisierungsschemas für Transaktionen mit Rückständen vgl. Schmidt-Endrullis [Markterschließung] S.137f.

806 vgl. Ansoff [Management-Strategie] S.13

807 vgl. Becker [Marketing-Konzeption] S.148

808 entnommen aus Hamann/Palupski [Vermarktung] S.259

oder schrumpfende Märkte geeignet sei,[809] ist aus der Sicht der Rückstandsvermarktung irrelevant. Hier geht es darum, Märkte auszuweiten oder überhaupt erst zu erschließen.[810]

Die Marktpenetration als Strategie der Ausschöpfung des wettbewerbspolitischen Potenzials bildet die Basis für die Entwicklung der anderen Marketingstrategien. Ihr wohnen das geringste Risiko und die geringsten Kosten, aber auch die geringsten langfristigen Profilierungschancen inne, zumal sie auch nur mäßig innovativen Charakter aufweist.[811] Teilweise können Rückstände zwar auf schon vorhandenen Märkten ohne Veränderung ihrer Substanz, Form oder Beschaffenheit abgesetzt werden (Penetration). Eine Penetration im eigentlichen Sinne liegt jedoch nur dann vor, wenn das Unternehmen schon auf einem Markt befindliche Produkte in stärkerem Maße absetzt.[812] Somit kommt die Marktdurchdringung für die Markteinführung von Rückständen nicht als Strategie in Frage.[813]

Ein Beispiel für Marktpenetration mit Sekundärstoffen stellt die Penetration des Marktes mit REA-Gips an Stelle von Naturgips dar. Das Produkt REA-Gips an sich ist identisch mit dem Naturgips, im Vordergrund stand die Verdrängung von Konkurrenten aus dem Naturgipssektor, etwa durch eine günstigere Preis- und Konditionenpolitik, als klassische Strategie der Marktpenetration.[814]

Eine weitere, auch im Rückstandsbereich anwendbare Strategie der Marktdurchdringung ist die Stärkung der Nachfrager- bzw. Anbieterloyalität. Mit anderen Worten geht es darum, bestehende Verbindungen im Bereich des Rückstandstransfers zu stabilisieren und so die Position eines „In-Suppliers“ zu erhalten.[815] Wesentlich dafür sind gute persönliche Kontakte bzw. eine gute kommunikative Verbindung zwischen Anbietern und Abnehmern. Diese zu schaffen ist Aufgabe der Kommunikationspolitik.[816]

Im Rahmen der Markterweiterung wird versucht, mit wenigen innovativen Anstrengungen bisher verborgene Marktmöglichkeiten zu nutzen.[817] Auch sie bietet dem Rückstandsmarketing einen eher geringen Tätigkeitsbereich, kann aber als mögliche Alternative in Betracht gezogen werden, wenn die Überprüfung der bestehenden Absatzkanäle keine befriedigende Lösung zeitigt.[818] Sie umfasst die Teilstrategien Erschließung zusätzlicher geographischer Märkte, Eindringen in Zusatzmärkte (Schaffung neuer Funktionen bei bestehenden Produkten)

---

[809] vgl. Busch/Dögl/Unger [Marketing] S.116, vgl. Kropfberger [Erfolgsfaktoren] S.113

[810] vgl. Meffert/Kirchgeorg [Marketing] S.214

[811] vgl. Nieschlag/Dichtl/Hörschgen [Marketing] S.17 und S.900

[812] vgl. Meffert [Marketing] S.234

[813] vgl. Becker [Marketing-Konzeption] S.505f.

[814] In der Zwischenzeit stellt sich zumindest in Österreich die Situation so dar, dass sowohl die Natur- als auch die REA-Gipsanbieter ihre Produkte problemlos absetzen können, weil auf dem Gipsmarkt ein Nachfrageüberhang herrscht (Information von Mitarbeitern eines österreichischen Chemieunternehmens).

[815] vgl. Abschnitt 5.2.2

[816] vgl. Pepels [Handbuch] S.211

[817] vgl. Becker [Marketing-Konzeption] S.153

[818] vgl. Janzen [Marketing] S.279

und Erschließung neuer Teilmärkte (Gewinnung neuer Abnehmer, die sich von den bisherigen unterscheiden).[819] Als Marktinnovation im Beschaffungsbereich ist der Versuch zu werten, Altpapierfasern etwa zur Erzeugung von Gipsfaserplatten zu beschaffen: Ein neuer „Rohstoff" wird zur Erzeugung eines altbewährten Produktes eingesetzt.[820]

Produktentwicklung ist gleichbedeutend mit der Einführung von neuen Produkten auf bereits bestehenden Märkten. Sie ist wegen der relativ hohen Kostenintensität und des hohen Risikos erst die dritte strategische Alternative. Trotzdem spielen sich die meisten der strategischen Aktivitäten des Rückstandsmarketing in diesem Marktfeld ab. Zu unterscheiden ist dabei allerdings zwischen sogenannten Unternehmensneuheiten, die dem Markt an sich schon bekannt sind, und absoluten Marktneuheiten.[821]

Der Begriff der Produktentwicklung ist daher nicht unbedingt gleichzusetzen mit echten Produktinnovationen. Echte Produktinnovationen haben im Bereich des Rückstandsmarketing mit großen Vorbehalten zu kämpfen, da - wie bei vielen Produktinnovationen - zunächst kein unmittelbarer Einsatzzweck ersichtlich ist, diesen Produkten aber zusätzlich noch der Mangel eines Übels („Abfall") mit allen entsprechenden Assoziationen anhaftet. Zudem erfordert die Entwicklung von echten Innovationen weitaus mehr finanziellen, zeitlichen und personellen Aufwand als die Orientierung an bereits vorhandenen Produkten. Ein ausgefallenes Beispiel dafür stammt aus der Brauindustrie: Flüssige, stärke- und zuckerhältige Braurückstände („Trebern") müssen, so sie nicht als Futtermittel abgesetzt werden können, als extrem belastete Abwässer behandelt werden. In einer steirischen Brauerei versucht man, aus diesen Rückständen einen neuen „Biodrink" zu entwickeln.[822]

Der Großteil der Innovationen im Bereich des Rückstandsmarketing sind sogenannte „Quasi-Innovationen"; das sind neuartige Produkte, die an bestehenden Produkten anknüpfen.[823] Der Vorteil dabei besteht darin, dass auf den Märkten und im Unternehmen bereits vorhandene Synergien ausgenutzt werden können. Des Weiteren hat bereits eine Reduktion der Unsicherheit stattgefunden, die eine Kosten-Nutzen-Abschätzung der Rückstandsverwertung auch im Vergleich zu einer eventuellen Entsorgung ermöglichen. Eine typische Quasi-Innovation ist etwa Spritzbeton mit Zusatz von Alt-EPS zur Wärmedämmung.

Schließlich ist die Produktentwicklung auch durch die Verfolgung einer sogenannten „me-too"-Strategie möglich,[824] bei der das Unternehmen versucht, erfolgreiche Wettbewerbsprodukte nachzumachen, insbesondere wenn deren Entwicklung auf der vorangehenden Entwicklung neuer Verfahren basiert, die ebenfalls angeschafft werden können. Solche Effekte sind im Rahmen des Rückstandsmarketing etwa bei der Erzeugung von Recyclingpapier zu

---

[819] vgl. Nieschlag/Dichtl/Hörschgen [Marketing] S.16
[820] vgl. Schneider [Sekundärrohstoff] S.92
[821] vgl. Becker [Marketing-Konzeption] S.156f.
[822] vgl. Groß et al. [Energie] S.387
[823] vgl. Becker [Marketing-Konzeption] S.157
[824] vgl. Meffert [Marketingstrategien] S.290, vgl. Meffert/Kirchgeorg [Umweltmanagement] S.286

beobachten, die von wenigen Anbietern begonnen, nach Einsetzen des Erfolges jedoch von immer mehr Anbietern übernommen wurde.

Die vierte der Marktfeldstrategien ist die sogenannte Diversifikationsstrategie, bei der das Unternehmen mit neuen Produkten aus seinen angestammten Märkten hinaustritt.[825] Die Strategie der Diversifikation wird als die „höchste Steigerungsstufe der Leistungsausweitung einer Unternehmung angesehen,“[826] die auch die größten Probleme bei der Umsetzung aufweist. Die Ursache dafür liegt darin begründet, dass im Unternehmen weder in Bezug auf die Märkte noch in Bezug auf das Produkt entsprechende Erfahrungen vorliegen, weshalb das Risiko eines Misserfolges wächst.[827] Auch die Strategie der Diversifikation ist bei der Verwertung von Rückständen durchaus als häufig anzusehen, vor allem dann, wenn in einem Unternehmen Rückstände anfallen, die selbst oder deren Verwertungsmöglichkeiten nicht im Zusammenhang mit den eigentlichen Produkten des Unternehmens stehen.

Diversifikationen können anhand verschiedener Gesichtspunkte unterteilt werden,[828] für die Anforderungen der vorliegenden Arbeit ist die Ansoff´sche Klassifikation von horizontaler, vertikaler und lateraler Diversifikation ausreichend.[829] Unter horizontaler Diversifikation wird die Erweiterung des Leistungsprogrammes um Produkte verstanden, die mit dem urprünglichen Produktionsprogramm in Zusammenhang stehen. Zu denken ist dabei an den Einsatz verwandter Werkstoffe oder Technologien, die Nutzung bestehender Vertriebssysteme oder eine ähnliche Bedürfnisbefriedigung beim Verwender.[830]

Im Bereich des Rückstandsmarketing können die Synergien darin bestehen, dass ein Einsatzstoff für das neue Produkt im Unternehmen als Rückstand anfällt, der zu einem neuen Produkt aufbereitet bzw. weiterverarbeitet wird. So werden in einem österreichischen Chemieunternehmen chemische Textilfasern erzeugt. Bei der Produktion von Zellstoff fallen große Mengen von sogenannter Dicklauge (Magnesiumligninsulfat) an. Mithilfe eines speziellen Verfahrens wird daraus unter anderem Essigsäure gewonnen, die unter anderem auch zur Produktion von Essig für die Lebensmittelbranche Verwendung findet.

Ein typisches Beispiel für horizontale Diversifikation, bei dem auch das Verwertungsparadoxons eine Rolle spielt, sind die Aktivitäten der Kunststoffindustrie im Recyclingbereich: Die Kunststoffproduzenten bieten die Dienstleistung der entgeltlichen Verwertung von Kunststoffrückständen an, die sie zu marktfähigen Produkten aufbereiten und weiter verkaufen.[831] Dieses Beispiel zeigt auch sehr gut, dass vor allem für (zumindest im internationalen Maßstab) kleine Unternehmen die Forcierung von Entsorgungsdienstleistungen gegenüber der

---

[825]vgl. Ansoff [Advice] S.18f.

[826]Döhmen [Anlässe] S.138, vgl. Strebel/Boehme [Umweltschutztechnologien] S.126f.

[827]vgl. Boehme [Innovationsförderung] S.67ff., vgl. Plötner [Vertrauen] S.16ff.

[828]vgl. Döhmen [Anlässe] S.141ff.

[829]vgl. Ansoff [Management-Strategie] S.152ff.

[830]vgl. Döhmen [Diversifikation] S.147, vgl. Porter [Wettbewerbsvorteile] S.412f.

[831]vgl. Abschnitt 11.3.6.4

Sachproduktion durchaus sinnvoll sein kann, weil kleine, flexible Strukturen für die Erfüllung von veränderlichen Aufgaben wie Dienstleistungen besser geeignet sind.[832]

Erfolgversprechend in Bezug auf das Rückstandsmarketing erscheint die Strategie der vertikalen Diversifikation, bei der Unternehmen in die Tätigkeitsbereiche ihrer bisherigen Lieferanten (Rückwärtsintegration) oder ihrer bisherigen Abnehmer (Vorwärtsintegration) eindringen.[833] Im Bereich der Rückstandswirtschaft ist eine Rückwärtsintegration insofern denkbar, als bislang zugekaufte Rohstoffe durch im Unternehmen anfallende Rückstände ersetzt werden. Es handelt sich dabei also um den typischen Fall der Erfolgskriterien für die Herausbildung von Präferenzen (Produktadäquanz, Glaubwürdigkeit, Unverwechselbarkeit, Attraktivität und Kommunizierbarkeit)[834] bei der Vermarktung von Produkten, die durch internes Recycling entstanden sind.

Vorwärtsintegration im Rückstandsmarketing liegt dann vor, wenn Rückstände zu eigenständigen Produkten aufbereitet werden und auf Märkten abgesetzt werden, die ansonsten von Verwertungsbetrieben bearbeitet würden. Als Beispiel kann wiederum die Verwertung von Kunststoffrückständen herangezogen werden, doch diesmal unter der Voraussetzung, dass das Unternehmen, in dem die Rückstände anfallen, die Verwertung selbst vornimmt und mit den erstellten Produkten in den Recyclingmarkt der Verwerter eindringt.

Laterale Diversifikation bedeutet ein Eindringen in völlig unternehmensfremde Bereiche, etwa aufgrund der Tatsache, dass Wachstumspotenziale genützt werden können. Für das Rückstandsmarketing, das im Unternehmen normalerweise nur von nachrangiger Bedeutung ist, hat diese Strategie kaum Bedeutung.

Alle vier Marktfelder der Ansoff-Matrix stehen dem Unternehmen offen, um eine Strategie zu entwickeln, wie im eigenen Unternehmen angefallene Rückstände marktlich bewältigt werden können. Für welche der vier möglichen Strategien sich das Unternehmen in Bezug auf das Rückstandsmarketing entscheidet, hängt wieder von der gewählten Umweltstrategie, von den Aktivitäten des Gesetzgebers, den Entsorgungsmöglichkeiten und den Anforderungen der Abnehmer ab.

Die Bearbeitung der Marktfelder Penetration und Markterweiterung erfordert viel weniger innovative - und somit kostenintensive - Anstrengung als die Hervorbringung von Ideen für neue Einsatzzwecke und die Entwicklung der dafür nötigen Verfahren zur Wertsteigerung.[835] Für das Unternehmen erwachsen daraus relativ kostengünstige Möglichkeiten zur Rückstandsbewältigung, aus der Sicht des Marketing bieten sich aber auch weniger Profilierungsmöglichkeiten. Langfristig kann die Entscheidung für Marktpenetration und Markterweiterung zur Aufgabe von möglichen strategischen Erfolgsfaktoren führen.

---

[832] vgl. Döhmen [Diversifikation] S.119

[833] vgl. Meffert [Marketing] S.235

[834] vgl. Abschnitt 9.1

[835] vgl. dazu Abschnitt 9.3.2

Bei der Entscheidung sind auch technologische Faktoren zu berücksichtigen: Für den Wiedereinsatz von Rückständen in einem gleichartigen Prozess (Wiederverwendung und Wiederverwertung) kommen nur die Marktfelder der Marktpenetration und der Markterweiterung in Frage, da ja der Einsatzzweck selbst nicht neuartig ist und somit kein „neues" Produkt im definitorischen Sinne vorliegt. Diese technologische Komponente findet in Ansoff´s Systematisierungsansatz keine Beachtung. Eine entsprechende Erweiterung nimmt Abell vor.[836] Anhand von drei grundlegenden Dimensionen wird ein dreidimensionaler Raster aufgespannt, anhand dessen der relevante Markt in einzelne Segmente unterteilt wird, aus denen das Unternehmen die von ihm zu bearbeitenden Segmente wählen kann:[837] Customer Groups, Customer Functions und Alternative Technologies. Als Customer Groups werden dabei die Abnehmergruppen bezeichnet, auf deren Bedürfnisse im Speziellen eingegangen werden soll. Dieser Faktor entspricht dem Faktor Markt im ursprünglichen Ansatz von Ansoff. Das Produkt wird in Abell´s Ansatz definiert nach den beiden anderen genannten Faktoren. Customer Functions entsprechen den Bedürfnissen bzw. Anforderungen, die von den Abnehmern gestellt werden, und Alternative Technologies listen die zur Erfüllung der Abnehmerwünsche eingesetzten Verfahren. auf.[838]

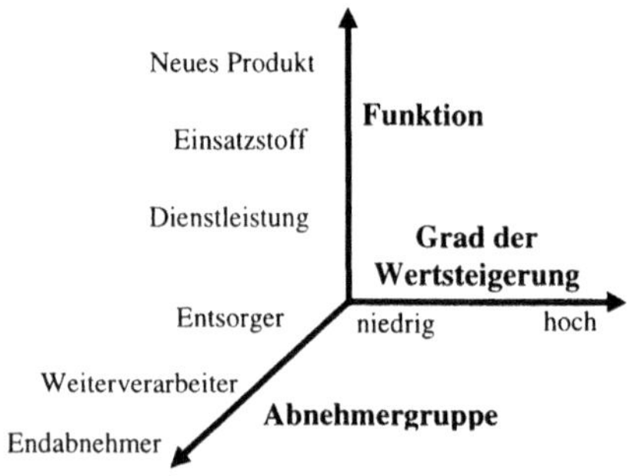

Abbildung 9-5: Anwendung des Abell-Schemas für Rückstände

Das Schema von Abell eignet sich für die Eingrenzung von Aktivitäten des Rückstandsmarketing. Für den Rückstandsmarkt lassen sich aus Anbietersicht grob die Customer Groups Entsorger, Weiterverarbeiter und Endabnehmer unterscheiden. Als zu erfüllende Leistungen können angesehen werden die Inanspruchnahme einer Entsorgungsdienstleistung, die Bereitstellung eines (veränderten) Rückstandes als Einsatzstoff sowie die Bereitstellung eines bereits recyclierten Produktes. Für die alternativen Technologien wird nach der Intensität der

[836] vgl. Abell [Defining] S.18ff., vgl. Abell/Hammond [Marketing Planning] S.392ff.

[837] vgl. ebenda

[838] vgl. Görgen [Wettbewerbsforschung] S.144ff., vgl. Kropfberger [Erfolgsfaktoren] S.113

Wertsteigerungsmaßnahmen („Transformationsintensität"[839]) von der Entsorgung (Wertsteigerung ist gleich Null) über die Aufbereitung bis hin zur Verarbeitung zu einem neuen Produkt ein Kontinuum erstellt (vgl. Abbildung 9-5). Diese allgemeine Bestimmung gibt zwar nur einen sehr groben Raster vor, der je nach anfallender Rückstandsart verfeinert werden muss, jedoch ermöglicht er dem Unternehmen, sich strukturiert mit der Frage anwendbarer Rückstandsbewältigungs-Strategien auseinanderzusetzen.

Um im Bereich der Beschaffung von Rückständen einsetzbar zu sein, muss das Schema von Abell weiter abgewandelt werden. An Stelle der Customer Groups tritt die Menge potenzieller Lieferanten eines Rückstandes, an die Stelle der Customer Functions die Frage, ob der Lieferant einen Rückstand als Produkt verkaufen oder aber (gegen Entgelt oder eine sonstige Gegenleistung) entsorgen möchte. Die Dimension Alternative Technologies ist insofern schwierig zu fassen, als das beschaffende Unternehmen die Matrix entweder nur für einen bestimmten Rückstand aufstellen kann, für den verschiedene Bewältigungstechnologien zur Auswahl stehen (z.B. für Kunststoffe) oder aber überlegt, welche Technologien zur Verfügung stehen und somit zunächst nicht darauf achtet, welche Rückstände eingesetzt werden. Insgesamt scheint die Anwendung der Dimension Technologie für den Beschaffungsbereich schwierig, weswegen auf einen zweidimensionalen Raster zurückgegriffen werden sollte.

9.4.2 Die Intensität der Marktbearbeitung

Aufbauend auf den Ergebnissen der Marktwahl muss vom Unternehmen abgeleitet werden, wie der definierte relevante Markt am besten zu bearbeiten ist. Es geht dabei um den Grad der Abdeckung des für das Unternehmen relevanten Marktes sowie um das Ausmaß unterschiedlicher Aktivitäten der Marktbearbeitung (Differenzierung).[840]

Differenzierung des Marketingprogrammes	Abdeckung des Marktes	
	vollständig (total)	teilweise (partial)
undifferenziert	undifferenziertes Marketing	konzentriertes Marketing
differenziert	differenziertes Marketing	selektiv-differenziertes Marketing

Abbildung 9-6: Basisalternativen der Marktparzellierung[841]

---

839 Kleinaltenkamp [Recyclingstategien] S. 73. Nach Kleinaltenkamp zerfällt die Transformationsintensität wiederum in die beiden Dimensionen „Anzahl der nötigen Prozesse" und „Arten von Prozessen" (vgl. ebenda).

840 vgl. Meffert [Marketing] S.208f.

841 entnommen aus Freter [Marktsegmentierung] S.110

Kombiniert man die beiden Elemente miteinander, so ergeben sich vier mögliche strategische Alternativen der sogenannten Marktparzellierung (vgl. Abbildung 9-6).[842] Aus dieser Aufgliederung lassen sich drei grundsätzliche Strategien ableiten: die Konzentrationsstrategie, die Massenmarktstrategie (undifferenzierte Strategie) und die Segmentierungsstrategie (Differenzierungsstrategie).[843]

Die Strategie der Konzentration zielt darauf ab, im Bereich der Marktwahl Schwerpunkte zu setzen und durch die Bearbeitung eines einzelnen Segmentes[844] Vorteile zu erzielen („Nischenstrategie").[845] Anstatt ein Produkt dem gesamten Markt anzubieten, wird es speziell auf die Bedürfnisse einer bestimmten Kundengruppe („Nische") zugeschnitten. Diese Strategie eignet sich besonders für kleinere, flexiblere Unternehmen, die nicht über das Produktionspotenzial verfügen, um den gesamten Markt abdecken zu können, wohl aber genügend flexibel sind, um sich den Anforderungen der Abnehmer anzupassen.[846]

Die Strategie der Konzentration auf Schwerpunkte ist für die Rückstandsbewältigung nicht anstrebenswert, wenn der Rückstand in unaufbereiteter Form oder nur leicht aufbereitet (z.B. sortiert, gereinigt wie etwa Alt-EPS) verkauft werden soll. Dieses Produkt ist zu unspezifisch, um auf Nischenmärkten erfolgreich abgesetzt werden zu können. Vielmehr begibt man sich potenzieller Absatzchancen, wenn man den relevanten Markt zu sehr eingrenzt: Durch eine Beschränkung auf wenige Marktsegmente wird das in den meisten Fällen ohnehin knappe Marktpotenzial für Rückstände weiter beschränkt. Ein interessantes Beispiel für dieses Problem bietet ein österreichisches Chemieunternehmen mit dem schon erwähnten Beispiel der Gipsplatten. Als die unternehmensinterne Rückstandsquelle durch Stillegung der Phosphorsäureproduktion wegfiel, wurde in anderen chemischen Betrieben ebenso nach Quellen für Synthese-Gips gesucht wie versucht wurde, REA-Gips einzusetzen. Es handelt sich hier offensichtlich um den Versuch, den zunächst eher eingeschränkten Beschaffungsmarkt aus der Nische „Synthese-Gips" um andere Teilmärkte auszuweiten.[847]

Anders liegt der Fall, wenn aus den Rückständen eigenständige, innovative Produkte erzeugt werden, bei denen der Zusatznutzen der Umweltverträglichkeit als Hauptverkaufsargument dienen soll und die betreffenden Artikel speziell im Marktsegment der umweltbewusst eingestellten Kunden positioniert werden.[848] Beispiele dafür sind etwa Dämmstoffplatten, die aus kurzen, für die Verspinnung nicht geeigneten Flachsfasern erzeugt werden.[849] Ein anderes Beispiel für den Erfolg einer Konzentrationsstrategie ist die Entwicklung von Trendartikeln,

---

[842] vgl. Becker [Marketing-Konzeption] S. 237

[843] vgl. Abell [Business] S.132

[844] vgl. Meffert [Marketing] S.208f.

[845] vgl. Weinstein [Market] S.211

[846] vgl. Türck [Produkt] S.180

[847] Ergebnis aus Gesprächen mit Mitarbeitern eines österreichischen Chemieunternehmens

[848] vgl. Schmidt-Endrullis [Markterschließung] S. 146f., vgl. Abschnitt. 5.3.1

[849] vgl. Gelbmann [Markteinführung] S.5ff.

die bewusst damit werben, aus Rückstand produziert zu sein und vor allem in Spezialgeschäften für gehobenen Bedarf angeboten werden.[850] Im Wesentlichen spielt die Nischenstrategie im Rückstandsmarketing jedoch eine eher untergeordnete Rolle.

Die Massenmarktstrategie zielt auf eine undifferenzierte Marktbearbeitung ab. Alle Zielgruppen innerhalb des Marktes, die das Unternehmen erreichen will, werden mit derselben Strategie behandelt. Die Massenmarktstrategie ist eine typische Strategie auf Märkten, auf denen die Güter nicht spezifisch auf den Bedarf weniger Kunden zugeschnitten sind.[851]

Im Business-to-Business-Bereich kommt diese Strategie bei Rohstoffen zum Einsatz, die nicht spezifisch für bestimmte Anbieter konfektioniert sind. Typische Vermarktungsinstrumente, die dabei zum Einsatz kommen, sind Auktionen oder Börsen.[852] Aus den verwendeten Instrumenten wird deutlich, dass auf Massenmärkten der Preis eines Gutes eine besonders wesentliche Rolle spielt und oft zum bestimmenden Kriterium über Kauf und Nicht-Kauf wird.

Sofern das Unternehmen die Vermarktung von Rückständen als Vermarktung von Einsatzstoffen für die Weiterverarbeitung betrachtet, ist daher eine Massenmarktstrategie geeignet. Es besteht allerdings die Gefahr, dass bei einem Überangebot von Rückständen der Preis, den die Abnehmer zu zahlen bereit sind, verfällt und dass es möglicherweise sogar zur Herausbildung des Verwertungsparadoxons kommt: Für Rückstände, für die bislang ein positiver Preis bezahlt wurde, werden plötzlich „Entsorgungsgebühren" verlangt, wie etwa auf dem Markt für qualitativ minderwertige Altpapiere.[853]

Betrachtet man die Massenmarktstrategie aus der Sicht der Rückstandsabnehmer, die Rückstände im Wege des Beschaffungsmarketing als Einsatzstoffe erwerben bzw. die Abnahme von Rückständen als Entsorgungsdienstleistung anbieten, so ist die Massenmarktstrategie ebenfalls ein geeigneter Weg. Eine Segmentierung (d.h. eine gezielte, differenzierte Bearbeitung einzelner Gruppen)[854] kostet diese Unternehmen oft mehr, als sie ihnen an Nutzen bringen kann, da die Wiederverwertung nicht unbedingt auf eine spezielle Art von Rückstand angewiesen ist. So ist es beispielsweise bei der Kunststoffverwertung gleichgültig, ob Altfolien aus der Industrie oder aus dem Konsumbereich stammen, wenn sie sortenrein, sauber und möglichst nicht mit Farb- und Füllstoffen versetzt sind.

Gerade diese Einschränkung beweist jedoch, dass - obgleich theoretisch keine Notwendigkeit für eine Marktsegmentierung besteht - dennoch in vielen Fällen eine Massenmarktstrategie nur mit partieller Marktabdeckung erfolgen kann, wenn Merkmale an Bedeutung gewin-

---

850 z.B. Aktenordner aus Ausschuss-Leiterplatten oder klobige Glasgefäße aus leicht grünlichem Recyclingglas.

851 vgl. Busch/Dögl/Unger [Marketing] S.116

852 vgl. Engelhardt/Günter [Unternehmenskooperation] S.199ff.
So gibt es etwa für Altpapier sogar Preisindizes („Wiesbadener Index").

853 vgl. Wiesch [Abfallreduzierung] S.169f.
Ähnliche Probleme werden etwa für Kompost aus der Bioabfallverwertung befürchtet, wenn die großen Mengen an Kompost aus einer vollständigen Sammlung nicht mehr abgesetzt werden können (vgl. Kutzschbauch [Vermarktungskonzept] S.779).

854 vgl. Abell [Business Definition] S.132

nen, die auf spezielle Bedürfnisse eingehen.[855] Ist etwa der Kunststoffverwerter auf sortenreine, saubere Rückstände angewiesen, wird er sie im Konsumbereich kaum finden. Als Beschaffungssegment werden daher nur andere Unternehmen, nicht aber der Konsumbereich (gegebenenfalls sogar nur in bestimmten Branchen) als Lieferanten in Betracht kommen.

Eine sinnvolle Differenzierung ist auch im Rückstandsbereich an mehrere Voraussetzungen gebunden.[856] Besonders wesentlich ist, dass zwischen den auf den Teilmärkten angebotenen Produkten aus objektiver oder zumindest subjektiv aus der Sicht des Abnehmers Unterschiede bestehen und vor allem, dass die Segmentierung ökonomisch sinnvoll ist. Letzteres bedeutet, dass die durch die Segmentierung erwirtschafteten zusätzlichen Erlöse die zusätzlich anfallenden Kosten übersteigen.[857]

Vergleicht man die Massenmarkt- und die differenzierte Strategie aus der Sicht des Rückstandsmarketing, so sind als Vorteile der Massenmarktstrategie zu nennen: [858]

- die Kostenersparnis
  - ⇒ durch meist nur geringfügige Aufbereitungsaktivitäten (für den Wiedereinsatz als Sekundärstoff),
  - ⇒ durch einheitliche Marketingaktivitäten auf dem gesamten Markt und
- eine optimale Potenzialausschöpfung durch Abdeckung des gesamten relevanten Marktes.

Die Vorzüge der Segmentierung umfassen:[859]

- die Ausschöpfung von sonst nicht erreichbaren Abnehmersegmenten durch verbesserte Wertsteigerungsaktivitäten bei den Rückständen,
- die Erwirtschaftung von Erträgen aus bislang zu hohen Kosten entsorgten Rückständen,
- die aktive Präsenz am Markt mit allen daraus erwachsenden Vorteilen.

Welche der beiden Strategien aus der Sicht des Rückstandsmarketing günstiger ist, hängt von der Art und Größe des Unternehmens bzw. dessen (informellen) Kontakten sowie insbesondere von der Art und Menge der potenziell anzunehmenden/abzugebenden Rückstände ab. Diese Frage kann daher nur für den Einzelfall geklärt werden.

9.4.3 Angestrebte Wettbewerbsvorteile

Ein wesentlicher Punkt bei der Ausarbeitung von marketingstrategischen Optionen ist die Frage der Abhebung von der Konkurrenz; man spricht auch von Marktstimulierung.[860] Ziel ist

---

[855] vgl. Freter [Marketing-Konzeption] S.116

[856] vgl. dazu und zum Folgenden Freter [Marketing-Konzeption] S.116

[857] zu möglichen Segmentierungskriterien im interindustriellen Bereich vgl. Kotler [Marketing-Management] S.271ff.

[858] vgl. Pepels [Handbuch] S.234

[859] vgl. Pepels [Handbuch] S.234

[860] vgl. Kleinaltenkamp/Fließ [Entwicklung] S.991

die Festlegung einer generellen Richtung dafür, in welcher Art und Weise Wettbewerbsvorteile gegenüber der Konkurrenz realisiert werden sollen.[861]

Porter unterscheidet nach der Art des angestrebten Wettbewerbsvorteils sowie dem Grad der Marktabdeckung drei Strategietypen: die umfassende Kostenführerschaft, die Qualitätsführerschaft und die Konzentration auf Schwerpunkte, sowohl im qualitativen als auch im Kostenbereich.[862] Die folgenden Ausführungen stellen in erster Linie auf die Unterscheidung nach den angestrebten Wettbewerbsvorteilen ab. Da die Frage der Marktsegmentierung bereits diskutiert wurde,[863] bleibt die Konzentration auf einzelne Segmente aus der Diskussion ausgeschlossen.

Die Preis-Mengen-Strategie[864] beruht darauf, durch ständig verringerte relative Produktionskosten einen komparativen Preisvorteil zu erzielen und so einen hohen Absatz bzw. Marktanteil zu erlangen.[865] Im Mittelpunkt dieser Strategie steht die Erzielung von Umsatz an Stelle der Erzielung von Gewinn.[866] Diese Strategie kommt den Anforderungen des Rückstandsmarketing entgegen. Rückstände als unerwünschte Kuppelprodukte fallen im Unternehmen an, ohne durch ihre Produktion zusätzliche Kosten zu verursachen. Kosten werden allerdings dann verursacht, wenn das Unternehmen den Produktionsoutput nicht nutzen kann, sondern vielmehr noch für dessen Entsorgung bezahlen muss. Wesentlichstes Ziel der externen Rückstandsbewältigung ist somit nicht primär die Erzielung eines Gewinns, sondern der zumindest möglichst kostengünstige Absatz der produzierten Rückstandsmenge.

Können Rückstände, die bislang gegen Bezahlung entsorgt werden mussten, zumindest kostenlos oder sogar gegen Entgelt als Einsatzstoffe an andere abgegeben werden, so befindet sich das abgebende Unternehmen gegenüber anderen Lieferanten, die das Produkt produzieren müssen, in einem Kostenvorteil. Ein Beispiel dafür ist etwa die Verwertung von REA-Gips. Dieser besondere Kostenvorteil ist aus der Sicht des Rückstand abgebenden Unternehmens jedoch nur dann wirksam, wenn der Verwendung von Sekundärstoffen aus der Sicht der Käufer der unter Einsatz von Rückständen produzierten Produkte keine gravierenden Bedenken gegenüberstehen. Aus der Sicht des Rückstand beschaffenden Unternehmens wird dann ein Kostenvorteil realisiert, wenn durch den Einsatz von Sekundärstoffen die Material- und Produktionskosten insgesamt gesenkt werden können. Zusätzlich dürfen weder die beim abgebenden noch die beim aufnehmenden Unternehmen eventuell nötigen Aufbereitungsverfahren oder Produktionsumstellungen die Kostensenkung durch den Sekundärstoff überkompensieren.

---

861 vgl. Backhaus [Industriegütermarketing] S.202

862 vgl. Porter [Wettbewerbsstrategie] S.71

863 vgl. Abschnitt 9.4.2

864 vgl. Porter [Wettbewerbsstrategie] S.71f.

865 vgl. Backhaus [Investitonsgütermarketing] S.155

866 vgl. Pepels [Handbuch] S.230

Zusammenfassend können diese Einschränkungen aus der Sicht eines Unternehmens, das Rückstände als Einsatzstoffe aufnimmt, mittels folgender Formel dargestellt werden.[867]

$$K^RM + K^RF + A^R + \Delta U^R + \Delta K^RI < K^PM + K^PF + A^P - E$$

Dabei bedeuten:

K^RM Kosten für Sekundärstoffe (vom Zeitpunkt des Eintritts in die Unternehmenssphäre weg, unter Beachtung meist verminderter Energiekosten)

K^PM Kosten der Primärstoffe

K^RF Kosten der Produktion aus Sekundärstoffen (incl. Aufbereitung)

K^PF Kosten der Produktion aus Primärstoffen

A^R Entsorgungskosten bei Produktion mit Sekundärstoffen

A^P Entsorgungskosten bei Produktion mit Primärstoffen

E ev. Erlös aus einer weniger günstigen Form der externen Rückstandsbewältigung

ΔU^R Erlösänderungen bei Produkten wegen des Rückstandseinsatzes (auch negative)

ΔK^RI zusätzliche Informationskosten bei der Beschaffung von Sekundärstoffen

Aus der Sicht des abgebenden Unternehmens stellt sich die Situation zusammengefasst folgendermaßen dar.

$$U_1^R < K^RA + \Delta K^RI + U_2^R$$

Dabei bedeuten:

K^RA Kosten für die Wertsteigerung des Sekundärstoffes bis zum Verlassen der Unternehmenssphäre

ΔK^RI zusätzliche Informationskosten bei der Abgabe von Sekundärstoffen

U_1^R Kosten bzw. Erlöse bei konventioneller Rückstandsabgabe

U_2^R Erlös beim Verkauf von Sekundärprodukten

Nur wenn beide Ungleichungen erfüllt sind, kann eine (dauerhafte) Rückstandstransferbeziehung sinnvoll sein.

Per definitionem ist die Verfolgung einer Preis-Mengen-Strategie weniger innovativ als die Strategie der Qualitätsführerschaft, die der für ein effektives Rückstandsmarketing nötigen offensiven, innovativen Umweltstrategie eher entspricht.[868] Unter Qualitätsführerschaft[869] versteht man die Schaffung eines in der ganzen Branche einzigartigen Wettbewerbsvorteils durch Abhebung von den Produkten der Konkurrenz.[870] Wesentliches Erfolgskriterium dieser

---

[867] Strebel [Industrie] S.831

[868] vgl. Meffert/Kirchgeorg [Umweltmanagement] S.222, vgl. auch Abschnitt 9.1

[869] Porter selbst spricht auch von Differenzierung. Auf die Verwendung dieses Begriffes wird verzichtet, da er bereits in anderem Zusammenhang (vgl. Abschnitt 9.3.2.1) verwendet wurde.

[870] vgl. Porter [Wettbewerbsstrategie] S.73ff.

Strategie ist, dass die Nachfrager das offerierte Produkt gegenüber den Produkten der Konkurrenz präferieren[871] und das Unternehmen aus dieser Sicht über einen Wettbewerbsvorteil gegenüber der Konkurrenz verfügt.[872] Im Mittelpunkt stehen die Herausbildung von Präferenzen aufgrund anderer, nicht-preislicher Erfolgskriterien (Produktadäquanz, Unverwechselbarkeit, Attraktivität und Kommunizierbarkeit)[873] sowie die bei der Vermarktung von Rückständen besonders wesentlichen Vertrauensqualitäten (etwa ein etablierter Firmenname).[874] Das Merkmal, auf das aus dieser Sicht das größte Augenmerk gelegt werden muss, ist somit die Qualität des Produktes in den Augen der Abnehmer.[875] Qualitätsführerschaft „schirmt gegen den Wettbewerb ab, indem sie Abnehmer an die Marke bindet und die Preisempfindlichkeit verringert."[876]

Dennoch scheint die Strategie der Qualitätsführerschaft zunächst für den Absatz von Rückständen nur sehr bedingt geeignet zu sein, da Rückstände normalerweise keine oder nur wenige der für die Präferenzbildung nötigen Eigenschaften aufweisen: Dauerhafte Wettbewerbsvorteile lassen sich gerade im Rückstandsmarketing nur dadurch aufbauen, dass man dem Abnehmer oder umgekehrt dem Abgeber von Rückständen eine Senkung seiner Produktions- bzw. Entsorgungskosten oder einen erleichterten Umgang mit Rückständen[877] ermöglicht. Gelingt es, Rückstände entgeltlich abzusetzen, sind diese in der Regel ein geringwertiges Wirtschaftsgut, das für den Abnehmer von untergeordneter Bedeutung ist und somit nach Kostengesichtspunkten ausgewählt wird: Liegt eine zumindest zufriedenstellende Qualität vor, entscheidet der angemessene Preis.[878] Dazu kommt, dass im Rückstandsbereich in der Regel eher Produktmodifikationen (z.B. REA-Gips an Stelle von Naturgips) und Quasi-Innovationen (Lärmschutzwände aus Recycling-Kunststoff) gegenüber echten Innovationsdurchbrüchen dominieren.[879] Diesen wohnt jedoch nur ein geringes Differenzierungspotenzial inne.[880]

Im Rückstandsmarketing besteht das Innovative einer Leistung aber gerade darin, kostengünstige oder sogar erlösbringende Möglichkeiten für die Rückstandsbewältigung zu finden. Wege für die Präferenzbildung ergeben sich im Bereich des „erweiterten Produktes":[881] So kann etwa der Abgeber eines Rückstandes von sich aus offerieren, die Transportkosten zum

---

871 Diese Strategie wird deshalb auch als Präferenzstrategie bezeichnet (vgl. Backhaus [Industriegütermarketing] S.205).

872 vgl. Becker [Marketing-Konzeption] S.377, vgl. Busch/Dögl/Unger [Marketing] S.125

873 vgl. Abschnitt 9.1

874 vgl. Meffert/Kirchgeorg [Umweltmanagement] S.224f., vgl. auch Abschnitt 5.2

875 vgl. Nieschlag/Dichtl/Hörschgen [Marketing] S.126ff.

876 Porter [Wettbewerbsstrategie] S.74

877 So entwickelte in den USA ein Unternehmen zur Sammlung und Verwertung von biogenen Abfällen aus Hotelanlagen spezielle Fahrzeuge, die sowohl Tonnen als auch fahrbare Behälter entleeren und diese Behältnisse auch reinigen können (vgl. o.V. [Converting] S.79).

878 vgl. Schmidt-Endrullis [Markterschließung] S.143

879 vgl. Abschnitt 9.4.1

880 vgl. Meffert/Kirchgeorg [Umweltmanagement] S.287

881 vgl. Abschnitt 3.1.2.1

annehmenden Unternehmen zu übernehmen. Ein bereits erwähntes Beispiel einer auf Qualitätsführerschaft gerichteten Strategie ist das Angebot, mit dem Absatz eines Produktes auch gleichzeitig die Entsorgung der Rückstände aus dessen Ge- bzw. Verbrauch zu übernehmen („Paketlösung").[882] Ein Differenzierungsvorteil ergibt sich schließlich auch dann, wenn sich ein Unternehmen die Implikationen des Verwertungsparadoxons zunutze macht und eine „Entsorgungsdienstleistung" anbietet, die es bislang in dieser Form nicht gegeben hat.

9.4.4 Die räumliche Abgrenzung des Marktes

Die räumliche Abgrenzung des Marktes beschäftigt sich mit der Frage, wo die angefallenen Rückstände verwertet werden sollen, es geht um die Entwicklung von Marktarealstrategien. Man unterscheidet grundsätzlich nationale und übernationale Strategien.[883] Letztere sind für das Rückstandsmarketing von geringer Bedeutung, da sich die Internationalisierung nur dann lohnt, wenn für die gehandelten Produkte hohe Preise erzielt und somit die hohen Transportkosten gedeckt werden können. Für Rückstände als niedrigpreisige oder gar Stoffe, für deren Verwertung ein Entgelt entrichtet werden muss, lohnt sich daher dieser Aufwand kaum.[884] Von großem Interesse im Business-to-Business-Bereich ist der Aufbau von grenzüberschreitenden Rückstandsaufnahme- bzw. -abgabebeziehungen, wenn die Rückstände in der Produktion des jeweiligen Abnehmers gut eingesetzt werden können. Interessant sind grenzüberschreitende Aktivitäten auch für Unternehmen, die Kapazitäten für die Dienstleistung „Rückstandsverwertung" aufgebaut haben und diese allein mit den in Österreich anfallenden Rückstandsmengen nicht ausfüllen können. Zu beachten sind dabei die Vorschriften der §§ 34-37a AWG , die sich mit dem Import und Export von Abfällen beschäftigen.[885]

Die Hauptaufgabe des Rückstandsmarketing besteht im Aufbau und der Pflege guter Behördenkontakte, um die Abwicklung von Im- und Exporten nicht unnötig zu verschleppen; von multi- oder gar internationalem Marketing im engeren Sinne kann hier nicht die Rede sein. In erster Linie haben daher die nationalen Marketingarealstrategien Bedeutung für das Rückstandsmarketing. Rückstände, die einen geringen oder gar negativen Wert aufweisen, können aus Kostengründen nicht weit transportiert werden.[886] In vielen Fällen ist sogar die Frage, wer die Transportkosten[887] übernimmt, wesentlich für das Zustandekommen einer Rückstandstransferbeziehung.[888] Daher kommen für das Rückstandsmarketing meist nicht einmal überregionale Strategien in Betracht, sondern möglichst lokale bis regionale.

---

[882] vgl. Abschnitt 5.3.2.3

[883] vgl. Becker [Marketing-Konzeption] S.315, vgl. Pepels [Handbuch] S.249

[884] vgl. Pepels [Handbuch] S.250

[885] vgl. Abschnitt 4.2.3

[886] vgl. Strebel/Schwarz/Schwarz [Recycling] S.160

[887] vgl. Steven/Bruns [Entsorgungslogistik II] S.804

[888] Gesprächsergebnis mit Mitarbeitern eines österreichischen Chemieunternehmens

Unternehmen, die in Erwägung ziehen, Rückstände an andere Unternehmen als Einsatzstoff abzugeben oder von anderen Unternehmen als Einsatzstoff aufzunehmen, sollten daher vorerst im nächsten Umkreis nach einem Marktpartner Ausschau halten. Der Vorteil einer lokalen Zusammenarbeit besteht vor allem darin, dass durch den Transportkostenvorteil (v.a. bei geringwertigen Gütern) auswärtige Anbieter und Nachfrager ausgeschlossen und so der Aufbau von stabilen Partnerschaften begünstigt werden kann. Sogar der Aufbau von fixen Transporteinrichtungen wie Förderbändern oder Rohrleitungssystemen kann sich bei geringen räumlichen Entfernungen innerhalb eines gewissen Zeitraums eventuell amortisieren.[889] Findet sich ein lokaler Partner, so können mit diesem langsam eine langfristige Zusammenarbeit aufgebaut und so die Rohstoffquellen bzw. Rückstandsverwertungsmöglichkeiten abgesichert werden.[890] Können Rückstandsabgeber und Rückstandsaufnehmer so ihren Entsorgungs- bzw. Einsatzstoffbedarf decken, besteht kein Anlass zur Ausweitung des Marktareals.[891]

In den meisten Fällen ist diese Konstellation jedoch nicht gegeben, weshalb vor allem auf der Seite der Abgeber, aber auch auf der Seite der aufnehmenden Unternehmen Maßnahmen zur Akquisition räumlich entfernter Partner getätigt werden müssen. Besonders wesentlich ist dafür die genaue Kenntnis der regionalen Branchenstruktur.[892] Wenn genaue Kenntnis über eventuelle Rohstoffbedarfe bzw. über Entsorgungsbedürfnisse in der Region besteht, ist das Rückstand abgebende oder aufnehmende Unternehmen leichter in der Lage, seinen möglichen Beschaffungs- oder Absatzmarkt zu identifizieren. Die Voraussetzungen dafür schafft eine sinnvolle Kommunikationspolitik, die vor allem auch Wert auf die Pflege informeller Kontakte legt.[893]

9.4.5 Intensität der Beziehungen im Rückstandsmarketing

Die Frage, inwieweit und in welcher Form das Unternehmen bei der Rückstandsbewältigung mit anderen Unternehmen zusammenarbeitet, umfasst zwei Dimensionen. Zunächst ist zu klären, inwieweit kapitalmäßige Verflechtungen für das Rückstandsmarketing eine Rolle spielen. Von weitaus größerer Bedeutung für das Rückstandsmarketing ist die Frage des Grades der Zusammenarbeit bzw. der Kooperationsintensität. Beide Dimensionen werden im Folgenden einer eingehenden Analyse unterzogen.

9.4.5.1 Unabhängigkeit versus Konzentration

Unabhängigkeit des Unternehmens als sein alleiniges und selbstständiges Auftreten im Rückstandsbereich einerseits und die Unternehmenskonzentration mit der Übernahme von

---

889 vgl. Schwarz [Unternehmensnetzwerke] S.102

890 vgl. auch Abschnitt 6.3.4

891 vgl. auch Abschnitt 9.4.5.2

892 vgl. auch Abschnitt 5.3

893 vgl. Strothmann et al. [Kaufentscheid] S.24ff.

Unternehmen zur Rückstandsbewältigung anderseits sind die beiden Extreme, die im Bereich der kapitalmäßigen Verflechtung möglich sind. Dazwischen gibt es ein breites Spektrum an Möglichkeiten der Zusammenarbeit, die differieren nach[894]

- der Art und dem Ausmaß, in denen die Ressourcen der beteiligten Unternehmen verbunden sind (finanzielle, personelle, kapazitätsmäßige Verflechtungen),
- den Einwirkungsmöglichkeiten eines der beteiligten Unternehmen auf die anderen,
- dem Auftreten nach außen,
- dem Ausmaß, in dem die Zusammenarbeit vertraglich geregelt ist, sowie
- dem Grad, in dem die Partnerunternehmen ihre Unabhängigkeit aufgeben.

Die Strategie der Konzentration[895] ist im Bereich der Rückstandsbewältigung von geringerer Bedeutung, da eine Kapitalverflechtung eher nur im Bereich des Unternehmensbasisgeschäftes wahrscheinlich ist. Demgegenüber kommt der Unabhängigkeit eine größere Bedeutung zu. Rückstandsmarketing wird dabei mit eigenen Mitteln und in selbstständiger Form durchgeführt. Sieht man Rückstandsmarketing als mögliche Marktchance, entweder durch die entgeltliche Zurverfügungstellung von Dienstleistungen zur Rückstandsbewältigung auf der Beschaffungsseite oder durch eine Wertsteigerung oder Verarbeitung zu marktfähigen Produkten, so ist Unabhängigkeit die passende strategische Option für Unternehmen mit entsprechendem finanziellen Potenzial. Die Vorteile dieser Strategie liegen in der Alleinbestimmung oder der Möglichkeit einer einzigartigen Positionierung des Unternehmens. Diese Aussage wird jedoch dadurch relativiert, dass oftmals auch finanzstarke Unternehmen auf Partner bei der Rückstandsbewältigung angewiesen sind.

Zwischen den beiden Extremvarianten angesiedelt sind die Neugründung von Unternehmen und das Eingehen von Joint-Ventures.[896] Beides ist im Bereich des Rückstandsmarketing eine gangbare Alternative. Die Auslagerung von Geschäften im Rückstandsbereich (insbesondere bei der Entwicklung von Dienstleistungen der Rückstandsentsorgung unter Vorliegen des Verwertungsparadoxons) in Profit Centers oder Tochtergesellschaften ist für die Verwertung von Rückständen besonders geeignet. Will das Unternehmen selbst nicht mit der Rückstandsverwertung in Zusammenhang gebracht werden, weil es etwa negative Ausstrahlungseffekte auf das Hauptgeschäft befürchtet,[897] so kann die Gründung der Tochter unter einem völlig anderen Firmennamen erfolgen. Doch dient die Gründung von Tochterunternehmen auch der Risikominderung für das Basisgeschäft, falls die Aktivitäten der Rückstandsbewältigung finanziell scheitern sollten. So wurde von einem österreichischen Chemieunternehmen eine Tochtergesellschaft mit dem Zweck gegründet, die aus dem Synthese-Gips produzierten Gips-

---

[894] vgl. Pepels [Handbuch] S.264

[895] vgl. Picot/Dietl/Franck [Organisation] S.176ff.

[896] vgl. Pepels [Handbuch] S.270

[897] vgl. Meffert/Kirchgeorg [Umweltmanagement] S.224

platten zu vermarkten.[898] Man kann bei dieser Art der Strategie auch von einem Outsourcing des Marketing für Rückstände sprechen.[899]

Auch das Eingehen von Joint-Ventures bietet sich als Strategie in Bereichen an, in denen das Rückstand produzierende Unternehmen (noch) keine ausreichende Markterfahrung hat.[900] Unter einem Joint-Venture versteht man die gemeinsame Gründung eines neuen Unternehmens durch zwei (oder mehrere) Partner, die beide jedoch selbst wirtschaftlich unabhängig bleiben, was die Vorteile vor allem auch bei der Haftungsbegrenzung mit sich bringt.[901] Ausschlaggebend für die Gründung eines Joint-Venture ist meist, dass beide Unternehmen unterschiedliche Erfahrungen und/oder unterschiedliches Know-How einbringen.[902]

Die Gründung von Joint-Ventures ist im Rückstandsmarketing vor allem dann von Bedeutung, wenn im Rückstand verursachenden Unternehmen Interesse besteht, die angefallenen Rückstände selbst zu vermarkten, eine marktliche Verwertung ohne zusätzliche Wertschöpfung jedoch ausgeschlossen ist. Hat nun das Rückstand produzierende Unternehmen keine Erfahrungen mit dem Markt, auf dem ein aus den Rückständen erzeugtes Produkt abgesetzt werden soll, und scheint eine selbstständige Diversifikation als zu risikoreich, bietet sich eine Zusammenarbeit mit einem schon im betroffenen Bereich tätigen Unternehmen an.[903]

Eine weitere Möglichkeit für Joint-Ventures im Rückstandsbereich bietet sich durch die Schaffung von Gemeinschaftsunternehmen zur Lösung von gleichartigen Rückstandsproblemen.[904] Diese Art der Lösung wird jedoch nur in Bereichen zu erzielen sein, in denen der Rückstandsanfall groß und/oder von großer finanzieller Bedeutung ist.

9.4.5.2 Kooperationsintensität im Rückstandsbereich

Der Grad der Zusammenarbeit im Bereich der Rückstandsbewältigung reduziert sich nicht auf die Frage, ob eine marktliche Beziehung oder eine Kooperation vorliegt. Vielmehr bemisst sich die Intensität der Kooperation anhand eines Kontinuums von einmaligen Transaktionen über längerfristige, aber von marktlichen Prinzipien getragene Zusammenarbeit bis hin zu Kooperationen im eigentlichen Sinne, bei denen über die rein marktliche Zusammenarbeit hinausgehende Nutzen auftreten.

---

[898] Gesprächsergebnis mit Mitarbeitern eines österreichischen Chemieunternehmens

[899] vgl. zum Begriff des Outsourcing von Marketingaktivitäten Becker [Outsourcing] S.20

[900] vgl. Picot/Dietl/Franck [Organisation] S.175f.

[901] vgl. Gebhardt [Gemeinschaftsunternehmungen] Sp.1376

[902] vgl. Hlavacek/Dovey/Biondo [Erfolge] S.148ff.

[903] So suchte sich eine steirische landwirtschaftliche Genossenschaft als Partner für die Verwertung von kurzen Flachsfasern die Firma Heraklith aus, die schon seit langer Zeit den Bereich Dämmstoffe bearbeitet und gründete gemeinsam mit dieser die Heraflax Forschungs- und EntwicklungsgesmbH., die sich mit der Erzeugung von Dämmstoffen aus Flachs beschäftigt (vgl. Gelbmann [Markteinführung] S.3).

[904] vgl. Schwarz [Unternehmensnetzwerke] S.151 und die dort zitierten Beispiele
Ein Beispiel für ein solches Joint-Venture referieren Strebel/Schwarz/Schwarz (vgl. ds. [Recycling] S.152): Von Kraftwerken und Zementwerken wurde gemeinsam ein Unternehmen gegründet, dessen Zweck der Ankauf von Flugasche von Kraftwerken und der Weiterverkauf an Zementwerke ist.

Die Wahrscheinlichkeit für eine intensivere Zusammenarbeit ist im Bereich der Rückstandsbewältigung generell höher als in anderen Absatz- und Beschaffungsbereichen. Die Gründe dafür liegen vor allem im Bestreben, diejenigen Aktivitäten des Unternehmens, die nicht dem Basisgeschäft angehören, zu verstetigen und die dafür anfallenden (Transaktions-)Kosten zu minimieren oder jedoch zusätzliche Wettbewerbsvorteile für das Unternehmen zu erlangen.[905] Die Sinnhaftigkeit (und damit auch die Wahrscheinlichkeit) von Kooperationen steigt mit der Komplexität der transferierten Rückstände. Werden Rückstände etwa über Altstoffhändler entsorgt oder können unaufbereitet als Rohstoff an verschiedene Abnehmer weitergegeben werden, so wird nur eine geringe Kooperationsintensität notwendig sein, es kommt zu durchaus auch längerfristig angelegten marktlich orientierten Austauschbeziehungen. Sind aber hohe Investitionen etwa für Aufbereitungsanlagen zu tätigen und gibt es nur einen in Frage kommenden Abnehmer, so steigt das Interesse an Kooperationen.[906]

Unter einer Kooperation wird in dieser Arbeit eine „freiwillige wechselseitige Ziel-Mittel-Verflechtung"[907] zwischen zwei oder mehreren Unternehmen verstanden.[908] Daraus wird deutlich, dass neben der Intensität der Anbieter-Nachfrager-Beziehung auch die Frage der Individualität der Beziehung zwischen Anbieter und Nachfrager angesprochen ist.[909] Konstituierendes Element der Kooperation ist die Freiwilligkeit der Orientierung eigener Ziele und Handlungen auch an denen der Partner.[910] Dadurch bleibt für die konkrete Gestaltung der Kooperationsbeziehungen ein Spielraum, der nicht durch spezifizierte Verträge determiniert wird, sondern innerhalb dessen die Beteiligten ihre Handlungen aufeinander abstimmen können.[911] Die in weiten Bereichen der Literatur verbreitete Kooperationsdefinition,[912] die durchaus auch Raum lässt für eine genaue vertragliche Abgrenzung des Kooperationsgegenstandes, ist n.M.d.V. für die Zwecke des Rückstandsmarketing zu weit. Das bedeutet allerdings nicht, dass nicht Kooperationsverträge abgeschlossen werden (müssen), die helfen sollen, „Nutzen und Risiken aus dem Geschäft auf die beteiligten Parteien (zu) verteilen,

---

[905] vgl. Schneidewind [Kooperationen] S.17

[906] vgl. Schwarz [Aspekte] S.16, vgl. Abschnitt II.3.4.1

[907] Wurche [Kooperation] S.47. Das bedeutet, dass sich die Partner bei der Wahl ihrer Mittel und Handlungen nicht nur an ihren eigenen Interessen, sondern auch an den Zielen ihrer Partner ausrichten und dass auf den jeweils anderen Partner kein Zwang ausgeübt wird (vgl. auch Strebel [Unternehmenskooperationen] S.59)

[908] Der Begriff der Kooperation erfährt in der Literatur eine sehr verschiedenartige Interpretationen (vgl. z.B. Müller-Stevens [Partnerschaften] Sp. 4063-4075). Die Motivation für die hier gewählte enge Begriffsauffassung ist im Folgenden noch zu rechtfertigen.

[909] vgl. Tröndle [Kooperationsmanagement] S.16ff.

[910] vgl. Becker [Marketing-Konzeption, 5.Aufl.] S.631, vgl. Endress [Kooperation] S.11, vgl. Kreikebaum [Industrial Ecology] S.69. Gegenteiliger Auffassung sind Strebel/Schwarz/Schwarz ([Recycling] S.148), die auch das Zustandekommen von zwangsweisen Kooperationen bejahen.

[911] vgl. dazu Thommen [Betriebswirtschaftslehre] S.72. Gegenteiliger Auffassung ist Bidlingmaier (vgl. Bidlingmaier [Kooperation] S.54), vgl. auch Schwarz [Unternehmensnetzwerke] S.147)

[912] vgl. Blohm [Kooperation] Sp.1112

Verhaltensanreize (zu) schaffen und gegenseitige Übervorteilung aus unlauteren Mitteln (zu) verhindern."[913]

Nach ihrer Ausrichtung können Kooperationen unterschieden werden in horizontale und vertikale.[914] Unter horizontalen Kooperationsformen versteht man solche, bei denen die Zusammenarbeit der Unternehmen auf derselben Unternehmensebene zum Zwecke der Erhöhung der Wettbewerbskraft erfolgt.[915] Diese Form der Kooperation wird auch strategische Allianz genannt.[916] Horizontale Kooperationsformen im Bereich der Rückstandswirtschaft sind in erster Linie Forschungs- und Entwicklungskooperationen, die für das Rückstandsmarketing weniger von Bedeutung sind.[917] Aber auch die Bildung von Allianzen zum gemeinsamen Absatz von (ähnlichen oder gleichen) Rückständen ist vorstellbar.[918] Hier können Synergien im Absatzbereich genutzt und die Kosten für die Markterschließung und -bearbeitung verringert werden. Diese Form der Zusammenarbeit ist für Unternehmen allerdings nur dann interessant, wenn der relevante Markt groß genug ist, um die Rückstände aller Partner aufzunehmen. Eine weitere Möglichkeit ist die Gründung von kooperativen Aufarbeitungszentren, in denen mehrere Unternehmen gemeinsam im Bereich des Produktrecycling zusammenarbeiten.[919] Neben einer kooperationsbedingt hohen Auslastung und damit frühzeitigen Amortisation der zu beschaffenden Anlagen sind aus Marketingsicht Wettbewerbsvorteile durch schnelleres und flexibleres Eingehen auf Kundenwünsche zu erzielen.

Von hervorragender Bedeutung für das Rückstandsmarketing sind jedoch vertikale Kooperationen,[920] bei denen die Zusammenarbeit im Transfer von Rückständen besteht. Ähnlich wie vertikale Diversifikationsbestrebungen lassen sich auch vertikale Kooperationen einteilen in vorwärtsgerichtete und rückwärtsgerichtete.[921] Rückwärtsgerichtete Kooperationen bestehen dort, wo der Lieferant eines Einsatzstoffes die durch den Einsatz dieses Stoffes anfallenden Rückstände (unentgeltlich) wieder zurücknimmt („Paketlösung"). Eine vorwärtsgerichtete Kooperation im Rückstandsbereich besteht darin, dass ein Unternehmen seine Produktionsrückstände an ein anderes Unternehmen abgibt, wovon beide beteiligten Unternehmen sich Vorteile erhoffen.

Da Abgabe und Aufnahme von Rückständen im Zentrum aller Marketingbemühungen im Bereich der Rückstandsbewältigung stehen, ist gerade für das Rückstandsmarketing wesent-

---

913 Kaas [Kontraktgütermarketing] S.884, vgl. Nieschlag/Dichtl/Hörschgen [Marketing] S.844, vgl. Völker [Innovationsentscheidungen] S.128f. Gegenteiliger Meinung sind Picot/Dietl/Franck [Organisation] S.163

914 vgl. Picot/Dietl/Franck [Organisation] S.161, vgl. zur Systematisierung von Kooperationsformen Boehme [Innovationsförderung] S.32ff.

915 vgl. Ihrig [Allianzen] S.29, vgl. auch Backhaus/Meyer [Allianzen] S.330

916 zum Begriff der strategischen Allianz, vgl. Backhaus/Piltz [Allianzen] S.10, vgl. Voigt [Allianzen] S.246

917 vgl. Staudt et al. [Kooperationshandbuch] S.4

918 vgl. Palupski [Markterschließung] S.49

919 vgl. dazu und zum Folgenden Bönker/Eckert/Schmidt [Aufarbeitungszentrum] S.44f., vgl. auch Baumgarten/Frille [Netzwerke] S.78ff.

920 vgl. zum Begriff Backhaus/Meyer [Allianzen] S.330

lich, dass eine enge Definition von Kooperationen getroffen wird. Mag es auch aus organisatorischer Sicht unerheblich sein, so ist es aus Marketingsicht nicht empfehlenswert, jede längerfristige Geschäftsbeziehung als Kooperation zu qualifizieren, da verschiedene Arten der Zusammenarbeit verschiedene marketingpolitische Konsequenzen haben. So können etwa die Inanspruchnahme der entgeltlichen Dienstleistung „Entsorgung" bei Vorliegen des Verwertungsparadoxons bzw. die ebenfalls entgeltliche Beschaffung von Einsatzstoffen nur schwer als Kooperationen im definierten Sinne eingestuft werden.

Vertikale Kooperationen im Rückstandsbereich kommen nicht deswegen zu Stande, weil eines der beteiligten Unternehmen daraus die Erzielung eines Entgelts erhofft, sondern weil beide Unternehmen aus der Zusammenarbeit einen Nutzen ziehen. Der Unterschied zwischen längerfristig angelegten Geschäftsbeziehungen und Kooperationen besteht somit vor allem in der Freiwilligkeit der Zusammenarbeit und dem Streben nach gemeinsamer Optimierung der Rückstandsbewältigung:[922] Findet einer der Marktpartner einer längerfristigen Geschäftsbeziehung eine bessere im Sinne von dauerhaft (kosten-)günstigere Lösung, so wird er die bisherige Zusammenarbeit beenden.[923] Handelt es sich um eine Kooperation, so wird man gemeinsam bestrebt sein, die bisherigen Aktivitäten in einer für beide Parteien nutzbringenden Weise zu verbessern. Im Zentrum der Geschäftsbeziehung stehen somit finanzielle bzw. Kostengesichtspunkte,[924] Kooperationen gehen darüber hinaus. Kooperationen erfordern unter diesem Blickwinkel keine grundsätzlich anderen Strategien als langfristige Marktbeziehungen, sondern zusätzliche, die vor allem auf die Pflege von Kontakten[925] sowie auf die kontinuierliche Erzielung von Wettbewerbsvorteilen für beide Partner[926] gerichtet sind.

Die erhöhten Nutzen von Kooperationsbeziehungen im Rückstandsbereich können grundsätzlich bestehen in[927]

- Nutzung von Synergiepotenzialen im abgebenden und aufnehmenden Unternehmen,
- verbessertem Zugang zu Technologien der Rückstandsverwertung,
- Erwerb neuer Kompetenzen durch Erschließung neuer Betätigungsfelder,
- Zugang zu Beschaffungs- und Absatzmärkten für Rückstände,
- Zeitgewinn und Transaktionskostenersparnis durch den Wegfall zeitintensiver Verhandlungen,

---

921 vgl. Rasche [Kooperation] S.33ff.

922 vgl. Christensen [Symbiose] S.328, vgl. Wurche [Kooperation] S.48ff.

923 Guderian/Pflaum sprechen in diesem Zusammenhang von „dynamischen Kooperationen", wenn innerhalb einer Gruppe von Unternehmen gezielt immer diejenigen Partner kooperieren, die gerade am effizientesten zusammenarbeiten können (vgl. Guderian/Pflaum [Stabilität] S.23f.).

924 vgl. etwa die Beispiele bei Strebel/Schwarz/Schwarz [Recycling] S.160

925 vgl. Abschnitt 6.3.3

926 vgl. Specht/Beckmann [F&E-Management] S.396

927 vgl. Backhaus/Plinke [Allianzen] S.23, vgl. Bürgel [F&E-Kooperationen] S. 121f. , vgl. Kirchmann [Innovationskooperation] S.21, vgl. Picot/Dietl/Franck [Organisation] S.163, vgl. Schwarz [Unternehmensnetzwerke] S.150, vgl. Staudt et al. [Kooperationshandbuch] S.3f.

- Kostensenkung durch günstigere Beschaffungs- und Entsorgungsmöglichkeiten,
- Risikosenkung durch Zustandekommen einer stabilen Abgabemöglichkeit für Rückstände/Rohstoffquelle sowie
- Überwindung von Kapazitäts- und Know-How-Grenzen.

Aus Marketingsicht sind hier vor allem der erleichterte Marktzugang und die Nutzung von Synergiepotenzialen im Bereich der externen Kommunikation interessant. Den Vorteilen von Kooperationen steht als Nachteil vor allem die Unsicherheit über das Verhalten des Kooperationspartners gegenüber, die ein hohes Maß an Vertrauen (Glaubwürdigkeitsqualitäten)[928] in den Partner erfordert.[929] Weitere Nachteile können aus Kommunikations- bzw. Abstimmungsproblemen, Flexibilitätsverlusten sowie der Notwendigkeit der Offenlegung von Geschäftsgeheimnissen erwachsen.[930]

Im Rückstandsbereich ist von den Nachteilen vor allem das Rückstand abgebende Unternehmen betroffen, das seinem Abnehmer über Art, Menge und genaue Zusammensetzung des abgegebenen Rückstandes Rechenschaft geben muss. Für das Rückstand verwertende Unternehmen erwachsen aus der Kooperation die gleichen Nachteile wie bei den anderen Arten der Rückstandsaufnahme (z.B. Probleme bei der Anlagengenehmigung, Vorbehalte der Abnehmer etc.).[931]

9.4.6 Rückstandsmarketing als Management multiinstitutioneller Beziehungen

Jede Geschäftsbeziehung kann aufgrund ihrer „Substanz"[932] zum Element eines Netzwerks von Geschäftsbeziehungen werden: Alle Aktivitäten, Ressourcen und persönlichen Verbindungen werden direkt oder indirekt mit den Aktivitäten anderer Unternehmen verbunden. Dabei brauchen weder die einzelnen beteiligten Unternehmen ein gemeinsames Ziel zu haben, noch müssen (können) klare Grenzen existieren. Vielmehr besteht das Netzwerk darin, dass es zwischen Akivitäten, Ressourcen und Verbindungen der einzelnen Akteure immer wieder Rückkoppelungen gibt und sich diese gegenseitig immer wieder beeinflussen.[933]

Die Ausdehnung des Betrachtungshorizonts im Bereich der Rückstandsbewältigung über den Transfer von Rückständen zwischen zwei Unternehmen hinaus wurde zunächst von Strebel unter dem Begriff des Rückstands- bzw. Verwertungszyklus gefordert.[934] Letztlich kommt es durch die längerfristige Zusammenarbeit mehrerer Unternehmen aufeinanderfolgender Produktionsstufen im Bereich der Rückstandsbewältigung zur Herausbildung eines Netzes von Recyclingbeziehungen, das in der Literatur mit dem Begriff des "Verwertungsnetzes"

---

[928] vgl. Abschnitt 5.2.2
[929] vgl. Luhmann [Vertrauen] S.23f.
[930] vgl. Staudt et al. [Kooperationshandbuch] S.5
[931] vgl. Abschnitt 5.3
[932] vgl. Abschnitt 6.3.4
[933] vgl. Håkansson/Snhota [Developing] S.39f.

bezeichnet wird:[935] „Als Verwertungsnetz wird die zielgerichtete Zusammenarbeit mehrerer Unternehmen bezeichnet, bei der versucht wird, alle ökonomisch sinnvollen Verwertungsbeziehungen unter Beachtung umweltrechtlicher Rahmenbedingungen zu realisieren."[936] Den bislang identifizierten Verwertungsnetzen bzw. auch den in den USA initiierten Eco-Industrial Parks ist insbesondere die räumliche Nähe der Transferpartner gemeinsam, weswegen auch von regionalen Verwertungsnetzen gesprochen wird.[937] Ein Funktionieren von Verwertungsnetzen über größere räumliche Entfernungen hinweg ist im Übrigen sehr in Frage zu stellen, bestenfalls können sich einzelne Partner in größerer Distanz befinden.

Regionale Verwertungsnetze stehen im Zentrum der Überlegungen zum regionalen Stoffstrommanagement, das eine Verknüpfung von Wertketten über mehrere Wertschöpfungsstufen in einem räumlich definierten Bereich zum Inhalt hat.[938] Ziel ist dabei die „Verantwortungsübernahme auf einer regionalen Ebene ..., mit dem Effekt, dass neben einer ökonomisch wirksamen Erhöhung der Ressourcenproduktivität auch die ökologischen Folgekosten des Wirtschaftens in diesem Raum substantiell gesenkt werden."[939]

Auch wenn diesem Anspruch bislang vielfach noch nicht entsprochen werden kann und Netze meist „nur" darin bestehen, dass die vorhandenen Austauschrelationen zwar bekannt, die einzelnen Verwertungszellen aber (noch) nicht miteinander koordiniert sind,[940] ergeben sich etliche ökonomische Vorteile:

- Durch die verbesserte Transparenz der Beziehungen wird es für die beteiligten Unternehmen leichter, potenzielle Partner zu identifizieren.
- Aufgrund der räumlichen Nähe der Unternehmen zueinander wird der Transfer von Rückständen begünstigt.
- Ein selbst nicht am Transfer eines Rückstandes beteiligtes Unternehmen kann zwei andere Unternehmen zusammenbringen und so zum „Austauschpromotor" werden.
- Insgesamt wird die Basis für eine vertrauensvolle Zusammenarbeit gelegt.

Interessant ist, dass die Relevanz von Marketingmaßnahmen in diesem Bereich, der sich im weitesten Sinne dem Business-to-Business-Marketing zuordnen lässt, bislang kaum überprüft wurde. Die eben angeführten Vorteile machen indes deutlich, dass gerade im Bereich von

---

[934] vgl. Strebel [Rückstand] S.405, vgl. Strebel [Rückstandszyklen] S.104

[935] vgl. Strebel [Konzept] S.4

[936] Schwarz [Aspekte] S.17

[937] vgl. Christensen [Symbiose] S.323-337, vgl. Lowe [Resource] S.27-57, vgl. Strebel [Stoffverwertungsnetze] S.48, vgl. Strebel/Schwarz [Rückstandsverwertung] S.157-164, vgl. zur Bedeutung regionaler Netze im Allgemeinen z.B. Hahn et al. [Innovationstätigkeit] S.247-266

[938] vgl. dazu auch den Begriff der Ver"wertungskette" (z.B. bei Strebel/Schwarz/Ortner [Rückstandsströme] S.314)

[939] Sterr [Stoffstrommanagement] S.4

[940] Wie zum jetzigen Zeitpunkt etwa das Verwertungsnetz Steiermark, vgl. Schwarz [Unternehmensnetzwerke] S.159, vgl. Strebel/Schwarz [Unternehmenskooperationen]

mehrgliedrigen Verflechtungen eine Reihe von Ansatzpunkten für die in den vorangegangenen Abschnitten dargelegten strategischen Marketingoptionen besteht. Das Marketing kann so dazu beitragen, die Beziehungen innerhalb des Netzes zu verbessern.

Das eigentliche Potenzial des Marketing liegt jedoch in der Koordination von Verwertungszellen, wobei hier nicht mehr die Beziehung zwischen zwei Zellen im Mittelpunkt der Betrachtung steht, sondern auf globalere, das ganze Netzwerk betreffende Aspekte eingegangen wird.

Beispielsweise kann das Instrumentarium des Marketing zum Aufbau einer der Corporate Identity im unternehmensinternen Bereich entsprechenden „Network Identity" genutzt werden:[941] Ähnlich wie im erfolgreichen Beispiel der „Industriesymbiose Kalundborg"[942] kann das Netz gemeinsam auftreten und seine Errungenschaften im Bereich der Rückstandsverwertung zum Aufbau von Good-Will in der Öffentlichkeit ebenso wie zur verstärkten Präsenz bei den Marktpartnern benutzen.[943] Weiters können koordinierte Aktivitäten zur Auffindung neuer Partner gesetzt werden, wobei die unterschiedlichen (informellen) Kontakte der einzelnen Partner genutzt und die Kosten für Marktforschungsaktivitäten aufgeteilt werden können. Die Einführung einer Art von Netzwerk-Marketing bei Aktivitäten der Rückstandsbewältigung kann daher zur Erringung von Wettbewerbsvorteilen ebenso genutzt werden wie zur Erringung von von Kostenvorteilen.[944]

Marketing im Bereich von Recyclingnetzwerken betrifft in erster Linie das Management von Geschäftsbeziehungen im Rückstandsbereich und ist daher „Relationship Marketing."[945] Das im Mittelpunkt stehende Bedürfnis ist die Erleichterung der netzwerksinternen und -externen Koordination des Rückstandstransfers, die durch ein konzertiertes Vorgehen im Innenbereich des Netzwerkes und durch ein gemeinsames Auftreten nach außen gewährleistet werden soll. Aber auch die Anbahnung und Umsetzung von Kooperationen fallen im weitesten Sinne in den Aufgabenbereich des Marketing.[946]

Eine Möglichkeit, dieses Bedürfnis zu erfüllen, stellt die Einrichtung einer Verwertungsagentur dar:[947] Ihr Aufgabenbereich umfasst vielfache Marketingaktivitäten, wie etwa neben der Bereitstellung von Informationen über zur Verfügung stehende Rückstandsmengen und -qualitäten vor allem die Koordination des Netzwerkes selbst, die Suche nach neuen, passenden Netzwerks- und somit Marktpartnern sowie die Präsentation des Netzwerkes nach

[941] vgl. Strebel/Schwarz [Rückstandsverwertung] S.324, vgl. Strebel [Konzept] S.8

[942] Allein die Bezeichnung des Netzwerkes in Kalundborg als „Industrial Symbiosis" ist eine Marketingaktion, indem eine Art Marke für eine Initiative geschaffen wurde.

[943] vgl. Schwarz [Unternehmensnetzwerke] S.113

[944] vgl. Strebel/Schwarz [Rückstandsverwertung] S.331

[945] Håkansson/Snhota [Developing] S.25

[946] vgl. Staudt et al. [Kooperation] S.1212

[947] vgl. Schwarz [Aspekte] S.22, vgl. Schwarz [Unternehmensnetzwerke] S.168ff., vgl. Strebel/Schwarz [Rückstandsverwertung] S.330

außen.[948] Die Entwicklung eines Netzwerk-Marketing etwa im Rahmen einer Verwertungsagentur führt über den für diese Arbeit gewählten Rahmen der Rückstandsbewältigung zwischen (jeweils zwei) Unternehmen hinaus und wird nicht weiter verfolgt.

[948] vgl. Schwarz [Aspekte] S.22, vgl. Schwarz [Unternehmensnetzwerke] S.164

10 Theoretische Grundlagen der empirischen Untersuchung

Um die in der vorliegenden Arbeit referierten Überlegungen auch empirisch zu untermauern bzw. um Beispiele für die getroffenen Annahmen zu finden, führte die Verfasserin eine empirische Erhebung durch. Deren theoretische Grundlagen werden in Abschnitt 10 referiert. Die Untersuchungsergebnisse stellt Abschnitt 11 dar.

Dem explorativen Charakter der Arbeit entsprechend ist eine umfangreiche quantitative (statistisch-repräsentative) Erhebung mittels Fragebogen ungeeignet als Instrumentarium für eine empirische Ergänzung der theoriegeleiteten Analyse. Dies gilt um so mehr, als der gesamten Arbeit die Annahme zu Grunde liegt, dass bislang von Marketingseite kaum Einwirkungen auf die Rückstandsbewältigung ausgehen. Lamnek postuliert als geeignete Befragungsmethode für einen qualitativen Sachverhalt das persönliche, mündliche, nicht-standardisierte Einzelinterview, das sich einer offenen Fragenstellung und einer weichen Interviewerhaltung bedient.[949] Als Interviewkandidaten eignen sich Personen, die im gegenständlichen Bereich schon grundsätzliche Erfahrungen gesammelt haben.

10.1 Zusammensetzung der Datenbasis

Die Schwierigkeit bei der Konzeption einer empirischen Untersuchung besteht vor allem darin, überhaupt Unternehmen zu finden, in denen heute schon Aktivitäten gesetzt werden, die in Richtung des Rückstandsmarketing deuten, da das dem Rückstandsmarketing innewohnende Potenzial der Kostensenkung bzw. Erlössteigerung von vielen Unternehmen noch nicht erkannt wurde. Weiters befürchten viele der Unternehmen, die bereits Aktivitäten im Bereich der marktlichen Rückstandsverwertung setzen, aufgrund der unklaren bzw. rigiden rechtlichen Situation Nachteile aus dem Bekanntwerden ebendieser Aktivitäten.

Aus diesen Gründen gestaltete sich die Suche nach Interviewpartnern schwierig. Die befragten Unternehmen konnten auf verschiedene Weise identifiziert werden. Zum einen bestand in einigen Fällen bereits direkter Kontakt zum Management der befragten Unternehmen, für die vom Institut für Innovations- und Umweltmanagement der Karl-Franzens-Universität Graz bereits Studien zu anderen Themenstellungen erarbeitet wurden. Zum anderen lieferte auch eine Untersuchung des Instituts für Innovations- uns Umweltmanagement zum Thema „Rückstandsverwertung in industriellen Materialkreisläufen" (FWF-Projekt P09276SOZ) wertvolle Hinweise auf weitere Unternehmen. Diese Studie versuchte, Unternehmen ausfindig zu machen, die Rückstände insbesondere im Rahmen regelmäßiger Beziehungen („Verwertungskooperationen") extern verwerten. Auf der Basis der so erhobenen Daten wurden auch in diesem Rahmen mit den am interessantesten erscheinenden Unternehmen qualitative Inter-

[949] vgl. Lamnek [Sozialforschung] S.37, vgl. Abschnitt 10.3

views durchgeführt, allerdings wurde die Marketingseite nur am Rande mit einbezogen.[950] Weitere Hinweise auf Unternehmen, in denen die marktliche Bewältigung von Rückständen bereits erfolgreich implementiert ist, lieferte eine Broschüre der österreichischen Industriellenvereinigung.[951]

Für die vorliegende Arbeit wurden schließlich dreizehn Unternehmen gefunden, deren Vertreter sich zu Interviews bereit erklärten. Die Auswahl der Unternehmen erhebt in keiner Weise den Anspruch auf statistische Repräsentativität, da sich bei einer so kleinen Anzahl an Befragten dieses Ansinnen von selbst verbietet. Vielmehr wurde Wert darauf gelegt, Unternehmen aus möglichst verschiedenen Branchen sowie mit möglichst verschiedenen Ansätzen zur Lösung des Rückstandsproblems mit einzubeziehen, um einen großen Bereich von für die Rückstandsbewältigung relevanten Problemkreisen zu erfassen.

10.2 Erhebungsdesign

Als Erhebungsform speziell für eine entscheidungsorientierte Darstellung von Rückstandsmarketingaktivitäten eignen sich wie bereits dargestellt qualitative und unstrukturierte Interviews mit betroffenen Managern der Industrie.[952] Diese auch als Tiefeninterview[953] oder als fokussiertes Interview[954] bezeichnete Art der Befragung besteht in einem „lange(n), intensive(n) Gesprächen über vorgegebene Themen, das der Interviewer in weitgehend eigener Regie so zu steuern versucht, dass er möglichst alle relevanten Meinungen und Einstellungen der befragten Person zu diesem Thema erfährt."[955] Kennzeichnend dafür sind die Anforderungen nach Nicht-Beeinflussung des Befragten, Interesse an dessen subjektiven Deutungen (Spezifität), Erfassung eines breiten Spektrums von Daten im Verlauf des Interviews sowie nach tiefgründiger Erfassung auch affektiver Reaktionen des Befragten.[956] Die Vorteile dieser Befragungsform liegen darin, dass[957]

- - wie bei der Ergründung des Entdeckungszusammenhanges wesentlich - nach Dingen gefragt werden kann, die der Forscher zum Zeitpunkt der Fragestellung selbst noch nicht kennt,[958]
- auch Inhalte ergründet werden können, die den Befragten bislang nicht bewusst waren.

[950] vgl. Strebel/Schwarz/Schwarz [Recycling]

[951] vgl. Vereinigung österreichischer Industrieller [Vermeiden]

[952] vgl. im selben Abschnitt unten

[953] vgl. Salcher [Marktforschung] S.34. Eine abweichende Definition des Begriffes Tiefeninterview trifft Lamnek, der die Miteinbeziehung psychoanalytischer Aspekte als konstituierend für ein Tiefeninterview betrachtet (vgl. Lamnek [Sozialforschung] S.81ff.).

[954] vgl. Lamnek [Sozialforschung] S. 79f.

[955] Salcher [Marktforschung] S.34

[956] vgl. Hron [Interview] S.128ff.

[957] vgl. Salcher [Marktforschung] S.34ff.

[958] Lamnek erweitert diesen Ansatz dahingehend, dass auch bereits vorhandene Hypothesen durch die Befragung relativert und modifiziert werden können (vgl. Lamnek [Sozialforschung] S.79)

Kritik entzündet sich bei dieser Vorgehensweise vor allem daran, dass die Untersuchungsergebnisse statistischen Kriterien nicht genügen. So ist insbesondere die Reliabilität (statistische Zuverlässigkeit) von Tiefeninterviews als gering einzuschätzen. Gründe dafür sind insbesondere die offene Frageform und die dadurch bedingte Abhängigkeit der Antworten vom Geschick des Interviewers sowie Sympathien und Antipathien zwischen Interviewer und Interviewtem.[959] Demgegenüber ist die Validität (inhaltliche Gültigkeit) von Tiefeninterviews gegenüber standardisierten Interviews höher einzuschätzen, da durch die offene, ungebundene Fragestellung und die Möglichkeit des Nachfragens eine genauere Erkundung dessen ermöglicht wird, was der Befragte tatsächlich meint und denkt. Wesentliches Ziel dieser Art der Erhebung ist daher die „Genese von Theorien unter wissenschaftlicher Kontrolle."[960]

Das fokussierte Interview selbst wird in nicht- bzw. halbdirektiver Interviewtechnik geführt.[961] Dabei werden die Fragen möglichst offen, aber doch zielgerichtet gestellt, keinesfalls dürfen Antwortkategorien vorgegeben werden („un- bzw. halbstrukturiert").[962] Die für die vorliegende Arbeit geführten Interviews erfolgten anhand eines Interviewerleitfadens, dessen einzelne Inhaltspunkte im Verlauf des Gespräches behandelt werden sollten; trotzdem wurde eine freie Gesprächsatmosphäre aufrechterhalten. Für die Auswertung wurden die Antworten während des Interviews stichwortartig aufgelistet und zu Unternehmensberichten verdichtet. Diese wurden den Befragten nochmals vorgelegt und ihren Modifikationen entsprechend abgeändert (kommunikative Validierung).[963] Eine Zusammenfassung dieser Ergebnisse folgt in Abschnitt 11. Aus Gründen der Anonymität sind die Untersuchungsberichte selbst jedoch nicht Teil der vorliegenden Arbeit.

10.3 Konzeption des Fragenkatalogs

Der Fragenkatalog ist in vier Teile untergliedert. Im ersten Teil werden zunächst Fragen allgemeiner Art zum Unternehmen gestellt, die einerseits dem Aufbau einer entspannten Gesprächsatmosphäre dienen, da sie für den Interviewten relativ leicht zu beantworten sind, anderseits aber auch zur Orientierung des Interviewers über das Unternehmen gedacht sind und großteils nicht direkt mit dem Untersuchungszweck im Zusammenhang stehen. Von großem Interesse sind jedoch die Fragen, die die Zuständigkeit für Rückstandsverwertung und die Zusammenarbeit der beteiligten Personen betreffen, da hier Hinweise auf das unternehmensinterne Interaktionsverhalten zu finden sind.

---

959 vgl. dazu und zum Folgenden Salcher [Marktforschung] S.42

960 Lamnek [Sozialforschung] S.61. Umgekehrt wurden die Ergebnisse der empirischen Untersuchung nachträglich wiederum in den theoretischen Teil der vorliegenden Arbeit integriert.

961 vgl. Salcher [Marktforschung] S.38

962 Hron [Interview] S.133

963 vgl. Lechler [Validierung] S.243

Der zweite und dritte Teil des Fragenkatalogs beschäftigen sich mit den vom Unternehmen aufgenommenen bzw. abgegebenen Rückständen. Da nicht alle der befragten Unternehmen sowohl Rückstände aufnehmen als auch abgeben, wurde teilweise nur einer der beiden Teile behandelt. Die Fragen betreffen die Art der Rückstände ebenso wie Art und Anzahl des/der Abnehmer/Lieferanten, um festzustellen, ob es sich um eher brancheninterne oder -externe Beziehungen handelt und wie intensiv die Verbindungen zwischen den Geschäftspartnern sind. Gefragt wird nach dem Zustandekommen der Abgabe-/Aufnahmebeziehung und den Ansprechpartnern, um so Rückschlüsse auf Interaktionsbeziehungen bzw. auf das Transaction Center zu bekommen, sowie danach, ob Rückstände für die Produktion von (innovativen) Produkten eingesetzt werden, mit anderen Worten, ob mit dem Instrumentarium des Produktmarketing gearbeitet wird.

Ein Schwerpunkt liegt bei den Konditionen des Leistungstransfers. Zentrale Fragen dabei sind,

- ob der Rückstand ein Abfall oder Wertstoff ist, was Rückschlüsse darauf ermöglicht, ob in der subjektiven Sicht des jeweiligen Befragten eine Sach- oder eine Dienstleistung vorliegt, sowie
- ob und gegebenenfalls welche Wertsteigerungsprozesse notwendig sind, wodurch Hinweise auf die Art und Intensität der Zusammenarbeit gefunden werden können.

Sodann folgt eine Reihe von Fragen nach Kontrahierung, Distribution und kommunikativen Maßnahmen, die entscheidungsorientierte Sachverhalte betreffen. Die Frage nach Unterstützung/Behinderung der Aktivitäten von öffentlicher Seite führt schließlich bereits hinein in den Bereich der Gründe für und Ziele von Aktivitäten im Bereich der interindustriellen Rückstandsverwertung.

Im vierten und letzten Teil des Fragenkatalogs geht es darum zu ergründen, ob und in welcher Weise die interindustrielle Rückstandsverwertung bereits Unterstützung von Marketingseite erfährt. Implizit liegt diesem Teil die Idee zu Grunde, dass bislang wenig gezielte Marketingaktivitäten anzutreffen sind, sofern nicht bei Vorliegen des Verwertungsparadoxons aus der Rückstandsverwertung ein eigener Geschäftszweig des Unternehmens gemacht wurde. Konkret gefragt wird nach Marktforschungsaktivitäten, nach systematischer Konkurrenz-, Lieferanten- und Abnehmeranalyse sowie nach Problemen mit Gesetzgebung und Öffentlichkeit.

11 Ergebnisse der empirischen Untersuchung

11.1 Beschreibung der untersuchten Unternehmen

Für die vorliegende Arbeit wurden Interviews in dreizehn Unternehmen geführt. Obwohl großer Wert auf breite Streuung der Branchen gelegt wurde, sind neben je einem Unternehmen aus der Lederbranche, der Papiererzeugung, der Holz verarbeitenden Industrie, der Eisen verarbeitenden Industrie, einem Zementwerk, einem Fensterproduzenten und einem Unternehmen, das eher auf die Vermittlung von Rückständen (im konkreten Fall Altfett) spezialisiert ist, unter den dreizehn Befragten vier Unternehmen der chemischen Industrie und drei Kunststoff verarbeitende Unternehmen. In diesen Branchen existiert offenbar das größte Recyclingpotenzial und/oder die größte Bereitschaft, über die eigenen Leistungen Auskunft zu geben.

Die untersuchten Unternehmen lassen sich wie folgt beschreiben: Von den Unternehmen, die der chemischen Industrie zuzuordnen sind, produziert eines PVC-Stabilisatoren, eines chemische Grundstoffe, Kunststoffemulsionen und als rückstandsspezifisches Nebenprodukt Gipsplatten, eines Chemiefasern, hochwertige Kunststoffe, Chemikalien wie Schwefelsäure sowie Zellstoff und das vierte vor allem Vorprodukte für die Edelstahlerzeugung (sog. Ferrolegierungen und Premelts), Hartstoffe, Seltenerdlegierungen und -metalle und Aktivsauerstoffprodukte.

Die Unternehmen, die dem Kunststoff verarbeitenden Bereich zuzurechnen sind, beschäftigen sich mit völlig unterschiedlichen Dingen: Ein Unternehmen betreibt innerhalb der Unternehmensgruppe, der es angehört, die Verwertung von Kunststoffrückständen zur Erzeugung von Straßenleitpflöcken und Recycling-Kunststoff-Profilen für die Herstellung von Lärmschutzwänden. Ein weiteres Kunststoff verarbeitendes Unternehmen produziert alle Arten von Kunststoffverbundteilen, die in der Schiproduktion verwendet werden, sowie Teile von Snowboards, Tennissaiten, aber auch Platten für Wasserzisternen. Der dritte Kunststoffverarbeiter produziert EPS (Extended Polystyrol) für Verpackungen und für technische Anwendungen.

Ein Unternehmen verfügt nicht über einen eigenständigen Produktionsbereich, sondern entwickelt als Verwertungs- und Beschaffungsagentur für Altstoffe (Altspeisefett) Logistik und Recycling-Strategien für die altspeisefettverarbeitende Industrie (Seifenerzeugung, Altfettmethylester etc.). Gemeinsam mit regionalen Partnern, die die Sammlung (Transport, Behälter etc.) und die Verwertung übernehmen, bietet das Unternehmen eine Entsorgungsleistung für Altspeisefett an. Ein Ziel ist dabei die Minimierung des Abfallexports.

Das Zementwerk erzeugt Portlandzement, der Fensterproduzent Fenster und Türen aus Holz, Aluminium und PVC und das Eisen verarbeitende Unternehmen Stahldrähte. Die Papierfabrik beschäftigt sich mit der Herstellung von Hygienepapieren aus Altpapier, das Holz verarbeitende Unternehmen mit der von Spanplatten.

Wenig Aufschluss ergab ein Vergleich der Unternehmensgröße. Das kleinste der untersuchten Unternehmen hat drei, das größte mehr als dreitausend Mitarbeiter, der Großteil jedoch zwischen einigen hundert und etwa 1500 Mitarbeiter. Die Anzahl der Beschäftigten hat jedoch keine wesentlichen Auswirkungen auf das Rückstandsbewältigungs-Verhalten. Auffällig ist nur, dass die beiden Unternehmen, deren Unternehmenszweck selbst im Bereich der Rückstandsbewältigung liegt, weitaus die kleinsten (mit drei bzw. 19 Mitarbeitern) sind.

11.2 Unternehmensinterne Aspekte der Rückstandsbewältigung in den untersuchten Unternehmen

Befragt wurden in den Unternehmen diejenigen Personen, die vorab als mit der Rückstandsbewältigung betraut identifiziert wurden. Die Befragten sind zum Großteil Techniker, die (meist neben einer sonstigen technischen Aufgabe) die Bereiche Umwelt- und Abfallmanagement, teilweise auch Sicherheitstechnik und Qualitätsmanagement betreuen. Nur in den beiden Unternehmen, die Rückstandsverwertung als Unternehmenszweck angeben, sind Wirtschaftsfachleute mit dem Rückstandsmanagement beschäftigt. In einem Unternehmen erfolgt der Verkauf von Rückständen (als Produkte) in einer eigenen Abteilung. Die dort zuständigen Verkäufer verfügen über eine technische und über eine kaufmännische Ausbildung. Alle Befragten betonen die Wichtigkeit von Kontakten zu Behörden als Teil ihrer Tätigkeit.

Hervorgehoben wird auch der Stellenwert des Rückstandsgeschäftes, der sich dadurch äussert, dass die Geschäftsleitung in diesem Bereich mitinvolviert ist (insbesondere beim Vertragsabschluss) und die Befragten zu den wichtigen, meist periodisch, aber auch nach Bedarf stattfindenden Sitzungen in den Bereichen Umweltschutz und Abfallwirtschaft hinzugezogen werden. Allerdings sind die Befragten - außer in den Unternehmen mit Recycling als Unternehmenszweck - ausschließlich mit strategischen Aufgaben wie der Anbahnung von Kontakten oder der Erstellung von Richtlinien für die Beschaffung von Rückständen befasst.

Die operativen Aufgaben der Vermarktung wie die Inganghaltung bereits realisierter Projekte werden meist an Stellen wie Materialwirtschaft, Einkauf, aber auch die Produktionsabteilung ausgelagert. In einigen Unternehmen kommen aber aus dem Marketing bzw. dem Einkauf Ideen für die Rückstandsbewältigung, denn dort sind Anwendungstechniker als Branchenbetreuer tätig und pflegen Kontakte zu den Kunden. Mit anderen Worten verfügen diese Personen über eine Gatekeeperfunktion.[964] Weitere Impulse für Verbesserungen im Bereich der Rückstandswirtschaft erhalten einige Unternehmen aus den Entwicklungsabteilungen.

Einige wenige Unternehmen geben an, von der Marketing-Abteilung in größerem Umfang unterstützt zu werden (etwa der Erzeuger von Kunststoffverbundteilen). Eine spezielle Einbindung in den Bereich des Marketing fand sich jedoch nur in zwei Unternehmen:

---

[964] vgl. Abschnitt 6.2.2

- In einem der Chemieunternehmen entwickelte sich im Laufe der Jahre im Zuge verstärkter Umweltschutzbemühungen eine eigene Abteilung für den Verkauf von Chemikalien. Diese fallen bei der Produktion der Hauptprodukte als Rückstände an und haben sich mittlerweile zu profitablen Nebenprodukten entwickelt. Aufgabe der Abteilung Chemikalienverkauf ist es, die durch die Produktion vorgegebenen Mengen mit möglichst hohem Ertrag zu verkaufen. Dadurch, dass eine eigene Verkaufabteilung für die Chemikalien besteht, kann davon ausgegangen werden, dass eine Marketingbasis für den Verkauf von Rückständen bzw. die daraus erzeugten Sekundärprodukten gegeben ist.
- In einem zweiten Chemieunternehmen gibt es als zentrale Stelle für operative Aufgaben im Bereich der Rückstandsbewältigung den Bereich „Einkauf Sekundärstoffe." Dieser ist auch für den Absatz von Rückständen zuständig und dem Marketing unterstellt. Eine ausreichende Marketingunterstützung ist durch diese Konstellation sichergestellt. Strategische Entscheidungen werden aber in dieser Abteilung nicht getroffen.

Insgesamt ist eine sehr hohe Interaktionsintensität im Bereich der Rückstandstransaktionen sowohl zwischen einzelnen Mitarbeitern und Abteilungen auf gleichem hierarchischem Niveau als auch in vertikaler Richtung festzustellen. Immer wieder wurde auch betont, dass die Aufgaben zusätzlich zum Tagesgeschäft erledigt werden, was auf das Vorhandensein von Promotoren hinweist. Bedeutung haben im Rückstandsbereich sowohl auf betrieblicher als auch auf außerbetrieblicher Ebene die informellen Kontakte.[965] Beides lässt auf ein hohes Involvement - sowohl in horizontaler als auch in vertikaler Richtung - schließen.

11.3 Transaktionen der untersuchten Unternehmen im Rückstandsbereich

In einem nächsten Schritt werden die Transaktionen im Rückstandsbereich zwischen den Unternehmen dargestellt. Im Zuge der Ausarbeitung dieses Abschnittes hat sich erwiesen, dass die Darstellung der Ergebnisse nach dem Themenbezug einige Redundanzen erforderlich macht, weil einige der erhobenen Beispiele Belege für verschiedene relevante Themenbereiche liefern. Um weitere Wiederholungen zu vermeiden, wurde auf eine Trennung von „Aufnahme" und „Abgabe" von Rückständen verzichtet, weil viele der genannten Argumente auf beide Bereiche zutreffen. Zudem bestehen tatsächlich auch Austauschbeziehungen zwischen den befragten Unternehmen untereinander, auf die so besser eingegangen werden kann. Eine Liste der einzelnen Rückstände zu erstellen, wäre ebensowenig zielführend, vielmehr werden Besonderheiten im Bereich der Transaktionen dargestellt.

Bei vielen Interviews fiel der Stolz der Befragten auf, Wege gefunden zu haben, Rückstände sinnvoll zu verwerten, was wiederum ein Hinweis auf großes Involvement ist. Anderseits zeigten einige der befragten Unternehmen trotz der Zusicherung der Anonymität auch Hemmungen, über die Rückstandsbewältigung in ihrem Unternehmen zu sprechen, da sie

[965] vgl. Abschnitt 6.3.3

Restriktionen vonseiten der Behörden befürchteten. Ein Befragter schwächte bei der Überarbeitung des Befragungsprotokolls seine Aussagen derart ab, dass sie für eine sinnvolle Auswertung kaum mehr zu gebrauchen waren.

11.3.1 Gründe für Aktivitäten im Bereich der Rückstandsaufnahme oder -abgabe und deren Ziele

Alle Befragten waren sich naturgemäß darin einig, dass die Aufnahme von Rückständen zur Ressourcenschonung beiträgt und die ökologische Verantwortung des Unternehmens zum Ausdruck bringt. So nannte etwa der Fenstererzeuger das Anstreben einer ökologisch verträglicheren Produktionsweise als ein Ziel. In den meisten Fällen wurde dadurch auch das Image des Unternehmens gestärkt (anders etwa im Zementwerk, das bezichtigt wurde, quasi als Müllverbrennungsanlage zu fungieren.)

Die weiteren genannten Gründe für die Aufnahme von Rückständen differieren, jedoch wurden einige Argumente immer wieder genannt. So ist etwa die Rohstoffbeschaffung in mehreren Unternehmen, insbesondere in der Papierfabrik und beim Erzeuger von Ferrolegierungen ein wichtiges Argument. Bei anderen Unternehmen, etwa im Zementwerk, wird die Entsorgung (etwa für Hochofenschlacke, Gießereibrand etc.) aus Gründen der Qualität des Hauptproduktes Zement betrieben. Ein besonders oft genanntes Argument ist die Kostensenkung durch günstigere Einsatzstoffe.

Die Gründe für die Abgabe von Rückständen liegen in den meisten Unternehmen darin, dass eine eigene Aufarbeitung nicht sinnvoll ist oder eine wirtschaftlich möglichst günstige Lösung angestrebt wird, wobei die Möglichkeit der Senkung der Entsorgungskosten im Vergleich zur bisherigen Entsorgung wie auch die Erzielbarkeit von Erlösen als Argumente genannt werden. Auschlaggebende Gründe für die Aktivitäten zur Rückstandsabgabe sind in den meisten Unternehmen weiters gesetzliche Verpflichtungen. Ein Chemieunternehmen gibt als Grund für die Aktivitäten der Rückstandsabgabe die Entlastung der eigenen Deponie an. Bei den meisten Unternehmen überwiegen jedoch die ökonomischen Gründe (etwa beim Erzeuger von Kunststoffverbundteilen).

In einigen Unternehmen fallen auch mehrere Gründe zusammen. Ausschlaggebende Gründe für die Aktivitäten im Bereich der Rückstandsabgabe beim Drahtproduzenten waren rechtliche Auflagen (Verbot der Einleitung von Altsäure in den Vorfluter) sowie die Notwendigkeit der Kostensenkung und Verminderung der Umweltgefährdung. Dadurch konnten die Kosten gegenüber früher halbiert werden. Grund für die Aufbereitung der Altsäure (an Stelle von deren Entsorgung) ist der günstige Preis; der Umweltschutz ist ein gutes Zusatzargument. Ein wesentliches Argument für die Säureregeneration ist auch die räumliche Nähe des Abnehmers. Eine ähnliche Situation - eine rechtliche Restriktionen und daraus resultierend wirtschaftliche Vorteile - findet sich auch beim Produzenten von Chemiefasern, bei dem sogenannte Dicklauge (Magnesiumligninsulfat) als Rückstand anfällt: Wäre der Verkauf der durch Wertsteigerungsaktivitäten entstandenen Produkte nicht möglich, müsste man die Dicklauge teuer entsorgen.

Von einigen der Befragten werden auch Gründe mit Marketingbezug ins Treffen geführt: Der Verwerter von Aktivkohlefiltern (zur Produktion von Kalziumkarbid) sowie der Alt-EPS-Verwerter nennen als wesentlichen Grund für die Verwertungsaktivitäten die Erschließung eines neuen Marktfeldes und somit eine Marktentwicklung im Sinne der Ansoff-Matrix. Einige der Unternehmen (etwa der EPS-Verwerter) bieten die Sekundärprodukte dezidiert als solche an, betreiben also eine verwertungsorientierte Produktpolitik.[966] Dasselbe gilt auch für Rückstandsproduzenten, die versuchen, ihre Rückstände oder daraus gewonnene Sekundärstoffe zu verkaufen (wie der Chemiefaserproduzent oder der Hersteller von Verbundteilen).

Eine Besonderheit aus Marketingsicht sind die Anbieter von Paketleistungen,[967] die im Gegenzug zum Verkauf eines bestimmten Neuproduktes die Entsorgung des gebrauchten Produktes übernehmen bzw. dessen Rückstände zurücknehmen. Das Anbieten von Entsorgungsleistungen als zusätzliches Service zum Produktverkauf wird in Zukunft mehr und mehr notwendig werden, z.B. beim Spanplattenproduzenten für Kunden in Deutschland, da dort die Verwertung von Altholz vorgeschrieben ist. Bei Anbietern wie dem Verbundteilproduzenten oder dem Produzenten und Verwerter von EPS ist die eigentliche Intention der Rücknahme des Altmaterials die Kundenbindung. Diese Leistung ist somit ein Mittelding zwischen dem Angebot von Entsorgungsleistungen und einer Marketing- und Beschaffungsleistung, da man einen günstigen Einsatzstoff erhält und zusätzlich den Absatz des Neuprodukts fördert. Eine Trennung in einen Entsorgungs- und einen Wertsteigerungsprozess ist aufgrund dieser Sichtweise in den meisten Fällen nicht möglich.

Aus den Gründen ergeben sich auch die Ziele des Rückstandstransfers, wobei anzumerken ist, dass keiner der Befragten eine operationale Zielangabe machte. Als Formalziele geben die Unternehmen eine Verminderung von Einsatzstoff- bzw. Entsorgungskosten (explizit der Drahtproduzent) sowie die Steigerung der Wertschöpfung und die Erzielung von Gewinnen an: So können der Verbundteilproduzent durch Verarbeitung von Produktionsabfällen zu bunten Schilaufflächen oder der Faserproduzent durch die Wertsteigerungsmaßnahmen bei der Dicklauge zusätzliche Erlöse erzielen. Vielfältiger war das Spektrum der genannten Sachziele. Die meisten Unternehmen, die Rückstände abgeben, nennen die Erhöhung der Entsorgungssicherheit als wesentliches Ziel (etwa ein Chemieunternehmen in Bezug auf zinkhältige Altbeizen). Auf der Seite der Rückstandsannahme sind die Anlagenauslastung sowie die Erhöhung der Rohstoffversorgungssicherheit wichtig. Genannt werden auch Ziele mit Marketingbezug wie Marktausweitung sowie im Zusammenhang mit Paketlösungen Absatzsteigerungen und die Erhöhung der Kundenbindung. Die Altfettverwertungsagentur bezog mit „Erhöhung von Sammelquoten, flächendeckende Sammlung sowie die Realisierung eines

---

[966] vgl. Abschnitt 11.3.6.4

[967] vgl. Abschnitt 5.3.2.3

„Österreichischen Fettkreislaufes" mit den Unterzielen der Rohstoffeinsparung, Substitution von fossiler Energie und der „Mitwirkung am Torontoziel" auch gesellschaftliche Ziele mit ein.

11.3.1.1 Klassifikation des Rückstandes und der Rückstandsbewältigungs-Leistung

Eine einheitliche Sicht der Rückstandsannahme gibt es - wie zu erwarten - nicht einmal innerhalb einzelner Branchen. Teilweise betrachten die Unternehmen die Rückstände als existenznotwendige oder günstige (alternative) und von der Erbringung einer Entsorgungsdienstleistung unabhängige Rohstoffe und dementsprechend als Wertstoffe (z.B. ein Kunststoff verarbeitendes Unternehmen sortenreines Alt-EPS, die Altfettverarbeiter das Altfett). In der Papierfabrik, beim Produzenten von Metallzuschlagstoffen, der Nickelfett, Hochofenschlacke aus Südafrika, Ölflugaschen etc. aufnimmt, und beim Ledererzeuger, der Häute einkauft, sind die Produktionsprozesse von vornherein auf Rückstandseinsatz zugeschnitten. Auf die Frage, ob es sich hier um Entsorgung handle, erntete die Verfasserin nur erstauntes Kopfschütteln.

Teilweise jedoch sehen sich die Unternehmen als Entsorger, die ihre Verwertungskapazitäten nur im Hinblick auf bestimmte Bewältigungsnotwendigkeiten konzipiert haben (z.B. das Chemieunternehmen, das Aktivkohlefilter gegen Entgelt entsorgt und insbesondere das Unternehmen, das als Unternehmenszweck die Entsorgung von vermischten Kunststoffrückständen angibt). Die Leistungen in Bezug auf Rückstände werden insbesondere dann als Entsorgungsleistungen angesehen, wenn geholfen wird, ein bestimmtes Entsorgungsproblem in den Griff zu bekommen (etwa durch Altreifenentsorgung im Zementwerk).

Oftmals verläuft der Übergang von der Verwertung zur Entsorgung fließend. So handelt es sich bei den im Zementwerk verwerteten Rückständen (z.B. Altreifen, Altöle und Lösungsmittel ebenso wie LD-Schlacke oder Flugasche) zwar aus der Sicht des Unternehmens um Rohstoffe, trotzdem muss bei manchen Stoffen eher von einer Abfalleigenschaft ausgegangen werden (z.B. wässriges Altöl). Jedoch bietet sich auch in solchen Fällen die Möglichkeit einer „günstigen und attraktiven Senkung des Verbrauchs an fossilen Brennstoffen bzw. des Erwerbs günstiger Rohstoffe und somit ein Synergieeffekt."[968] In einem Chemieunternehmen betonte man, dass der interne Aufwand und die preisliche Gestaltung abgewogen werden müssen.

Interessant ist die Unterscheidung von Verwertung und Entsorgung, die ein Befragter in einem Chemieunternehmen traf: Die vorhandene Anlage zur Verarbeitung von Synthese-Gips wäre in der Lage, größere Mengen zu verarbeiten, und auch die Marktlage für das erzeugte Produkt (Gipsplatten) ist gut. Aus diesem Grund handelt es sich nicht um Entsorgung. Vielmehr würde man auch anderen Gips (z.B. REA-Gips) aufnehmen, hat zur Zeit aber nur einen Lieferanten. Die Unterscheidung von Verwertung und Entsorgung wird hier über das Produktions- und Absatzpotenzial definiert.

---

[968] Zitat eines der Befragten

Offensichtlich wird aus den Interviews auch, dass sich die Sicht der Verwertung von Rückständen erst in den letzten Jahren geändert hat: Ein Unternehmen gibt an, dass die angenommenen Rückstände (Schwefelsäure, Zinkoxid) früher als Rohstoffe galten, für die man als annehmendes Unternehmen zu bezahlen hatte. Mit der Vergrößerung des Entsorgungsproblems wird der Preis für diese Rückstände immer geringer, teilweise zahlt sogar schon der Lieferant für die Abnahme des Rückstandes, jedenfalls aber übernimmt der Lieferant die Transportkosten. Hier tritt deutlich der Wandel von der Beschaffung eines Wertstoffes in Richtung Entsorgungsdienstleistung zu Tage, ein Hinweis auf das Verwertungsparadoxon. Ähnliches trifft auch für das Spanplattenwerk zu, wo die Entsorgung von Sägespänen für Sägewerke speziell angeboten wird. In diesem Bereich wird aktive Produktpolitik in Bezug auf die Rohstoffbeschaffung betrieben, denn in der Altholzbeschaffung steckt auch eine kostengünstige Rohstoffquelle.

Unternehmen tendieren auch dann eher dazu, Rückstände als Abfall zu qualifizieren, wenn die gelieferte Menge klein und die Qualität schlecht ist, wie dies explizit ein Chemieunternehmen in Bezug auf Altbeizen aus Verzinkereien macht, die zur Produktion von Eisen-III-Chlorid eingesetzt werden. Ein interessanter Aspekt klingt vor allem bei den Unternehmen der Kunststoffbranche an. Sie sehen sich je nach Kontaktkreis sowohl als Dienstleister, der den Rückstand abnimmt und eventuell sogar die Logistik dafür zur Verfügung stellt, als auch als Produzent von Recyclingprodukten, der das rezyklierte Material dezidiert als Recyclingprodukte anbietet. Der Betrachtungshorizont wird hier erweitert um die Überlegung, was aus Rückständen Sinnvolles produziert werden kann und somit zu einer offensiven und innovativen absatzmarktgerichteten Rückstandsmarketingstrategie führt.

Auch im Bereich der Rückstandsabgabe lässt sich keine wirklich einheitliche Sicht festmachen. Allerdings sind sich die meisten der Befragten einig, dass der Aspekt der Entsorgung als Entfernung unerwünschter Kuppelprodukte im Vordergrund steht (etwa Walzzunder oder Bleiasche beim Erzeuger von Walzdraht). Dennoch sehen viele der Befragten ihre Rückstände und die daraus erzeugten Sekundärprodukte als zumindest geringwertige (wie beim PVC-Stabilisatorenerzeuger) bis hochwertige (beim Faserproduzenten) Rohstoffe an. Ganz konkret zum Ausdruck bringt diese ambivalente Sicht der Befragte beim Fensterproduzenten.

Eine Rolle spielt dabei, dass die Möglichkeit des Verkaufs des Sekundärproduktes den Aufbereitungsvorgang rentabel macht, indem dafür gut bezahlt wird (so etwa in einem Chemiewerk für das aus verunreinigter Kupferchloridösung gewonnene, nicht sehr reine Kupfer). Beim Chemiefaserproduzenten sind die aus den Rückständen gewonnenen Produkte wertvolle Nebenprodukte, die einen hohen Ertrag abwerfen. Kann ein Rückstand erlösbringend bzw. kostengünstiger als bei einer Entsorgung im engeren Sinne abgesetzt werden, zögern die Befragten daher, von Abfall und Entsorgung zu sprechen. Der Befragte beim Verbundteilproduzenten geht in dieser Hinsicht sogar weiter und definiert als Wertstoffe in der Sicht des Unternehmens alle Rückstände, deren tatsächliche Entsorgung auf eine Deponie wesentlich teurer wäre als die Aufbereitung und Abgabe zur Verwertung. Beim Lederproduzenten klingt zusätzlich eine marketingbezogene Sichtweise durch: Da ein Markt vorhanden ist und die Rückstände verwertet werden können, handelt es sich dabei um Produkte bzw. um Rohstoffe - unabhängig davon, ob ein positiver Preis erzielbar ist. Trotzdem erfolgt derzeit die Konzentration auf den Schwerpunkt Lederproduktion und -vermarktung, in dem man die Kernaufgabe des Unternehmens sieht.

Demgegenüber ist die Tatsache, dass für die Rückstandsabgabe bezahlt werden muss, ein Argument, das einige der Befragten den Begriff „Entsorgung" wählen lässt, wohingegen andere vom Argument der Kosten abstrahieren. So stellt die Abgabe von Altschwefelsäure aus der Beizerei des Drahtproduzenten aus der Sicht des Befragten „Abfall mit Wertstoffpotenzial" dar. Von den jährlich etwa 1000t gehen ca. 90% an einen Eisen verarbeitenden Industriebetrieb, der eine Anlage zur Säureregeneration (Aufbereitung der Säure) besitzt, die Überkapazität aufweist. Die restliche Altsäure geht an zwei Unternehmen, wo die Säure zur Spaltung von Emulsionen eingesetzt wird. Auch hier handelt es sich aus der Sicht des abgebenden Unternehmens um Entsorgung, für die aufnehmenden Betriebe ist der Rückstand jedoch ein Rohstoff. Je nach der Beschaffungsmarktlage der Abnehmer fragen diese die Altsäure teilweise stark nach und nehmen sie teilweise auch aus Gefälligkeit ab.

Entsorgung im engeren Sinne findet dort statt, wo Rückstände aufgrund mangelnder Eignung oder zu hoher Schadstoffbelastung nicht verwertet werden können (wie etwa hochgradig bleihältige Filterstäube, die aufgrund zu hoher Paraffinbelastung von einem der untersuchten Chemieunternehmen entsorgt werden müssen, oder Altöl und Lösungsmittel in einem anderen Chemieunternehmen). Bleihältige Filterstäube und Anlagenreinigungsrückstände aus der Produktion von PVC-Stabilisatoren werden in einer Bleihütte in Belgien entsorgt, was hohe Kosten verursacht. Auch unternehmensintern verwendete Stoffe werden aus der Sicht der Befragten zum Teil eher entsorgt als rezykliert. So wird in einem der untersuchten Chemieunternehmen Latexkalk aus der Abwasseraufbereitungsanlage im unternehmenseigenen Kalkwerk eingesetzt. Somit wird aus einem im eigenen Unternehmen anfallenden Rückstand ein neues Produkt gefertigt, und es werden unternehmensintern Kosten umgeschichtet. Aus der Sicht des Befragten ist diese Art der Rückstandsbewältigung nicht zuletzt deshalb eine Entsorgung, weil der Rückstand teilweise auch deponiert wird.

11.3.1.2 Klassifizierung der Wertsteigerungsaktivitäten

Die Überlegungen im vorigen Abschnitt zeigen, dass nicht einmal eindeutig festgelegt werden kann, wann eine Entsorgung und wann eine Verwertung stattfindet. Demgemäß war es unmöglich, trennscharfe Definitionen für Entsorgungs- und für Verarbeitungsprozesse zu finden. Die Befragten gaben alle an, dass durch die „Entsorgung" eines Rückstandes ein neues Produkt produziert werden könne. Interessant ist die Überlegung des Spanplattenwerks, eine Energieversorgung über einen Wirbelschichtofen aufzubauen. Somit könnten im eigenen Werk kontaminiertes und nicht kontaminiertes Holz (auch Alt-Spanplatten) getrennt verwertet werden. Ersteres könnte als Energieträger dienen, letzteres wie bisher als Rohstoff. Somit entstünde eine Kombination von Verwertung und echter Entsorgung. Bei der Verwertung von Alt-Spanplatten handelt es sich um Down-Cycling, weil die Qualität dieser Späne nicht mehr so hoch ist wie bei naturbelassenem Holz.

Mehr Aufschluss gibt die Unterscheidung der Wertsteigerungsprozesse. Die Unternehmen differenzieren sehr wohl Aufbereitungs- und Verarbeitungsprozesse, die Verarbeitung von Rückständen wird teilweise noch unterteilt in Verarbeitung im engeren Sinne und Energiegewinnung (etwa im Zementwerk). Unter den untersuchten Unternehmen findet sich sowohl eines, bei dem zur Schaffung eines verkaufsfähigen Produktes Aufbereitungsprozesse genügen (beim Verwerter von Alt-EPS) als auch solche, für die spezielle Aufbereitungsprozesse vor der Verarbeitung nötig sind (etwa das Zementwerk). Der Großteil der Unternehmen benötigt vor der Verarbeitung Aufbereitungsaktivitäten (wie Granulieren von Kunststoff, De-Inken von Altpapier, Zerkleinern oder Sichten von Altholz).

Jedoch sind sich alle Befragten darin einig, dass aus der Zuordenbarkeit der Prozesse keine Konsequenzen für die Rückstandsbeschaffung erwachsen, wenn man davon absieht, dass die Prozesse der Aufbereitung teilweise schon von den Rückstandslieferanten geleistet werden (müssen). Die Minimalanforderungen bestehen dabei meist in sortenreiner Trennung und teilweise Zerkleinerung (z.B. Altpapier, Alt-EPS). Grundsätzlich gilt dabei, dass die Anforderungen an den Abgeber umso höher sind, je eher die annehmenden Unternehmen ihrer Meinung nach eine Entsorgungsdienstleistung erbringen: Die Aufbereitung wird hier in die Vorstufen ausgelagert. So wird etwa Altschwefelsäure von einem Chemieunternehmen nur in bestimmten Qualitäten angenommen und zur Produktion von Düngemitteln eingesetzt. Auch der zur Produktion von Gipsplatten von einem Chemiewerk angenommene Synthese-Gips muss eine gewisse Qualität aufweisen, weswegen der Lieferant auf die Qualitätsanforderungen Rücksicht nehmen muss.

Die strengen Qualitätsanforderungen im Zementwerk bedingen, dass die angelieferten Rückstände in der Regel bereits aufbereitet sind (Zerkleinern, Aussortieren, Abzentrifugieren von Wasser). Der Vertreter des Zementwerkes betont als einziger, dass dies vor allem im Interesse der Abgeber ist, da sie für qualitativ höherwertige Rückstände in der Regel auch höhere Preise erzielen. Vorgeschrieben werden die Aufbereitungsprozesse nicht, denn man nimmt nur an, was verarbeitet werden kann. Bei einem Chemieunternehmen tragen die potenziellen Lieferanten den Anforderungen des Unternehmens Rechnung: So werden etwa Verfahrensänderungen vorgenommen, damit unerwünschte Begleitstoffe nicht mehr in den Rückständen enthalten sind, oder spezielle Verpackungsformen gewählt. Da es ein umgekehrtes Vorgehen - dass Verfahren speziell auf Abgabeerfordernisse der Lieferanten zugeschnitten würden - nicht gibt, kann durchaus von einer gewissen Individualisierung der Beschaffung gesprochen werden. In den kunststoffverwertenden Unternehmen hingegen sind die grundlegenden Aufbereitungs- und Verarbeitungschritte für alle angelieferten Rückstände gleich, außer der Anforderung der Sortenreinheit gibt es auch keine speziellen Anforderungen an den Lieferanten. Hier liegt demnach eine Standardisierung der Entsorgung vor.

11.3.1.3 Die Bedeutung des Entgelts für die Begründung der Produkteigenschaft eines Rückstandes

Eine wesentliche Bedeutung kommt der Frage des Entgelts zu, da einige der untersuchten Unternehmen ihre Rückstandsbewältigungs-Leistungen danach qualifizieren, wer für die Rückstandsbewältigung bezahlen muss. Ein einheitliches Bild hat sich bei dieser Frage erwartungsgemäß nicht ergeben.

Einige der transferierten Rückstände werden als Produkte im engeren Sinn des Wortes gehandelt, für sie wird ein (teilweise sogar hoher) Einkaufspreis bezahlt. Dazu gehören Häute für die Lederfabrik, Altpapier für die Papierfabrik sowie spezielle Hochofenschlacken etc. für den Produzenten von Metallzuschlagstoffen, aber auch Rundholz (v.a. Laubholz, das in der Zellstoffindustrie nicht eingesetzt werden kann), Hackschnitzel und Sägespäne für den Spanplattenproduzenten. Umgekehrt können für einige der abgegebenen Rückstände Erlöse erzielt werden wie für Stahl, Aluminium und in drei Fraktionen sortiertes Glas vom Fensterproduzenten oder Glasfaserrückstände vom Verbundteilproduzenten. Beim Chemiefaserproduzenten werden aus dem bei der Zellstoffproduktion anfallenden Rückstand Magnesiumligninsulfat („Dicklauge") durch weitere Verfahrensschritte die Stoffe Furfural, Essigsäure und Natriumligninsulfat gewonnen. Diese Produkte werden weltweit verkauft und erbringen höhere Erträge, als wenn man nur die Dicklauge selbst verkaufen würde. Die Verkaufspreise orientieren sich am Weltmarktpreis, werden aber mit den Kunden ausgehandelt.

Anderseits gibt es auch viele Rückstände, für deren Aufnahme die aufnehmenden Unternehmen bezahlt werden, obwohl sich nach ihren eigenen Angaben die Annahme auch ohne Bezahlung rechnen würde. Hier liegt das Verwertungsparadoxon vor. Beispiele dafür sind die Verwertung zinkhältiger Altbeizen in einem Chemieunternehmen, aus denen Zinkhydroxid produziert wird, aber auch Aktivkohleverwertung bei der Produktion von Kalziumkarbid.

Ein befragtes Chemieunternehmen liefert gebrauchte Katalysatoren aus der Schwefelsäureproduktion an den in dieser Untersuchung ebenfalls befragten Erzeuger von Metallzuschlagstoffen und muss für die Abgabe bezahlen, weswegen diese Abgabe als Entsorgung bezeichnet wird. Gleichzeitig gibt der Produzent von Metallzuschlagstoffen an, dass die bezogenen Rückstände für die Vanadiumproduktion für ihn wertvolle Rohstoffe sind. Hier konnte ein Musterbeispiel für das Vorliegen des Verwertungsparadoxons identifiziert werden.

In anderen Unternehmen herrscht eine differenzierte Sicht der Rückstandsbewältigung. So hängt es von der Qualität der Rückstände ab, ob das Zementwerk für die Rückstände bezahlen muss oder ob dafür vom Abgeber ein Entgelt zu entrichten ist: Ist der Heizwert gering oder enthält der Rückstand viel Chlor, muss der Abgeber bezahlen. Für Altautoreifen werden dem Sammler die Zwischenlagerung und Zerkleinerung gezahlt, weswegen hier die Kosten überwiegen. Gegen ein geringes Entgelt an das Zementwerk wird Wirbelschichtasche von einem nahegelegenen Unternehmen abgenommen, das im Gegenzug zu günstigen Konditionen Zement zurückkauft. Von der Lederfabrik wiederum kann tierisches Fett an ein Unternehmen der Futtermittelindustrie verkauft werden, wobei das Fett einen gewissen Reinheitsgrad aufweisen muss. Der Rest muss an die Tierkörperverwertung abgegeben werden, wobei ein Entgelt zu entrichten ist. Derselbe Rückstand bringt hier einmal einen Erlös und verursacht einmal Kosten.

Eine Sonderstellung nimmt einer der Kunststoffverwerter ein: Das Unternehmen wird für die Aufnahme des Kunststoffes aus den Mitteln des ÖKK (Österreichischer Kunststoffkreislauf) bezahlt. Der Entsorgungsbeitrag ist fixer Bestandteil der Kalkulation, ohne diesen Beitrag würde sich die Produktion kaum rechnen. Es ist zweifelhaft, ob das Produkt die in diesem Fall nötigen Preiserhöhungen tragen würde. In diesem Fall ist die Rückstandsbewältigung jedenfalls als Down-Cycling zu qualifizieren. Zu einer Verringerung der Abhängigkeit vom ÖKK könnten zwei Möglichkeiten beitragen: einerseits der Einsatz anderer Kunststoffe (z.B. Folien), der große Investitionen erfordern und sich wiederum nur rentieren würde, wenn für die Entsorgung ein Entsorgungsbeitrag eingehoben werden könnte, und anderseits die Entwicklung anderer Produkte, die einen höheren Deckungsbeitrag erzielen könnten.

Probleme mit der ARA bzw. dem ÖKK hat der Verbundteilerzeuger: Obwohl die abgegebenen Rückstände (PE-Späne) im abnehmenden Unternehmen ein hochwertiger Rohstoff sind, muss für die Abnahme bezahlt werden. Grund dafür ist die Entsorgungskonkurrenz durch die ARA, die pro kg entsorgtem Kunststoff einen gewissen Betrag bezahlt, der aus den Verwertungsbeiträgen der In-Verkehr-Setzer finanziert wird und somit zu einer Wettbewerbsverzerrung führt.

Eine besondere Bedeutung kommt den Transportkosten zu, denn diese stellen beim oftmals geringen Wert der Rückstände einen wesentlichen Kostenfaktor dar (z.B. wegen des großen Rückstandsvolumens insbesondere beim Verwerter von Alt-EPS): In der Regel erfolgt die Lieferung frei Werk. So muss die Lederfabrik großteils die Transportkosten für die Entsorgung ihrer Rückstände tragen. In den Fällen, in denen die Befragten angeben, dass es sich beim Rückstand um einen wertvollen Rohstoff handelt, übernehmen - wie im Falle klassischer Einkäufe - die annehmenden Unternehmen die Transportkosten, zumindest indirekt über die Bezahlung der Rückstände (etwa der Abnehmer von Walzzunder aus der Drahtfabrik). Der Befragte in der Papierfabrik, die die Kosten für den Transport der von ihr abgegebenen Faserreststoffe tragen muss, macht darauf aufmerksam, dass die Transportkosten keine wesentliche Rolle spielen, da sie im Vergleich zu den Kosten der Deponierung immer noch gering sind.

Eine Ausnahme bilden auch hier die „Paketlösungen", denn hier sind die Transportkosten eine Frage der Zurechenbarkeit und es müssen auch logistische Probleme (etwa die Wartung der Tanks bei flüssigen Rückständen) beachtet werden. So zahlt ein Chemiewerk für den angenommenen Rückstand einen geringen Betrag, der nicht einmal die Transportkosten deckt, dafür bezahlt der Partner einen etwas höheren Preis für den primären Rohstoff. Der Verwerter von Alt-EPS, der Rückstände normalerweise frei Werk erhält, übernimmt bei Zug-um-Zug-Lieferungen auch die Transportkosten und setzt so ein zusätzliches Instrument zur Kundenbindung ein.[969]

Eine Art „verdrehte Paketlösung" existiert auch zwischen dem Drahtproduzenten und dem Aufbereiter seiner Altsäure: Der Drahtproduzent bezahlt für Transport und Aufbereitung und nimmt zusätzlich einen Teil der aufbereiteten Säure wieder zurück, obwohl diese durch die Aufbereitung einen Wertverlust erlitten hat.

11.3.2 Genese der Rückstandsbewältigungs-Beziehungen

Die Frage, wie Beziehungen im Bereich der Rückstandsbewältigung zu Stande kommen, lässt sich aufgliedern in die Teilfragen, wer solche Beziehungen anbahnt und wer die Ansprechpartner in den Partnerunternehmen sind. Auf beide Aspekte wird im Folgenden eingegangen.

11.3.2.1 Initiative zu Rückstandstransaktionen

Auch auf die Frage, von wem die Initiative zur Verwertung ausgeht, konnte weder bei den abgebenden noch bei den aufnehmenden Unternehmen eine einheitliche Antwort gefunden werden. Ein Befragter aus einem Chemieunternehmen antwortete, dass die Rückstandsaufnahme nicht Frage einer „Initiative" war, sondern dass die aufgenommenen Rückstände als Rohstoffe am Markt angeboten und vom Unternehmen eingesetzt werden können, wenn sie den Qualitätsanforderungen entsprechen. Ähnliches gilt für den Papierproduzenten und den Lederfabrikanten sowie auch für die Zusammenarbeit des Produzenten von PVC-Stabilisatoren mit der angrenzenden Bleihütte: In diesen Fällen liegen typische Marktstrukturen vor. Auch der Fensterproduzent gibt an, dass die Abnahmebeziehungen meist aufgrund der Geschäftsentwicklung bzw. über marktliche Beziehungen zu Stande kamen. Die Initiative ging dabei in der Regel von den Abnehmern aus, wobei man jedoch bei Spezialproblemen auch eigene Initiativen setzt.

Auch in anderen Fällen geht die Initiative oftmals vom Abnehmer von Rückständen aus. Der Produzent von Metallveredelungsstoffen gibt sogar an, dass die Initiative zu den Annahmebeziehungen meist vom eigenen Unternehmen ausgeht, weil man auf die Rückstände als Einsatzstoffe angewiesen ist. Das Beispiel der Vanadiumbeschaffung aus Altkatalysatoren etwa beweist, dass man immer auf der Suche nach neuen Möglichkeiten der Rohstoffbeschaffung ist. Zwei Unternehmen (ein Chemieunternehmen und der Verwerter von Alt-EPS) geben an, ständig nach neuen technischen Möglichkeiten zur Verwertung von Rückständen zu suchen, und betreiben diesbezüglich auch gezielte Entwicklungsarbeit. Im Mittelpunkt stehen dabei insbesondere beim Chemieunternehmen Überlegungen darüber, welche zusätzlichen Entsorgungsleistungen unter Ausnutzung von Synergieeffekten mit bestehenden Produktions-

[969] vgl. Abschnitt 6.3.4

anlagen bzw. marktlichen Beziehungen noch möglich sind. Interessant ist der Grund, der ein Chemieunternehmen zur Aufnahme von Synthese-Gips bewogen hat: Da man nach der Einstellung der Phosphorsäureproduktion selbst nicht mehr über Synthese-Gips zum Betreiben der Gisplattenproduktion verfügte, suchte man aktiv nach einem Lieferanten.

In vielen Fällen ging die Initiative aber auch von den Rückstand abgebenden Unternehmen aus: So wollten die Kunden des Produzenten von Verbundteilen die bei ihnen als Rückstand anfallenden Altzisternenplatten kostengünstig entsorgen und kontaktierten den Produzenten, der sich zur Rücknahme und Verwertung bereit erklärte. Dieses Unternehmen gibt auch in Bezug auf eigene Rückstände an, selbst die Initiative zur Abgabe zu ergreifen. Dasselbe gilt auch für die Papierfabrik, die selbst initiativ wurde, als es um die Verwertung von Faserreststoffen in einem nahegelegenen Zementwerk ging. Der Drahtproduzent betont, dass man systematisch nach einer Entsorgungsalternative für die Entsorgung von Altbeizen suchte und die Regenerierung der Säure sinnvoller fand als die Vernichtung durch Neutralisation. Neue Partner werden dabei laufend gesucht, wobei sich die Partnersuche wegen der Transportdistanz schwierig gestaltet. Die Initiative für die Verwertung von zinkhältigen Altbeizen in einem Chemieunternehmen ging von den Abgebern aus. Die Anlage zur Aufarbeitung dieser Beizen wurde nur gebaut, weil danach nachgefragt wurde.

In einigen Fällen treffen jedoch auch Angebot und Nachfrage zusammen: So wirbt die Altfett-Verwertungsagentur auf Gastro-Öldosen für die Verwertung und tritt auf einschlägigen Messen auf; gleichzeitig suchen die Altfettproduzenten eine Entsorgungsmöglichkeit. Auch die Entsorgung von Altschwefelsäure in einem Chemieunternehmen ging sowohl vom Unternehmen, das die Schwefelsäure produziert, als auch von den Abnehmern der Neu-Schwefelsäure aus. Meist handelt es sich bei solchen Konstellationen um Paketlösungen, bei der die Entsorgung als zusätzlicher Service zur Abnahme des Neuproduktes angeboten wird.

Teilweise geben die Befragten auch an, dass sich die Rolle des Anbahnenden verschoben hat: Suchten zunächst die Unternehmen in der Rückstandsbewältigung ein zusätzliches Standbein, so geht die Initiative zum Transfer heute eher von den Rückstandsproduzenten aus. So gab etwa beim Zementwerk zunächst der Altreifeneinsatz den Anstoß zu Überlegungen in Richtung Rückstandsverwertung. Seither betreibt man die bewusste Suche nach Einsatzmöglichkeiten für Rückstände. Heute geht die Kontaktaufnahme jedoch eher von den Abgebern aus: Es gibt fünf bis zehn Anfragen pro Woche. Umgekehrt ist es dort, wo aus Rückständen hochwertige Produkte erzeugt werden. So ging die Initiative zur Verwertung von Dicklauge von deren Produzenten aus. Die Beziehungen zu den jetzigen Abnehmern haben sich über Jahrzehnte entwickelt, wobei heute die Anstöße zu einzelnen Transaktionen je nach Bedarf bzw. Kapazität sowohl von den Abnehmern als auch vom abgebenden Unternehmen ausgehen. Immer wieder betont wird - insbesondere vom Verbundteilproduzenten, aber auch im Drahtwerk und beim Produzenten von Metallzuschlagstoffen - die Wichtigkeit informeller

Kontakte für das Zustandekommen von Rückstandstransferaktivitäten. Die persönlichen Kontakte dienen dazu, ein Vertrauensverhältnis aufzubauen.

Kapitalmäßige Verflechtungen spielen eine Rolle beim Zustandekommen von Transferbeziehungen:[970] In einem Fall (Entsorgung von Kupferchlorid) wurde ein Tochterunternehmen des jetzigen Verwerters, das als Absatzmittler für Chemieprodukte auftritt, gefragt, ob die Entsorgung möglich ist. Die Verwertung von Walzzunder wurde durch eine Schwesterfirma des Walzdrahtproduzenten ermöglicht. Viele der Kontakte ergeben sich laut Aussagen der Befragten auch durch Zufall wie der Kontakt des Ledererzeugers zum Futtermittelproduzenten.

Einen sicherlich nicht repräsentativen, doch sehr originellen Initiator hatte im Übrigen die Verwertung von Aktivkohlefiltern zu Kalziumkarbid in einem Chemiewerk: Es war der Landeschemiker von Tirol.

11.3.2.2 Ansprechpartner in den Partnerunternehmen

Als Ansprechpartner in den annehmenden Unternehmen fungieren bei der Geschäftsanbahnung meist diejenigen Personen, die sich dort mit der Abfallproblematik beschäftigen. In der Regel handelt es sich um Techniker mit relativ hohem hierarchischen Potenzial (Betriebsleiter, die Kosten verantworten müssen, Abteilungsleiter von F&E oder Produktion, Qualitätsverantwortliche oder auch Umweltbeauftragte, in kleineren Unternehmen sogar der Eigentümer). Beim Abschluss von Verträgen ist meist auch die Geschäftsleitung des Partnerunternehmens involviert. Die operative Abwicklung wird eher vom Verkauf geführt.

Ähnliches gilt auch für den Bereich der Rückstandsabgabe. Auch hier werden Geschäftsanbahnungsverhandlungen durchwegs auf höchster Ebene geführt, die operative Abwicklung vollzieht sich jedoch abhängig von der Komplexität des Verwertungsproblems auf Betriebsleiter- oder Sachbearbeiterebene: Handelt es sich bei der Rückstandsabgabe eher um einen „normalen“ Entsorgungsvorgang, so sind eher Sachbearbeiter involviert (z.B. Lieferung von Altglas vom Fensterproduzenten an einen Glasproduzenten, Lieferung von Blei- und Zinkasche vom Drahtproduzenten an eine Bleihütte, Lieferung tierischer Fette vom Lederproduzenten an einen Futtermittelerzeuger). Geht es um kompliziertere, individuelle Projekte (Verwertung von Faserreststoffen aus der Papierfabrik im Zementwerk), so sind die technisch versierteren Betriebsleiter mit der Materie befasst.

Lediglich in zwei Bereichen der Beschaffung - im Bereich der Aufnahme von Altkunststoffen sowie bei Altspeisefett - werden eigene Beschaffungsagenturen als Ansprechpartner genannt (für Kunststoffe der Österreichische Kunststoffkreislauf ÖKK, für Altspeisefett die von der Verfasserin untersuchte Verwertungsagentur für Altspeisefett).

Auf der Seite der Rückstand abgebenden Unternehmen ist als Besonderheit das Chemieunternehmen zu nennen, das die anfallende Dicklauge einer Wertsteigerung unterzieht und so

---

[970] vgl. Abschnitt 9.4.5.1

wertvolle Chemikalien als Rohstoffe erhält. Dort ist eine eigene Abteilung mit dem Chemikalienverkauf befasst. Deren Ansprechpartner in den anderen Unternehmen ist meist der Rohstoffeinkauf. Als eigene Absatzorganisation tritt eine Tochtergesellschaft auf, die ebenfalls Chemikalien vertreibt.

11.3.3 Intensität der Zusammenarbeit

Da auch im Theorieteil eine intensive Auseinandersetzung mit den Fragen der längerfristigen Geschäftsbeziehung bzw. der Kooperation im Rückstandsbereich erfolgte, stellte dieser Themenkreis einen wesentlichen Bestandteil der Befragung dar. Im Folgenden werden zunächst die subjektiven Ansichten der Befragten wiedergegeben. Im nächsten Schritt werden konkrete Formen der Zusammenarbeit im Rückstandsbereich referiert.

11.3.3.1 Kooperation versus marktliche Beziehungen

Die meisten der befragten Unternehmen geben an, dass die Beziehungen zur Rückstandsannahme rein marktlich organisiert seien, und zwar umso eher, je

- mehr der beschaffte Rückstand direkt als Einsatzstoff eingesetzt werden kann (z.B. Alt-EPS) oder schon seit jeher als Einsatzstoff verwendet wird (z.B. Altpapier);
- mehr es sich um Bereitstellung einer Entsorgungsleistung als um Beschaffung eines Einsatzstoffes handelt (z.B. Altreifenentsorgung im Zementwerk).

Lediglich im Bereich dazwischen, wo Entsorgungsleistung und Rohstoffbeschaffung nicht klar voneinander abgegrenzt werden können, sehen einige der Befragten die Beziehungen auch als Kooperationen an. Die Gründe dafür sind die meist erst kurze Dauer der betreffenden Beziehungen sowie die Unsicherheit über Art und Weise der Verwertung sowie über rechtliche Rahmenbedingungen. Je besser ein Unternehmen bereits mit der Rückstandsbewältigung umgehen kann, desto eher wird es sich nach Meinung aller Befragten auf - dann kostengünstigere bzw. ertragreichere - marktliche Beziehungen einlassen.

Als Kooperation wird vom Zementwerk die Zusammenarbeit mit großen Sammlern bezeichnet. Die Zusammenarbeit ist in diesem Fall für das Zementwerk wichtig, weil die Altstoffsammler auch andere als die derzeit besorgten Stoffe beschaffen könnten. Das Entgegenkommen den Sammlern gegenüber besteht darin, dass auch Altlacke übernommen werden, obwohl der erzielbare wirtschaftliche Vorteil wegen prozesstechnischer Probleme nicht groß ist.

Eine enge Zusammenarbeit existiert zwischen der Beschaffungsagentur für Altspeisefett und den annehmenden Betrieben, da erstere quasi als „Sprachrohr“ und als eine Art „Verwertungsagentur“ fungiert. Von einer Kooperationsbeziehung kann man jedoch auch in diesem Fall nicht sprechen, da die Beratung und Betreuung der Verwerter der eigentliche Unternehmenszweck der Verwertungsagentur und somit keine der Kooperationsdefinition entsprechende Leistung ist.[971]

Insgesamt halten die Befragten im Bereich der Rückstandsabgabe ihre Beziehungen zu den abnehmenden Unternehmen weitaus häufiger für eine Kooperation als im Bereich der Annahme. Ein Grund dafür lässt sich aus den Ausführungen im Vorangehenden ableiten: Gesetzliche oder finanzielle Restriktionen bedingen ein höheres Involvement der Beteiligten, das sie zu engeren Kontakten mit potenziellen Abnehmern zwingt. So gibt etwa der Befragte beim Produzenten von Walzdraht an, dass bei der Entwicklung der Regeneration von Altsäure mitgearbeitet wurde („technology push"), da die Entwicklung einer kostengünstigen und umweltschonenden Alternative unbedingt erforderlich war. Auch im Bereich der Annahme gibt es rein marktliche Beziehungen, bei denen auf die Bedürfnisse des Abnehmers keine Rücksicht genommen wird - insbesondere, wenn für die Rückstandsabgabe bezahlt wird und daher die Entsorgungsabsicht im Vordergrund steht (etwa bei der Abgabe von Schlacken durch den Produzenten von Metallzuschlagstoffen).

Typische Kooperationen liegen vor

- bei der Abgabe von Falzspänen aus dem Werk des Lederproduzenten an die Kosmetikindustrie: Es dürfen in der Lederproduktion nur solche Chemikalien eingesetzt werden, die die Verwertung der Falzspäne beim Abnehmer nicht verhindern. Es liegt hier also eine Individualisierung in Bezug auf den Abnehmer vor, der Partner ist nicht jederzeit wechselbar. Außerdem wird gemeinsame Abstimmungs- und Entwicklungsarbeit betrieben;
- bei der Abgabe von Faserreststoffen aus der Papierfabrik an eine nahegelegene Zementfabrik. Dort wurden die Prozesse speziell auf die Bedürfnisse der Papierfabrik abgestimmt, wodurch sich das Zementwerk in eine Abhängigkeit begab. Die 100 Mio. ATS, die für die Verfahrensgestaltung nötig waren, wurden allerdings von der Papierfabrik finanziert. Ein großes Problem stellt die Verfügbarkeit der Schlämme dar, es muss von beiden beteiligten Partnern eine große Kooperationsbereitschaft gegeben sein. Es existiert ein Kooperationsabkommen auf 15 Jahre, wonach die Papierfabrik bestimmte Mengen bereitstellt, die das Zementwerk abnimmt, und die Produktqualität ebenfalls geregelt ist. Enthalten ist auch eine Auflösungsklausel: Die Rückstände werden nur solange geliefert, als Altpapier eingesetzt wird, sollte Zellstoff eingesetzt werden, kann der Vertrag aufgelöst werden.

Wiederum betonen die Befragten durchgängig die Bedeutung persönlicher Kontakte. Diese dienen dazu, ein Vertrauensverhältnis aufzubauen. Einer der Befragten bezeichnet gerade diese engen Kontakte zu den Abnehmern als Kooperation. In einigen Fällen leisten auf der Abgabe- und auf der Aufnahmeseite manche Unternehmen Hilfestellung bei der Abstimmung der Prozesse auf die gegenseitigen Bedürfnisse (bei der Rückstandsaufnahme z.B. ein Unternehmen, das Altsäuren und -beizen verwertet, bei der Rückstandsabgabe etwa bei der

---

[971] vgl. Abschnitt 9.4.5.2

Abgabe von Schwefelsäurekatalysatoren aus einem Chemiewerk an den Produzenten von Metallzuschlagstoffen).

Am Ende dieses Abschnittes seien noch zwei Fälle erwähnt, in denen dieselbe Situation einmal als Kooperation bezeichnet wird und einmal nicht, und zwar werden die sogenannten Paketlösungen (Verkauf eines Produktes und Zug-um-Zug die Rücknahme der bei dessen Verwendung anfallenden Rückstände) teilweise als Kooperation und teilweise nicht als Kooperation gesehen. Als Kooperation bezeichnet werden

- die Abnahme von Synthese-Gips. Rückstandsproduzent ist hier ein Chemieunternehmen, das vom in dieser Untersuchung befragten Chemieunternehmen Schwefelsäure bezieht. Bei deren Verarbeitung fällt der Rückstand an, der an den Lieferanten zurückgegeben werden kann;
- die Rücklieferung von Dichtungsrückständen aus PVC und PE. Sie können vom Fensterproduzenten an den Lieferanten zurückgeliefert werden, wobei Zuverlässigkeit und gegenseitiges Vertrauen als eventuelle Zusatznutzen genannt werden.

Bewusst nicht als Kooperation bezeichnet der Produzent von EPS die Rücknahme von Alt-EPS, die ebenfalls Teil einer Paketlösung ist.

Noch krasser ist der Auffassungsunterschied beim Produzenten von PVC-Stabilisatoren und beim Erzeuger von Walzdraht. Beide geben bleihältige Rückstände an dieselbe Bleihütte ab, von der sie auch Blei beziehen. Während der Befragte beim Drahtproduzenten diese Konstellation als Marketingmaßnahme des Bleierzeugers qualifiziert, sieht der Befragte beim Produzenten von PVC-Stabilisatoren eine Kooperation: Der Lösung des eigenen Entsorgungsproblems steht gegenüber, dass die Bleihütte einen kostengünstigen Rohstoff zur Verfügung gestellt bekommt und gleichzeitig das eigene Produkt absetzen kann. Diese unterschiedlichen Auffassungen sind ein Hinweis dafür, wie uneinheitlich der Begriff der Kooperation in der Praxis gesehen wird.

11.3.3.2 Konkrete Formen der Auslagerung von Aktivitäten der Rückstandsbewältigung

Häufiger als zunächst angenommen sind die Auslagerung der Rückstandsbeschaffung in Tochterunternehmen sowie die kapitalmäßige Verflechtung mit anderen Unternehmen, die an der Rückstandsverwertung interessiert sind. So verfügen zwei der Chemieunternehmen und die Papierfabrik über Tochterunternehmen, die verwertbare Rückstände besorgen und teilweise auch in die Rückstandsabgabe involviert sind. Man kann somit von eigenständigen Beschaffungs- und Absatzorganisationen sprechen, auch wenn diese nicht in allen Fällen mit dem Zweck gegründet wurden, Rückstände zu beschaffen oder zu veräussern. In einem der Chemieunternehmen verkauft die Tochterfirma das native Produkt und organisiert im Gegenzug die Rücknahme des anfallenden Rückstandes. In der Papierfabrik werden die Tochterunternehmen bei der Beschaffung sogar fremden Lieferanten nachgestellt, wenn ihre Preise nicht günstiger sind.

Eines der Kunststoff verwertenden Unternehmen ist selbst zu 100% Tochtergesellschaft. Es wurde von der Muttergesellschaft (einem Kunststoffproduzenten) mit dem Zweck gegründet, von sich aus einen Markt im Bereich der Entsorgung zu erschließen, den man von der anderen, der Neuproduktionsseite her, gut kennt. Man versuchte somit eine Diversifikation in den Recyclingbereich. Auch der Spanplattenproduzent ist zu 50% Tochterunternehmen des benachbarten Sägewerkes. Aus dieser Eigentümerkonstellation ergibt sich, dass die beiden Unternehmen eng zusammenarbeiten und die Abnahme aller Sägespäne durch den Spanplattenproduzenten garantiert ist.

Den umgekehrten Weg schlug der Verbundbauteilproduzent ein: Ein neues Werk wurde in Slowenien erworben, wobei ein wesentliches Argument für den Erwerb die Tatsache war, dass Rückstände aus der Produktion von Schilaufflächen aus dem österreichischen Mutterwerk dort zu 100% als Rohstoff wieder einsetzbar sind. Im slowenischen Werk werden zwar ähnliche, aber nicht so hochwertige Produkte erzeugt wie im Mutterwerk (z.B. hochgleitfähige Auskleidungen für Schotterrutschen, deren optische Anforderungen nicht so hoch sind wie die des Prestigeproduktes Schigleitflächen.) Es handelt sich in diesem Fall daher um eine bewußte Diversifikation zur Verwertung von Rückständen: Für das Unternehmen neue Produkte werden auf für das Unternehmen neue Märkte geliefert, der Synergieeffekt besteht neben der Rohstoffquelle in einer ähnlichen Produktionstechnologie. Die Synergien werden dadurch verstärkt, dass der Umweltbeauftragte des Werkes in Österreich zugleich für technische Belange im neuen Werk zuständig ist. De facto wurde mit dem Erwerb des slowenischen Werkes eine Unternehmenskonzentration vorgenommen.

Im Zementwerk weist man bezüglich der Kunststoffrückstände auf Probleme mit dem ÖKK bei der Beschaffung von Kunststoffrückständen hin. Aus diesem Grund ist man eventuell interessiert, eine eigene Beschaffungsorganisation zu gründen und dabei mit einem Kunststofferzeuger zusammen zu arbeiten, der den Markt kennt. Ein Joint Venture und definitiv keine Kooperation mit einem ausländischen Partner strebt man in einem der untersuchten Chemieunternehmen an, in dessen Mittelpunkt die Extraktion von Xylit aus Dicklauge steht. Der Befragte sieht diese Aktion als Ausdruck aktiver Produktpolitik.

11.3.4 Strukturelle Merkmale von Transaktionen im Rückstandsbereich

Die Anzahl von (potentiellen) Transaktionspartnern und die damit verbundenen Implikationen lassen Rückschlüsse auf das Transaktionsdesign zu. Sie stehen im Mittelpunkt des nächsten Abschnittes. Mit der konkreten Ausgestaltung der Abgabe-/Aufnahmebeziehung befasst sich 11.3.4.2.

11.3.4.1 Anzahl der Lieferanten bzw. der Abnehmer von Rückständen

Über die Anzahl der Lieferanten von Rückständen kann keine allgemeingültige Aussage gemacht werden. Tendenziell haben die Unternehmen eher dann mehrere Lieferanten, wenn es sich bei der angebotenen Leistung eher um eine Entsorgungsleistung handelt. Einige der befragten Unternehmen bieten Entsorgungsleistungen für sehr spezielle Rückstände an (besonders die Chemieunternehmen). In diesen Fällen kommen die Rückstände aus der ganzen Welt, wie etwa die vanadiumhältigen Rückstände beim Produzenten von Metallzuschlagstoffen.

Sind die angenommenen Rückstände einheitlich, fallen sie gewöhnlich nur in kleinen Mengen an und werden sie auch aus dem Konsumbereich oder von vielen kleinen Lieferanten angenommen, so werden auch Altstoffhändler als Beschaffer eingesetzt. Diese Form des Outsourcing der Beschaffung an mehrere kleine „Beschaffungsunternehmen" ist eine Besonderheit des Rückstandsmarketing, die beim klassischen Beschaffungsmarketing eher nicht anzutreffen ist. Je spezifischer die Anforderungen an den eingesetzten Rückstand, desto eher greifen die aufnehmenden Unternehmen auf Leistungen von professionellen Altstoffsammlern zurück, die weniger als Händler, denn als Qualitäts- und Zwischenlagerstelle fungieren.

Auch auf der Seite der Rückstandsabgabe werden Sammler mit einbezogen,

- weil sie die rechtliche Lage besser kennen (etwa beim Export bleihältiger Filterstäube vom PVC-Stabilisatoren-Erzeuger nach Belgien: Auch die Verantwortung für die ordnungsgemäße Entsorgung geht dabei auf den Sammler über),
- weil man sich auf das Kerngeschäft konzentrieren will und die Sammler den Markt besser kennen (So werden vom Fensterproduzenten Stahl- und Aluminiumschrott über Zwischen- bzw. Rohstoffhändler an die entsprechende Industrie weiterverkauft).

In Bezug auf die Abgabe von Rückständen lassen sich insgesamt konkretere Angaben treffen, als in Bezug auf die Rückstandsannahme: Je spezifischer der Rückstand, desto weniger Abnehmer können überhaupt gefunden werden. Das zeigt etwa das Beispiel eines der Chemieunternehmen: Rückstand aus der Reinigung von Festschwefel wird an zwei Produzenten von Schwefelsäure geliefert. Interessant ist dabei, dass durch diese Entsorgung Konkurrenten gefördert werden, da auch das betreffende Unternehmen selbst (nach einem anderen Produktionsverfahren) Schwefelsäure herstellt. Allerdings sind die anfallenden Mengen an Festschwefel nicht groß.

Weiters finden sich für Rückstände, die entsorgt werden müssen, eher mehrere Abnehmer als für Rückstände, die einer externen Verwertung zugeführt werden. In der Regel sind die Unternehmen froh, überhaupt einen Verwerter für ihre Rückstände zu finden. Auf deren Anforderungen muss dann explizit Rücksicht genommen werden. So werden vom Verbundteilproduzenten Schleifreste von Schilaufflächen (PE-Späne) an ein befreundetes Unternehmen geliefert und dort als aschefreier Energieträger mit hohem Brennwert eingesetzt. Die überschüssige Energie wird mittels Kraft-Wärme-Kopplung ans Netz abgegeben. Der Lederproduzent hat für Falzspäne (Lederspäne, die einen hohen Eiweissgehalt aufweisen und für Kosmetika aufschließbar sind) einen Abnehmer in Deutschland. In diesem Bereich ist das Eingehen auf die Bedürfnisse des Abnehmers besonders wichtig.

Lediglich zwei Unternehmen geben an, über mehrere Verwertungsoptionen zu verfügen: Für die Faserreststoffe aus der Papierfabrik gibt es zwei Abnehmer. Zum Teil gehen die Rückstände an ein nahes Zementwerk, zum Teil an ein Ziegelwerk. In beiden Unternehmen werden die Faserreststoffe verwertet (thermisch im Zementwerk, zur Produktverbesserung in der Ziegelei). Das Drahtwerk hat sogar drei Abnehmer für Altsäure, von denen einer die Säure regeneriert. Beide Unternehmen geben an, großen Wert darauf zu legen, alle Verwertungsschienen offen zu halten.

11.3.4.2 Aufnahme-/Abgabemodalidäten und logistische Probleme

Die Austauschmodalitäten sind aufgrund der Vielfalt der Rückstände, die ausgetauscht werden, verschieden. Allgemein hängen die Abnahmemodalitäten mit den lieferbaren Mengen und der Lieferhäufigkeit zusammen, weswegen hier eine strikte Trennung der Bereiche Vertragsgestaltung, Lieferhäufigkeit und Liefermenge nicht möglich ist. So geben mehrere Unternehmen an, dass mit jenen Partnern, von denen längerfristig größere Mengen angenommen werden, auch längerfristige Verträge abgeschlossen werden, ansonsten handelt es sich eher um Einzelverträge. Dies gilt analog auch für Unternehmen, die Rückstände abgeben. In der Regel werden Verträge auf ein Jahr abgeschlossen, wobei teilweise (etwa von einem Chemiewerk) Vorschreibungen bezüglich Qualität, Verpackung und Transport gemacht werden. Bei kleineren Lieferanten sind auch halbjährige und kürzere Vertragzeiten möglich (etwa im Spanplattenwerk). Verträge über Entsorgungsmengen gibt es aus der Sicht der Rückstandsabnehmer meist nicht.

Die Rückstandsproduzenten geben an, den Rückstandstransfer über Mengen und Qualitäten zu steuern, die entweder vertraglich geregelt sind (beim Produzenten von PVC-Stabilisatoren oder in der Papierfabrik) oder flexibel gehandhabt werden (beim Lederproduzenten). Insgesamt bemüht man sich um langfristige Zusammenarbeit und verzichtet dafür auch auf eine vertragliche Absicherung. So wird etwa beim Fensterproduzenten großer Wert auf die verlässliche Abwicklung gelegt. Dabei wird großteils ohne längerfristigen Vertrag zusammengearbeitet, die Konditionen werden von Fall zu Fall festgelegt. Nur bei größeren Strömen gibt es jährliche Verhandlungen. Eine Besonderheit der Rückstandsabgabe liegt beim Faserproduzenten vor, der die aus Dicklauge produzierten Chemikalien teilweise am Spotmarkt absetzen kann.

Relativ häufig ist die Abnahme von Rückständen (vertraglich) an die Abnahme eines Neuproduktes gebunden (Paketlösung), wie im Spanplattenwerk, das Plattenreste nur von Baumärkten zurücknimmt, die auch beliefert werden. Umgekehrt wird in den Verträgen, die der Verwerter von Alt-Kunststoffen abschließt, festgelegt, dass die Abnehmer von aus Alt-Kunststoff erzeugten Lärmschutzwänden diese nach Gebrauch wieder an den Verwerter zurückgeben können.

Aus den Aussagen der abgebenden und der annehmenden Unternehmen kann abgeleitet werden, dass der Rückstandstransfer umso eher regelmäßig erfolgt,

- je größer die anfallenden Mengen sind und
- je mehr das annehmende Unternehmen auf die Rückstände als Einsatzstoffe angewiesen ist.

Wurden zur Beseitigung von Rückständen eigene Entsorgungskapazitäten aufgebaut, erfolgt die Belieferung eher bei Bedarf der Rückstand produzierenden Unternehmen, die dann ja (Entsorgungs-) Kunden sind. Sind die Rückstände im annehmenden Unternehmen Rohstoffe, so erfolgt die Lieferung hingegen eher bei dessen Bedarf, da auf die Erfordernisse der Produktion Rücksicht genommen werden muss (etwa beim Produzenten von PVC-Stabilisatoren). Eine Besonderheit bildet der Lederproduzent, dessen Rückstände wegen der Verderblichkeit täglich abgeholt werden müssen.

Sowohl im Bereich der Rückstandsbeschaffung als auch der Rückstandsabgabe wird von den befragten Unternehmen in erster Linie der LKW als Transportmittel eingesetzt, lediglich die sehr großen Unternehmen (vornehmlich die Chemieindustrie) setzen auch die Bahn ein. Insbesondere die Rückstand abgebenden Unternehmen achten nach Möglichkeit darauf, dass keine langen Distanzen überwunden werden müssen, um die meist zu ihren Lasten gehenden Transportkosten niedrig zu halten.

11.3.5 Auswirkungen von Recht und Politik

Alle Befragten betonen, dass sich mit der rigider werdenden gesetzlichen Lage, insbesondere seit dem Inkrafttreten des AWG, aber auch bei der Umsetzung von EU-Normen in österreichisches Recht Probleme bei der rechtlichen Genehmigung der Verwertung ergeben haben. Viele der Befragten lassen durchblicken, dass die ständigen Änderungen der Gesetzeslage mehr Probleme bereiten als die Umsetzung der Gesetze selbst. So waren etwa im Zementwerk im Laufe der Zeit eine Genehmigungen nach einer Vielzahl von Vorschriften für die einzelnen Rückstandsarten notwendig: Genügte für die Verwertung von Altautoreifen (noch) eine gewerberechtliche Genehmigung, so war für die Verwertung von Altöl zusätzlich schon eine Genehmigung nach § 15 AWG erforderlich. Für die Verwertung von Altkunststoffen ist eine noch weitaus aufwändigere Anlagengenehmigung nach § 29 AWG erforderlich.

In diesem Zusammenhang sind auch Schwierigkeiten zu erwähnen, die sich für den Produzenten von PVC-Stabilisatoren aus der Rückstandsverwertung ergaben. Zunächst war für die Produktionsanlage eine Anlagengenehmigung nach § 29 AWG vorgesehen, was die Verpflichtung zur Abfallannahme (Kontrahierungszwang) mit sich gebracht hätte. Es handelt sich jedoch hier um eine Produktions- und nicht um eine Abfallbehandlungsanlage, weswegen nur diejenigen Mengen und Qualitäten übernommen werden können, die auch verarbeitbar sind.

Genehmigungen nach den §§ 15 und 29 AWG erfordern umfangreiche Vorarbeiten und Nachweise durch das Unternehmen. Deshalb war man in einem der untersuchten Unternehmen erstaunt über die Möglichkeit zur Rücknahme von gebrauchten Waren ohne entsprechende Genehmigung, die § 15 Abs. 2 Zif. 2 denjenigen Unternehmen einräumte, die die entsprechenden neuwertigen Waren in Umlauf setzen. Damit wurden in Österreich zwei Arten von Sammlern geschaffen - die mit und die ohne Genehmigung. Diese Regelung scheint den Zielen des AWG nicht sehr förderlich zu sein, zumal sich die Frage stellt, ob etwa Chemikalienhändler über das notwendige Know-How bzw. die Kapazitäten zur Entsorgung etwa von Altsäuren verfügen. In den Chemieunternehmen sind diese nach Aussage des Befragten vorhanden.

Gesetzliche Beschränkungen (Verbot der Aufbringung von Rindenasche im eigenen Forst) und Desinteresse der betroffenen Behörden waren dafür verantwortlich, dass vom Drahtproduzenten ein Versuch, Rindenasche mit einem regionalen Partner zu verwerten, unterbrochen werden musste, weil das anfallende Produkt nicht verwertet bzw. abgesetzt werden konnte.

Die Unternehmen, die mit Verpackungsrückständen konfrontiert sind (v.a. die Kunststoffverwerter), sind der Meinung, dass sich auch die Bestimmungen der Verpackungsverordnung als eher hinderlich für die Verwertung erwiesen haben. Ein Befragter hebt aber auch hervor, dass es ohne die entsprechenden Gesetze den gesamten Entsorgungsmarkt in der heutigen Form nicht gäbe und viele Unternehmen somit ein Standbein weniger hätten.

Vor allem die Chemieunternehmen bemühen sich um gute Beziehungen einerseits zu den Wirtschaftskammern, anderseits aber vor allem zu den Politikern, weswegen ihre Bestrebungen zur Rückstandsverwertung von öffentlicher Seite meist (zumindest ideell) unterstützt werden. Zwei Unternehmen erhielten auch öffentliche Fördermittel (das Zementwerk und die Altfettverwertungsagentur). Teilweise wurden die Aktivitäten mit Umweltschutzpreisen bedacht (im Zementwerk, beim Lederproduzenten). Einige Unternehmen sprechen auch von positiven Aussagen vonseiten der Gemeinden, des Landes und des Umweltministeriums.

11.3.6 Marketinganstrengungen bei der Rückstandsbewältigung

Wie bereits dargestellt, werden im Rückstandsbereich bislang nur wenige koordinierte Marketingaktivitäten gesetzt. Große Defizite gibt es insbesondere in den Bereichen Markt- und Konkurrenzforschung, auf die in den nächsten beiden Abschnitten eingegangen wird. Sodann werden Befunde für konkrete Marketinganstrengungen sowie für durch Rückstandsbewältigung induzierte Produktinnovationen dargestellt.

11.3.6.1 Marktforschungsaktivitäten

Die Meinungen der untersuchten Unternehmen in den Bereichen Markt- und Konkurrenzforschung gehen auseinander: In den Chemieunternehmen ist man eher der Meinung, sowohl den (potenziellen) Beschaffungsmarkt als auch die Verwertungskonkurrenz zu kennen und aus diesem Grund eine gezielte Markt- und Konkurrenzforschung nicht zu brauchen. Wenn überhaupt, so wird Marktforschung „in erster Linie auf informeller Ebene betrieben" (Aussage des Fensterproduzenten). Auch im Spanplattenwerk gibt es weder systematische Marktforschung noch gezielte Maßnahmen zur Beschaffungsverbesserung, da die Lieferantenstruktur immer gleich ist. Ähnlich liegen die Verhältnisse auch auf der Seite der Rückstand abgebenden Unternehmen. So erklärt der Lederproduzent, dass die Ledererzeugung eine kleine Branche ist und überdies eher spezifische Rückstände anfallen, weswegen die potenziellen Abnehmer von Rückständen bekannt sind. Deswegen ist die strategische Arbeit der Akquisition von Rückstandsabnehmern mehr oder weniger erledigt und klassische Absatzverbesserungsmaßnahmen werden nicht getätigt. Allerdings bieten sich doch immer wieder Möglichkeiten zu Verbesserungen an, die man gerne ergreift.

Die Unternehmen der Kunststoffbranche und das Zementwerk sind anderer Auffassung. Dort herrscht durchwegs die Meinung vor, dass die Marktkenntnis zu verbessern ist. Im Zementwerk meint der Befragte, dass gerade im Bereich der Kunststoffe eine intensive Marktforschung fehlt, weil die Qualifikation der Einkäufer nicht mehr für ihre komplexe Aufgabe ausreicht. Deswegen wird die Installation eines Marketing im Beschaffungsbereich nötig. Selbstständige Marktforschungen in Bezug auf die Rücknahme von Rückständen existieren kaum. Im Unternehmen, das EPS verwertet, sind die rückstandsbezogenen Aktivitäten immer Teil von Gesamtmarktstudien. Beim Produzenten von Chemiefasern, der aus den Rückständen durch Wertsteigerungsmaßnahmen neue Produkte erzeugt, wird nach wie vor Marktforschung betrieben, sodass in Zeiten des Rohstoffmangels durchaus noch neue Kunden akquiriert werden können (v.a. aus Übersee). Hier werden auch Instrumente wie ABC-Analysen eingesetzt. Gezielte Beschaffungsmarktforschung gibt es naturgemäß auch in der Papierfabrik, wo wie bereits erwähnt, Altpapier den wesentlichen Rohstoff darstellt und entsprechend behandelt wird.

11.3.6.2 Konkurrenzanalyse und -forschung

Auch eine systematische Konkurrenzforschung fehlt in den meisten Unternehmen, weil man der Meinung ist, die Konkurrenz zu kennen - insbesondere dann, wenn die Märkte klein sind, wie etwa bei den Rückstände annehmenden Chemieunternehmen oder auf der Seite der Rückstandsproduzenten auch beim Erzeuger von Kunststoffverbundteilen. Ein Chemieunternehmen etwa gibt an, dass es je Rückstandsart maximal drei Entsorgungskonkurrenten gibt, die bekannt sind. Auch beim Verwerter von zinkhältigen Altbeizen (dem Produzenten von PVC-Stabilisatoren) ist bekannt, wo die Rückstände sonst hingeliefert werden könnten, nämlich an Produzenten von Zinksulfat im Ausland.

Obwohl die Konkurrenz um Alt-EPS relativ groß ist (ca. 20 EPS-Verwerter), gibt es dort keinen beinharten Verdrängungswettbewerb, da Altmaterial insbesondere von den Neuproduktkunden zurückgegeben wird. Starke Entsorgungskonkurrenz herrscht hingegen im Altkunststoffbereich dort, wo die stofflichen Verwerter in Konkurrenz mit der thermischen Verwertung treten - etwa auch mit dem in dieser Arbeit untersuchten Zementwerk. Als Entsorgungskonkurrenten treten dort im Bereich der Altölverwertung auch die Behandlungsanlagen für gefährlichen Abfall bzw. andere Zementwerke auf. Dennoch wird keine systematische Analyse der Konkurrenten betrieben, obwohl diese nach eigenen Angaben von Vorteil wäre.

Eine informelle Sondierung der Konkurrenz wurde bei einer großen Enquete durchgeführt, an der auch Genehmigungsbehörden teilnahmen.

Auch das Spanplattenwerk hat Entsorgungskonkurrenten in Verbrennungsanlagen, die zur Bewältigung von minderwertigen Waldabfällen errichtet wurden, wegen des geringeren Preises aber auch Sägespäne verbrennen. Sie nehmen der Spanplattenindustrie den Rohstoff weg. Ein Problem ergibt sich mit der Konkurrenz aus Italien: Da dort fertig laminierte (beschichtete) Teile erzeugt werden, beim befragten Unternehmen jedoch nur das Rohprodukt, ist es für die Konkurrenz leichter, die schlechtere Qualität der eingesetzten Rohstoffe zu verbergen.

Teilweise treten die Unternehmen, die aus Rückständen produzierte Stoffe abgeben, in Konkurrenz zur Urproduktion: So wird Natriumsulfat, das von einem Chemieunternehmen abgegeben wird, auch bergmännisch gewonnen. Hier wird Konkurrenzforschung vor allem informell im Rahmen von Verkaufsgesprächen, betrieben. Auch die Bundeswirtschaftskammer wird zu Marktforschungszwecken sowie als verkaufsunterstützendes Gremium benutzt.

Ein Entsorgungskonkurrent besonderer Art tritt im Bereich der Kunststoffverarbeitung auf, wie bereits dargestellt wurde: Die ARA bzw. der ÖKK zahlt relativ hohe Preise etwa für die Entsorgung von PE-Spänen. Für Rückstandsproduzenten in diesem Bereich (etwa den Verbundteilproduzenten) bedeutet das, dass auch außerhalb des ARA-Systems hohe Entsorgungspreise gezahlt werden müssen.

Eine Sonderstellung im Bereich der Konkurrenzforschung nimmt die Altspeisefett-Verwertungsagentur ein: Sie ist im Grunde eine ausgelagerte Marketingabteilung der Altfettverwerter. Eine ihrer Aufgaben ist die Erbringung von Marktforschungsleistungen in Form von Datenrecherchen oder Veränderungsverfolgung auf dem Markt. Insbesondere die Beobachtung von Konkurrenzaktivitäten zählt zu den Grundaufgaben. Beschaffungskonkurrenten sind dabei die chemische Industrie und die Futtermittelindustrie in Deutschland und den Beneluxländern.

11.3.6.3 Ansätze für Marketing-Konzepte im Rückstandsbereich

Von der Erarbeitung gezielter Rückstandsmarketing-Konzepte kann jedoch in den übrigen Unternehmen kaum die Rede sein, wenn man vom Angebot sogenannter Paketlösungen absieht. In diesen Fällen werden vor allem die Branchenbetreuer der Neuprodukte zur Akquirierung der Rückstände eingesetzt. Der Produzent von Verbundbauteilen für den Zisternenbau gibt etwa an, dass die Platten unter der Bedingung der Sortenreinheit zurückgegeben werden können. Dafür wird ein gewisser Betrag an den Kunden gezahlt. Diese Konstellation ist aus Marketingsicht interessant: Da Kunststoff im Allgemeinen billiger geworden ist, der Marktpreis für Neuprodukte aber gehalten werden soll, bezahlt man mehr für die Rückgabe der Altteile, was effektiv auch den Preis des Neuproduktes senkt. So wird Rückstandsverwertung zum wichtigen Argument bei vielen Abnehmern und somit zum Teil des Absatzmarketing.

In der Papierfabrik ist man der Meinung, dass die Abnahmebeziehung in Bezug auf den Rückstand „Faserreststoffe“ zur vollen Zufriedenheit aller Partner verläuft, weswegen es keine eigenen Maßnahmen zur Absatzverbesserung gibt. Interessant ist hier jedoch der Ansatz zur Entsorgungssicherung: Theoretisch könnten über eine einzige Entsorgungsschiene alle anfallenden Faserreststoffe entsorgt werden, durch die Belieferung eines zweiten Abnehmers will man sich aber ein zweites Entsorgungsstandbein sichern. Ähnliches gilt für den Produzenten von Walzdraht: Über ein Unternehmen könnte die gesamte anfallende Altsäure der Regeneration zugeführt werden. Jedoch ist man bemüht, einen zweiten Verwertungskanal für den Fall aufrechtzuerhalten, dass die Säureregeneration nicht oder nicht zur Gänze möglich ist. So wird die Entscheidung, ob die Altsäure zur Regeneration oder zur Weiterverwertung abgegeben wird, von Fall zu Fall getroffen.

In den meisten Unternehmen verfolgt man eine Politik ähnlich der des Fensterproduzenten: Eine „Markterschließung" mit Rückstandsprodukten wird nicht angestrebt, weil eine Konzentration auf das Kerngeschäft „Fenster und Türen" erfolgt. Man ist aber ständig auf der Suche nach Verbesserungen und betreibt damit eine Art „aktiver Produktpolitik."

Als weitere größere Marketinganstrengungen werden von den Befragten die folgenden Maßnahmen genannt:

- Einige der Befragten bestätigen, dass versucht wird, bestehende Beziehungen längerfristig abzusichern.
- In einem Unternehmen werden an große Unternehmen Anbote zur Rückstandsentsorgung erstellt.
- Imagewerbung wird vor allem in den Unternehmen betrieben, in denen in der öffentlichen Meinung sensible Rückstände verwertet werden. So wurden vom Zementwerk im Zusammenhang mit den Verfahren zur Kunststoff- und Altölverwertung intensive PR-Maßnahmen gegenüber der Öffentlichkeit gesetzt, um möglichst viele Informationen zur Verfügung zu stellen. Es wurden PR-Agenturen eingeschaltet, Postwurfsendungen verschickt und ein Tag der Offenen Tür veranstaltet. Im Rahmen einer „Aktion Sauber" wurden Umweltprojekte gefördert. Auch ein Imagefilm wurde gedreht. Um unsachlichen Diskussionen zu entgehen, wurde ein Bürgerbeirat mit begrenzter Teilnehmerzahl eingesetzt, mit dem jedes Thema bis hin zu den Auflagen diskutiert wurde. Diese Einrichtung scheiterte daran, dass die Öffentlichkeit auch den Mitgliedern des Bürgerbeirates keinen Glauben mehr schenkte.

  Über ähnliche Maßnahmen berichtet der Befragte in einem der Chemieunternehmen. Dort konnte durch die Offenheit gegenüber der Bevölkerung bezüglich der Abfallbewirtschaftung eine deutliche Imageverbesserung sowohl bei den Behörden als auch bei der Öffentlichkeit bewirkt werden. In der Papierfabrik wurden als PR-Maßnahmen fallweise Vorträge zum Thema in Fachkreisen gehalten sowie Werksbesichtigungen ermöglicht.

  Etwas anders gelagert ist der Fall in der Altfettverwertungsagentur, denn das Thema der Altfettverwertung wird von der Öffentlichkeit insgesamt positiv bewertet. PR-Aktivitäten

gegenüber der Öffentlichkeit sind etwa eine Zeitschrift, Direct Mailings, Artikel und Annoncen in Umweltschutzzeitschriften sowie Medienkontakte aller Art.
Auch auf der Seite der Rückstand abgebenden Unternehmen setzt man auf hohe Transparenz (beim Produzenten von Metallzuschlagstoffen gibt es sogar das sogenannte „Gläserne Werk"[972]) sowie die Veröffentlichung von Umweltberichten als öffentlichkeitswirksame PR-Maßnahmen (etwa beim Fensterproduzenten). PR-wirksam gegenüber der Öffentlichkeit waren vor allem die Verleihung eines Abfallvermeidungspreises und eines Umweltoskars an den Lederproduzenten. Anders als die anderen Befragten hat man hier wenig Interesse, zuviel von den Rückstandsbewältigungs-Maßnahmen publik zu machen, da man das Rückstandsproblem besser im Griff hat als die Konkurrenz.

- Mehrere Unternehmen nennen als Maßnahmen zur Beschaffungsverbesserung im engeren Sinne Inserate bzw. Publikationen in Fachzeitschriften, die Teilnahme an Fachmessen sowie die Erarbeitung von Broschüren (etwa im Spanplattenwerk gemeinsam mit dem Dachverband der Holz verarbeitenden Industrie).
- Die Einschaltung von Abfallbörsen wird nur von einem Kunststoff verwertenden Unternehmen als Beschaffungsmaßnahme angegeben. Auf der Seite der Rückstandsproduzenten gibt der Fensterproduzent an, die Abfallbörse der Wirtschaftskammer zu nutzen. Einige Unternehmen gaben an, dass ihre Versuche, über die Abfallbörse der Wirtschaftskammer Rückstände abzusetzen, erfolglos waren.
- Betont wird die Wichtigkeit informeller Kontakte bei der Rückstandsbeschaffung (etwa vom Erzeuger von Metallzuschlagstoffen in Bezug auf die Vanadiumbeschaffung) und der Rückstandsabgabe (etwa vom Fensterproduzenten oder dem Drahtproduzenten). Auch Kontakte, die über die Wirtschaftskammer zu Stande kommen, werden vom Befragten des Erzeugers von PVC-Stabilisatoren als wesentlich bezeichnet. Beim Produzenten von Walzdraht zeigt man sich enttäuscht über die geringen Erfolge beim Versuch, Marktpartner bei themenspezifischen Seminaren zu finden (v.a. bei der Verwertung von Rindenasche).
- In der Altfettverwertungsagentur werden als Maßnahmen zur Beschaffungsverbesserung auch Arbeitsgruppen sowie die Schulung von Abfallberatern angeboten.
- In einem Unternehmen arbeitet man mit großen Entsorgungsunternehmen zusammen, weswegen es keine offensiven Werbekonzepte gibt.

Die Maßnahmen des Rückstandsmarketing, die bereits gesetzt werden, lassen sich daher in den meisten Fällen reduzieren auf Imagewerbung sowie klassische Kommunikationspolitik und informelle Kontakte. Im Bereich strategischer Marketingaktivitäten sind, wie von der Verfasserin angenommen, wenige Aktivitäten zu verzeichnen.

---

[972] Hier wird versucht, sämtliche umweltrelevanten Daten transparent und der Öffentlichkeit zugänglich zu machen.

11.3.6.4 Rückstandsbewältigung durch Produktinnovationen

Nur in wenigen Unternehmen betreibt man aktive Produktpolitik in Bezug auf Rückstandsverwertung. Mehrere Unternehmen bezeichnen aber die Erzeugung von wertvollen Produkten aus Rückständen, mit denen auch Erlöse erzielt werden können, als Zukunftsoption.

In einem der Chemieunternehmen ist man auch bestrebt, im eigenen Unternehmen anfallende Rückstände Wertsteigerungsaktivitäten derart zu unterziehen, dass die entstehenden Sekundärprodukte verkauft werden können. Es handelt sich um die aktive Suche nach neuen Verwertungs- und Absatzmöglichkeiten und in diesem Sinne um aktive Produktpolitik.

Auch auf der Seite der Rückstandsproduzenten (etwa beim Fensterproduzenten) betreibt man die ständige Suche nach ökonomisch und ökologisch besseren Verwertungsschienen, indem man versucht, aus Rückständen neue Produkte zu entwickeln. So wurden etwa vom Verbundteilerzeuger Rückstände von Schilaufflächen wiederum zu bunten, „gesprenkelten" Schilaufflächen verarbeitet und als neues Produkt an die Schihersteller zurückgeliefert. Die Idee für das Produkt entsprang der aktiven Suche nach Verwertungsmöglichkeiten. Da das Produkt von Design her im Trend lag, wurde es sogar zu einem höherwertigen Wirtschaftsgut - und teurer verkauft - als die einfärbigen Neulaufflächen. Ein Problem ergab sich dabei aus dem Namen ÖKO-SINT, da der Beifügung „ÖKO" nach Aussage des Befragten etwas „Billiges" anhaftet. Deshalb wurde der Markenname „ÖKO-SINT" in „MULTI-SINT" umbenannt. Allerdings zeigte sich nach einigen Saisonen wieder ein rückläufiger Trend, da die Mode gerade in diesem Bereich sehr schnelllebig ist.

Die Faserschlämme aus der Papierfabrik werden beim abnehmenden Zementwerk nicht nur als Energieträger eingesetzt, sondern verbessern durch die aus den Füllstoffen entstehende Asche die Qualität des Zements. Beim zweiten Abnehmer, dem Ziegelwerk, wird der Papierschlamm zur Erzeugung von Porenziegeln verwendet: Beim Brennen der Ziegel verbrennen die Fasern, und im Ziegel verbleiben Poren, die wärmedämmend wirken. Dieser Effekt wird ansonsten durch die Zugabe von Sägespänen erreicht, jedoch erzielen die Faserreststoffe eine bessere Qualität. Somit kommt es durch den Einsatz von Rückständen in beiden Fällen sogar zu einer Qualitätsverbesserung und damit zumindest zu inkrementalen Produktinnovationen bzw. Produktverbesserungen. In der Vergangenheit wurden viele Überlegungen angestellt, wie man die Faserrestoffe noch verwerten könnte (etwa durch Zugabe bei der Produktion von Porenton, in Eierverpackungen, als Zusatz in Asphalt oder Schamotte sowie in Gipsfaserplatten). Der Zusatz im Zement hat sich als beste Alternative erwiesen, weswegen zur Zeit keine aktive Produktpolitik und Suche nach neuen Möglichkeiten betrieben wird.

Der Produzent von Chemiefasern betreibt seit langer Zeit aktive Produktpolitik in dem Sinne, dass aus den anfallenden Rückständen neue Produkte (Chemikalien) erzeugt werden, die gewinnbringend abgesetzt werden können. Durch weitere Verfahrensschritte werden aus dem Rückstand Dicklauge die Stoffe Furfural, Essigsäure und Natriumsulfat gewonnen. Diese erbringen höhere Erträge, als würde man nur die Dicklauge selbst verkaufen. Der Rest des

Magnesiumligninsulfats wird entweder verkauft oder selbst thermisch verwertet, wobei Magnesiumbisulfit und Schwefeldioxid gewonnen werden, die im eigenen Unternehmen wiedereingesetzt werden können. Der jüngste Schritt in Richtung gewinnbringender Produktinnovation sind Bemühungen zur Gewinnung von Xylit aus Dicklauge nach der Extraktion von Essigsäure und Fulfural.

11.4 Resümee der empirischen Studie

Die Auswertung der durchgeführten Erhebung ergab wie erwartet kein einheitliches Bild. Die meisten der heute schon erfolgreichen Aktivitäten im Bereich des Rückstandsmarketing kommen durch Zufall oder aufgrund informeller Kontakte zu Stande.

Eine Ursache für die mangelnde Konsistenz der Aktivitäten im Bereich der marktlichen Rückstandsbewältigung ist sicher die Vielzahl unterschiedlicher Ansätze zur Rückstandsbewältigung, die von der „Beschaffung wertvoller Rohstoffe“ über das „Anbieten von Entsorgungsleistungen im Austausch gegen die Abnahme von Primärprodukten“, die „Leistung von Entsorgungsdiensten“, die „Schaffung innovativer Produkte“ bis hin zu „Koordinationsleistungen innerhalb einer Branche“ reicht.

Dazu tritt erschwerend die Tatsache, dass keine einheitliche Terminologie vorhanden ist. Außerdem besteht innerhalb der Industrie große Uneinigkeit darüber, welchen Wert Rückstände aufweisen (können) und wann eine Entsorgung oder eine Verwertung vorliegt. Echte Marketingbemühungen gibt es in Ansätzen in denjenigen Unternehmen, in denen die mit Rückstandsbewältigung betrauten Mitarbeiter nicht reine Techniker sind, sondern auch über betriebswirtschaftliche Grundkenntnisse verfügen. Dies ist ein Hinweis darauf, dass in diesem Bereich verstärkt interdisziplinär ausgebildete Mitarbeiter eingesetzt werden sollten.

Besonders groß sind die Defizite im Bereich der Markt- und Konkurrenzforschung. Durch die Meinung, ohnehin alle Verwertungsschienen bzw. Konkurrenten zu kennen, begibt man sich möglicherweise zusätzlicher Verwertungsmöglichkeiten. In der österreichischen Industrie werden bereits einige interessante Ansätze der Rückstandsbewältigung erfolgreich umgesetzt. Aus diesen Beispielen konnten Erkenntnisse in Bezug auf die Implementierung eines effektiven Rückstandsmarketing in Unternehmen gezogen und in dieser Arbeit dargestellt werden.

Allerdings machen die unterschiedlichen Ansatzpunkte des Rückstandsmarketing eine einheitliche Vorgabe unmöglich. Konkrete Vorgaben für das rückstandsbezogene Vorgehen lassen sich nur für den Einzelfall treffen: Der Handlungsspielraum kann vor dem systemtheoretischen Hintergrund durchleuchtet werden, Hinweise aus der Interaktionsanalyse erleichtern das Auffinden von Partnern zur Rückstandsbewältigung und von Ansprechpartnern. Eine entscheidungstheoretisch fundierte Ausarbeitung eines speziellen Marketing-Konzeptes mit der Festlegung von Zielen der Rückstandsbewältigung und der Ausarbeitung konkreter strategischer Optionen helfen bei der effizienten Bewältigung von Rückständen in Unternehmen.

12 Schlussfolgerungen und Ausblick

Die Ausführungen dieser Arbeit machen deutlich, dass sich das Rückstandsmarketing doch in erheblichem Maße von den Anforderungen eines „Abfallmarketing" unterscheidet, wenn man unter Letzterem die Beschaffung von Entsorgungsleistungen für Rückstände versteht. Demgegenüber umfasst das Rückstandsmarketing alle marktgerichteten Aktivitäten sowohl auf der Beschaffungs- als auch auf der Absatzseite, die sich aus Transaktionen mit Rückständen zwischen zwei Unternehmen ergeben.

Wesentliches Anliegen ist es dabei, die Rückstände mithilfe des marketingpolitischen Instrumentariums und unter Zuhilfenahme wertsteigernder Prozesse mit einem positiven Wert zu versehen. Dies kann dadurch geschehen, dass die Rückstände selbst wiederum als Produkte bzw. Einsatzstoffe abgegeben werden können, oder durch die Akquisition der Dienstleistung „Entsorgung."

Es zeigte sich, dass insbesondere die in der jüngeren Literatur diskutierten Konzepte des Relationship Marketing bzw. des Geschäftsbeziehungsmanagements interessante Ansatzpunkte für das Rückstandsmarketing liefern, da langfristige und stabile Beziehungen aus Gründen der Entsorgungssicherheit gerade bei der Rückstandsbewältigung wichtig sind. Als Voraussetzung für das Zustandekommen langfristiger Geschäftsbeziehungen wurde auch der Interaktionsprozess im Unternehmen selbst und zwischen Unternehmen untersucht.

Um ein koordiniertes Vorgehen zu ermöglichen und verwertungsbezogenen Aktionismus zu vermeiden, wurden die in Bezug auf die marktliche Bewältigung von Rückständen nötigen Aktivitäten vor einem marketingtheoretischen und marketingpolitischen Hintergrund durchleuchtet. Wesentliche Voraussetzung dafür war eine Angleichung der (bislang sehr unheitlichen) Terminologie der Rückstandsbewältigung und des Marketingvokabulars. Dabei zeigte sich, dass eine solche Angleichung nicht schwer zu bewältigen ist, wenn man eine bedürfnisorientierte Sichtweise zu Grunde legt.

Eine weitere Parallele zwischen der Rückstandsbewältigung und dem Marketing ist die Tatsache, dass sich beide Bereiche für eine systemorientierte Analyse anbieten: Sowohl die Handlungen des Marketing als auch die der Rückstandsbewältigung betreffen alle Elemente des Systems Unternehmen ebenso wie dessen Umsystem:

Bei der Festlegung der rückstands- wie der marketingbezogenen Handlungen darf folglich nicht vergessen werden, dass das Unternehmen dabei Einschränkungen unterliegt, die aus Anforderungen und Ansprüchen von außen resultieren. Daher wurde das unternehmerische Umsystem einer eingehenden Analyse unterzogen.

Die Transaktionen mit Rückständen spielen sich in erster Linie im Busines-to-Business-Bereich ab, weswegen sich auch die Beachtung von Prämissen der Agency-Theorie als zielführend erweist. Insbesondere die Abstraktion von den Begriffen Sach- und Dienstleistung ist im Bereich der Rückstandsbewältigung hilfreich. Dies gilt umso mehr, als sich a priori oft nicht sagen lässt, welcher der beiden Beteiligten eine Leistung anbietet und wer eine Leistung nachfragt, insbesondere, wenn für die Abgabe und/oder Annahme von Rückständen kein Preis bezahlt wird. Dieser Zusammenhang wurde mit dem Begriff des „Verwertungsparadoxons" umschrieben.

Letztlich war es das Ziel der vorliegenden Arbeit, aus den diskutierten Möglichkeiten der Integration von Marketingaspekten Hinweise zur Gestaltung effizienter strategischer Handlungsalternativen für die Rückstandsbewältigung zu geben.

Die Ergebnisse der empirischen Studie zeigen schließlich, dass einige Unternehmen bereits erfolgreiche Maßnahmen im Bereich der Rückstandsbewältigung setzen. Dennoch betonen die Befragten durchgängig, dass im Rückstandsbereich weiterer Handlungsbedarf besteht. Gründe dafür sind in erster Linie die Erwartung weiter verschärfter gesetzlicher Restriktionen, steigender Entsorgungskosten und verstärkter Sensibilisierung der Öffentlichkeit für ökologische Belange.

Aus diesen Gründen und um zu vermeiden, dass der Entsorgungssektor tatsächlich zu einem wesentlichen Engpassfaktor des Unternehmens wird, muss in der Zukunft das Augenmerk verstärkt auf die externe Rückstandsbewältigung gerichtet werden. Ohne Integration des entsprechenden Marketing-Know-Hows wird dies allerdings nur unvollständig gelingen.

13 Literaturverzeichnis

Abell, Derek F. [Business]: Business Definition as an Element of the Strategic Decision. In: Schocker, Allan D. (Hrsg.): Analytic Approaches to Product and Marketing Planning. AMA Report No.79-104, Cambridge (Mass.) 1979, S.127-138

Abell, Derek F. [Defining]: Defining the Business. The Starting Point of Strategic Planning. Englewood Cliffs (NJ) 1980

Abell, Derek F./Hammond, John S. [Marketing Planning]: Strategic Market Planning. Problems and Analytical Approaches. Englewood Cliffs (NJ) 1979

Abernathy, William J./Utterback, James M. [Patterns]: Patterns of Industrial Innovation. In: Technological Review. 80.Jg. Heft 7/1978, S.1-9

Abernathy, Willliam J./Utterback, James M. [Model]: A Dynamic Model of Process and Product Innovation. In: Omega. 3.Jg. Heft 6/1975, S.639 -656

Adlwarth, Wolfgang/Wimmer, Frank [Umweltbewusstsein]: Umweltbewusstsein und Kaufverhalten. Ergebnisse einer Verbraucherpanel-Studie. In: GfK (Hrsg.): Jahrbuch der Absatz- und Verbrauchsforschung. Nr. 2/1986, S.166-191

Alchian, Armen A./Woodward, Susan [Firm]: The Firm is Dead; Long Live the Firm. In: Journal of Economic Literature. 26.Jg. 1988, S.65-79

Allen Thomas J. [Managing]: Managing the Flow of Technology. Technology Transfer and the Dissemination of Technological Information within the R&D Organization. Cambridge (Mass.), London 1977

Altstoff Recycling Austria AG (Hrsg.) [ARA]: ARA System. Der Report 1996. Wien 1997

Altstoff Recycling Austria AG (Hrsg.) [Informationsübersicht]: Informationsübersicht. Wien 1993

Altstoff Recycling Austria AG (Hrsg.) [Verpackungen]: Verpackungen. Sammeln und Verwerten 1996. Wien 1997

Ansoff, H. Igor [Advice]: Expert Advice on Diversification. Better Not Do It Unless You Have To. In: Missiles And Rockets. 7.Jg. Heft 2/1960, S.18-19

Ansoff, H. Igor [Management]: Management-Strategie. München 1966

Arnolds, Hans/Heege, Franz/Tussing, Werner [Materialwirtschaft]: Materialwirtschaft und Einkauf. 7.Aufl. Wiesbaden 1990

Axelrod, Robert [Evolution]: The Evolution of Cooperation. New York 1984

Backhaus, Klaus [Industriegütermarketing]: Investitionsgütermarketing. 5., erw. u. überarb. Aufl. München 1997

Backhaus, Klaus [Investitionsgütermarketing]: Investitionsgütermarketing. In: Bruhn, Manfred (Hrsg.): Handbuch des Marketing. München 1989, S.699-723

Backhaus, Klaus [Konzept]: Investitionsgüter-Marketing. Theorieloses Konzept mit Allgemeinheitsanspruch? In: zfbf. 44.Jg. Heft 9/1992, S.771-791

Backhaus, Klaus/Meyer, Margit [Allianzen]: Strategische Allianzen und strategische Netzwerke. In: WiSt. 21.Jg. Heft 7/1993, S.330-334

Backhaus, Klaus/Piltz, Klaus [Allianzen]: Strategische Allianzen - eine neue Form kooperativen Wettbewerbs. In: Backhaus Klaus/Piltz, Klaus (Hrsg.): Strategische Allianzen. zfbf 42.Jg. Sonderheft 27/1990, S.1-10

Backhaus, Klaus/Plinke, Wulff [Allianzen]: Strategische Allianzen als Antwort auf veränderte Wettbewerbsstrukturen. In: Backhaus, Klaus/Piltz, Klaus (Hrsg.): Strategische Allianzen. zfbf 42.Jg. Sonderheft 27/1990, S.21-34

Bagozzi, Richard [Exchange]: Exchange and Decision Processes in the Buying Center. In: Bonoma, Thomas V./Zaltman, Gerald (Hrsg.): Organizational Buying Behavior. Chicago 1978, S.100-125

Bahrdt, Hans-Paul [Schlüsselbegriffe]: Schlüsselbegriffe der Soziologie. Eine Einführung mit Lehrbeispielen. 5. Aufl. München 1992

Bain, Joe S. [Barriers]: Barriers to New Competition. Cambridge (Mass.) 1956

Bain, Joe S. [Conditions]: Conditions of Entry and the Emerge of Monopoly. In: Chamberlin, Edward .H. (Hrsg.): Monopoly and Competition and their Regulation. London 1954, S.215-241

Balderjahn, Ingo [Konsumentenverhalten]: Das umweltbewusste Konsumentenverhalten. Eine empirische Studie. Berlin 1986

Bartelt, Michael [Wandel]: Der Wandel des gesellschaftlichen Wertsystems als Orientierung für einen Neuen Lebensstil. In: Wenke, Karl Ernst/Zilleßen, Horst (Hrsg.): Neuer Lebensstil. Verzichten oder Verändern? Auf der Suche nach Alternativen für eine menschlichere Gesellschaft. Opladen 1978, S.72-121

Bartelt, Michael et al. [Überlegungen]: Grundsätzliche Überlegungen zu den Motiven, den Zielen und den Möglichkeiten eines Neuen Lebensstils. In: Wenke, Karl Ernst/Zilleßen, Horst (Hrsg.): Neuer Lebensstil. Verzichten oder Verändern? Auf der Suche nach Alternativen für eine menschlichere Gesellschaft. Opladen 1978, S.15-72

Bauer, Andrea [Verwertung]: Verwertung von Kunststoffabfällen in Österreich. Wien 1992

Bauer, Hans H.S. [Einzeltransaktionen]: Marktliche Einzeltransaktionen und Geschäftsbeziehung sowie Sach- und Dienstleistung als jeweils eigenständige Erkenntnisobjekte? Koreferat zum Aufsatz von Werner Hans Engelhardt und Jörg Freiling. In: Marketing ZFP. 17.Jg. Heft 1/1995, S.44-47

Baumgarten, Helmut/Frille, Oliver [Netzwerke]: Netzwerke als Strategie zur Senkung der Transaktionskosten im Recycling. In: uwf. 7.Jg. Heft 3/1999, S.78-81

Bechtolsheim, Matthias von [Effizienz]: Effizienz und Flexibilität umsetzen. In: Gablers Magazin. Heft 8/1994, S.14-19

Becker, Jochen [Marketing-Konzeption, 5.Aufl.]: Marketing-Konzeption. Grundlagen des strategischen Marketing-Managements. 5., verb. und erw. Aufl. München 1993

Becker, Jochen [Marketing-Konzeption]: Marketing-Konzeption. Grundlagen des strategischen Marketing-Managements. 6., verb. und erw. Aufl. München 1998

Becker, Lutz [Outsourcing]: Outsourcing von Marketingprozessen. Wege zur virtuellen Marketingorganisation. In: Gablers Magazin. Heft 8/1994, S.20-22

Behrens, Gerold [Konsumentenverhalten]: Konsumentenverhalten, 2. überarb. und erw. Aufl. Heidelberg 1991

Berg, Hartmut [Markteintrittsschranken]: Markteintrittsschranken, potenzielle Konkurrenz und wirksamer Wettbewerb. In: WISU. 6.Jg. Heft 6/1978, S.282-287

Bick, Hartmut/Hansmeyer, Karl H./Olschowy, Gerhard/Schmoock, Peter (Hrsg.) [Ökologie I]: Angewandte Ökologie I. Mensch und Umwelt. Stuttgart 1984

Bick, Hartmut/Hansmeyer, Karl H./Olschowy, Gerhard/Schmoock, Peter (Hrsg.) [Ökologie II]: Angewandte Ökologie II. Mensch und Umwelt. Stuttgart 1984

Bidlingmaier, Johannes [Kooperation]: Kooperation macht stärker. In: Der Volkswirt. Heft 50/1968, S.54-57

Bidlingmaier, Johannes [Unternehmerziele]: Unternehmerziele und Unternehmerstrategien. Wiesbaden 1964

Biergans, Bernhard [Entwicklung]: Zur Entwicklung eines Marketingadäquaten Ansatzes und Instrumentariums für die Beschaffung. 4., unveränd. Aufl. Köln 1992

Bilitewski, Bernd/Härdtle, Georg/Marek, Klaus [Abfallwirtschaft]: Abfallwirtschaft. Eine Einführung. 2.Aufl. Berlin, Heidelberg, New York 1994

Birn, Helmut/Jung Gottfried [Abfallbeseitigungsrecht]: Abfallbeseitigungsrecht für die betriebliche Praxis. Augsburg. Stand Juli 1995, Teil 2 Kapitel 3

Bleicher, Knut [Vertrauen]: Vertrauen als kritischer Faktor einer Bewältigung des Wandels. In: ZfO. 64.Jg. Heft 6/1995, S.390-395

Bliemel, Friedhelm/Eggert, Andreas [Kundenbindung]: Kundenbindung - die neue Sollstrategie. In: Marketing ZFP. 20.Jg. Heft 1/1998, S.37-46

Blohm, Hans [Kooperation]: Kooperation. In: Grochla, Erwin (Hrsg.): Handwörterbuch der Organisation. 2., völlig neu gest. Aufl. Stuttgart 1980, Sp.1112-1117

Böcker, Franz/Thomas, Lutz [Marketing]: Marketing. Stuttgart, New York 1981

Boehme, Joachim [Innovationsförderung]: Innovationsförderung durch Kooperation. Zwischenbetriebliche Zusammenarbeit als Instrument des Innovationsmanagements in kleinen und mittleren Unternehmen bei Einführung der Mikroelektronik in Produkte und Verfahren. Berlin 1986

Bogaschewsky, Ronald [Kooperationen]: Vertikale Kooperationen. Erklärungsansätze der Transaktionskostentheorie und des Beziehungsmarketing. In: Kontrakte, Geschäftsbeziehungen, Netzwerke. Marketing und neue Institutionenökonomik. zfbf 47.Jg. Sonderheft 35/1995, S.159-177

Bohnacker, J. Arnulf [Einfluss]: Einfluss von Recyclingverfahren auf die umweltliche Produktbilanz. Aachen 1998

Bönker, Thomas/Eckert, Gregor/Schmidt, Gerhard [Aufarbeitungszentrum]: Kooperatives Aufarbeitungszentrum. Kreislaufwirtschaft: Organisatorische Lösung ermöglicht wirtschaftliches Produktrecycling. In: Umwelt. Bd.28 Heft Juli/August 1998, S.44-47

Bonoma, Thomas/Bagozzi, Richard/Zaltman, Gerald [Paradigm]: The Dyadic Paradigm with Specific Application Toward Industrial Marketing. In: Bonoma, Thomas V./Zaltman, Gerald (Hrsg.): Organizational Buying Behavior. Chicago 1978, S.49-66

Braungart, Michael [Servicekonzepte]: Servicekonzepte für die chemische Industrie. In: Hockerts, Kai et al.: Kreislaufwirtschaft statt Abfallwirtschaft. Optimierte Nutzung und Einsparung von Ressourcen durch Öko-Leasing und Servicekonzepte. Ulm 1994, S.107-114

Brezovich, Stefan [Abfallwirtschaftsrecht]: Das neue österreichische Abfallwirtschaftsrecht. Praxishandbuch für die Entsorgung. Wien, Grundwerk 1991, Stand Juli 2000

Brockhoff, Klaus [Forschung]: Forschung und Entwicklung. Planung und Kontrolle. 4.Aufl. München, Wien 1997

Brockhoff, Klaus [Produktpolitik]: Produktpolitik. 2.Aufl. Stuttgart, New York 1988

Brünner, Christian [Umweltrecht]: Umweltrecht. Graz 1992

Buchholz, Wolfgang [Timingstrategien]: Timingstrategien. Zeitoptimale Ausgestaltung von Produktentwicklungsbeginn und Markteintritt. In: zfbf. 50.Jg. Heft 1/1998, S.21-40

Buchinger, H./Ernstbrunner, L. [Einsatz]: Einsatz von Tissue-Abwasserschlamm in einem Zementwerk. Vortrag beim Tissue-Symposium. München 1991

Büchl, Reinhard [Kreislaufwirtschaft]: Kreislaufwirtschaft um jeden Preis? In: uwf. 1.Jg. Heft 4/1994, S.67-70

Büchs, Matthias J. [Markt]: Zwischen Markt und Hierarchie. Kooperationen als alternative Kooperationsform. In: ZfB, Ergänzungsheft 1/1991 („Joint Ventures"), S.1-37

Bühner, Rolf/Tuschke, Anja [Outsourcing]: Outsourcing. In: DBW. 57.Jg. Heft 1/1997, S.20-30

Bundesgesetz vom 13. Mai 1975 über den Bergbau und die Änderung der Gewerbeordnung 1973, BGBl. 259/1975 [BergG]

Bundesgesetz vom 6. Juni 1990 über die Vermeidung und Behandlung von Abfällen, mit dem das Chemikaliengesetz, BGBl.Nr. 326/1987, das Bundesstatistikgesetz, BGBl. Nr. 91/1965, die Gewerbeordnung 1973, BGBl. Nr. 50/1974, das Altlastensnierungsgesetz, BGBl Nr.299/1989, das Umwelt- und Wasserwirtschaftsfondsgesetz, BGBl. Nr. 79/1987, und das Umweltfondsgesetz, BGBl. Nr. 567/1983, geändert werden, BGBl. 325/1990 in der Fassung BGBl. 151/1998 [AWG]

Bundesverfassungsgesetz vom 27. November 1984 über den umfassenden Umweltschutz, BGBl. 491/1984 [BVG Umwelt]

Bürgel, Hans Dietmar [F&E-Kooperationen]: F&E-Kooperationen. In: DBW. 55.Jg Heft 1/1995, S.120-122

Busch, Rainer/Dögl, Rudolf/Unger, Fritz [Marketing]: Integriertes Marketing. Strategie, Organisation, Instrumente. 2. Aufl. Wiesbaden 1997

Busse v. Colbe, Walther/Laßmann, Gert [Absatztheorie]: Betriebswirtschaftstheorie. Bd.2: Absatztheorie. 4., verb. und erw. Aufl. Berlin, Heidelberg, New York 1992

Christensen, Jorgen [Symbiose]: Die industrielle Symbiose in Kalundborg. Ein frühes Beispiel eines Recycling-Netzwerkes. In: Strebel, Heinz/Schwarz, Erich J. (Hrsg.): Kreislauforientierte Unternehmenskooperationen. Stoffstrommanagement durch innovative Verwertungsnetze. München, Wien 1998, S.323-337

Clausen, Jens [Umweltkennzahlen]: Umweltkennzahlen als Steuerungsinstrument für das nachhaltige Wirtschaften von Unternehmen. In: Seidel, Eberhard/Clausen, Jens/Seifert, Eberhard K. (Hrsg.): Umweltkennzahlen. München 1998. S.33-70

Corsten, Hans/Götzelmann, Frank [Aspekte]: Ökologische Aspekte des betrieblichen Leistungsprozesses II. In: WISU. 17.Jg. Heft 7/1989, S.409-414

Corsten, Hans/Götzelmann, Frank [Kooperationsprinzip I]: Das Kooperationsprinzip in umweltpolitischer und unternehmerischer Sicht. In: WISU. 19.Jg. Heft 4/1991, S.301-309

Corsten, Hans/Götzelmann, Frank [Kooperationsprinzip II]: Das Kooperationsprinzip in umweltpolitischer und unternehmerischer Sicht II. In: WISU. 19.Jg. Heft 5/1991, S.377-381

Cyert Richard /March J. G.[Theory]: A Behavioral Theory of the Firm. Englewood Cliffs 1963

Dichtl, Erwin [Optionen]: Strategische Optionen im Marketing. Durch Kompetenz und Kundennähe zu Konkurrenzvorteilen. 3.Aufl. München 1994

Dichtl, Erwin/Issing, Otmar (Hrsg.) [Wirtschaftslexikon]: Vahlens Grosses Wirtschaftslexikon Bd. 2 L-Z. München 1987

Diekmann, Andreas/Preisendörfer, Peter [Umweltverhalten]: Persönliches Umweltverhalten. Diskrepanzen zwischen Anspruch und Wirklichkeit. In: Kölner Zeitschrift für Soziologie und Sozialpsychologie. 44.Jg. Heft 2/1992, S.226-251

Dierkes, Meinolf/Marz, Lutz [Umweltorientierung]: Umweltorientierung als Teil der Unternehmenskultur. In: Steger, Ulrich (Hrsg.): Handbuch des Umweltmanagements. München 1992, S.223-240

Diller, Hermann [Beziehungsmanagement]: Beziehungsmanagement. In: DBW. 57.Jg. Heft 4/1997, S.572-575

Döhmen, Hans Peter [Anlässe]: Anlässe, Ziele und Methodik der Diversifikation. Dargestellt am Beispiel einer Unternehmung der Asphaltindustrie. Bergisch Gladbach, Köln 1991

Domsch, Michel/Gerpott, Heike/Gerpott, Thorsten [Gatekeeper]: Technologische Gatekeeper in der industriellen F&E. Merkmale und Leistungswirkungen. Stuttgart 1989

Dreger, Wolfgang [Konkurrenz-Analyse]: Konkurrenz-Analyse und Beobachtung. Ehningen bei Böblingen 1992

Dyckhoff, Harald [Berücksichtigung]: Berücksichtigung des Umweltschutzes in der betriebswirtschaftlichen Produktionstheorie. In: Seidel, Eberhard/Strebel, Heinz (Hrsg.): Betriebswirtschaftliche Umweltökonomie. Reader zur ökologieorientierten Betriebswirtschaftslehre (1988-1991). Wiesbaden 1993, S.163-197

Dyckhoff, Harald [Produktion]: Betriebliche Produktion. Theoretische Grundlagen einer umweltorientierten Produktionswirtschaft. 2., verb. Aufl. Berlin et al. 1994

Dyckhoff, Harald/Oenning, Anja/Rüdiger, Christine [Grundlagen]: Grundlagen des Stoffstrommanagement bei Kuppelproduktion. In: ZfB, 67.Jg. Heft 11/1997, S.1139-1165

Dyllick, Thomas [Management]: Management der Umweltbeziehungen. Öffentliche Auseinandersetzungen als Herausforderung. Wiesbaden 1992

Eder, Günter [Kunststoffmüll]: Wohin mit dem Kunststoffmüll. Problemanalyse und Lösungsansätze. Düsseldorf 1992

Ehrmann, Harald [Marketing]: Marketing-Controlling. 2., überarb. u. erw. Aufl. Kiehl 1995

Eickelpasch, Dietrich [Papierhandtücher]: Papierhandtücher. In: Rinschede, Alfons/Wehking, Karl-Heinz/Jünemann, Reinhardt (Hrsg.): Entsorgungslogistik. Bd.3. Berlin 1995, S.185-192

Endress, Ruth [Kooperation]: Strategie und Taktik der Kooperation. 2., überarb. Aufl. Berlin 1991

Engelhardt, Werner H. /Günter, Bernd [Investitionsgütermarketing]: Investitionsgüter-Marketing. Anlagen, Einzelaggregate, Teile, Roh- u. Einsatzstoffe, Energieträger. Stuttgart et al. 1981

Engelhardt, Werner H./Freiling, Jörg [Gestaltung]: Die integrative Gestaltung von Leistungspotenzialen. In: zfbf. 47.Jg. Heft 10/1995, S.899-918

Engelhardt, Werner H./Kleinaltenkamp, Michael/ Reckenfeldbäumer, Martin [Leistungstypologien]: Leistungstypologien als Basis des Marketing. Ein erneutes Plädoyer für die Aufhebung der Dichotomie zwischen Sach- und Dienstleistungen. In: DBW. 55.Jg. Heft 5/1995, S.673-678

Engelhardt, Werner H./Kleinaltenkamp, Michael/Reckenfeldbäumer, Martin [Leistungsbündel]: Leistungsbündel als Absatzobjekte. Ein Ansatz zur Überwindung der Dichotomie von Sach- und Dienstleistungen. In: zfbf. 45.Jg. Heft 5/1993, S.395-426

Engelhardt, Werner/Kleinaltenkamp, Michael [Analyse]: Analyse der Erfolgspotenziale. In: Kleinaltenkamp, Michael/Plinke, Wulff: Technischer Vertrieb. Grundlagen. Berlin et al. 1995, S.197-284

Eschenbach, Rolf [Erfolgspotenzial]: Erfolgspotenzial Materialwirtschaft. Wien 1990

Eschenbach, Rolf et al. [Baustoffrecycling]: Baustoffrecycling. Ein Ansatz gezielten Umweltmanagements. Wien 1990

Esser, Werner M. [Wertkette]: Die Wertkette als Instrument der strategischen Analyse. In: Riekhof, Hans-Christian (Hrsg.): Strategieentwicklung. Konzepte und Erfahrungen. Stuttgart 1989, S.191-212

Faber, Malte/Stephan, Gunter/Michaelis, Peter [Umdenken]: Umdenken in der Abfallwirtschaft. Vermeiden, Verwerten, Beseitigen. 2., überarb. und erg. Aufl. Berlin et al. 1989

Fietkau, Hans-Joachim [Umweltbewusstsein]: Umweltbewusstsein. In: Seidel, Eberhard/Strebel, Heinz (Hrsg.): Umwelt und Ökonomie. Reader zur ökologieorientierten Betriebswirtschaftslehre. Wiesbaden 1991, S.144-150

Fluck, Jürgen [Stoffe]: Zurückgewonnene Stoffe im Herstellungsverfahren. Abfall oder Nebenprodukt? In: Müll und Abfall. 29.Jg. Heft 9/1997, S.534-541

Frank, Werner [Abfallwirtschaft]: Die Abfallwirtschaft als Teil der Rohstoffwirtschaft. Eine Untersuchung über den ökonomischen und empirischen Einfluss auf die unternehmerischen Entscheidungen in der betrieblichen Rohstoffwirtschaft, im Recycling sowie in der Umwelterhaltung als Funktionen der Materialwirtschaft. Düsseldorf, Stuttgart 1990

Freeman, Edward [Management]: Strategic Management: A Stakeholder Approach. Marshfield (Mass.) 1984

Frese, Erich/Kloock, Josef [Rechnungswesen]: Betriebliches Rechnungswesen und Organisation aus der Sicht des Umweltschutzes. In: Seidel, Eberhard/Strebel, Heinz: Betriebswirtschaftliche Umweltökonomie. Reader zur ökologieorientierten Betriebswirtschaftslehre (1988-1991). Wiesbaden 1993 S.339-367

Freter, Hermann [Marktsegmentierung]: Marktsegmentierung. Stuttgart et al. 1983

Friedrichs, Jürgen [Methoden]: Methoden empirischer Sozialforschung. Opladen 1997

Friege, Henning [Abfallwirtschaft]: Von der Abfallwirtschaft zum Management von Stoffströmen. In: Müll und Abfall. 29.Jg. Heft 1/1997, S.4-13

Funke, Ursula [Marketingkonzepte]: Marketingkonzepte für Recyclingprodukte am Beispiel des Siedlungskomposts. In: Thomé-Kozmiensky, Karl (Hrsg.): Brennstoff aus Müll. Herstellung und Verwertung von Rückstandsbrennstoffen als Bestandteil eines Ent- und Versorgungskonzeptes von Kommunen. Berlin 1984. S.416-425

Gablers Wirtschaftslexikon [Konzeption]: Konzeption (Stichwort). 13., vollst. überarb. Aufl. Wiesbaden 1992, S.1918

Gebhardt, Günther [Gemeinschaftsunternehmungen]: Gemeinschaftsunternehmungen. In: Wittmann, Waldemar et al. (Hrsg.): Handwörterbuch der Betriebswirtschaft. Teilband 1. 5., völlig neu gest. Aufl. Stuttgart 1993, Sp. 1375-1387

Gebler, Wolfgang [Ökobilanzen]: Ökobilanzen in der Abfallwirtschaft. Methodische Ansätze zur Durchführung einer Umweltverträglichkeitsprüfung. 2., überarb. Aufl. Bielefeld 1992

Geider, Carl Heinz [Beschaffungsverhalten]: Beschaffungsverhalten in der industriellen Unternehmung. 2. Aufl. Köln 1990

Gelbmann, Ulrike [Markteinführung]: Die Markteinführung von umweltverträglichen Dämmstoffen. In: Wirtschaftskammer Oberösterreich (Hrsg.): Innovation durch umweltgerechte Produktgestaltung. Seminar-Tagungsband. Linz 1995, o.S.

Gelbmann, Ulrike [Merkmale]: Merkmale des umweltfreundlichen Produktes. In: Wirtschaftskammer Oberösterreich (Hrsg.): Innovation durch umweltgerechte Produktgestaltung. Seminar-Tagungsband. Linz 1995, o.S.

Gemünden, Hans Georg [Innovationen]: Innovationen in Geschäftsbeziehungen und Netzwerken. Karlsruhe 1990

Gemünden, Hans Georg [Innovationsmarketing]: Innovationsmarketing, Interaktionsbeziehungen zwischen Hersteller und Verwender innovativer Investitionsgüter. Tübingen 1985

Gemünden, Hans Georg/Helfert, Gabi [Hypothesen]: Hypothesen zum Einsatz von Teams bei Kundengeschäftsbeziehungen. In: Marketing ZFP. 19.Jg. Heft 4/1997, S.247-258

Gemünden, Hans Georg/Walter, Achim [Beziehungspromotor]: Der Beziehungspromotor. Schlüsselperson für interorganisationale Innovationsprozesse. In: ZfB. 65.Jg. Heft 9/1995, S.971-986

Gemünden, Hans Georg/Walter, Achim [Förderung]: Förderung des Technologietransfers durch Beziehungspromotoren. In: ZfO. 65.Jg. Heft 4/1996, S.237-245

Georgescu-Roegen, Nicholas [Materie]: Was geschieht mit der Materie im Wirtschaftsprozess? In: Seidel, Eberhard/Strebel, Heinz (Hrsg.): Umwelt und Ökonomie. Reader zur ökologieorientierten Betriebswirtschaftslehre. Wiesbaden 1992, S.64-74

Gerybadze, Alexander [Management]: Umweltorientiertes Management von Forschung und Entwicklung. In: Steger, Ulrich (Hrsg.): Handbuch des Umweltmanagements. München 1992, S.395-416

Giesen-Netzer, Irene [Implementierung]: Implementierung von Rücknahme- und Recyclingsystemen bei Gebrauchsgütern. Frankfurt am Main, Wien 1998

Goldmann, Bernhard/Schellens, Julia [Umweltkennzahlen]: Betriebliche Umweltkennzahlen und ökologisches Benchmarking. Köln 1995

Gore, Al [Wege]: Wege zum Gleichgewicht. Ein Marshallplan für die Erde. Frankfurt am Main 1992

Görg, Michael [Recycling]: Recycling als umweltpolitisches Instrument der Unternehmung. Berlin 1981

Görgen, Walter [Wettbewerbsforschung]: Strategische Wettbewerbsforschung. Bergisch Gladbach, Köln 1992

Götze, Uwe/Rudolph, Friedhelm [Instrumente]: Instrumente der strategischen Planung. In: Bloech, Jürgen et al.: Strategische Planung. Instrumente, Vorgehensweisen und Informationssysteme. Heidelberg 1994, S.1-56

Graf, Hans-Werner [Distributionsstrategien]: Distributionsstrategien. In: Rinschede, Alfons/Wehking Karl-Heinz/Jünemann, Reinhardt (Hrsg.): Entsorgungslogistik. Bd.3. Berlin 1995. S.61-72

Grießhammer, Rainer [Kriterien]: Kriterien zur Beurteilung der Umweltverträglichkeit von Produkten. In: Brandt, Arno/Hansen, Ursula/Schoenheit, Ingo/Werner, Klaus (Hrsg.): Ökologisches Marketing. Frankfurt, New York 1988, S.205-214

Groß, Barbara et al. [Energie]: Energie- und Reststoffmanagement von Biertrebern im Braureiverbund. In: Berg- und hüttenmännische Monatshefte. 143.Jg. Heft 8/1998, S.385-388

Grothe-Senf, Anja [Umweltverträglichkeitsprüfung]: Umweltverträglichkeitsprüfung im Warentest: Chancen und Grenzen der Bürgerbeteiligung. Frankfurt am Main et al. 1989

Grün, Oskar [Materialwirtschaft]: Industrielle Materialwirtschaft. In: Schweitzer, Marcell (Hrsg.): Industriebetriebslehre. Das Wirtschaften in Industrieunternehmungen. 2., völlig überarbeitete und erweiterte Aufl. München 1994, S.447-568

Guderian, Joachim/Pflaum, Hartmut (Stabilität]: Zur Stabilität statischer und dynamischer Unternehmenskooperationen in der Kreislaufwirtschaft. In: uwf. 6.Jg. Heft 2/1998, S.22-25

Günter, Bernd [Unternehmenskooperation]: Unternehmenskooperation im Investitionsgüter-Marketing. Überlegungen zu einer unterschätzten Theorie. In: zfbf. 44.Jg. Heft 9/1992, S.792-808

Günter, Bernd [Vertragsgestaltung]: Vertragsgestaltung. In: Kleinaltenkamp, Michael/Plinke, Wulff: Technischer Vertrieb. Grundlagen. Berlin et al. 1995, S.925-946

Günter, Bernd/Kuhl, Matthias [Beschaffungspolitik]: Beschaffungspolitik industrieller Nachfrager. In: Kleinaltenkamp, Michael/Plinke, Wulff: Technischer Vertrieb. Grundlagen. Berlin et al. 1995, S.399-464

Günther, Edeltraud [Controlling]: Ökologieorientiertes Controlling. Konzeption eines Systems zur ökologieorientierten Steuerung und empirische Validierung. München 1994

Günther, Edeltraud/Wittmann, Robert [Kondukte]: Kondukte. In: DBW. 55.Jg. Heft 1/1995, 119-120

Gutenberg, Erich [Produktion]: Grundlagen der Betriebswirtschaftslehre. Bd.1: Die Produktion. 24.Aufl. Berlin 1970

Haber, Wolfgang [Beitrag]: Über den Beitrag der Ökosystemforschung zur Entwicklung der menschlichen Umwelt. In: Seidel, Eberhard/Strebel, Heinz (Hrsg.): Umwelt und Ökonomie. Reader zur ökologieorientierten Betriebswirtschaftslehre. Wiesbaden 1992, S.39-63

Häberle, Matthias [Analyse]: Betriebswirtschaftliche Analyse des Recycling. Dargestellt an Beispielen aus ausgewählten Industriezweigen. Lohfelden 1997

Habermas, Jürgen [Unübersichtlichkeit]: Die Neue Unübersichtlichkeit. Frankfurt am Main 1985

Hagedorn, Alfred [Wandel]: Dem Wandel eine Richtung geben. Gesellschaft und Staat vor einer neuen Entwicklungsstufe. Solothurn, Düsseldorf 1994

Hahn, Roland et al. [Innovationstätigkeit]: Innovationstätigkeit und Unternehmensnetzwerke. In: ZfB. 65.Jg. Heft 3/1995, S.247-266

Håkansson, Håkon (Hrsg.) [Marketing]: International Marketing and Purchasing of Industrial Goods. An Interaction Approach. Chicester 1988

Håkansson, Håkon [Behaviour]: Corporate Technological Behaviour. Co-operation and Networks. 2nd ed.. London, New York 1992

Håkansson, Håkon/Snhota, Ivan [Developing]: Developing Relationships in Business Networks. London, Boston 1997

Håkansson, Håkon/Wootz, Björn [Framework]: A Framework of Industrial Buying and Selling. In: Industrial Marketing Management. Heft 8/1979, S.28-39

Hammann, Peter/Lohrberg, Werner [Beschaffungsmarketing]: Beschaffungsmarketing. Eine Einführung. Stuttgart 1986

Hamann, Peter/Palupski, Rainer [Vermarktung]: Vermarktung von Produktionsabfällen. In: Zeitschrift für angewandte Umweltforschung. 4.Jg. Heft 3/1991, S.256-266

Hansen, Ursula/Leitherer, Eugen [Produktpolitik]: Produktpolitik. 2., neubearb. u. erw. Aufl. Stuttgart 1984

Hansen, Uwe [Einführung]: Einführung. In: Rinschede, Alfons/Wehking Karl-Heinz/Jünemann, Reinhardt (Hrsg.): Entsorgungslogistik. Bd.3. Berlin 1995, S.15-40

Hansen, Uwe [Entsorgungsaufgaben]: Abfallzusammensetzung und Abfallmengen. In: Rinschede, Alfons/Wehking Karl-Heinz/Jünemann, Reinhardt (Hrsg.): Entsorgungslogistik. Bd.1. Berlin 1991, S.39-67

Hansen, Uwe [Qualitätssicherung]: Qualitätssicherung. In: Rinschede, Alfons/Wehking, Karl-Heinz/Jünemann, Reinhardt (Hrsg.): Entsorgungslogistik. Bd.3. Berlin 1995, S.103-109

Harlander, Norbert [Buying Center]: Buying Center und Supply Management. In: Thexis. 10.Jg. Heft 1/1994, S. 25-28

Harting, Detlev [Lieferanten]: Lieferanten-Wertanalyse. Ein Arbeitshandbuch mit Checklisten und Arbeitsblättern für Auswahl, Bewertung und Kontrolle von Zulieferern. Stuttgart 1989

Hasitschka, Werner/Hruschka, Harald [Nonprofit-Marketing]: Nonprofit-Marketing. München 1982

Hauschildt, Jürgen [Entscheidungsziele]: Entscheidungsziele. Zielbildung in innovativen Entscheidungsprozessen; theoretische Ansätze und empirische Prüfung. Tübingen 1977

Hauschildt, Jürgen [Innovationsmanagement]: Innovationsmanagement. 2., völlig überarb. u. erw. Aufl. München 1997

Hauschildt, Jürgen/Schewe, Gerhard [Gatekeeper]: Gatekeeper und Promotoren. Schlüsselfiguren in Innovationsprozessen in statischer und dynamischer Perspektive. In: DBW. 57.Jg. Heft 4/1997, S.506-516

Hauser, Henrik /Röttchen, Peter [Verwendung]: Verwendungs- und Verwertungskonzepte. In: Rinschede, Alfons/Wehking Karl-Heinz/Jünemann, Reinhardt (Hrsg.): Entsorgungslogistik. Bd.3. Berlin 1995, S.85-102

Heeg, Franz-Josef [Recycling-Management]: Recycling-Management. Eine Gesamtaufgabe von der Produktentwicklung bis zur Produktverwertung. In: Management Zeitschrift io. 53.Jg. Heft 11/1984, S.506-510

Heeg, Franz-Josef/Veismann, Monika/Schnatmeyer, Martin [Recycling-Management]: Recycling-Management. In: uwf. 1.Jg. Heft 4/1994, S.23-30

Heinen, Edmund [Grundfragen]: Grundfragen der entscheidungsorientierten Betriebswirtschaftslehre. Wiesbaden 1977

Heinen, Edmund [Grundlagen]: Grundlagen betriebswirtschaftlicher Entscheidungen. Das Zielsystem des Unternehmens. 2. Aufl. Wiesbaden 1971

Helfert, Gabriele [Erfolg]: Erfolg durch starke Kundenbeziehungsteams. In: absatzwirtschaft. Heft 1/1999, S.80-85

Helm, Peter/Gojer, Christian [Abfallbörsen]: Die Abfallbörsen der österreichischen Wirtschaftskammer. Broschüre der Wirtschaftskammer Oberösterreich. Linz 1994

Henseling, Karl-Otto [Leitbilder]: Leitbilder einer ökologischen Stoffwirtschaft. In: uwf. 1.Jg. Heft 4/1994, S.15-18

Hermann, Friedrich B. W. von [Untersuchungen]: Staatswirthschaftliche Untersuchungen. 2. Aufl. München 1870

Hildebrandt, Thomas [Ressourcenschonung]: Betriebliche Ressourcenschonung. Antizipative Forschung und Entwicklung. Wiesbaden 1993

Hill, Wilhelm/Fehlbaum, Raymond/Ulrich, Peter [Ziele]: Organisationslehre. Bd.1: Ziele, Instrumente und Bedingungen der Organisation sozialer Systeme. 4., durchges. Aufl. 1989

Hillmann, Karl-Heinz [Wertewandel]: Wertewandel. Zur Frage soziokultureller Voraussetzungen alternativer Lebensformen. Darmstadt 1989

Hitzler, Ronald [Individualisierung]: Reflexive Individualisierung. Zur Stilisierung und Politisierung des Lebens. In: Richter, Rudolf (Hrsg.): Sinnbasteln. Beiträge zur Soziologie der Lebensstile. Wien, Köln, Weimar 1994, S.36-47

Hlavacek, James D./Dovey, Brian H./ Biondo, John [Erfolge]: Erfolge mit Joint Ventures. In: The President and Fellows of Harvard College (Hrsg.): Harvard Manager. Strategie und Planung. Band 1. Hamburg, o.Jg., S.146-155 (Originaldruck in Harvard Business Review 1983 unter dem Titel: „Tie small business technology to marketing power")

Hodecek, Peter/Schäfer, Erich [Umweltbericht]: Umweltbericht Abfall. Wien 1989

Höfler, Herbert [Recyclingprodukte]: Recyclingprodukte als Lösung für Probleme der Rückstandsbewältigung und die mit dem Markteintritt verbundenen Schwierigkeiten. Graz 1995

Hondrich, Karl Otto [Anspruchsinflation]: Anspruchsinflation, Wertwandel, Bedürfnismanipulation. Zur Wandelbarkeit von individuellen Einstellungen in modernen Gesellschaften. In: Hondrich, Karl Otto (Hrsg.): Bedürfnisse im Wandel. Theorie, Zeitdiagnose, Forschungsergebnisse. Opladen 1983, S.75-100

Hondrich, Karl Otto [Bedürfnisse]: Bedürfnisse, Ansprüche und Werte im sozialen Wandel. Eine theoretische Perspektive. In: Hondrich, Karl Otto (Hrsg.): Bedürfnisse im Wandel. Theorie, Zeitdiagnose, Forschungsergebnisse. Opladen 1983, S.16-74

Hopfenbeck, Waldemar [Betriebswirtschafts-]: Allgemeine Betriebswirtschafts- und Managementlehre. Das Unternehmen im Spannungsfeld zwischen ökonomischen, sozialen und ökologischen Interessen. 12., durchges. Aufl. Landsberg am Lech 1998

Hörschgen, Hans et al. [Marketing-Strategien]: Marketing-Strategien. Konzepte zur Strategiebildung im Marketing. 2., überarb. u. erw. Aufl. Ludwigsburg, Berlin 1993

Hösel, Gottfried [Wiederverwertung]: Wiederverwertung von Abfällen. In: Umweltschutz. Nr. 19/1972, S.17-18

Hron, Aemilian [Interview]: Interview. In: Huber, Günter L./Mandl, Heinz: Verbale Daten: Eine Einführung in die Grundlagen und Methoden der Erhebung und Auswertung. 2. Aufl. Weinheim, Basel 1982, S.119-140

Hüning, Reinhard [Entsorgungswege]: Entsorgungswege nach der Behandlung. In: Rinschede, Alfons/Wehking Karl-Heinz/Jünemann, Reinhardt (Hrsg.): Entsorgungslogistik. Bd.1. Berlin 1991, S.198-224

Hüser, Annette [Regelungen]: Institutionelle Regelungen und Marketinginstrumente zur Überwindung von Kaufbarrieren auf ökologischen Märkten. In: ZfB. 63.Jg. Heft 3/1993, S.267-287

Huxold, Stephan [Marketingforschung]: Marketingforschung und strategische Planung vom Produktinnovationen. Berlin 1990

Ihrig, Falk [Allianzen]: Strategische Allianzen. In: WiSt. 19.Jg. Heft 1/1991, S.29-31

Illich, Ivan [Fortschrittsmythen]: Fortschrittsmythen. Schöpferische Arbeitslosigkeit. Energie und Gerechtigkeit. Wider die Verschulung. Reinbek bei Hamburg 1978

IMAS [Ärgernisse]: Die typischen kommunalen Ärgernisse der Landbewohner und Großstädter. In: IMAS-report. Umfrageberichte des Instituts für Markt- und Sozialanalysen Nr. 19. Linz 1993

IMAS-International [Ende]: Am Ende der Jugendkultur: Knick in den Wertvorstellungen. In: IMAS-report. Umfragebericht von IMAS-International. Linz März 1995

Inglehart, Ronald [Umbruch]: Kultureller Umbruch. Wertwandel in der westlichen Welt. Frankfurt am Main, New York 1989

Jacobi, Christian [Behandlungsarten]: Behandlungsarten in der Abfallwirtschaft. In: Rinschede, Alfons/Wehking Karl-Heinz/Jünemann, Reinhardt (Hrsg.): Entsorgungslogistik. Bd.1. Berlin 1991, S.149-197

Jahnke, Bernd [Recycling]: Betriebliches Recycling. Produktionswirtschaftliche Probleme und betriebswirtschaftliche Konsequenzen. Wiesbaden 1986

Janzen, Rainer [Marketing]: Das Marketing muss Rezyklatmärkte schaffen. In: Kunststoffe und Umwelt. 82.Jg. Heft 4/1992, S.279-280

Joas, August [Konkurrenzforschung]: Konkurrenzforschung als Erfolgspotenzial im strategischen Marketing. Augsburg 1990

Johnston, Wesley/Bonoma, Thomas V. [Buying Center]: The Buying Center: Structure and Interaction Patterns. In: Journal of Marketing, No.45/1981, S.146-148

Kaas, Klaus-Peter [Kontraktgütermarketing]: Kontraktgütermarketing als Kooperation zwischen Prinzipalen und Agenten. In: zfbf. 44.Jg. Heft 10/1992, S.884-901

Kaas, Klaus-Peter [Marketing]: Marketing für umweltfreundliche Produkte. Ein Ausweg aus den Dilemmata der Umweltpolitik? In: DBW. 52.Jg. Heft 4/1992, S.473-487

Kaas, Klaus-Peter [Marktinformationen]: Marktinformationen: Screening und Signalling unter Partnern und Rivalen. In: ZfB. 61.Jg. Heft 3/1991, S.357-370

Kaas, Klaus Peter/Busch, Anina [Inspektions-]: Inspektions-, Erfahrungs- und Vertrauenseigenschaften von Produkten. Theoretische Konzeption und empirische Validierung. In: Marketing ZFP. 18.Jg. Heft 4/1996, S.243-253

Kahmeyer, Martin/Rupprecht, Reinhard [Produktgestaltung]: Recyclinggerechte Produktgestaltung. Würzburg 1996

Kairies, Peter [Konkurrenz]: So analysieren Sie Ihre Konkurrenz. Konkurrenzanalyse und Benchmarking in der Praxis. Renningen-Malmsheim 1997

Keller, Egon/Schenkel, Werner (Hrsg.) [Abfallwirtschaft]: Abfallwirtschaft und Recycling. Essen 1992

Keppler, Manfred [Erfahrungsbericht]: Erfahrungsbericht über die Planung und Organisation von Abfallentsorgungsanlagen am Beispiel der MVA Bonn. In: Johnke, Bernt/Schmitt-Tegge, Jan (Hrsg.): Akzeptanzprobleme bei Massnahmen zur Abfallentsorgung. Wege zur Konsensfindung und Glaubwürdigkeit im Umgang mit der Öffentlichkeit. Berlin 1993, S.143-158

Kern, Egbert [Interaktionsansatz]: Der Interaktionsansatz im Investitionsgütermarketing. Eine konfirmatorische Analyse. Berlin 1990

Kern, Ferdinand [Einkaufsmarketing]: Einkaufsmarketing. Der Aufstieg zum Einkaufsmanagement. Freiburg 1991

Kern, Werner [Produkte]: Produkte, Problemlösungen als. In: Kern, Werner: Handwörterbuch der Produktionswirtschaft. Stuttgart 1979, Sp.1433-1441

Kessides, Ioannis N.[Advertising]: Advertising, Sunk Costs, and Barriers to Entry. In: The Review of Economics and Statistics. Heft 1/1986, S.84-95

Kirchgeorg, Manfred [Kreislaufwirtschaft]: Kreislaufwirtschaft. Neue Herausforderungen für das Marketing. In: Marketing ZFP. 17.Jg. Heft 4/1995, S.232-248

Kirchgeorg, Manfred [Strategie]: Strategie- und Strukturentscheidungen in Wertschöpfungskreisläufen. Eine Analyse auf der Grundlage einer empirischen Studie bei deutschen Herstellern. In: Weber, Jürgen (Hrsg.): Umweltmanagement. Aspekte einer umweltbezogenen Unternehmensführung. Stuttgart 1997, S.237-266

Kirchmann, Edgar M. W. [Innovationskooperation]: Innovationskooperation zwischen Herstellern und Anwendern. Wiesbaden 1994

Kirsch, Werner/Kutschker, Michael/Lutschewitz, Hartmut [Ansätze]: Ansätze und Entwicklungstendenzen im Investitionsgütermarketing. Auf dem Wege zu einem Interaktionsansatz. 2. Aufl. Stuttgart 1980

Klages, Helmut [Wertwandel]: Wertwandel und Wertverlust in der Gegenwartsgesellschaft. In: Baier, Horst/Keplinger, Hans Mathias/Reumann, Kurt (Hrsg.): Öffentliche Meinung und sozialer Wandel. Für Elisabeth Noelle-Neumann. Opladen 1982, S.359-380

Kleinaltenkamp, Michael [Einführung]: Einführung in das Business-to-Business-Marketing. In: Kleinaltenkamp, Michael/Plinke, Wulff (Hrsg.): Technischer Vertrieb. Grundlagen. Berlin et al. 1995, S.135-192

Kleinaltenkamp, Michael [Investitionsgüter-Marketing]: Investitionsgüter-Marketing aus informationsökonomischer Sicht. In: zfbf. 44.Jg. Heft 9/1992, S.809-829

Kleinaltenkamp, Michael [Kooperationen]: Kooperationen mit Kunden. In: Kleinaltenkamp, Michael/Plinke, Wulff (Hrsg.): Geschäftsbeziehungsmanagement. Berlin et al.1997, S.219-276

Kleinaltenkamp, Michael [Recyclingstrategien]: Recyclingstrategien. Wege zur wirtschaftlichen Verwertung von Rückständen aus absatz- und beschaffungswirtschaftlicher Sicht. Berlin 1985

Kleinaltenkamp, Michael [Typologien]: Typologien von Business-to-Business-Transaktionen. Kritische Würdigung und Weiterentwicklung. In: Marketing ZFP. 16.Jg. Heft 2/1994, S.77-88

Kleinaltenkamp, Michael/Fließ, Sabine [Entwicklung]: Entwicklung einer strategischen Marketing-Konzeption. In: Kleinaltenkamp, Michael/Plinke, Wulff: Technischer Vertrieb. Grundlagen. Berlin et al. 1995, S.951-1020

Kleinhückelskoten, Hans-Dieter/Schnetkamp, Gerd [Erfolgsfaktoren]: Erfolgsfaktoren für Marketingstrategien. In: Bruhn, Manfred (Hrsg.): Handbuch des Marketing. München 1989, S.257-276

Koch, Franz-Karl [Verhandlungen]: Verhandlungen bei der Vermarktung von Investitionsgütern. Eine Plausibilitäts- und Explorationsanalyse. Mainz 1987

Koch, James V. [Organization]: Industrial Organization and Prices. Englewood Cliffs 1974

Kolbe, Clemens [Eintrittsbarrieren]: Eintrittsbarrieren und die Eintrittsfähigkeit potenzieller Konkurrenten. Göttingen 1991

Koppelmann, Udo [Beschaffungsmarketing]: Beschaffungsmarketing. 2., überarb. u. erw. Aufl. Berlin, Heidelberg 1995

Koppelmann, Udo [Marketing]: Marketing. Einführung in Entscheidungsprobleme des Absatzes und der Beschaffung. 3., neubearb. Aufl. Düsseldorf 1991

Koppelmann, Udo [Marketing]: Marketing. Einführung in Entscheidungsprobleme des Absatzes und der Beschaffung. 6., neubearb. und erw. Aufl. Düsseldorf 1999

Koppelmann, Udo [Produktmarketing]: Produktmarketing. Entscheidungsgrundlage für Produktmanager. 5., vollst. Überarb. und erw. Aufl. Berlin, Heidelberg, New York 1997

Köppl, Peter [Lobbying]: Lobbying als strategisches Interessenmanagement. In: Scheff, Josef/Gutschelhofer, Alfred (Hrsg.): Lobby Management. Wien 1998, S.77-89

Kosiol, Erich [Unternehmung]: Die Unternehmung als wirtschaftliches Aktionszentrum. Einführung in die Betriebswirtschaftslehre. Reinbek bei Hamburg 1966

Kotler, Philip [Concept]: A Generic Concept of Marketing. In: Journal of Marketing. Vol.37 April 1972, S.46-54

Kotler, Philip [Marketing Management]: Marketing-Management. The Millennium Edition 10th ed. Upper Saddle River (NJ) 2000

Kotler, Philip/Armstrong, Gary [Marketing]: Marketing. Eine Einführung. Veränd. Nachdruck, Wien 1997

Kotzbauer, Norbert [Erfolgsfaktoren]: Erfolgsfaktoren neuer Produkte. Der Einfluss der Innovationshöhe auf den Erfolg technischer Produkte. Frankfurt am Main et al. 1992

Kreikebaum, Hartmut [Industrial Ecology]: Industrial Ecology. Organisatorische Voraussetzungen der Kontinuität eines Netzwerkes. In: Strebel, Heinz/Schwarz, Erich J. (Hrsg.): Kreislauforientierte Unternehmenskooperationen. Stoffstrommanagement durch innovative Verwertungsnetze. München, Wien 1998, S.59-79

Kreikebaum, Hartmut [Kehrtwende]: Kehrtwende zur Zukunft. Neuhausen 1988

Kreikebaum, Hartmut [Lückenananlyse]: Die Lückenanalyse als Voraussetzung der Unternehmensplanung. In: Zeitschrift für Interne Revision. 8.Jg. Heft 1/1973, S.17-26

Kreikebaum, Hartmut [Unternehmensplanung]: Strategische Unternehmensplanung. 3., erweiterte Aufl. Stuttgart, Berlin, Köln 1989

Kreikebaum, Hartmut [Wettbewerbsanalysen]: Wettbewerbsanalysen für Marketingentscheidungen. In: Bruhn, Manfred (Hrsg.): Handbuch des Marketing. München 1989, S.132-156

Kreilkamp, Edgar [Management]: Strategisches Management und Marketing. Markt- und Wettbewerbsanalyse, strategische Frühaufklärung. Berlin, New York 1987

Kroeber-Riel, Werner [Konsumentenverhalten]: Konsumentenverhalten. 5., überarb. und erg. Aufl. München 1992

Kroeber-Riel, Werner/Weinberg, Peter [Konsumentenverhalten]: Konsumentenverhalten. 6., völlig überarb. Aufl. München 1996

Kropfberger, Hans [Erfolgsmanagement]: Erfolgsmanagement statt Krisenmanagement. Strategisches Management in Klein- und Mittelbetrieben. Linz 1986

Krubasik, Edward G. [Waffe]: Technologie - Strategische Waffe. In: Wirtschaftswoche. 36.Jg. Heft 25/18.6.1982, S.28-33

Kummert, Robert/Stumm, Werner [Gewässer]: Gewässer als Ökosysteme. Grundlagen des Gewässerschutzes. 2., überarb. Aufl. Stuttgart 1989

Kupsch, Peter [Unternehmensziele]: Unternehmensziele. Stuttgart 1979

Kurbel, Karl/Rautenstrauch, Claus [Integration]: Integration des Produktrecycling in die Produktionsplanung und -steuerung. In: Weber, Jürgen (Hrsg.): Umweltmanagement. Aspekte einer umweltbezogenen Unternehmensführung. Stuttgart 1997, 299-320

Kuß, Alfred [Käuferverhalten]: Käuferverhalten. Stuttgart 1991

Kutschker, Michael/Kirsch, Manfred [Verhandlungen]: Verhandlungen in multiorganisationalen Entscheidungsprozessen: Eine empirische Untersuchung der Absatz- und Beschaffungsentscheidungen von Investitionsgütern. München 1978

Kutzschbauch, Kurt [Vermarktungskonzept]: Vermarktungskonzept für Berliner Bioabfallkompost. In: Müll und Abfall. 29. Jg. Heft 12/1997, S.779

Lamnek, Siegfried [Sozialforschung]: Qualitative Sozialforschung. Bd. 2.: Methoden und Techniken. 2., überarb. Aufl. Weinheim 1993

Lange, Christoph [Umweltschutz]: Umweltschutz und Unternehmensplanung. Wiesbaden 1978

Lechler, Peter [Validierung]: Kommunikative Validierung. In: Huber, Günter L./Mandl, Heinz: Verbale Daten: Eine Einführung in die Grundlagen und Methoden der Erhebung und Auswertung. 2. Aufl. Weinheim, Basel 1982, S.243-258

Leipert, Christian [Wandel]: Institutioneller Wandel als Antwort auf die Ökologiekrise in Industriegesellschaften. In: Wirtschaft und Gesellschaft. 19. Jg. Heft 4/1993, S.541-562

List, Wolfgang [Exporte]: Exporte und Importe von Abfällen. In: ecolex 1991, S. 131-133

Loew, Thomas/Hjalmarsdottir, Hafdis [Umweltkennzahlen]: Umweltkennzahlen für ein betriebliches Umweltmanagement. Berlin 1996

Lowe, Ernie A. [Resource]: Regional Resource Recovery, and Eco-Industrial Parks. An Integrated Strategy. In: Strebel, Heinz/Schwarz, Erich (Hrsg.): Kreislauforientierte Unternehmenskooperationen. Stoffstrommanagement durch innovative Verwertungsnetze. München, Wien 1998, S. 27-57

Lucas, Rainer [Netzwerk]: Netzwerk der Akteure. In: Politische Ökologie. Nr.44 Heft 1/1996, S.45-48

Luhmann, Nicholas [Vertrauen]: Vertrauen. Ein Mechanismus der Reduktion sozialer Komplexität. Stuttgart 1973

Maidique, Modesto A. [Entrepreneurs]: Entrepreneurs, Champions, and Technological Innovation. In: Sloan Management Review. Vol.2, Winter 1980, S.59-76

Man, Reinier de/Haralabopoulou, Dimitra/Henseling, Karl Otto [Ziele]: Ziele, Anlässe und Formen des Stoffstrommanagements. In: Friege, Henning/Engelhardt, Claudia/Henseling, Karl Otto (Hrsg.): Das Management von Stoffströmen. Geteilte Verantwortung - Nutzen für alle. Berlin et al. 1998, S.20-26

March, James G./Simon, Herbert [Organizations]: Organizations. New York/London/Sydney 1958

Marr, Rainer/Picot, Arnold [Absatzwirtschaft]: Absatzwirtschaft. In: Heinen, Edmund: Industriebetriebslehre. Entscheidungen im Industriebetrieb. 9., vollst. neubearb u. erw. Aufl. Wiesbaden 1991, S.623-728

Maslow, Abraham H. [Motivation]: Motivation and Personality, 2nd ed. New York, Evanston, London 1970

Matschke, Manfred J./Jaeckel Ulf. D./Lemser Bernd [Umweltwirtschaft]: Eine Einführung in die betriebliche Umweltökonomie und in Probleme ihrer Handhabung in der Praxis. Herne, Berlin 1996

Meade, James E. [Economies]: External Economies and Diseconomies in a Competitive Situation. In: Economic Journal. 62.Jg. 1952, S.54-67

Meadows, Dennis et al. [Grenzen]: Die Grenzen des Wachstums. 16.Aufl. Stuttgart 1994

Meffert, Heribert [Absatztheorie]: Absatztheorie, systemorientierte. In: Tietz, Bruno (Hrsg.): Handwörterbuch der Absatzwirtschaft, Stuttgart 1974, Sp.138 -158

Meffert, Heribert [Führung]: Marktorientierte Führung von Dienstleistungsunternehmen. Neuere Entwicklungen in Theorie und Praxis. In: DBW. 54.Jg. Heft 4/1994, S.519-541

Meffert, Heribert [Marketing]: Marketing. Grundlagen marktorientierter Unternehmensführung. Konzepte - Instrumente - Praxisbeispiele. 8., vollst. neubearb. u. erw. Aufl. Wiesbaden 1998

Meffert, Heribert [Marketing-Management]: Marketing-Management. Analyse, Strategie, Implementierung. Wiesbaden 1994

Meffert, Heribert [Marketingstrategien]: Marketingstrategien in unterschiedlichen Marktsituationen. In: Bruhn, Manfred (Hrsg.): Handbuch des Marketing. Anforderungen an Marketing-Konzeptionen aus Wissenschaft und Praxis. München 1989, S.277—306

Meffert, Heribert [Ökologie-Management]: Strategisches Ökologie-Management. In: Coenenberg, Adolf G./Weise, Eberhard/Eckrich, Klaus: Ökologie-Management als strategischer Wettbewerbsfaktor. Stuttgart 1991, S.7-32

Meffert, Heribert [Stand]: Stand und Perspektiven des Umweltmanagements in der betriebswirtschaftlichen Lehre und Forschung. In: Weber, Jürgen (Hrsg.): Umweltmanagement. Aspekte einer umweltbezogenen Unternehmensführung. Stuttgart 1997, S.3-28

Meffert, Heribert [Wertkette]: Die Wertkette als Instrument einer integrierten Unternehmensplanung. In: Delfmann, Werner (Hrsg.): Der Integrationsgedanke in der Betriebswirtschaftslehre. Wiesbaden 1989, S.255-278

Meffert, Heribert et al. [Marketing]: Marketing und Ökologie. In: Seidel, Eberhard, Strebel, Heinz (Hrsg.): Umwelt und Ökonomie. Reader zur ökologieorientierten Betriebswirtschaftslehre. Wiesbaden 1992, S.435-450

Meffert, Heribert/Kirchgeorg, Manfred [Leitbild]: Das neue Leitbild Sustainable Development. Der Weg ist das Ziel. In: Harvard Manager. 15.Jg. Heft 2/1993, S.34-45

Meffert, Heribert/Kirchgeorg, Manfred [Stellenwert]: Der Stellenwert von Umweltschutzzielen. In: Personalwirtschaft. Heft 9/1990, S.25

Meffert, Heribert/Kirchgeorg, Manfred [Umweltmanagement]: Marktorientiertes Umweltmanagement. Konzeption, Strategie, Implementierung, mit Praxisfällen. Stuttgart 1998

Meffert, Heribert/Kirchgeorg, Manfred [Umweltschutz]: Umweltschutz als Unternehmensziel In: Specht, Günter/Silberer, Günter/Engelhardt, Werner: Marketing-Schnittstellen - Herausforderung für das Management. Stuttgart 1990, S.179-199

Meffert, Heribert/Kirchgeorg, Manfred [Ziele]: Ziele und Strategien zur Gestaltung von produktbezogenen Rücknahme- und Recyclingsystemen. Ausgewählte Forschungsergebnisse einer Hersteller- und Entsorgerbefragung. Münster 1997

Metzner, Andreas [Probleme]: Probleme sozio-ökonomischer Systemtheorie: Natur und Gesellschaft in der Soziologie Luhmanns. Opladen 1993

Meyer, Anton [Absatzmarktprogramm]: Das Absatzmarktprogramm. In: Meyer, Paul (Hrsg.): Integrierte Marketingfunktionen. Stuttgart, Berlin, Köln 1996, S.52-83

Meyer, Anton [Dienstleistungs-Marketing]: Dienstleistungs-Marketing. In: DBW. 51.Jg. Heft 2/1991, S.195-209

Meyer, Christoph [Beschaffungsziele]: Beschaffungsziele. 2.Aufl. Köln 1990

Meyer, Paul [Marketingansatz]: Der integrative Marketingansatz und seine Konsequenzen für das Marketing. In: Meyer, Paul (Hrsg.): Integrierte Marketingfunktionen. 4., verb. Aufl. Stuttgart, Berlin, Köln 1996, S.13-30

Michel, Kay [Technologie]: Technologie im strategischen Management. Ein Portfolio-Ansatz zur integrierten Technologie- und Marktplanung. 2., unveränd. Aufl. Berlin 1987

Minderlein, Martin [Markteintrittsbarrieren]: Markteintrittsbarrieren und Unternehmensstrategie. Industrieökonomische Ansätze und eine Fallstudie zum Personal Computer-Markt. Wiesbaden 1989

Möller, Andreas/Häuslein, Andreas/Rolf, Arno [Öko-Controlling]: Öko-Controlling in Handelsunternehmen. Ein Leitfaden für das Stoffstrommanagement. Berlin et al. 1997

Müller, Hermann [Abfallbewältigung]: Industrielle Abfallbewältigung. Wiesbaden 1991

Müller-Merbach, Heiner [Arten]: Vier Arten von Systemansätzen, dargestellt in Lehrgesprächen. In: ZfB. 62.Jg. 1992, S.853-875

Müller-Stevens, Günter [Partnerschaften]: Strategische Partnerschaften. In: Wittmann, Waldemar et al. (Hrsg.): Handwörterbuch der Betriebswirtschaft. Teilband 3. 5., völlig neu gestaltete Aufl. Stuttgart 1993, Sp. 4063-4075

Müller-Wenk, Ruedi [Buchhaltung]: Ökologische Buchhaltung - Eine Einführung. In: Seidel, Eberhard/Strebel, Heinz (Hrsg.): Umwelt und Ökonomie. Reader zur ökologieorientierten Betriebswirtschaftslehre. Wiesbaden 1992, S.257-274

Müller-Wenk, Ruedi [Informations]: Die ökologische Buchhaltung. Ein Informations- und Steuerungsinstrument für umweltkonforme Unternehmenspolitik. Frankfurt am Main, New York 1978

Müller-Witt, Harald [Produktfolgeabschätzung]: Produktfolgeabschätzung als kollektiver Lernprozess. In: Projektgruppe Ökologische Wirtschaft (Hrsg.): Arbeiten im Einklang mit der Natur: Bausteine für ein ökologisches Wirtschaften. Karlsruhe 1980, S.183-207

Muser, Viktor [Absatzabschluss]: Der Absatzabschluss. In: Meyer, Paul (Hrsg.): Integrierte Marketingfunktionen. 4., verb. Aufl. Stuttgart, Berlin, Köln 1996, S.142-171

Nagel, Carsten [Arbeitsfelder]: Potenzielle Arbeitsfelder der industriellen Kreislaufwirtschaft. In: Rinschede, Alfons/Wehking Karl-Heinz/Jünemann, Reinhardt (Hrsg.): Entsorgungslogistik. Bd.3. Berlin 1995. S.43-53

Nagel, Carsten [Bausteine]: Bausteine der Kreislaufwirtschaft: Potenzielle Arbeitsfelder der industriellen Kreislaufwirtschaft - Marktvolumen und F&E-Bedarf. In: Rinschede, Alfons/Wehking, Karl-Heinz (Hrsg.): Entsorgungslogistik III: Berlin 1995, S.205-220

Neus, Werner/Nippel, Peter [Verhalten]: Was ist strategisch an strategischem Verhalten? In: zfbf. 48.Jg. Heft 5/1996, S.423-441

Nickel, Werner (Hrsg.) [Recycling-Handbuch]: Recycling-Handbuch. Strategien - Technologien - Produkte. Düsseldorf 1996

Nielsen, Richard P. [Strategy]: Cooperative Strategy. In: Strategic Management Journal. 9.Jg. Heft 5/1988, S.475-492

Nieschlag, Robert/Dichtl, Erwin/Hörschgen, Hans [Marketing]: Marketing. 18. durchges. Aufl. Berlin 1997

Nork, Manuela E. [Umweltschutz]: Umweltschutz in unternehmerischen Entscheidungen. Eine theoretische und empirische Analyse. Wiesbaden 1992

o.V. [Converting]: Converting Wet Organics with Anaerobic Digestion. In: BioCycle. 36.Jg. Heft 7/1995, S.78-82

o.V. [Kunststoff]: Kunststoff als Brennstoff. In: industrie. Heft 45/1995, S.28-29 o.V. [WERTESYSTEM]: IMAS-Umfragen. Österreichische Bevölkerung ab 16 Jahre. Der Trend: WERTESYSTEM. Linz o.J. (Informationsblatt des IMAS)

Oelsnitz, Dietrich v.d. [Marktpionier]: Als Marktpionier zu dauerhaftem Erfolg. In: Harvard Business Manager. Heft 4/1998, S.24-31

Olschowy, Wolfram [Einflussfaktoren]: Externe Einflussfaktoren im strategischen Innovationsmanagement. Auswirkungen externer Einflussgrößen auf den wirtschaftlichen Innovationserfolg sowie die unternehmerischen Anpassungsmaßnahmen. Berlin 1990

Palupski, Rainer [Abfallbewältigung]: Abfallbewältigung in Wertschöpfungsprozessen als Marketingaufgabe. Bochum 1993

Pampel, Jochen [Kooperation]: Kooperation mit Zulieferern. Theorie und Management. Wiesbaden 1993

Peine, Franz-Josef [Grundprinzipien]: Grundprinzipien des Umweltschutzes, in: Dreyhaupt, Franz-Josef et al. (Hrsg.): Umwelt Handwörterbuch. Umweltmanagement in der Praxis für Führungskräfte in Wirtschaft, Politik und Verwaltung. Berlin, Bonn, Regensburg 1992, S.281-283

Pepels, Werner [Strategien]: Die Strategien im Marketing. Handbuch für moderne Marketingpraxis. Bd. 1. Düsseldorf et al. 1994

Perillieux, René [Timing]: Strategisches Timing von F&E und Marketing bei innovativen Produkten. In: Booz-Allen & Hamilton (Hrsg.): Integriertes Technologie- und Innovationsmanagement. Konzepte zur Stärkung der Wettbewerbskraft von High-Tech-Unternehmen. Berlin 1991, S.23-50

Perillieux, René [Zeitfaktor]: Der Zeitfaktor im strategischen Technologiemanagement. Früher oder später Einstieg bei technischen Produktinnovationen. Berlin 1987

Pfeffer, Jeffrey/Salancik G.R.[Control]: The External Control of Organizations. New York 1978

Pfriem, Reinhard [Umweltmanagement]: Umweltmanagement und Theorie der Unternehmung. In: Weber, Jürgen (Hrsg.): Umweltmanagement. Aspekte einer umweltbezogenen Unternehmensführung. Stuttgart 1997, S.29-51

Picot, Arnold [Transaktionskostenansatz]: Transaktionskostenansatz. Stand der Diskussion und Aussagewert. In: DBW. 42.Jg. Heft 2/1982, S.267-284

Picot, Arnold/Dietl, Helmut/Franck, Egon [Organisation]: Organisation. Eine ökonomische Perspektive. 2., überarb. und erw. Aufl. Stuttgart 1999

Plinke, Wulff [Ausprägungen]: Ausprägungen der Marktorientierung im Investitionsgüter-Marketing. In: zfbf. 44.Jg. Heft 9/1992, S.830-846

Plinke, Wulff [Grundkonzeption]: Grundkonzeption des Marketing. In: Kleinaltenkamp, Michael/Plinke, Wulff (Hrsg.): Technischer Vertrieb. Grundlagen. Berlin et al. 1995, S.97-134

Plinke, Wulff [Grundlagen]: Grundlagen des Geschäftsbeziehungsmanagements. In: Kleinaltenkamp, Michael/Plinke, Wulff (Hrsg.): Geschäftsbeziehungsmanagement. Berlin et al.1997, S.3-62

Plinke, Wulff [Investitionsgütermarketing]: Investitionsgütermarketing. In: Marketing ZFP. 15.Jg. Heft 3/1993, S.172-177

Plötner, Olaf [Vertrauen]: Das Vertrauen des Kunden. Relevanz, Aufbau und Steuerung auf industriellen Märkten. Wiesbaden 1995

Porter, Michael E. [Wettbewerbsstrategie]: Wettbewerbsstrategie (Competitive Strategy). 10., durchges. und erw. Aufl. Frankfurt am Main 1999

Porter, Michael E. [Wettbewerbsvorteile]: Wettbewerbsvorteile. Spitzenleistungen erreichen und behaupten. 5., durchges. und erw. Aufl. Frankfurt am Main 1999

Posch, Alfred et al. [Verwertungsnetz]: Das Verwertungsnetz Obersteiermark und sein Potenzial. In: Strebel, Heinz/Schwarz, Erich J. (Hrsg.): Kreislauforientierte Unternehmenskooperationen. Stoffstrommanagement durch innovative Verwertungsnetze. Wien 1998, S.211-221

Preß, Bettina [Kaufverhalten]: Kaufverhalten in Geschäftsbeziehungen. In: Kleinaltenkamp, Michael/Plinke, Wulff (Hrsg.): Geschäftsbeziehungsmanagement. Berlin et al.1997, S.62-113

Prisching, Manfred [Modelle]: Modelle der Wirtschaftspolitik - Erfahrungen aus den Krisenjahren und Visionen für die Zukunft. In: Gerlich, Peter/Glass, Krzystof (Hrsg.): Wege aus der Krise. Mitteleuropäische Phantasmagorismen. Wien, Köln, Weimar 1993, S.260-276

Prisching, Manfred [Soziologie]: Soziologie. Themen - Theorien - Perspektiven. Wien, Köln, Weimar 1995

Prisching, Manfred [Teilnehmen]: Teilnehmen am öffentlichen Leben. Über Bürgerinitiativen und neue soziale Bewegungen. In: Politicum. 10.Jg. Heft 45/1990, S.11-17

Prisching, Manfred [Weltbild]: Weltbild im Wandel - geistige Strömungen in den westlichen Ländern Mitteleuropas. In: Gerlich, Peter/Glass, Krzystof (Hrsg.): Zwischen den Zeiten. Wien 1993

Projektgruppe Ökologische Wirtschaft (Hrsg.) [Produktlinienanalyse]: Produktlinienanalyse. Köln 1987

Pümpin, Carlo [Führung]: Strategische Führung in der Unternehmungspraxis. In: Schweizerische Volksbank (Hrsg.): Die Orientierung. Heft 76. Bern 1980

Raffée, Hans [Gegenstand]: Gegenstand, Methoden und Konzepte der BWL. In: Vahlens Kompendium der Betriebswirtschaftslehre, 3., überarb. u. erw. Aufl. München 1993, S.1-46

Raffée, Hans [Grundprobleme]: Grundprobleme der Betriebswirtschaftslehre. 9., unveränd. Nachdruck der 1.Aufl von 1974. Göttingen 1995

Raffée, Hans [Marketing]: Marketing und Umwelt. Stuttgart 1979

Raffée, Hans/ Wiedmann, Klaus-Peter [Wertewandel]: Wertewandel und gesellschaftsorientiertes Marketing. Die Bewährungsprobe strategisch orientierter Unternehmensführung. In: Raffée, Hans/Wiedmann, Klaus-Peter: Strategisches Marketing. Stuttgart 1985, S.552-611

Raffée, Hans/Förster, Friedrich/Fritz, Wolfgang [Umweltschutz]: Umweltschutz im Zielsystem von Unternehmen. In: Steger, Ulrich (Hrsg.): Handbuch des Umweltmanagements. München 1992, S.242-256

Raffée, Hans/Fritz, Wolfgang/Wiedmann, Peter [Marketing]: Marketing für öffentliche Betriebe. Stuttgart, Berlin, Köln 1994

Rasche, Hans O. [Kooperation]: Kooperation. Chance und Gewinn. Heidelberg 1970

Raschke, Joachim [Bewegungen]: Soziale Bewegungen. Ein historisch-systematischer Grundriss. 2. Aufl. Frankfurt am Main, New York 1988

Remmert, Hermann [Ökologie]: Ökologie. Ein Lehrbuch. 5., neubearb. und erw. Aufl. Berlin, Heidelberg, New York 1992

Richter, Rudolf [Lebensstil]: Der Lebensstil. Dimensionen der Analyse. In: Richter, Rudolf (Hrsg.): Sinnbasteln. Beiträge zur Soziologie der Lebensstile. Wien, Köln, Weimar 1994, S.48-65

Riebel, Paul [Kuppelproduktion]: Die Kuppelproduktion. Betriebs- und Marktprobleme. Köln, Opladen 1955

Riekhof, Hans-Christian [Umfelddynamik]: Die Umfelddynamik als treibende Kraft: In: Riekhof, Hans-Christian (Hrsg.):Strategieentwicklung. Stuttgart 1991, S.73-77

Rieß, Reinhard [Kunststoff]: Kunststoffrecycling und -entsorgung. In: Keller, Egon/Schenkel, Werner (Hrsg.): Abfallwirtschaft und Recycling. Essen 1992, S.58-62

Ritter, Thomas [Innovationserfolg]: Innovationserfolg durch Netzwerk-Kompetenz. In: absatzwirtschaft. Heft 1/1999, S.69-71

Rothert, Arno [Criteria]: Criteria for Energy Recovery. In: Battig, Frank (Hrsg.): The Challenge of Waste. Strategies for Waste Reduction and Waste Management in Chemical Industry. Wien 1993, S.93-101

Rudischhauser, K. [Abfallwirtschaftspolitik]: Die Abfallwirtschaftspolitik der Europäischen Gemeinschaft. Umweltpolitik im Vorfeld des Binnenmarktes. In: Keller, Egon/Schenkel, Werner (Hrsg.): Abfallwirtschaft und Recycling. Essen 1992, S.4-6

Salcher, Ernst F. [Marktforschung]: Psychologische Marktforschung. 2., neubearb. Aufl. Berlin, New York 1995

Schäfer, Erich [Unternehmung]: Die Unternehmung. 10.Aufl. Wiesbaden 1980

Schaltegger, Stefan/Sturm, Andreas [Entscheidungen]: Ökologieorientierte Entscheidungen im Unternehmen. Ökologisches Rechnungswesen statt Ökobilanzierung: Notwendigkeit, Kriterien, Konzepte. Bern, Stuttgart, Wien 1992

Scheier, Michael [Rechtsprobleme]: Rechtsprobleme im Spannungsverhältnis zwischen Reststoffverwertung und Abfallvermeidungsgebot. In: Keller, Egon/Schenkel, Werner (Hrsg.): Abfallwirtschaft und Recycling. Essen 1992, S.24-27

Scherer, Frederic M. [Market]: Industrial Market Structure and Economic Performance. Boston 1980

Schewe, Gerhard [Imitationsmanagement]: Imitationsmanagement. Nachahmung als Option des Technologiemanagements. Stuttgart 1992

Schierenbeck, Henner [Grundzüge]: Grundzüge der Betriebswirtschaftslehre. 14., unwesentl. veränd. Aufl. München 1993

Schitag Ernst & Young (Hrsg.) [Buch]: Das Buch des Umweltmanagements. Weinheim et al. 1995

Schlöder, Bernd [Werte]: Soziale Werte und Werthaltungen. Eine sozialpsychologische Untersuchung des Konzepts sozialer Werte und des Wertwandels. Opladen 1993

Schmid, Uwe [Management]: Ökologisch nachhaltiges Management. In: WiSt. 27.Jg. Heft 6/1999, S.285-291

Schmid, Uwe [Umweltschutz]: Umweltschutz - eine strategische Herausforderung für das Management. Frankfurt am Main et al. 1989

Schmid, Uwe [Wertschöpfung]: Ökologiegerichtete Wertschöpfung in Industrieunternehmen. Industrielle Produktion im Spannungsfeld zwischen Markterfolg und Naturbewahrung. Frankfurt am Main et al. 1996

Schmidheiny, Stefan [Kurswechsel]: Kurswechsel. Globale unternehmerische Perspektiven für Entwicklung und Umwelt. München 1992

Schmidt, Ingo/Engelke, Heinz [Marktzutrittsschranken]: Marktzutrittsschranken und potenzieller Wettbewerb. In: WiSt. 17.Jg. Heft 9/1989, S.399-404

Schmidt-Endrullis, Peter H. [Markterschließung]: Markterschließung für Industrieabfälle. Bochum 1993

Schmidt-Sudhoff, Ulrich [Unternehmerziele]: Unternehmerziele und unternehmerisches Zielsystem. Wiesbaden 1967

Schmitt-Tegge, Jan [Akzeptanzprobleme]: Akzeptanzprobleme bei Maßnahmen zur Abfallentsorgung. In: Johnke, Bernt/Schmitt-Tegge, Jan (Hrsg.): Akzeptanzprobleme bei Maßnahmen zur Abfallentsorgung. Wege zur Konsensfindung und Glaubwürdigkeit im Umgang mit der Öffentlichkeit. Berlin 1993, S.11-13

Schneider, Dieter [Marketing]: Marketing. In: Gablers Wirtschaftslexikon. 13., vollst. überarb. und erw. Aufl. Wiesbaden 1992

Schneider, Wolfgang [Sekundärrohstoff]: Sekundärrohstoff Altpapier. Markt und Marktentwicklung in der Bundesrepublik Deutschland. Dortmund 1988

Schneidewind, Uwe [Kooperationen]: Ökologisch orientierte Kooperationen aus betriebswirtschaftlicher Sicht. In: uwf. 3.Jg. Heft 4/Dezember 1995, S.16-21

Schönberg, Dino [Recycling]: Recycling von Reststoffen. Weiterverarbeitung von säure- und metallhaltigen Reststoffen mit Hilfe von bekannten, großtechnischen chemischen Verfahren. Ludwigsburg, Berlin 1994

Schreyögg, Georg/Papenheim-Tockhorn, Heike [Aufsichtsrat]: Dient der Aufsichtsrat dem Aufbau zwischenbetrieblicher Kooperationsbeziehungen? In: ZfB. 65.Jg. Heft 2/1995, S.205-230

Schubert, Heinrich [Aufbereitung]: Aufbereitung fester mineralischer Rohstoffe, Bd. 1. 4., stark überarb. Aufl. Leipzig 1989

Schultheiß, Bodo [Umweltschutz]: Umweltschutz- und Rohstoffprobleme in der Unternehmensplanung. Berlin 1978

Schulze, Gerhard [Erlebnisgesellschaft]: Die Erlebnisgesellschaft. Kultursoziologie der Gegenwart. Frankfurt am Main, New York 1992

Schulze, Inge [Bürgerinitiativen]: Was können Bürgerinitiativen bewegen, wenn sie mit kommunalen Einrichtungen zusammenarbeiten. In: Johnke, Bernt/Schmitt-Tegge, Jan (Hrsg.): Akzeptanzprobleme bei Massnahmen zur Abfallentsorgung. Wege zur Konsensfindung und Glaubwürdigkeit im Umgang mit der Öffentlichkeit. Berlin 1993, S.133-142

Schwarz, Erich J. [Aspekte]: Ökonomische Aspekte regionaler Verwertungsnetze. In: Strebel, Heinz/Schwarz, Erich J.: Kreislauforientierte Unternehmenskooperationen. Stoffstrommanagement durch innovative Verwertungsnetze. Wien 1998, S.11-25

Schwarz, Erich J. [Prozessinnovationen]: Umweltorientierte technologische Prozessinnovationen. Wiesbaden 1999

Schwarz, Erich J. [Unternehmensnetzwerke]: Unternehmensnetzwerke im Recyclingbereich. Wiesbaden 1994

Schwarz, Michaela [Hürden]: Rechtliche Hürden beim zwischenbetrieblichen Recycling. In: Strebel, Heinz/Schwarz, Erich J. (Hrsg.): Kreislauforientierte Unternehmenskooperationen. Stoffstrommanagement durch innovative Verwertungsnetze. Wien 1998, S.199-210

Seibert, Siegfried [Erfolgsfaktoren]: Strategische Erfolgsfaktoren im mittleren Unternehmen, untersucht am Beispiel der Fördertechnikindustrie. Frankfurt am Main, Bern, New York 1987

Seidel, Eberhard/Göllinger, Thomas/Weber, Frank M. [Umweltkennzahlen]: Umweltkennzahlen in drei Wirtschaftsbereichen. In: Seidel, Eberhard/Clausen, Jens/Seifert, Eberhard K. (Hrsg.): Umweltkennzahlen. München 1998, S.123-139

Senn, Josef-Fidelis [Unternehmensführung]: Ökologieorientierte Unternehmensführung. Frankfurt am Main 1986

Servatius, Hans-Gerd [Schwerpunkte]: Schwerpunkte und Methoden des Management von Technologie. In: Töpfer, Armin/Sommerlatte, Tom (Hrsg.): Technologie-Marketing. Landsberg/Lech 1991, S.53-86

Servatius, Hans-Gerd [Umsetzung]: Umsetzung umweltbewusster Führung als Prozess eines kulturellen Wandels. In: Zahn, Erich/Gasser, Herbert (Hrsg.): Umweltschutzorientiertes Management. Die unternehmerische Herausforderung von morgen. Stuttgart 1992, S.95-117

Seuring, Stefan [Zusammenfassung]: Zusammenfassung der Diskussion. In: Hockerts, Kai et al.: Kreislaufwirtschaft statt Abfallwirtschaft. Optimierte Nutzung und Einsparung von Ressourcen durch Öko-Leasing und Servicekonzepte. Ulm 1994, S.147-152

Siemer, Stephan [Diversifizieren]: Diversifizieren mit Venture Management. Effizienz und praktische Anwendung von Venture Einheiten zur Erschließung neuer Geschäftsfelder. Berlin 1991

Simon, Hermann [Management]: Management strategischer Wettbewerbsvorteile. Stuttgart 1988

Souren, Rainer [Theorie]: Theorie betrieblicher Reduktion. Grundlagen, Modellierung und Optimierungsansätze stofflicher Entsorgungsprozesse. Heidelberg 1996

Specht, Günter/Beckmann, Christoph [F&E-Management]: F&E-Management. Stuttgart 1996

Spremann, Klaus [Reputation]: Reputation, Garantie, Information. In: ZfB. 58.Jg. Heft 5/6/1988, S.613-629

Staehle, Wolfgang [Management]: Management. Eine verhaltenswissenschaftliche Perspektive. 8., überarb. Aufl. München 1999

Staehle, Wolfgang H./Nork, Manuela E. [Umweltschutz]: Umweltschutz und Theorie der Unternehmung. In: Steger, Ulrich (Hrsg.): Handbuch des Umweltmanagements. München 1992, S.67-82

Stahlmann, Volker [Materialwirtschaft]: Umweltorientierte Materialwirtschaft. Das Optimierungskonzept für Ressourcen, Recycling, Rendite. Wiesbaden 1988

Stahlmann, Volker [Umweltschutz]: Umweltschutz „Begin-of-the-Pipe" durch aktives Einkaufsmanagement. In: Steger, Ulrich (Hrsg.): Handbuch des Umweltmanagements. München 1992, S.417-436

Staudt, Erich [Recycling]: Recycling, betriebliches. In: Kern, Werner (Hrsg.): Handwörterbuch der Produktion. Stuttgart 1979, Sp.1800-1810

Staudt, Erich et al. [Kooperation]: Kooperation als Erfolgsfaktor ostdeutscher Unternehmen. In: ZfB. 65.Jg. Heft 11/1995, S.1209-1230

Staudt, Erich et al. [Kooperationshandbuch]: Kooperationshandbuch. Leitfaden für die Unternehmenspraxis. Stuttgart 1992

Steinhilper, Rolf [Entwicklung]: Entwicklung eines technisch-logistischen Gesamtkonzepts zum Produktrecycling. In: uwf. 1.Jg. Heft 4/1994, S. 31-38

Steinhilper, Rolf/Hudelmaier, Ulrike [Produktrecycling]: Erfolgreiches Produktrecycling zur erneuten Verwendung. Ein Leitfaden für Unternehmer. Düsseldorf 1993

Sterr, Thomas [Stoffstrommanagement]: Stoffstrommanagement. Lösungsansätze auf dem Weg zu einer industriellen Kreislaufwirtschaft. In: uwf. 6.Jg. Heft 2/1998, S.3-5

Steven, Marion/Bruns, Kerstin [Entsorgungslogistik I]: Entsorgungslogistik I. In: WISU. 16.Jg. Heft 6/1998, S.695-700

Steven, Marion/Bruns, Kerstin [Entsorgungslogistik II]: Entsorgungslogistik II. In: WISU. 16.Jg. Heft 7/1998, S.802-807

Stölzle, Wolfgang [Outsourcing]: Grundzüge des Outsourcing von Entsorgungsdienstleistungen. In: ZfB. 66.Jg. Ergänzungsheft 2/1996 (Betriebliches Umweltmanagement), S.121-145

Stölzle, Wolfgang/Jung, Klaus Peter [Optionen]: Strategische Optionen der Entsorgungslogistik zur Realisierung von Kreislaufwirtschaftskonzepten. In: uwf. 4.Jg. Heft 1/1996, S.31-36

Stransfeld, Reinhard [Technikfolgen]: Technikfolgen - Technikablehnung, Technikkommunikation - Technikpolitik. In: Johnke, Bernt/Schmitt-Tegge, Jan (Hrsg.): Akzeptanzprobleme bei Massnahmen zur Abfallentsorgung. Wege zur Konsensfindung und Glaubwürdigkeit im Umgang mit der Öffentlichkeit. Berlin 1993, S.15-28

Strebel, Heinz [Abfallwirtschaft]: Industriebetriebliche Abfallwirtschaft im Spannungsfeld ökonomischer und ökologischer Ziele. In: zfbf. 30.Jg. 1978, S.844-854

Strebel, Heinz [Forschung]: Umweltorientierte Forschung und Entwicklung. In: Corsten, Hans (Hrsg.): Handbuch Produktionsmanagement. Wiesbaden 1994, S.1087-1101

Strebel, Heinz [Forschungsplanung]: Forschungsplanung mit Scoring-Modellen. Baden-Baden 1975

Strebel, Heinz [Gründe]: Gründe und Möglichkeiten betriebswirtschaftlicher Umweltpolitik. In: Seidel, Eberhard/Strebel, Heinz (Hrsg.): Umwelt und Ökonomie. Reader zur ökologieorientierten Betriebswirtschaftslehre. Wiesbaden 1992, S.209-222

Strebel, Heinz [Industrie]: Industrie und Umwelt. In: Schweitzer, Marcell (Hrsg.): Industriebetriebslehre. Das Wirtschaften in Industrieunternehmungen. 2., völlig überarbeitete und erweiterte Aufl. München 1994, S.749-851

Strebel, Heinz [Konzept]: Das Konzept des regionalen Verwertungsnetzes. In: Strebel, Heinz/Schwarz, Erich J.: Kreislauforientierte Unternehmenskooperationen. Stoffstrommanagement durch innovative Verwertungsnetze. Wien 1998, S.1-10

Strebel, Heinz [Material]: Material- und Energiebilanzen. In: uwf. 1.Jg. Heft 1/1993, S.9-15

Strebel, Heinz [Materialwirtschaft]: Recycling in einer umweltorientierten Materialwirtschaft. In: Adam, Dietrich (Hrsg.): Schriften zur Unternehmensführung 44, Wiesbaden 1993, S.33-56

Strebel, Heinz [Ökologie]: Ökologie und Produktion. In: Kern, Werner/Schröder, Hans-Horst/ Weber, Jürgen (Hrsg.): Handwörterbuch der Produktionswirtschaft. 2., völlig neu gest. Aufl. Stuttgart 1996, Sp.1303-1313

Strebel, Heinz [Produktgestaltung]: Produktgestaltung als umweltpolitisches Instrument der Unternehmung. In: DBW. 38.Jg. 1978, S.73-82

Strebel, Heinz [Rückstand]: Rückstand und Rückstandsverwertung in der unternehmerischen Forschung und Entwicklung. In: Seidel, Eberhard/Strebel, Heinz (Hrsg.): Umwelt und Ökonomie. Reader zur ökologieorientierten Betriebswirtschaftslehre. Wiesbaden 1992, S.399-409

Strebel, Heinz [Rückstandszyklen]: Kooperation und Innovation in Rückstandszyklen. In: Wagner, Gerd R: (Hrsg.): Altlasten und Entsorgungsökonomie. Düsseldorf 1987, S.102-116

Strebel, Heinz [Sicht]: Industriebetriebliche Verwertungsnetze in ökonomischer und ökologischer Sicht. In: Kreikebaum, Hartmut (Hrsg.): Umweltmanagement in mittel- und osteuropäischen Unternehmen. Sternenfels, Berlin 1996, S.49-64

Strebel, Heinz [Stoffverwertungsnetze]: Regionale Stoffverwertungsnetze am Beispiel der Steiermark. In: uwf. 3.Jg. Heft 4/1995, S.48-55

Strebel, Heinz [Umwelt]: Umwelt und Betriebswirtschaft. Die natürliche Umwelt als Gegenstand der Unternehmenspolitik. Berlin 1980

Strebel, Heinz [Umweltwirkungen]: Umweltwirkungen der Produktion. In: zfbf. 33.Jg. Heft 6/1981, S.508-521

Strebel, Heinz [Unternehmenskooperationen]: Unternehmenskooperationen bei Innovationen. In: WiSt. 11.Jg. Heft 2/1983, S.59-65

Strebel, Heinz [Verwertungsnetze]: Verwertungsnetze in und zwischen Unternehmen. Ein Problem betrieblichen Lernens. In: Lernende Unternehmen. ZfB 65.Jg. Sonderheft 3/1995, S.113-126

Strebel, Heinz [Zielsysteme]: Zielsysteme und Zielforschung. In: DBW. 41.Jg. Heft 3/1981, S.457-475

Strebel, Heinz et al. [Entscheidungshilfen]: Umweltorientierte Entscheidungshilfen für den Handel. Der Umweltbericht und mit ihm korrespondierende Kennzahlensysteme als Instrumente eines qualifizierten Umweltschutzmanagements in Handelsunternehmen. Endbericht. Graz, Siegen 1998

Strebel, Heinz/Boehme, Joachim [Umweltschutztechnologien]: Umweltschutztechnologien als Diversifikationschance. In: Umwelt und Energie. Heft 1/1983, S.121-148

Strebel, Heinz/Hildebrandt, Thomas [Produktlebenszyklus]: Produktlebenszyklus und Rückstandszyklen. In: Seidel, Eberhard/Strebel, Heinz: Betriebliche Umweltökonomie. Reader zur ökologieorientierten Betriebswirtschaftslehre (1988-1991). Wiesbaden 1993, S.389-394

Strebel, Heinz/Schwarz Erich J.[Rückstandsverwertung]: Rückstandsverwertung im Rahmen kooperativer Industriesysteme (Verwertungszyklen). In: ZfO. 62. Jg. Heft 4/1994, S.157-164

Strebel, Heinz/Schwarz, Erich J. [Rückstandsverwertung]: Rückstandsverwertung in industriellen Netzwerken. In: Weber, Jürgen (Hrsg.): Umweltmanagement. Aspekte einer umweltbezogenen Unternehmensführung. Stuttgart 1997, S.321-334

Strebel, Heinz/Schwarz, Erich J. [Unternehmenskooperationen]: Kreislauforientierte Unternehmenskooperationen. Stoffstrommanagement durch innovative Verwertungsnetze. München, Wien 1998

Strebel, Heinz/Schwarz, Erich J./Ortner, Christian [Rückstandsströme]: Rückstandsströme in einem Verwertungsnetz der steirischen Grundstoff- und Investitionsgüterindustrie. In: Müll und Abfall. 26.Jg. Heft 6/1994, S.313-330

Strebel, Heinz/Schwarz, Erich J./Prattes, Robert [Deponiemanagement]: Integriertes Deponiemanagement. Wien 1995

Strebel, Heinz/Schwarz, Erich J./Schwarz, Michaela [Recycling]: Externes Recycling im Produktionsbetrieb. Rechtliche Aspekte und betriebswirtschaftliche Voraussetzungen. Wien 1996

Strothmann, Karl-Heinz et al. [Kaufentscheid]: Kundenzufriedenheit nach Kaufentscheid. Ergebnisse einer Primärerhebung. Würzburg 1991

Strothmann, Karl-Heinz/Prüser, Sven/Ginter, Thomas [Netzwerke]: Kommunikative Netzwerke. Externe Entscheidungsträger in Entscheidungssituationen. Berlin 1994

Strothmann, Karl-Heinz et al. [Kundenzufriedenheit]: Kundenzufriedenheit in Investitionspausen. Berlin 1993

Stumm, Werner/Davies, Joan [Recycling]: Kann Recycling die Umweltbeeinträchtigung vermindern? In: Seidel, Eberhard/Strebel, Heinz (Hrsg.): Umwelt und Ökonomie. Reader zur ökologieorientierten Betriebswirtschaftslehre. Wiesbaden 1992, S.75-87

Sturn, Richard [Lobbies]: Effiziente Lobbies - Fluch oder Segen. In: Scheff, Josef/Gutschelhofer, Alfred (Hrsg.): Lobby Management. Wien 1998, S.38-47

Suhr, Michael [Unterstützung]: Wissensbasierte Unterstützung recyclingorientierter Produktgestaltung. Berlin 1996

Szyperski, Norbert [Setzen]: Das Setzen von Zielen als primäre Aufgabe der Unternehmensleitung. In: ZfB. 41.Jg. 1971, S.639-670

The World Commission on Environment and Development [Future]: Our Common Future. World Commission on Environment and Development. Oxford, New York 1987

Thom, Norbert [Grundlagen]: Grundlagen des betrieblichen Innovationsmanagement. 2., völlig neu bearb. Aufl. Königstein i.Ts. 1980

Thomas, Uwe [Substitutionskonkurrenz]: Die Substitutionskonkurrenz als Herausforderung. Berlin 1989

Thomé, Gotthardt [Produktgestaltung]: Produktgestaltung und Ökologie. München 1981

Thomé, Gotthardt [Strategien]: Strategien zur umweltbewussten Produktplanung und -überwachung. In: Wieselhuber, Norbert/Töpfer, Armin (Hrsg.): Handbuch Strategisches Marketing. Landsberg am Lech 1984, S. 175-188

Thomé-Kozmiensky, Karl J. [Recycling]: Recycling von Holz, Zellstoff und Papier, Berlin 1987

Thommen, Hans-Paul [Betriebswirtschaftslehre]: Allgemeine Betriebswirtschaftslehre. Umfassende Einführung aus managementorientierter Sicht. 2., vollst. überarb. und erw. Aufl. Wiesbaden 1998

Tiebler, Petra [Umwelttrends]: Umwelttrends im Konsumentenverhalten. In: Steger, Ulrich (Hrsg.): Handbuch des Umweltmanagements. Anforderungs- und Leistungsprofile von Unternehmen und Gesellschaft. München 1992, S.183-206

Töpfer, Armin [Marketing-]: Strategische Marketing- und Vertriebsallianzen. In: Bronder, Christoph/Pritzl, Rudolf: Wegweiser für Strategische Allianzen. Meilen- und Stolpersteine bei Kooperationen. Wiesbaden 1992, S.173-210

Töpfer, Armin [Umwelt]: Umwelt- und Benutzerfreundlichkeit von Produkten als strategische Unternehmensziele. In: Marketing ZFP, 7.Jg. 1985, S.241-251

Tröndle, Dirk [Kooperationsmanagement]: Kooperationsmanagement: Steuerung interaktioneller Prozesse bei Unternehmungskooperationen. Bergisch Gladbach et al. 1987

Tucker, W.T. [Context]: The Social Context of Economic Behavior. New York 1969

Türck, Rainer [Produkt]: Das ökologische Produkt. Eigenschaften, Erfassung und wettbewerbsstrategische Umsetzung ökologischer Produkte. Ludwigsburg 1990

Turnbull, Peter/Valla, Jean-Paul [Planning]: Strategic Planning in Industrial Markets. An Interaction Approach. In: European Journal of Marketing. 20.Jg. Heft 7/1986, S.5-20

Turnbull, Peter/Valla, Jean-Paul. [Strategies]: Strategies for International Industrial Marketing. The Management of Customer Relationships in European Industrial Markets. 3rd ed. London et al. 1986

Ulrich, Hans [Unternehmung]: Die Unternehmung als produktives soziales System. Grundlagen der allgemeinen Unternehmungslehre. 2., überarb. Aufl. Bern, Stuttgart 1970

Ulrich, Hans [Unternehmungspolitik]: Unternehmenspolitik. Bern, Stuttgart 1978

Umweltbundesamt (Hrsg.) [Leitfaden]: Leitfaden: Betriebliche Umweltkennzahlen. Bonn, Berlin 1997

VDI Zentrum Wertanalyse [Wertanalyse]: Wertanalyse. Idee. Methode. System. 4., völlig neubearb. Aufl. Düsseldorf 1991

VDI-Richtlinie 2243 [Konstruieren]: Konstruieren recyclinggerechter technischer Produkte. Grundlagen und Gestaltungsregeln. Düsseldorf 1993

Verband österreichischer Entsorgungsbetriebe (Hrsg.) [Handbuch]: Handbuch der privaten Entsorgungswirtschaft Österreichs. Wels 1994

Verband österreichischer Entsorgungsbetriebe (Hrsg.) [Jahresbericht]: Jahresbericht '97, Wien 1998

Vereinigung österreichischer Industrieller (Hrsg.) [Vermeiden]: Vermeiden und Verwerten von Abfall in der Industrie. Wien 1994

Verordnung über die Vermeidung und Verwertung von Verpackungsabfällen und bestimmten Warenresten und die Errichtung von Sammel- und Verwertungssystemen, BGBl. Nr. 648/1996 [VerpackVO 1996]

Vershofen, Wilhelm [Marktentnahme]: Die Marktentnahme als Kernstück der Wirtschaftsforschung. Berlin, Köln 1959

Voigt, Stefan [Allianzen]: Strategische Allianzen. Modisches Schlagwort oder Antwort auf globale Herausforderungen? In: WiSt. 21.Jg. Heft 5/1993, S.246-249

Völker, Rainer [Innovationsentscheidungen]: Innovationsentscheidungen und Marktstruktur. Der suchtheoretische Ansatz. Heidelberg 1990

Vorbach, Stefan [Analyse]: Analyse zwischenbetrieblicher Verwertungsmöglichkeiten, aufgezeigt anhand ausgesuchter Beispiele. In: Strebel, Heinz/Schwarz, Erich J. (Hrsg.): Kreislauforientierte Unternehmenskooperationen. Stoffstrommanagement durch innovative Verwertungsnetze. Wien 1998, S.223-249

Vorbach, Stefan [Umweltmanagement]: Prozessorientiertes Umweltmanagement. Ein Modell zur Integration von Umweltschutz, Qualitätssicherung und Arbeitssicherheit. Wiesbaden 2000

Wallner, Hans Peter [Ökologie]: Industrielle Ökologie. Mit Netzwerken zur nachhaltigen Entwicklung? In: Strebel, Heinz/Schwarz, Erich (Hrsg.): Kreislauforientierte Unternehmenskooperationen. Stoffstrommanagement durch innovative Verwertungsnetze. München, Wien 1998, S.81-121

Walter, Achim/Mörmann, Peter [Verkaufen]: Verkaufen ist nicht alles. In: absatzwirtschaft. Heft 1/1999, S.74-78

Webster, Frederick E./Wind, Yoram [Behavior]: Organizational Buying Behavior. Englewood Cliffs 1972

Wehrli, Hans Peter/Jüttner, Uta [Beziehungsmarketing]: Beziehungsmarketing in Wertsystemen. In: Marketing ZFP. 18.Jg. Heft 1/1996, S.33-43

Weinstein, Art [Market]: Market Segmentation. Using Demographics, Psychographics and other Niche Marketing Techniques to Predict and Model Customer Behavior. Chicago (Ill) et al. 1994

Welker, Siegfried/Barrage, Anis/Wagner, Birgit [Rohrleitungs-]: Rohrleitungs- und Rohrsysteme aus regenerierten Kunststoffen. In: Kunststoffe Synthetics. Heft 3/1994, S.14-20

Wenger, Ekkehard/Terberger, Eva [Beziehungen]: Die Beziehungen zwischen Agent und Prinzipal als Baustein einer ökonomischen Theorie der Organisation. In: WiSt. 16.Jg. Heft 10/1988, S.506-514

Wenke, Karl Ernst [Lebensstil]: Alternativer Lebensstil - Alternative Ökonomie. Überlegungen zur wirtschaftlichen Entwicklung und zum Konsumverhalten. In: Wenke, Karl Ernst/Zilleßen, Horst (Hrsg.): Neuer Lebensstil. Verzichten oder Verändern? Auf der Suche nach Alternativen für eine menschlichere Gesellschaft. Opladen 1978, S.167-219

Werner, Michael/Rüstmann, Michael [Stoffstrommanagement]: Stoffstrommanagement in der Abfallwirtschaft. In: Müll und Abfall. 29.Jg. Heft 2/1997, S.68-72

Wicke, Lutz/Haasis, Hans/Schafhausen, Franz/Schulz, Werner [Umweltökonomie]: Betriebliche Umweltökonomie. Eine praxisorientierte Einführung. München 1992

Wicke; Lutz [Umweltökonomie]: Umweltökonomie. Eine praxisorientierte Einführung. 4., überarb., erw. und aktualisierte Aufl. München 1993

Wiedmann, Peter/ Claus, Frank [Konfliktmittlung]: Konfliktmittlung bei umweltrelevanten Vorhaben. Ein Resümée. In: Claus, Frank/Wiedmann, Peter (Hrsg.): Umweltkonflikte. Verfahren zu ihrer Lösung. Taunusstein 1994, S.228-235

Wiesch, Gerald [Abfallreduzierung]: Abfallreduzierung durch Recycling und Vermarktung? Entstehungsbedingungen und strukturelle Spezifika von Sekundärrohstoffmärkten. Regensburg 1996

Wieselhuber, Norbert [Erfolgspotenzial]: Das Erfolgspotenzial „Innovation" gezielt nutzen. In: Zahn, Erich (Hrsg.): Auf der Suche nach Erfolgspotenzialen. Strategische Optionen in turbulenter Zeit. Stuttgart 1991, S.69-78

Williamson, Oliver E. [Institutionen]: Die ökonomischen Institutionen des Kapitalismus. Unternehmen, Märkte, Kooperationen. Tübingen 1990

Williamson, Oliver E. [Institutions]: The Economic Institutions of Capitalism. Firms, Markets, Relational Contracting. New York 1985

Wimmer, Norbert [Abfallbegriff]: Zum Abfallbegriff im österreichischen Recht. In: Österreichische Juristenzeitung. 46.Jg. 1992, S.719-724

Wind, Yoram [Buying Center]: Organizational Buying Center: A Research Agenda. In: Bonoma, Thomas V./Zaltman, Gerald (Hrsg.): Organizational Buying Behavior. Chicago 1978, S.67-76

Wind, Yoram/Robertson, Theodor S. [Linking Pin]: The Linking Pin Role in Organizational Buying Centers. In: Journal of Business Research. Heft 10/1982, S.169-184

Winter, Georg [Unternehmen]: Das umweltbewusste Unternehmen. Handbuch der Betriebsökologie mit 28 Checklisten für die Praxis. 5., völlig überarb. und erg. Aufl. München 1993

Wiswede, Günter [Soziologie]: Soziologie. Ein Lehrbuch für den wirtschafts- und sozialwissenschaftlichen Bereich. 2., völlig überarb. u. erw. Aufl. Landsberg/Lech 1991

Witte, Eberhard [Organisation]: Organisation für Innovationsentscheidungen. Das Promotoren-Modell. Göttingen 1973

Wittmann, Robert G.[Rückstandsmanagement]: Rückstandsmanagement. Eine theoretische und empirische Untersuchung. Stuttgart 1994

Wöhe, Günter [Einführung]: Einführung in die allgemeine Betriebswirtschaftslehre. 19., neubearb. Aufl. München 1996

Wolfrum, Bernd [Technologiemanagement]: Strategisches Technologiemanagement. Wiesbaden 1991

Wörner, Claudia/Dold, Georg [Einordnung]: Einordnung, Aufbau und Grenzen von Ökobilanzen. In: Krcmar, Helmut/Dold, Georg (Hrsg.): Aspekte der Ökobilanzierung. Ansprüche, Ziele und Computerunterstützung. Wiesbaden 1996, S.1-22

Wurche, Sven [Kooperation]: Strategische Kooperation. Theoretische und praktische Erfahrungen am Beispiel mittelständischer Pharmaunternehmen. Wiesbaden 1994

Zahn, Erich/Schmid, Uwe [Wettbewerbsvorteile]: Wettbewerbsvorteile durch umweltschutzorientiertes Management. In: Zahn, Erich/Gassert, Herbert (Hrsg.): Umweltschutzorientiertes Management. Die unternehmerische Herausforderung von morgen. Stuttgart 1992, S.39-95

Zäpfel, Günther [Produktionsmanagement]: Strategisches Produktionsmanagement. Berlin 1989

Zehetner, Franz [Abfall]: Abfall, Altstoff, und Wertstoff. In: ecolex 1992, S.669-673

Zentes, Joachim [Grundbegriffe]: Grundbegriffe des Marketing. 4., überarb. u. erw. Aufl. Stuttgart 1996

Zikmund, William G./Stanton, William J. [Abfallrecycling]: Abfallrecycling. Ein Distributionsproblem. In: Hansen, Ursula/Stauss, Bernd/Riemer, Martin (Hrsg.): Marketing und Verbraucherpolitik. Stuttgart 1982, S.418-427

Zilleßen, Horst [Selbstbegrenzung]: Selbstbegrenzung und Selbstbestimmung. Über die politischen Voraussetzungen für einen Neuen Lebensstil. In: Wenke, Karl Ernst/Zilleßen, Horst (Hrsg.): Neuer Lebensstil. Verzichten oder Verändern? Auf der Suche nach Alternativen für eine menschlichere Gesellschaft. Opladen 1978, S.122-166

Zimmermann, Horst [Entropiekonzepte]: Entropiekonzepte in der Ökonomie. In: WiSt. 28.Jg. Heft 5/2000, S.270-274

Zörgiebel, Wilhelm W. [Technologie]: Technologie in der Wettbewerbsstrategie. Strategische Auswirkungen technologischer Entscheidungen untersucht am Beispiel der Werkzeugmaschinenindustrie. Berlin 1983

Zotter, Karl-Andreas [Wasserwirtschaft]: Industrielle Wasserwirtschaft. Technisch-ökonomische und ökologische Grundlagen. Wiesbaden 1996

GPSR Compliance

The European Union's (EU) General Product Safety Regulation (GPSR) is a set of rules that requires consumer products to be safe and our obligations to ensure this.

If you have any concerns about our products, you can contact us on ProductSafety@springernature.com

In case Publisher is established outside the EU, the EU authorized representative is:

Springer Nature Customer Service Center GmbH
Europaplatz 3
69115 Heidelberg, Germany

Batch number: 10815962

Printed by Printforce, the Netherlands